Fabian Kastner

—

Exponierte Formen der Gewalt

Fabian Kastner

Exponierte Formen der Gewalt

Waffen und Alte Gerichtsbarkeit am Germanischen Nationalmuseum 1850–1950

Königshausen & Neumann

Das Dissertationsvorhaben wurde im Rahmen des Forschungskollegs „Modellierung von Kulturgeschichte am Beispiel des Germanischen Nationalmuseums: Vermittlungskonzepte für das 21. Jahrhundert" (2018–2023) von der VolkswagenStiftung gefördert.

Bibliografische Information der Deutschen Nationalbibliothek

Die Deutsche Nationalbibliothek verzeichnet diese Publikation in der Deutschen Nationalbibliografie; detaillierte bibliografische Daten sind im Internet über http://dnb.d-nb.de abrufbar.

D 29 (zugl.: Diss. Friedrich-Alexander-Universität Erlangen-Nürnberg)
Dieses Buch ist die leicht überarbeitete Fassung einer Dissertationsschrift, die unter gleichem Titel an der Friedrich-Alexander-Universität Erlangen-Nürnberg zur Erlangung des akademischen Grades Dr. phil. eingereicht und erfolgreich verteidigt wurde.

Verlag Königshausen & Neumann GmbH
Leistenstraße 7 | 97082 Würzburg | info@koenigshausen-neumann.de
Gedruckt auf säurefreiem, alterungsbeständigem Papier
Umschlag: skh-softics / coverart
Umschlagabbildung: Heinrich Stelzner, Waffenhalle des Germanischen Nationalmuseums, 1857

Druck: Rudolph Druck, Schweinfurt
Printed in Germany

ISBN 978-3-8260-8726-4
eISBN 978-3-8260-8727-1

www.koenigshausen-neumann.de
www.ebook.de
www.buchhandel.de
www.buchkatalog.de

Inhaltsverzeichnis

Vorwort und Danksagung

Die vorliegende, leicht überarbeitete Publikation wurde im März 2023 als Dissertationsschrift an der Philosophischen Fakultät der Friedrich-Alexander-Universität Erlangen-Nürnberg angenommen und im September 2023 erfolgreich verteidigt. Entstanden ist sie im Rahmen des von der VolkswagenStiftung geförderten Forschungskollegs „Modellierung von Kulturgeschichte am Beispiel des Germanischen Nationalmuseums: Vermittlungskonzepte für das 21. Jahrhundert" am Institut für Kunstgeschichte der Friedrich-Alexander-Universität Erlangen-Nürnberg in Kooperation mit dem Germanischen Nationalmuseum in Nürnberg (Projektlaufzeit: 2018–23).

Den Ausgangspunkt der recht speziellen Fragestellung dieses Buches bildete die Feststellung eines ungleichen Verhältnisses in der Geschichte des Germanischen Nationalmuseums: dass nämlich den Waffen zeitweise ein hohes Maß an Aufmerksamkeit zukam, während die Rechtsgeräte im laufenden Forschungs- und Ausstellungsbetrieb ein Nischendasein führten. Was aus einer museumshistorischen Perspektive heraus als allzu gewöhnlich abgetan werden kann, wirkt bei einer medienwissenschaftlichen Betrachtung zunächst irritierend, handelt es sich bei Waffen und Rechtsgeräten doch gleichermaßen um Objekte der Gewalt, die auch als Medien beschrieben werden können. Anstatt die Gewalt aber nur an den jeweiligen Entstehungsorten der Objekte zu lokalisieren – und damit herkömmlichen Methoden zu folgen –, reizte es mich, ihrer Fährte im Werden und Gewordensein des Museums nachzuspüren. So entstand allmählich mein Dissertationsvorhaben, bei dem mich viele Personen hilfreich begleiteten. Dafür möchte ich ihnen im Folgenden meinen Dank aussprechen.

Von Herzen danke ich meinem Erstbetreuer PD Dr. Lars Nowak, der mich seit meinem Studium unermüdlich und in sämtlichen Details unterstützt hat – fachlich wie menschlich. Meine Forschungsarbeit profitierte von seinem kritischen Blick ungemein, und er war jederzeit zur Stelle, ob bei der anfänglichen Themenkonzeption oder beim finalen Schliff an Ecken und Kanten. Ebenso bedanke ich mich bei meinem Zweitbetreuer Dr. Thomas Eser. Nicht nur fungierte er durch seine Kenntnis des Museums und der Sammlungen als verlässlicher Ansprechpartner, darüber hinaus waren sein Einfallsreichtum und seine Weitsicht inspirierend. Ein großer Dank geht außerdem an meinen Drittbetreuer Prof. Dr. Christian Schicha, der mein Forschungsprojekt stets engagiert begleitete.

Danken möchte ich darüber hinaus Prof. Dr. Christina Strunck, die das Forschungskolleg als Leiterin sicher und fachkundig führte und dabei immer ein offenes Ohr für jedwede Anliegen hatte. Gleichermaßen danke ich Dr. Marina Beck, die uns Kollegiat:innen als Projektkoordinatorin bei allen Belangen mit großem Einsatz zur Seite stand. Ferner geht mein Dank an Prof. Dr. Heidrun Stein-Kecks, Prof. Dr. Hans Dickel und das Team des Instituts für Kunstgeschichte, deren Expertise bei Konferenzen, Workshops und Exkursionen sowie im persönlichen Austausch äußerst gewinnbringend war. Zudem danke ich meinen ehemaligen Kollegiatinnen Julia Brockmann, Sarah Fetzer, Laura Förster, Isabel Hauenstein und Eva Muster für ihre konstruktiven Ratschläge, die gemeinsamen Sitzungen und Ausflüge sowie die produktiven Diskussionen.

Mein aufrichtiger Dank geht an das Germanische Nationalmuseum, insbesondere an die Sammlungsleiter:innen Dr. Matthias Nuding, Dr. Adelheid Rasche und Dr. Tilo Grabach für die fortwährende Unterstützung und die vielen nützlichen Hinweise. Auch Dr. Benno Baumbauer, Dr. Andrea Langer, Dr. Susanne Thürigen und den sonstigen Mitarbeitenden, darunter dem Lesesaalteam, dem Historischen Archiv sowie der Photostelle, bin ich für ihre Einsatzbereitschaft zu großem Dank verpflichtet. Ich danke ferner Prof. Dr. Kay Kirchmann und dem Institut für Theater- und Medienwissenschaft, Thorsten Singer, Dr. Johannes Willers, Maximilian von Grundherr, dem Mittelalterlichen Kriminalmuseum in Rothenburg ob der Tauber, dem Bayerischen Nationalmuseum, dem Stadtarchiv Nürnberg, dem Staatsarchiv Nürnberg, der Juristischen Fakultät der Ludwig-Maximilians-Universität München sowie den Mitarbeitenden aller konsultierten Museen, Archive und Bibliotheken.

Abschließend bedanke ich mich bei der VolkswagenStiftung für die finanzielle Unterstützung, die ermöglichten Dienstreisen und Forschungsaufenthalte. Im Besonderen aber geht mein Dank an meine

Familie und Freunde sowie an meine Partnerin Alina für die geschenkte Kraft und Motivation sowie ihren unaufhörlichen Beistand.

Fabian Kastner

1 Einleitung

Wenige Jahre nach dem Zweiten Weltkrieg richtete das Germanische Nationalmuseum (GNM) fünf ungewöhnliche Veranstaltungen unter den Titeln *Historische Kostümschau: Kleinodien & Kostüme aus 5 Jahrhunderten* und *Historische Modenschau: Kleinodien, Waffen, Kostüme* aus (Abb. 1). Deren erste fand aus Werbe- und Sponsoringzwecken nicht auf dem Museumsgelände in Nürnberg, sondern am 17. Mai 1954 in der Essener Villa Hügel vor ca. 1200 Vertreter:innen der deutschen Industrie, dem damaligen Wirtschaftsminister Ludwig Erhard und dem Bundespräsidenten Theodor Heuss[1] statt. Weil die Vorführung mit großer Begeisterung aufgenommen wurde, folgte bereits im Juni eine weitere, diesmal in der mittelalterlichen Kartäuserkirche im Herzen des GNM. Schließlich wurde das Schauspiel im Juni 1956 auf Einladung des Bundesverbandes der Deutschen Industrie in ein Kurhotel auf dem Bonner Petersberg exportiert und im Juli 1955 und Mai 1957 in der Museumskirche wiederholt, stets vor Publikum mit industriellem Hintergrund und Persönlichkeiten des öffentlichen Lebens (vgl. Schiedlausky 1978: 304f.; Kregeloh 2015: 28f.).[2]

Von den drei Vorstellungen im GNM und der dort einen Tag vor dem Essener Auftritt abgehaltenen Generalprobe ist eine Handvoll Bilder in der Museumsphotothek erhalten. Darauf sind weibliche und männliche Modelle zu sehen, die einzeln, paarweise oder zu dritt vor den Sitzreihen der Zuschauer:innen vom Altar her das Kircheninnere auf einem 22 Meter langen, roten Läufer durchschreiten (Abb. 2) (vgl.

---

1 Heuss, dem in der Nachkriegszeit ein Neubau gewidmet wurde, war zugleich Vorsitzender des GNM-Verwaltungsrats.

2 Im Folgenden wird dort auf gendergerechte Formulierungen verzichtet, wo explizit männliche Akteure adressiert werden. Denn die behandelten Privatsammler, Waffenkundler, Turnierkämpfer und Henker sind allesamt männlichen Geschlechtes. Werden in diesen Fällen maskuline Bezeichnungsformen gebraucht, sind feminine zugunsten des präzisen Ausdrucks nicht mitgemeint.

Abb. 1: Modelle bei der Generalprobe der *Historischen Modenschau* in der Kartäuserkirche, 1954

Abb. 2: Modelle und Ludwig Grote bei der Generalprobe der *Historischen Modenschau*, 1954

Kregeloh 2015: 28). Wie es die Untertitel der Veranstaltung vorausschickten, trugen sie dabei originale Objekte[3] aus fünf Jahrhunderten zur Schau – frühneuzeitliche Trachten, spätmittelalterliche Harnische und Schilde, verschiedene Blankwaffen, Schmuck, Pokale und Musikinstrumente. Währenddessen musizierte im Hintergrund ein Trio des Nürnberger Kammermusikkreises, und die Exponate wurden den Zusehenden verbal erläutert (vgl. Schiedlausky 1978: 305). Die Selektion der Objekte ergab sich aus dem äußeren Eindruck, den diese auf das Publikum machten. Viele der Exponate galten durch ihre Seltenheit, das Material oder die Farbigkeit als aufsehenerregend, zum Beispiel ein von einer Frau getragenes Wams mit violettem Samt (T1632)[4]. Wie die Aufnahmen demonstrieren, wurden die Objekte von den Modellen nach vorne gehalten oder anderweitig gestisch in Szene gesetzt. Der performative Charakter der Kostüm- und Modenschauen wurde außer der Selektion besonders zeigenswürdiger Exponate auch dadurch unterstützt, dass der ‚cultural catwalk' zum Teil vom Personal des Nürnberger Schauspielhauses und des Bayerischen Rundfunks bestritten wurde. Die Modelle, darunter bekannte Darsteller wie Hellmut Lange, Günther Stoll und Georg A. Weth, verkörperten mit ihrer Bekleidung verschiedene Rollen wie Ratsherr, Page und Patrizier. Die Kostümierung, die mitunter nicht auf historischer Akkuratesse beruhte, verstärkte die Theatralität der Veranstaltung. Verschiedentlich datierte Objekte, zum Beispiel ein Ratsherrenmantel und eine ältere Halskrause,

---

3 Mit *Objekten* sind die materiellen Artefakte und Naturalien gemeint, die unter anderem zur Sammlung, Bewahrung, Forschung und Ausstellung in Museen wie das GNM gelangen. Wenngleich es eine Menge an Begrifflichkeiten gibt, die synonym für Gegenstände in- und außerhalb des Museums verwendet werden (vgl. Scholze 2004: 15f.), bietet sich das Objekt aufgrund seiner Neutralität, der weiten Verbreitung sowie der Kompatibilität mit Präfixen wie ‚Sammlungs', ‚Ausstellungs', ‚Militär' und ‚Straf' an. Geht es um museale Objekte in Sammlungen und Ausstellungen, wird ferner Zbyněk Stránskýs Begriff der *Musealie* benutzt (vgl. Biedermann 2016: 55). Die Musealien umfassen die museale Kohorte der Sammlungsobjekte und der Ausstellungsexponate und stehen daher synonymisch für die im GNM gesammelten und ausgestellten Objekte. Falls die Objekte auf bestimmte Weise ausgestellt oder vorgeführt werden, ist die Rede von *Exponaten*, und für die Ausstellungsräume werden zudem ‚Schausaal' und ‚Schauraum' gebraucht.

4 Mit einem solchen Kürzel sind im Textverlauf die Inventarnummern einzelner Objekte angegeben. Im Anhang befindet sich eine Liste mit einer Kurzbeschreibung aller zitierten Nummern.

wurden mit zeitgenössischen Kleidungsstücken kombiniert; ein Plattenharnisch etwa mit Trikothosen und Stulpenstiefeln, beides Mitbringsel eines Schauspielers (vgl. Kregeloh 2015: 30f.). Die kompilierte Garderobe aus originalen Musealien und theatralen Requisiten führte zu einer ironischen Brechung des ansonsten ernsten und feierlichen Charakters der Vorführung.

Was erhoffte sich das GNM von den eigentümlichen Vorführungen abseits von Marketing- und Sponsoringeffekten? Erklärtes Ziel der Direktion um den damaligen Museumsleiter Ludwig Grote war es, die „stummen Zeugen der Vergangenheit", nämlich die Objekte, „‚einmal aus ihrem stillen Dornröschen-Dasein in den Museumsvitrinen zur lebendigen Darbietung durch junge Menschen unserer Zeit zu erwecken'" (zit. nach Kregeloh 2015: 29) und dadurch „die Forderung nach einem ‚lebendigen Museum' auf neuartige und höchst anschauliche Weise" (Jahresbericht für 1951–54: 33) zu befriedigen. Das Anliegen war es demnach, die Objekte in einem spektatorischen Rahmen zu exponieren und das Museum ins öffentliche Bewusstsein zu rufen. Zunächst schien die Konzentration auf die eigenen Sammlungsschätze naheliegend. Weil der Wiederaufbau des GNM nach den Kriegsschäden durch die Architekten Sep Ruf und Harald Roth noch lange nicht abgeschlossen war, richtete sich der Fokus auf das museale Kerngeschäft: von Menschen hergestellte, getragene und genutzte Artefakte. Bei den Kostümschauen kam aber ein Aspekt hinzu: Anders als im Schausaal allen Beistehenden physisch entzogen zu sein, wurden die Exponate hier in einem theatralen Kontext vom und am Körper vorgeführt. Trotz der verbalen Kommentierung spielte die genaue zeitliche Herkunft einzelner Stücke eine Nebenrolle. Vielmehr setzten sich die unzeitgemäßen Musealien und die zeitgenössischen Requisiten, Kleidungsstücke und Accessoires zu anachronistischen Kostümen zusammen, die durch den Körper animiert wurden.[5] Verwunderlich ist der Stellenwert, der dabei den Waffen zukam, welche von weiblichen und männlichen Modellen getragen wurden. Gezeigt wurden nicht nur reich geschmückte Exemplare wie ein Turnierharnisch, sondern auch

---

5 Damit stehen die Kostümschauen in der losen Tradition der 1952 stattgefundenen Jubiläumsfeier zum hundertjährigen Bestehen des GNM. Dort traten Tanzgruppen und Trachtenvereine diverser Regionen und Länder unter freiem Himmel mit den Museumsobjekten in einer dynamischen Performance auf (vgl. Schiedlausky 1978: 285–287; Veit 1978: 96).

Schwerter, eine Helmbarte, Streitkolben und Schilde. Die Paarung dieser Objekte mit Zivilbekleidung und den kunsthandwerklichen Exponaten veranschaulichte jedoch nicht einfach die Verwandtschaft von spätmittelalterlichen Harnischen und Trachten. Darüber hinaus wurden die Waffen als Statussymbole und kunsthandwerkliche Erzeugnisse präsentiert – fernab ihrer Verwendung in militärischen oder überhaupt gewaltsamen Auseinandersetzungen.

Der freimütige Umgang mit den Waffen überrascht umso mehr, als der Waffensammlung des GNM zur gleichen Zeit keine Dauerausstellung zugewiesen wurde. Eine solche wurde erst nach einer mehr als dreißigjährigen Unterbrechung wieder eingerichtet. Denn nach dem Zweiten Weltkrieg war die Abteilung der Waffen, die seit der Museumsgründung stets an prominenter Stelle ausgestellt worden war, problematisch geworden. Die frühere positive Konnotierung, teils sogar Verehrung der historischen Waffe durch Museum, Politik und Gesellschaft war einem Unbehagen gewichen, das sich aus der Katastrophe des Krieges und dem waffenbegründeten Leid speiste. Die neue Haltung gegenüber der Objektgattung zeigte sich erst nach und nach an vereinzelten Exemplaren und kleineren Waffengruppen. Diese wurden in Sonderausstellungen und Schauvitrinen gebracht, die von militärischen Kontexten und kriegerischen Bezügen losgelöst waren. Stattdessen führte sie das Museum als Erzeugnisse des metallverarbeitenden Gewerbes vor, als Prunkwaffen, Jagd- und Turniergeräte, oder unter Berücksichtigung kunsthandwerklicher Techniken wie der Ziselierung, Tauschierung und Ätzung (vgl. Königer 1950: 11f.; Willers 1978: 856). Dazu nahmen Epochen- und Themenräume die Waffen in den 1950er Jahren auf. So wurden Jagdgeräte in Barocksäle und spätmittelalterliche Waffen in Patriziatsräume gebracht, wo sie Gemälden und Schmuck sowie höfischer und festlicher Kleidung beigesellt wurden. Die Leihgaben an auswärtige Ausstellungen wie auf der Nürnberger Kaiserburg ausgenommen, betrachtete das Museum historische Waffen damit hinsichtlich ihrer Zugehörigkeit zu einer sozialen Schicht – Rittertum, Patriziat, Nieder- und Hochadel – oder aber unter einer historischen oder ästhetischen Klammer – Spätmittelalter, Barock und Rokoko. Dementsprechend behandelten auch die Kostümschauen die Waffen, selbst militärische Feldwaffen, als zeigenswertes Kunst- und Kulturgut. Dabei wurde das Risiko billigend in Kauf genommen, die Stücke bei Transport, Zusammenstellung und Anprobe zu beschädigen, was sogar eintrat (vgl. Kregeloh 2015: 29). Hatte das Museum die Waffen in der ersten Jahrhunderthälfte vor unerwünschten Berührungen durch das Museumspublikum abgeschirmt, setzte es sie nun einer ähnlichen Gefahr aus. Noch dazu war eines der Modelle der Waffenkonservator Leonhard Beyer, der vor einer Dekade Rostschäden an im Krieg deponierten Waffen beseitigt hatte (Abb. 3) (vgl. Jahresbericht für 1946-47: 29; Königer 1949: 107). Wie ist das zu erklären? Retrospektiv ließe sich

Abb. 3: Leonhard Beyer bei der *Historischen Modenschau*, 1954

argumentieren, dass das kriegsversehrte GNM nach einem neuen Umgang mit den Musealien suchte. Zerstörte oder beschädigte Gebäudetrakte und Schausäle boten nur wenige Ausstellungsflächen, sodass die Objekte auf andere Weise – im Falle der Kostümschauen buchstäblich – in die Öffentlichkeit getragen werden mussten. Kurzerhand schlug das Museum die Waffen seinen übrigen Kunstschätzen zu, um beim Publikum finanzielle Zuwendungen einzuwerben. Dabei wurde im unikalen, aber regulierten und wiederholbaren Ablauf der Veranstaltungen eine Grenze überschritten: Coram publico wurden die zuvor versteckten, deponierten und restaurierten Objekte nicht nur vor-, sondern auch von Menschen *mit*geführt – ein vormals unerhörter Umstand.[6] Weil die Kostümschauen jeglichen Militarismus beseitigten, konnten die Zuschauenden in eine verklärte, als unbeschwert empfundene Vergangenheit eintauchen. Somit ließen sich die Waffen betrachten, ohne an die Weltkriege, die Gräueltaten des nationalsozialistischen Regimes oder generell an Gewalt zu erinnern.

Gleichwohl die Kostümschauen aus dem Museumsalltag herausstachen, führten sie miniaturhaft verschiedene Konzepte vor, die sich auf das vergangene Jahrhundert seit der Gründung des GNM applizieren lassen. So traten die exponierten Waffen nicht als Gebrauchsgegenstände in Erscheinung, sondern innerhalb der *Form* der Kostümschauen. Darin brachten die Waffen kultur- und kunsthistorische Zustände zur Anschauung. Deren Bedeutungshorizont hing wiederum vom *Medium* der Waffe ab. Die Medialität geriet sogar zur Voraussetzung der Veranstaltungen, indem die Waffen mit den übrigen Objekten historische, kulturelle und künstlerische Bezüge – zusammengefügt in der Form – vermittelten. Diese Medialität wurde im Rahmen der Schauen intensiviert, entstammte jedoch den Objekten selbst. Denn in ihren früheren Verwendungskontexten, einschließlich des Krieges, waren die Waffen niemals bloß physische Vehikel der Gewalt gewesen, wenngleich ein Schwert, mit dem Medientheoretiker Marshall McLuhan verstanden, als Medium zunächst eine Erweiterung des menschlichen Körpers darstellt, nämlich der Hand (vgl. McLuhan 1992: 387, 390). Stattdessen stellte die taktische Gefechtsfunktion nur eine Gebrauchsweise der Waffe dar. Weitere Operationen beruhten auf der Exponierung der Waffe vor einem Dritten: soziale Referenzen, repräsentative Verweise und visuelle Bezeichnungen. Bei den Schauen wurden die Waffen mit dem individuellen *Körper* der Modelle zusammengeführt, der sie ausstellte und den sie im Gegenzug bezeichneten – als Körper des Ratsherrn, des Ritters oder des Patriziers (Abb. 4). Insofern

6 Das GNM sah sich spätestens seit den 1920er Jahren waffenkonservatorischen Problemen gegenüber, weshalb zum Beispiel Harnische von den Besuchenden abgezäunt wurden. Demgegenüber traute das Museum den Schauspielenden der Kostümschauen wegen der Erfahrung mit Theaterrequisiten wohl einen verantwortungsbewussten Umgang mit den Exponaten zu.

Abb. 4: Modell mit Federbarett, Schwert und Harnisch bei der *Historischen Modenschau*, 1954

führten die Kostümschauen beides vor Augen: zum einen die Objekte als Übermittler eines spezifischen Wissens, zum anderen die körperliche Handhabung der Waffe, jedoch aller Gewaltaspekte entkleidet. Aus der kompilierten Bekleidung, den historischen Musealien und den zeitgenössischen Stücken, und dem Körper der Modelle ergab sich eine *Assemblage*, welche den funktionellen Katalog der Waffen an den Darsteller:innen leibhaftig zum Vorschein brachte und mittels der Form aktualisierte. All dies ereignete sich im *Dispositiv*, das heißt im Rahmen des Museums sowie in der Schauanordnung der Kartäuserkirche, wo die Modelle umgeben von den Zusehenden auf dem Läufer posierten. Auf eine Kurzformel gebracht: Die *Form* der Schauen organisierte die Objekte als *Medium* innerhalb des musealen *Dispositivs*. Diese Trias erweist sich bei genauerem Hinsehen als komplexe Verschachtelung: Einerseits fanden sich die Objekte, das Medium, in der Form der Kostümschauen mit dem Körper zu einer Assemblage zusammen, die bestimmte Funktionen und Potenziale des Mediums hervorhob. Andererseits aktualisierte sich die Form in der Kirche des GNM, welches ein Dispositiv darstellt. Bei näherem Hinsehen wird daher an den Kostümschauen eine Reihe von Konzepten erkennbar, die im Fortgang intensiv diskutiert werden. Denn die Kostümschauen waren nicht die einzigen Vorkommnisse in der Museumsgeschichte, an denen sich diese Konzepte beobachten lassen. Vielmehr standen sie am Ende einer hundertjährigen Phase der Formierungen, Verschiebungen und Kurswechsel, aber auch der Kontinuitäten im Sammeln und Ausstellen. Anhand der Begriffe lässt sich eruieren, wie das GNM von der Gründung bis zu den Kostümschauen mit seinen Objekten der Gewalt umging – mit den Waffen, aber auch mit Rechtsinstrumenten wie den Folter- und Strafgeräten.

Dieses Buch beschäftigt sich mit der historischen Sammlungs- und Ausstellungspraxis zweier Abteilungen des GNM, der Waffen und der Alten Gerichtsbarkeit.[7] Diese werden in ihrem jeweiligen kulturhistorischen Kontext gut ein Jahrhundert lang von der Museumsgründung bis nach dem Zweiten Weltkrieg erkundet. Den Anfang des untersuchten Zeitraumes markiert die Gründung des GNM 1852 durch Hans von und zu Aufseß, dessen Privatsammlung den Grundstock beider Abteilungen bildete. Den Schlusspunkt setzen die Kostümschauen und die Nachkriegsausstellungen in den 1950er Jahren, welche die letzten großen Veränderungen im Umgang mit den Museumsobjekten bewirkten. Analysiert wird, in welche Formen die Musealien im Dispositiv eingebettet waren und welche Qualitäten des Mediums dadurch betont, welche aber verdeckt wurden. Ans Licht kommt dabei eine Vielzahl von Aspekten: die Verbindungen zwischen den historischen Dispositiven, denen die Waffen, Folter- und Strafgeräte entstammten, und der Ausstellungsweise im Museum; die Bedeutungen und Funktionen, die den Musealien im Wandel der Zeit zugeschrieben und abgesprochen wurden; die mit ihnen assoziierten Körper und Gewaltakte; die Topoi, Vorbilder und Ordnungen, nach denen die Musealien am GNM formiert wurden; die medialen Aufgaben, die den Waffen, Folter- und

7 Während die Waffen im GNM auch ‚Historische Waffen und Jagdaltertümer' sowie ‚Waffen und Jagdkultur' genannt wurden, bezeichnete das Museum die Alte Gerichtsbarkeit ehemals als ‚Rechtsaltertümer', ‚Geräte der Rechtspflege' oder nach dem Gros der Sammlungsobjekte schlicht als ‚Folter- und Strafgeräte'.

Strafgeräten – anstelle des physischen Gebrauchs gegen einen Zweiten – nun im Museum übertragen wurden. Weil sich die Zurschaustellung der GNM-Musealien nicht in einem Vakuum ereignete, ist ferner nach den Dynamiken zu fragen, die das Museum, seine Akteure und Ausstellungen beeinflusst haben. Darunter fallen interne Neubesetzungen, wechselnde Direktoren und Inszenierungskonventionen, genauso aber externe kulturelle, gesellschaftliche und politische Bedingungen. Dies ist auch deswegen relevant, weil zeitgenössische Debatten und ästhetische Vorlieben möglichst *nicht* in die auf lange Sicht angelegten Dauerausstellungen – im Gegensatz zu den temporären Sonderausstellungen – einfließen sollten.

Doch fügt sich die bemessene Zeitspanne nicht nur nahtlos in den von der Gründungs- und Nachkriegszeit vorgegebenen Rahmen ein. Vielmehr lassen sich in den über 100 Jahren Untersuchungszeitraum aufeinander reagierende Formen erkennen. Der Movierung von Gewalt innerhalb der einzelnen Formen kommt hierbei besonderes Augenmerk zu. Dies beinhaltet tatsächliche Inszenierungen von Gewaltaspekten, ebenso aber deren Absenz in den Ausstellungen. Weil es sich um kulturgeschichtliche Darstellungen handelt, wird dabei berücksichtigt, ob und wie das GNM die Vergangenheit seiner Musealien in Dispositiven wie dem Krieg, dem Turnier, der Jagd und der Strafgerichtsbarkeit reflektiert. Bei diesem Prozess werden Formen unterschieden, die sich zeitlich, räumlich und inhaltlich voneinander abheben, aber auf demselben Medium der Waffen, Folter- und Strafgeräte basieren. Sie fallen häufig mit den Ausstellungen der Waffen und der Alten Gerichtsbarkeit zusammen und bedingen Aspekte der Sichtbarkeit, der Körperlichkeit und der Gewalt. Obwohl es Umbrüche und Neuperspektivierungen gab, konnten verschiedene Formen auch koexistieren.

Um den Analysegegenstand genauer zu umreißen, seien kurz einige Erläuterungen zu den beiden Abteilungen gegeben. Die seit der Gründung des GNM existenten Sammlungen der Waffen und der Alten Gerichtsbarkeit waren bis zum Zweiten Weltkrieg unter sämtlichen Direktoren durch Dauerausstellungen vertreten – von den ersten Jahren im Nürnberger Tiergärtnertorturm und im mittelalterlichen Kartäuserkloster über die historistischen Erweiterungsbauten des späten 19. Jahrhunderts, von der Neuaufstellung nach dem Ersten Weltkrieg bis zur Zusammenführung der Waffen im Galeriebau vor dem Zweiten Weltkrieg. Diesen zeitlichen Etappen entsprechen im Falle der Waffen auch räumliche Verschiebungen. So waren die Waffen synchron auf verschiedene Ausstellungssäle aufgeteilt, veränderten aber diachron ihre Position auf dem Museumsareal. Demgegenüber besetzte die Alte Gerichtsbarkeit ein knappes Jahrhundert lang – von kleineren baulichen Eingriffen abgesehen – denselben Ausstellungsbereich. Kann die Alte Gerichtsbarkeit von 1858 bis zur kriegsbedingten Deponierung um das Jahr 1942 nur eine konstante Ausstellung verzeichnen, belegten die Waffen im gleichen Zeitraum fünf größere und viele kleinere Standorte. Ungleich stärker in die direktoriale Gesamtstrategie einbezogen, verfügte die Waffensammlung seit 1913 über einen Kurator und Konservator, wohingegen die Betreuung der Alten Gerichtsbarkeit ohne dediziertes Personal verlief und heute dem Aufgabenbereich der Archivdirektion zugeschlagen wird. Das Ungleichgewicht beider Abteilungen wird auch an ihrer Größe sichtbar. Während die Waffensammlung über 3000 Inventarnummern zählt, kommt die Alte Gerichtsbarkeit lediglich auf rund 140.[8] Den Großteil bilden Folter- und Strafwerkzeuge der Frühen Neuzeit, die mithin das Profil der Dauerausstellung prägten. Demgegenüber weist das Waffeninventar sammlungsgeschichtlich zu erklärende Lücken auf, indem Dubletten ausgesondert, Leihgaben zurückgenommen oder erbeutete Stücke abgeführt wurden.[9] Zeitlich rangieren die Waffen vom Hochmittelalter über das Spätmittelalter und die Frühe Neuzeit bis hinein ins 19. Jahrhundert. Die wenigen Objekte aus dem 20. Jahrhundert sind für den untersuchten Zeitraum unbedeutend.

Neben den großen Unterschieden sind aber auch Gemeinsamkeiten festzustellen: Beide Sammlungen gelangten mit der Privatsammlung des Museumsgründers Aufseß ins GNM. Ihre Ausstellungsbereiche grenzten ab 1858 aneinander, wobei aufgrund von Platzmangel Folter- und Strafgeräte kurzzeitig bei den Waffen und Feuerwaffen bei den Rechtsgeräten untergebracht waren. Einzelne Objekte der Alten Gerichtsbarkeit, wie Richtschwerter und eine Peitsche, ähneln ihren

8 Zwölf Nummern davon fallen auf sogenannte Siebenerzeichen ab, kleine Plättchen zur Absicherung von Grenzmarkierungen. Für die Untersuchung sind sie nicht von Belang.

9 Beispielsweise gibt es Lücken zwischen den Inventarnummern W172 und W254 sowie zwischen W2301 und W2334.

Pendants in der Waffensammlung.[10] Zudem waren die Objekte beider Abteilungen vorwiegend auf die menschlichen Extremitäten ausgerichtet (Schwert, Bogen, Armbrustwinde, Rollholz) und für den menschlichen Körper geformt (Harnisch, Panzerhandschuh, Folterstuhl, Handschellen). Die Alte Gerichtsbarkeit enthält mit den sogenannten Leibzeichen sogar *human remains*. Sowohl Waffen als auch Folter- und Strafgeräte dienten dazu, Körper zu disziplinieren, zu verstümmeln, zu verletzen und zu töten. Dagegen sollten Schutzwaffen wie Helme, Harnische und Schilde den Körper vor anderen Waffen bewahren. In jedem Falle wurde der Körper durch die Objekte gekennzeichnet. Wie die Bezeichnung als ‚Waffe', ‚Foltergerät' oder ‚Strafinstrument' anzeigt, sollte Gewalt durch die Benutzung der Objekte geschehen oder aber vermindert und abgewendet werden. Schließlich widmeten sich die Kunst und Literatur des 19. Jahrhunderts den älteren Waffen und Rechtsgeräten. Während sich dies bei den Waffen positiv in der Verehrung eines Ritterideals äußerte, wurden Folter- und Strafgeräte negativ als barbarische Gewaltinstrumente dargestellt.

Außer der historischen Gleichzeitigkeit, der objektspezifischen Verwandtschaft, der räumlichen Nähe und dem Gewaltbezug lassen sich weitere Gründe für die Analyse beider Abteilungen anführen. Zunächst stehen sie für abweichende, gegensätzlich verlaufende Linien innerhalb des GNM. So hatten die Waffen über weite Strecken unter den musealen Sammlungen einen privilegierten Status inne, der sich in den musealen Programmschriften, den häufigen Akquisen und dem opulenten Dekor der Schauräume niederschlug. Demgegenüber repräsentierte die Alte Gerichtsbarkeit einen Gegenentwurf, da ihr im Museumsalltag deutlich weniger Beachtung zuteilwurde. Dadurch können an ihr ansonsten verdeckte oder unterdrückte Aspekte aufgezeigt werden, die der Zielsetzung des GNM entgegenstanden. Nichtsdestotrotz färbten ästhetische, politische und gesellschaftliche Entwicklungen auch auf die Alte Gerichtsbarkeit ab, wie sich an ihrem Verhältnis zur zeitgenössischen Ausstellungskultur zeigt. Zwar traten auch die Waffen mit externen Sammlungen und Ausstellungen in Austausch. Doch lässt sich die Alte Gerichtsbarkeit in enge Beziehung zur ebenfalls in

10 So liegt ein frühes Exemplar eines Richtschwertes (StR28) vor, dessen spitzer Ort und Parierstange die Abstammung von militärischen Schlachtschwertern preisgeben.

Nürnberg ansässigen, sogenannten Kriminalistisch-Kulturhistorischen Sammlung setzen.

Der historiographischen Erforschung der Sammlungen liegen verschiedene Quellen zugrunde. Erste Recherchen zur Geschichte der Waffensammlung und, in geringerem Maße, ihren Ausstellungen betrieben die ehemaligen Kuratoren Ernst Königer und Johannes Willers (vgl. Königer 1977; Willers 1978). Überdies wurde die Sammlungsgenese, insbesondere deren Entwicklung unter Direktor August von Essenwein, in hausgeschichtlichen Festschriften und Resümees behandelt (vgl. Hampe 1902a; Hampe 1902b; Schulz 1927). In der Regel widmeten sich diese Texte dem Stellenwert der Waffen bei der Museumsleitung, der Ausstellungsgestaltung sowie dem Sammlungswachstum. Wenngleich Willers den zeitgenössischen Kontext der Arrangements beachtet, wurden tiefgehende Ausstellungsanalysen nach konsistenten Gesichtspunkten bislang nicht betrieben. Damit kann auch die Alte Gerichtsbarkeit nicht aufwarten, deren Sammlungs- und Ausstellungsgeschichte jeglicher wissenschaftlichen Aufarbeitung ermangelt. Mit Ausnahme einer Waffenkartei des Kurators August Neuhaus entbehren beide Sammlungen vollständiger Kataloge, wobei Teilkataloge von Waffenkontingenten wie der Helme (vgl. Essenwein 1892), der Jagdgeräte (vgl. Neuhaus 1935) und der Kriegsmodelle des sogenannten Kleinen Nürnberger Zeughauses (vgl. Königer 1967) existieren. Einen detaillierten Überblick zur Geschichte des GNM im Ganzen, aber auch zu den Geschicken einzelner Abteilungen bietet der Sammelband *Das Germanische Nationalmuseum Nürnberg 1852–1977* von Bernward Deneke und Rainer Kahsnitz (vgl. Deneke/Kahsnitz 1978). Während die genannten Veröffentlichungen wichtige Hinweise zur Hausgeschichte und Gründungsphase des GNM bergen, streifen sie den Werdegang der Waffensammlung lediglich und lassen die Alte Gerichtsbarkeit beinahe völlig unberücksichtigt. Im Umgang mit den Primärquellen ist zu bedenken, dass in den hundert Jahren aus dem Museum selbst heraus mehrere Geschichten des GNM entstanden sind. Diese internen Narrative verfuhren auf verschiedene Weise mit der eigenen Vita – neuere Fassungen widersprachen älteren Ansichten zuweilen scharf, verklärten im Rückblick aber auch die Gründungsjahre.

Alle hier geleisteten Ausstellungsbeschreibungen und -analysen erfolgen auf der textlichen Basis der Museumsführer, der *Wegweiser*, welche das GNM seit der Gründung unregelmäßig in zahlreichen Auflagen veröffentlicht hat.[11] Je nach Ausgabe äußerten sich die Wegweiser mal mehr, mal weniger detailliert zur Inszenierung der Exponate, zur Ausgestaltung der Schauräume und zu deren Bedeutung im musealen Gesamtprogramm. Manche Wegweiser listeten die Musealien schlicht auf, viele fügten jedoch Erklärungen bei, gaben Deutungen und Intentionen vor. Dadurch liefern sie nicht Anhaltspunkte darüber, *was* in den Schauräumen zu sehen war, sondern auch, *wie* es verstanden werden sollte. Neben den Wegweisern stellen die museumseigenen Monatsschriften einen ergiebigen Fundus dar. Deren erste Folge, der *Anzeiger für Kunde des deutschen Mittelalters*, wurde 1832 von Aufseß ins Leben gerufen, aber bereits mit dem dritten Jahrband eingestellt. Wenngleich irrelevant für die weiteren Geschicke des GNM, gab er doch die Formel der späteren Anzeiger vor: Kurzbeiträge zu mittelalterlichen und frühneuzeitlichen Themen, meist inklusive Zeichnungen und Originalquellen, von Forschenden im Umfeld des GNM. Anschließend wurde die Zeitschrift in *Anzeiger für Kunde der deutschen Vorzeit. Organ des Germanischen Museums*[12] umbenannt, worunter sie zunächst bis 1839 firmierte, bis sie 1853 nach der Museumsgründung abermals neu aufgelegt wurde. Zwischen 1884 und 1921 wurde das Organ aufgeteilt: Den Anzeiger, der nun hauseigene Veranstaltungen und Neuigkeiten verkündete, ergänzten die *Mitteilungen aus dem Germanischen Nationalmuseum* um eine Auslese wissenschaftlicher Beiträge. Beide Publikationslinien wurden danach im *Anzeiger des Germanischen Nationalmuseums* vereint, der bis heute periodisch neben Formaten wie dem quartalsmäßig publizierten Magazin *KulturGut*[13] erscheint. Sämtliche historischen Anzeiger und Mitteilungen enthalten nicht nur Äußerungen zum Museumswerdegang, sondern auch zu einzelnen Objekten, Sammlungen und Ausstellungen. Als Quellenkonvolut sind diese Schriften ein Seismograph der Entwicklungen am GNM und damit ein elementares Reflexionsmedium dessen, was dort zu einer bestimmten Zeit ausgesagt und aufgezeigt wurde.

---

11 Für eine Liste aller Auflagen und Bezeichnungen der Wegweiser vgl. Janeck/Gründler 1978: 1176–1178.

12 Der Untertitel resultierte aus Aufseß' schon damals gefestigter Absicht, ein Museum zu gründen (vgl. Hess 2014: 50).

13 Diese Broschüre wurde von 1981 bis 2004 als *MonatsAnzeiger* entsprechend häufig veröffentlicht.

Ihre Sezierung fördert daher den Forschungs- und Meinungshorizont zutage, der für das Verständnis der Sammlungen und Ausstellungen essenziell ist. Schließlich bilden die Jahresberichte, die meist in nüchternem Tonfall besondere Ereignisse, Neuzugänge, Zuwendungen, Baumaßnahmen und kuratorische Eingriffe vermerken, das dritte größere Konvolut der Museumstexte. Ergänzend geben vereinzelte direktoriale Programmschriften und Konzeptpapiere tiefere Einblicke in den Selbstanspruch des GNM, in die Ausbauvorhaben und in die mittel- und langfristige Ausrichtung der Abteilungen. An erster Stelle sind hier Essenweins diverse Berichte zur Gegenwart und Zukunft des Museums zu nennen.[14] Alle diese Quellen sind großteils in der Museumsbibliothek verfügbar. Zusammen mit Lokalzeitungen wie dem *Fränkischen Kurier*, die in der Stadtbibliothek Nürnberg zum Teil auf Mikrofilm einsehbar sind, erlauben sie eine Einschätzung der jeweiligen Lage am und um das Museum.

Weitere Teile des hausgeschichtlichen Schriftguts verwaltet seit der Gründung des GNM als eines der ältesten Museumsarchive das Historische Archiv. Außer internen Protokollen und Briefen finden sich darin auch Bildquellen wie Geländeskizzen und Schausaalpläne. Weitere relevante Abbildungen, darunter Zeichnungen, Holzstiche, Radierungen und Photographien des GNM sowie anderer Museen und Sammlungen, enthält die Graphische Sammlung. Die meisten historischen Ausstellungsphotographien werden allerdings in der Museumsphotothek aufbewahrt. Sie stammen zum Teil aus photographischen Projek-

---

14 Die Pluralität der Schriften soll eine argumentative Engführung auf einzelne Akteure vermeiden, auch wenn die Autorschaft mancher Wegweiser und Jahresberichte unklar ist, während andere von den Museumsleitern verfasst wurden. Denn insbesondere die Museumsdirektoren wurden im Forschungsdiskurs oftmals einseitig als Urheber der musealen Gesamtausrichtung identifiziert und für spezifische Entscheidungen in die Pflicht genommen. Sicherlich zeichnete beispielsweise August von Essenwein für die strategische Ausrichtung des Museums und der Waffen im Speziellen verantwortlich, doch darf eine Analyse nicht allein bei seiner Person verharren, zumal sich das Dispositiv nicht monokausal aus einem Protagonisten ableiten lässt. Vielmehr sind personale Beschlüsse immer in einen größeren Kontext einzubetten, der politische, gesellschaftliche, mediale, ästhetische und ökonomische Aspekte ebenso berücksichtigt wie die Möglichkeit von Zufällen, Brüchen und Sprüngen. Dass die einzelnen Kapitel teilweise mit der Amtszeit der Direktoren zusammenfallen, ist dagegen der Laufzeit der Ausstellungen geschuldet.

ten am GNM, welches zeitweise sogar ein eigenes Atelier unterhielt. Die Aufnahmen zeigen Dokumente, Werbeartikel, Entwürfe für Neubauten und Schauräume sowie einzelne Waffen und Rechtsgeräte. Außerhalb des Museums bewahren Institute wie das Stadtarchiv Nürnberg Aufnahmen von Photographen wie Ferdinand Schmidt und Hermann Großberger sowie Reisenden und Kunstsammelnden auf. Einen letzten Fundus bilden Post- und Ansichtskarten des GNM sowie städtischer Ereignisse und Orte, darunter auch der Kriminalistisch-Kulturhistorischen Sammlung auf der Nürnberger Burg. Somit liegen Abbildungen in großer Zahl und hoher Qualität vor, die eine hinreichende Einsicht in die früheren Schauräume gewähren. Jedoch sind sie im untersuchten Zeitraum nicht gleichmäßig verteilt. Obwohl sich Darstellungen selbst der frühesten Ausstellungen im Tiergärtnertorturm und Kartäuserkloster erhalten haben, häufen sich die Abbildungen ab den 1890er Jahren. Hinzu kommt, dass einige Photographien aus ähnlichen Winkeln heraus angefertigt wurden und daher nahezu identische Perspektiven eines Saales zeigen, während der Bereich hinter der Kamera in allen Abbildungen unsichtbar bleibt. Solche visuellen Probleme lassen sich aber durch die Wegweisertexte ausgleichen.

Dieses Buch unternimmt nicht den Versuch, eine allgemeingültige Sammlungsgeschichte der Waffen und der Alten Gerichtsbarkeit zu schreiben. Falls überhaupt möglich, müsste für ein solches Unterfangen die Analyse der beiden Abteilungen noch stärker mit der alltäglichen Museumsarbeit verknüpft werden. Ebenso wenig handelt es sich um eine detailgenaue Rekonstruktion der Ausstellungen in den Schauräumen und ihrer mikroskopischen Veränderungen, die zu einer noch größeren Unwucht beider Abteilungen zugunsten der Waffen führen würde. Zudem steht die Auswahl der Waffen und Rechtsgeräte nicht repräsentativ für das GNM als Ganzes, wenngleich Neuausrichtungen und Umbrüche auf beide einwirkten. Stattdessen wird in den Blick genommen, wie die Entwicklung der Abteilungen verschiedene Exponierungen der Waffen, Folter- und Strafgeräte zeitigte. Hierfür wird der Untersuchungszeitraum in mehrere Schichten zerlegt, die nacheinander erkundet werden. Vier Schichten sind ausschließlich den Waffen zugeordnet, nur eine der Alten Gerichtsbarkeit, bevor die sechste Schicht Waffen und Rechtsgeräte gleichermaßen einschließt. Bis auf die beiden Weltkriege, nach denen es zu unmittelbaren schwerwiegenden Umbrüchen kam, überlappen sich diese Zeitschichten. Sie können verschiedene Ausstellungen beinhalten, wobei jeweils nur diejenigen Arrangements betrachtet werden, die dem Erkenntnishorizont des Buches entsprechen. Dabei werden Ausstellungsinhalte zusammen mit Akteuren und Diskursen, mit den Sammlungsveränderungen, mit dem zeitgenössischen Blick auf die Objekte und vielen weiteren Faktoren in eine komplexe Gemengelage gebracht. Diese Gemengelage veranschaulicht, wie die vielfältigen Potenziale der Objekte, unter Rückgriff auf ihre historischen Dispositive, nach und nach in den musealen Formen exponiert wurden. Dabei wurden die Waffen, Folter- und Strafgeräte mit bestimmten Körpern in Verbindung gebracht und auf spezifische Funktionen und Bedeutungen festgelegt. Das dichte und kleinteilige Puzzle, welches durch die Beschreibung der Schichten entsteht, lässt einen zentralen Befund zu: Je mehr die Objekte exklusiven Teilen der Gesellschaft zugeschrieben wurden, je mehr sie in einem visuellen und zeichenhaften statt in einem physischen Rahmen verankert wurden, je mehr also die Medialität der Objekte im GNM reflektiert wurde, desto mehr wurde die Gewalt abgefedert und ausgeklammert.

Um diese Entwicklungen beschreiben zu können, werden im 2. Kapitel „Dispositiv, Medium und Form. Eine theoretische Kartographie des GNM“ diverse Begriffe eingeführt, die im analytischen Teil der Untersuchung immer wieder herangezogen werden. Gleichzeitig dienen die Begriffe zur theoretischen Fixierung der Waffen, Folter- und Strafgeräte, der musealen Sammlungen und Ausstellungen. Zunächst wird das historische GNM als ein spezifisch operierendes Dispositiv bestimmt. So sammelte das GNM nicht nur Objekte und organisierte sie zu Ausstellungen, sondern kanalisierte auch Zeitschichten, produzierte und diskursivierte Wissen innerhalb eines historisch gewachsenen Gebildes. Dabei machte es sich die Medialität der Objekte zu eigen, welche sich durch Visualität, Funktionalität, Speicherung geschichtlichen Wissens und durch die Nachbarschaft zu anderen Objekten auszeichneten, und exponierte diese in Ausstellungen und Ensembles. Den Dispositivbegriff weiterspinnend werden sogenannte Fluchtlinien herausgearbeitet, die eine innere Dynamik im Museum erzeugen und Abweichungen ermöglichen. Diese Fluchtlinien entspringen wiederum der Medialität der Waffen, Folter- und Strafgeräte sowie ihrer Exponierung – und der Exponierung ihrer Verwendungsweise – in vormusealen Dispositiven wie dem Militär, dem Turnier, der Jagd und der Strafgerichtsbarkeit.

Dies wirkt sich auf die Formierung der Objekte aus, die im Museum, in den Sammlungen und Ausstellungen zu größeren Einheiten gefasst werden. Beschrieben wird dies durch die Medium-Form-Unterscheidung, nach der bestimmte Objektformationen, zum Beispiel die musealen Hauptlinien der Sammlung und der Ausstellung, als Formen definiert werden. Die Form realisiert dabei Potenziale des Mediums und macht Assemblagen sichtbar. Zugleich treten die Objekte in eine physische oder metaphorische Beziehung mit dem Körper, um bestimmte Handlungen und Bedeutungen hervorzubringen.

Nach der theoretischen Bestimmung der Ebenen des Dispositivs werden die musealen Zeitschichten anhand der Begriffe seziert. Damit beginnt die historiographische Auseinandersetzung, die sich bis zum 8. Kapitel erstreckt. Zunächst behandelt das 3. Kapitel „Die Frühzeit des GNM. Die malerische Form“ die Frühphase rund um die Museumsgründung durch Hans von Aufseß, als nicht nur das Dispositiv etabliert, sondern auch das Sammeln von Waffen im zeitgenössischen Kontext aufgenommen wurde. Dieser Abschnitt deckt grob die ersten 15 Jahre des GNM ab. Von den Motiven zeitgenössischer Privatsammler geprägt, entstand mit der malerischen Form eine ästhetisch ausgerichtete Weise des Ausstellens von Waffen, die sich exemplarisch im Tiergärtnertorturm und im Kleinen Kreuzgang entdecken lässt, wo die Objekte erstmals zu sehen waren. Neben dem damaligen musealen und gesellschaftlichen Umgang mit der Waffe wird geprüft, welche Rolle der Körper des Privatsammlers spielte.

Anschließend nimmt sich das 4. Kapitel „Feldwaffen. Die waffenkundliche Form“ der Amtszeit Direktor Essenweins bis 1892 an, welcher die Sammlung auf eine waffenkundliche Grundlage stellte und sie durch eine offensive Einkaufspolitik quantitativ wie qualitativ erweiterte. Fortan beruhte die Erwerbsstrategie auf Feld- und Gefechtswaffen, was sich historisch, politisch und medial begründen lässt. Vom Krieg derivierte Waffen, die dem militärischen Dispositiv entstammten, eröffneten eine systematische, nämlich typologische und chronologische, Form. Diese funktionierte über ihre interne Geschlossenheit, was sich inszenatorisch in Schauräumen wie dem Standesherrensaal spiegelte, wo die Waffen in Reihen und Gruppen aufgeteilt wurden. Um die Entwicklungslinien und die wechselseitige Ausdifferenzierung von Angriffs- und Verteidigungswaffen bis in die Gegenwart nachzuzeichnen, führte Essenwein die Prinzipien der Serialisierung und der

Reziprozität ein. Das Medium ging in der Form der Ausstellung auf und rief eine Assemblage in Erinnerung, die dem Körper des gemeinen Soldaten zugrunde gelegen hatte.

Das 5. Kapitel „Turnierwaffen. Die Form des Turniers" setzt sich mit der Aufweichung der rigiden waffenkundlichen Form durch eine neue Form auseinander. Im Mittelpunkt steht die sogenannte Sulkowskische Sammlung, deren Objekte nicht nur Lücken am GNM schlossen, sondern diesem auch großes öffentliches Interesse einbrachten, waren sie doch 1889 als ehemalige Zeughauswaffen nach Nürnberg zurückgeholt worden. Die Provenienz der Turnierwaffen aus dieser Sammlung erhielt hier eine besondere Bedeutung: Über die Vergangenheit in den Dispositiven des spätmittelalterlichen Turniers und des Zeughauses sowie in einer österreichischen Privatsammlung etablierte sich bis ins frühe 20. Jahrhundert eine weitere Form. Diese erweiterte die inhaltliche Beschäftigung mit dem Turnier um patrizische, christliche und mythische Referenzen, wobei Lokal- und Adelsbezüge nationale Geltung erlangten. Exemplarisch zeigen dies die Kress-Kapelle im Augustinerbau und die Waffenhalle im Südwestbau, in der sich die Turnierwaffen formierten. Die Bezüge basierten auf dem Körper des Adels, dessen soziale Distinktion medial über die Waffen sichergestellt wurde.

Mit dem verlorenen Ersten Weltkrieg markiert das 6. Kapitel „Jagdgeräte. Die Form der Jagd" einen Einschnitt. So erschien die bisherige Präsentationsweise der Waffen aus politischen, ästhetischen und konservatorischen Gründen nicht mehr als zeitgemäß. Die Geschlossenheit der waffenkundlichen Form wurde weiter aufgebrochen und einer Form gegenübergestellt, die auf sorgfältig ausgewählten Stücken basierte. Nach dem Militärwesen und dem Turnier wurde mit der höfischen Jagd an ein drittes vormuseales Dispositiv angeknüpft. Die neue Gruppe der Jagdgeräte besetzte in den 1920er und 30er Jahren eigene Ausstellungssäle und wies noch stärker auf die medialen Funktionen von Waffen hin, indem sie die kategoriale Differenz zwischen Kultur- und Kunstgeschichte unterlief. Dadurch wurden die Objekte weniger als taktische Gewaltinstrumente denn als ästhetische Kunstgegenstände dargestellt. Außer auf den Körper des Adels verwiesen die Jagdgeräte auch auf den animalischen Körper und legitimierten zugleich die gegen Tiere als nichtmenschliche Akteure gerichtete Gewalt.

Nachdem sich die vorherigen Kapitel den Waffen gewidmet haben, untersucht das 7. Kapitel „Rechtsgeräte. Die Alte Gerichtsbarkeit und die sensationalistische Form“ die Abteilung der Alten Gerichtsbarkeit von den frühesten Zurschaustellungen bis zum Zweiten Weltkrieg. Das relevante vormuseale Dispositiv ist hier die Strafgerichtsbarkeit, die in zwei Formen zur Erscheinung kommt: Die landesweite Sammlungs- und Ausstellungskultur bestimmte die sensationalistische Form, die im Fall der Kulturhistorisch-Kriminalistischen Sammlung in Nürnberg auch eklatante Auswirkungen auf das GNM hatte. Dessen Reaktion bestand in der Form der Alten Gerichtsbarkeit, die anstelle eines effektheischenden, voyeuristischen Ansatzes szientifisch fundiert war. Deutlicher als je zuvor adressierte diese Form den Körper des Opfers und präsentierte ihn mithilfe der Objektgruppe der Leibzeichen sogar physisch. Um die Abweichung der Formen am Begriff der Authentizität festzumachen, wird die für beide Formen maßgebliche Assemblage der Eisernen Jungfrau in den Blick genommen.

Das 8. Kapitel „Der Zweite Weltkrieg und die Nachkriegszeit. Dispersion der Formen“ führt die Waffen und Rechtsgeräte zusammen und behandelt den Zweiten Weltkrieg, die Auslagerungen der Objekte und die Nachkriegszeit bis in die 1950er Jahre. Noch empfindlicher als nach dem Ersten Weltkrieg rückte der materielle Zustand der Objekte in den Vordergrund, da im Zuge der Deponierung einige Waffen beschädigt worden waren. Mit dem Verschwinden der Waffen, Folter- und Strafgeräte aus den Schauräumen ergab sich eine bis dato ungekannte Formlosigkeit. Während die Rechtsgeräte für eine lange Zeit deponiert blieben, ergänzten einzelne Waffen barocke und patrizische Objektensembles, ohne selbst aber genuine Formen zu bilden. Der Dispersion und Unsichtbarkeit der Formen entspricht ein Körper ohne jeglichen Zugriff auf die Musealien. Schließlich endet der historische Durchgang mit den Kostümschauen dort, wo er eingesetzt hatte.

Im finalen 9. Kapitel werden die verschiedenen Formen der Waffen, Folter- und Strafgeräte resümiert. Die Hauptthesen zusammenfassend, werden die Assemblagen, ihre Funktionen und Körperbezüge nachgezeichnet. Dabei zeigt sich, wie sich das Verhältnis der Objekte zu ihrer historischen Bedeutung, zu ihrer musealen Umgebung und zum Publikum änderte und wie dabei unterschiedliche Vorstellungen von Gewalt entstanden. Zuletzt wird unter Berücksichtigung der gewonnenen historischen Erkenntnisse ein Blick auf das zeitgenössische Ausstellen von Waffen sowie Folter- und Strafgeräten geworfen.

2 Dispositiv, Medium und Form. Eine theoretische Kartographie des GNM

Vor der kulturhistorischen Beschäftigung mit dem Forschungsgegenstand, den Waffen und der Alten Gerichtsbarkeit des GNM, muss zuerst das theoretische Fundament gelegt, das heißt es müssen die Begriffe erarbeitet werden, die das Feld der Untersuchung abstecken. Als erste Annäherung sei eine Formel gegeben: Im Germanischen National*museum* finden *Ausstellungen* von *Sammlungsobjekten* statt. Dieser scheinbar simple Aussagesatz enthält gleich vier Bestandteile – Museum, Ausstellung, Sammlung, Objekt –, die sich auf einer von drei Ebenen verorten lassen – der Museumsebene, der Sammlungs- und Ausstellungsebene sowie der Objektebene. Während die Waffen und die Alte Gerichtsbarkeit zunächst der zweiten und dritten Ebene zu entsprechen scheinen, sind sie doch nicht losgelöst vom musealen Überbau, in dem sich sie befinden. Daher ist erstens zu erkunden, wie das GNM als Ganzes operiert, wie es Objekte erwirbt, diese Sammlungen zuweist und in öffentliche Ausstellungen eingliedert. Zweitens werden die Waffen, Folter- und Strafgeräte als Medium definiert, das außer- und innerhalb des musealen Dispositivs verschiedentlich in Stellung gebracht wird. Drittens sind die Sammlungen und Ausstellungen als museal hervorgebrachte Formen in den Blick zu nehmen, die nicht nur extrinsisch zwischen dem Museum und dessen Publikum, sondern auch intrinsisch zwischen dem Sammeln und Forschen vermittelten. Dabei formieren sie das Medium, die Sammlungsobjekte, in Ausstellungen. Welche Bedeutung kommt den Exponaten in einer Ausstellung zu und wie beeinflussen sie ihrerseits die Ausstellung?

Gleichwohl die Begriffe Museum, Objekt, Sammlung und Ausstellung verschiedentlich ineinander verflochten sind, sind sie nacheinander zu erörtern, beginnend mit dem GNM als Ganzem. Danach werden auf der untersten Ebene die Musealien, ihre Medialität und Funktionalität diskutiert. Anschließend wird untersucht, wie sich die Objekte auf einer mittleren Ebene zu größeren Formen wie der Sammlung und der Ausstellung sowie zu kleineren Formen wie dem Ensemble zusammenschließen. Die Ebene des Museums beschreibt der erste Begriff, das Dispositiv des französischen Philosophen Michel Foucault.

2.1 Das Dispositiv

2.1.1 Der innere Aufbau des Dispositivs

Das GNM als ein Dispositiv zu begreifen, eröffnet die Reflexion darüber, wie seine Objekte dem Museum die Vermittlung von Wissen ermöglichen und dabei selbst von der musealen Wissenserzeugung abhängen. Was aber ist unter einem Dispositiv zu verstehen? Das deutsche Wort ‚Dispositiv' geht auf das französische ‚dispositif' zurück, welches sich grob mit ‚Vorrichtung' oder ‚Einrichtung' übersetzen lässt. Um diese noch allgemeinen Bedeutungen zu spezifizieren, definierte Foucault das Dispositiv folgendermaßen:

> Was ich unter diesem Titel festzumachen versuche ist erstens ein entschieden heterogenes Ensemble, das Diskurse, Institutionen, architekturale Einrichtungen, reglementierende Entscheidungen, Gesetze, administrative Maßnahmen, wissenschaftliche Aussagen, philosophische, moralische oder philanthropische Lehrsätze, kurz: Gesagtes ebensowohl wie Ungesagtes umfaßt. (Foucault 1978: 119f.)

Damit sind Dispositive breit angelegte „Universalien" (Agamben 2008: 15), die eine Vielzahl von Ereignissen, Prozessen, Räumen, Äußerungen, Subjekten und Objekten umfassen.[15] Sie arretieren ihre heterogenen Bestandteile nicht in einem starren Konstrukt, sondern dynamisieren sie in einem Gefüge von „Positionswechseln und Bedeutungsveränderungen" (Foucault 1978: 120). Entscheidendes Merkmal eines Dispositivs ist dabei keine Summierung aller aufgezählten Elemente, sondern, wie Foucault anfügt, „das Netz, das zwischen diesen Elementen geknüpft werden kann" (Foucault 1978: 120). Statt einer Vermengung komplementärer Teile stellt das Dispositiv ein Span-

---

15 Gemeint sind Gefüge, die als Schnittstelle philosophischer, sozialer, politischer, technischer und geographischer Koordinaten wirken und das menschliche Zusammenleben dirigieren. Wie weit der Begriff des Dispositivs zu fassen ist, wurde kontrovers diskutiert. Wo Gilles Deleuze und Foucault selbst die Annahme philosophischer Universalien generell anzweifeln (vgl. Deleuze 1991: 157), sieht Giorgio Agamben sie im Dispositiv bestätigt. Für den Fortgang der Argumentation genügt die Notiz, dass in Dispositiven wie dem Museum vormals unverbundene Bereiche in Relation gesetzt werden.

nungsfeld dar, das sich nicht auf einzelne Glieder reduzieren lässt, sondern sie als Gefüge zu einem emergenten Ganzen transformiert. Foucaults Zeitgenosse Gilles Deleuze erkennt im Dispositiv „ein Durcheinander, ein multilineares Ensemble […] zusammengesetzt aus Linien verschiedener Natur“ (Deleuze 1991: 153). Diese Linien verknüpfend, bildet das Dispositiv eine Melange aus Wahrnehmungen, Diskursen, Institutionen, Reglementierungen und Konventionen. Derweil sind Dispositive nicht als zufällig entstandene Knäuel misszuverstehen, verfügen sie doch über ausgeprägte Strukturen, was Jürgen Link unter Rückgriff auf die Wortetymologie die „dominant strategische, also disponierende Funktion“ (Link 2014: 239) von Dispositiven nennt. Auch Deleuze weist auf Schwellen innerhalb der Dispositive hin, die Areale zum Beispiel des Politischen, Sozialen, Wissenschaftlichen und Ästhetischen verbinden können (vgl. Deleuze 1991: 154; Seier 2011: 159). Mitnichten sind Dispositive Instrumente, die sich pragmatisch und zweckhaft benutzen lassen. Im Gegenteil formen sie das in ihnen enthaltene und entstehende Wissen, indem sie ihrerseits Subjekte, Medien und Diskurse beeinflussen (vgl. Gnosa 2018: 106–113).

Denn in Dispositiven zirkulieren Diskurse, in denen die Möglichkeiten dessen festgelegt werden, was gedacht, erkannt und gesagt werden kann – in anderen Worten die Möglichkeiten des Sichtbaren und Sagbaren (vgl. Deleuze 2013: 72f.). Bevor Foucault seine Definition des Dispositivs beisteuerte, verwendete er den Begriff erstmals in seiner Monographie *Überwachen und Strafen*. Darin geht aus der Analyse von Überwachungs- und Bestrafungsapparaten wie dem Gefängnis und dem Zuchthaus hervor, welche „entschieden heterogene Gesamtheit“ (Foucault 1994: 392) ein Dispositiv umspannen kann. Ausbuchstabiert am Beispiel historischer Gefängnisse, Kasernen und Zuchthäuser erübrigt sich die Frage, ob Dispositive als geistige, irreale Gebilde aufzufassen seien (vgl. Gnosa 2018: 160).[16] In Foucaults analytischen Streifzügen durch alltagsentkoppelte Orte wie Strafanstalten, Krankenhäuser und psychiatrische Einrichtungen zeigt sich, wie eng die Beschreibung von Dispositiven mit der historiographischen Praxis verbunden ist. Ohne mit konkreten Räumen, zum Beispiel Bauwerken,

16 Allerdings fand Foucaults paradigmatisches Beispiel für ein Dispositiv, Jeremy Benthams Panopticon, zunächst keine Entsprechung in der Architektur realer Gefängnisse und blieb daher zeitweilig selbst ein mentales Konzept.

zusammenzufallen, werden Dispositive in historischen Gemengelagen verortet. Denn obwohl das Dispositiv kein physisch erfahrbarer, messbarer Raum ist, kann es architektonische Räume in Beschlag nehmen. Organisiert werden neben Räumen, Subjekten, Objekten, Diskursen und Aktionen immer auch Wissen und Macht (vgl. Gnosa 2018: 160–163).

Jedes Dispositiv wird von Subjekten durchlaufen, auf die es großen Einfluss nimmt. Der Philosoph Giorgio Agamben sieht die Subjekte sogar erst durch Dispositive entstehen: „Subjekt nenne ich das, was aus der Beziehung, sozusagen dem Nahkampf zwischen den Lebewesen und den Dispositiven hervorgeht." (Agamben 2008: 27) Nicht umsonst entsprechen viele Beispiele für Dispositive den Stationen gesellschaftlichen Lebens, an denen sich Menschen für gewöhnlich längere Zeit aufhalten, wie Schulen, Hospitäler, Militärkasernen, Fabriken: allesamt Orte des Disziplinaren.[17] Wo im Gefängnis durch Regeln und iterierende Abläufe sozialisierte Körper geschaffen werden sollen, zählen in einer Fabrik produktive Körper und minimierte Zeiten der Untätigkeit, und in Kasernen werden durch Drill Abrufbarkeit und Gehorsam eingeübt, um folgsame und wehrhafte Soldat:innen hervorzubringen (vgl. Bröckling 1997: 33). Im Gegenzug verändert sich der Status der Subjekte durch das Dispositiv. In Schulen wird nicht nur Bildung vermittelt, der Schulabschluss gestattet den Absolvent:innen zudem berufliche Entscheidungsmöglichkeiten. Fleiß kann im schulischen Dispositiv mit besseren Noten honoriert werden, was die Stellung des Subjekts aufwertet – analog zum ‚Mitarbeiter des Monats' in einer Fabrik. Das Militärwesen verfügt über einen mehrstufigen Rangkatalog, den die Subjekte hierarchisch durchlaufen, wobei sie im Gegenzug symbolische Ausweise ihrer Position und Leistungen erhalten.[18]

Damit die Subjekte mit dem gewünschten Verhalten auf in Aussicht gestellte Belohnungen reagieren, müssen sie mit einer hohen Ein-

---

17 Davon abgeleitet spricht Foucault von modernen Disziplinargesellschaften. Die Dispositive des Militärs und der Strafgerichtsbarkeit kehren an späterer Stelle wieder (s. Kap. 4 und 7), wenn es um die vormusealen Kontexte der Objekte geht.

18 Verifiziert werden die Abstufungen im Dispositiv durch Objekte: Zeugnisse und Diplome weisen den Schulabschluss nach, Orden und Medaillen exponieren die Stellung des Subjekts beim Militär – ein im Laufe der Untersuchung wiederkehrender Aspekt.

trittswahrscheinlichkeit rechnen. Gleichwohl nicht unveränderlich, sind Dispositive daher als stabile Gefüge zu betrachten, die kontinuierliche Linien ausbilden. So bezeichnen Kräftelinien die Stellung von Punkten innerhalb des Dispositivs, mithin die Organisation von Macht, hierarchischen Positionen und Verhaltensmustern (vgl. Deleuze 1991: 154f.). Linien führen ins Dispositiv hinein und aus ihm heraus – initiatorisch sind die Rekrutierung in eine Armee, der Beginn der Schullaufbahn oder die Aufnahme einer Arbeitstätigkeit, denen beim Verlassen der Dispositive die feierliche Überreichung von Urkunden und Zertifikaten entspricht. Doch liegt in der Versteifung auf den Einfluss von Dispositiven ein Einwand gegen diesen Begriff: Dispositive würden ihren Subjekten zu wenig Handlungsfreiheit zugestehen und sie stattdessen als passivierte, handlungsohnmächtige Objekte entwerfen (vgl. Paech 1997: 415f.; Agamben 2008: 39–41). Schließlich sah Foucault das Subjekt nach dem lateinischen Ursprung ‚sub-iectum' buchstäblich als ‚Unterworfenes', und Agamben spricht in diesem Zusammenhang gar von der Gefangennahme durch das Dispositiv (vgl. Agamben 2008: 26). Berücksichtigt man die Orte, Hierarchien, Techniken, Medien, Protokolle und Körper, die ein Dispositiv umfasst – wie kann ein Subjekt innerhalb eines solchen Gefüges, gegenüber der bürokratischen Opazität (vgl. Vogl/Barberi 2001: 117f.), eigenmächtig handeln und womöglich das Dispositiv modifizieren? Eine Revision des omnipotenten Dispositivs leistet Deleuze, dem zufolge nicht nur nach unten gerichtete Machtmechanismen der Kontrolle, Bloßstellung, Bestrafung oder des Zwangs greifen, sondern vom Subjekt ausgehende Impulse, die die Dispositive als offene, veränderliche Gebilde beeinflussen können (vgl. Deleuze 1991: 155f.). Solche Impulse beschreiben Spalte, Risse und Brüche im dispositivischen Sediment und ermöglichen sogenannte Flucht- oder Subjektivierungslinien, die sich in jedem Dispositiv ausbilden können (vgl. Deleuze 1991: 157; Paech 1997: 412). Anders als es der Name nahelegt, können diese auch von Objekten – Medien, Werkzeugen und technischen Apparaturen – hervorgebracht werden. Die Fluchtlinien entsprechen abweichendem, verborgenem oder auch unangepasstem, konfrontativem Verhalten, Zufällen und Unvorhersehbarkeiten oder einer Übersteigerung des Dispositivs, dem Exzess. Entweder transformieren die Fluchtlinien das Dispositiv oder aber sie zersetzen es. Insofern impliziert jedes Dispositiv „unerwartete[] Formen der Devianz, der Abweichung, der Aus- und Einschließung“ (Pias 2003: 64). Diese Formen können sich in Dispositiven als Störung ausbilden und sogar produktiv in Erscheinung treten, indem sie eine Veränderung des Dispositivs herbeiführen (vgl. Weber 2018: 462f., 466).

2.1.2 Dispositiv und Medium

Obwohl Medien bereits unter den Elementen genannt wurden, die ein Dispositiv organisiert, sind sie noch präziser von diesem abzugrenzen. Denn in Foucaults Nachfolge wurde der Dispositivbegriff in medienwissenschaftlichen Zusammenhängen zuweilen stellvertretend für Medien eingesetzt, um diese als „Macht-Wissens-Komplexe“ (Gnosa 2018: 11) zu begreifen. Jedoch entpuppt sich das Dispositiv nicht als Medium, sondern als die Konstellation, die das Medium hervorbringt, und als die Umgebung, in der dieses existiert. Das Dispositiv stellt die Anordnung zur Verfügung, die das Medium enthält und in der es seine Qualitäten entfalten kann. So schafft das Museum als Dispositiv einen Anschauungsraum, in dem die Objekte als Medium exponiert werden können. Die begriffliche Differenz erlaubt es, das Medium gemeinsam mit seinem Umfeld zu studieren, mithin nicht nur das Gerät, sondern auch die es begleitende Technik, den Gebrauchskontext, die Nutzer:innen und das dieser Anordnung entwachsende Wissen zu untersuchen.[19] Statt selbst dem Medium zu entsprechen, enthalten Dispositive dieses und verorten es in spezifischen Kontexten – mit diversen Folgen:

Erstens werden das Subjekt und das Objekt, das Medium, miteinander ‚verschaltet‘, um dem Dispositiv dienliche Effekte zu fördern. So können die Produktivität in einer Fabrik erhöht und die Kommunikation im Militärwesen reibungsfreier gestaltet werden. Im Museum dient das Medium, die Musealien, dazu, dem Publikum bestimmte Inhalte zu vermitteln, wobei auch hier Kommunikationsverluste und

19 In diesem Sinne schlägt Markus Stauff vor, anstelle des Mediums Film stattdessen das Kino als Dispositiv, in dem Filme vorgeführt werden, in den Blick zu nehmen (vgl. Stauff 2005: 110). In eine ähnliche Richtung zielen die Apparatus-Theorien von Jean-Louis Baudry und Christian Metz (vgl. Metz 1974: 205). Denn wo Baudry im Französischen von ‚dispositif‘ spricht, wird es im Englischen mit ‚apparatus‘ wiedergegeben (vgl. Baudry 1974; Paech 1997: 408). Folgerichtig heißt der Titel der englischen Ausgabe von Agamben *What is an apparatus?* (vgl. Agamben 2009). Auch die Dauerausstellungen am GNM können in ihrer Komplexität nicht ohne den Gesamtapparat dahinter, das Museum, betrachtet werden.

Fehldeutungen eingedämmt werden sollen. Zweitens lassen Medien bestimmte Situationen, Aktionen und Verhaltensweisen zu und schließen andere aus, wie auch das Dispositiv gewisse Handlungen begünstigt oder blockiert. So wird die museale Kluft zwischen den Besuchenden und den Exponaten nicht nur aufrechterhalten, sondern durch Schranken, Abzäunungen und Trennlinien auch materiell unterstrichen. Durch seine Materialität und Funktionsweise bietet das Medium den Nutzenden spezifische Optionen an und verdeckt zugleich andere. Waffen legen innerhalb eines Dispositivs Verwendungsweisen nahe und sind für ausgewählte Anwendungsmodi prädestiniert; im musealen Dispositiv wird ihre Nutzbarkeit im Kampf durch eine intensivierte Anschaulichkeit ersetzt. Drittens sind Medien in Dispositiven an der Emergenz von Wissen beteiligt. Die Vermittlung von Wissen, die mit Medien verknüpft ist, ergänzt sich dabei mit der Verteilung von Wissen und Macht innerhalb eines Dispositivs. Beispielsweise kanalisieren und verstärken Museen die vom Medium ausgehenden Wissensinhalte, können aber auch neues Wissen produzieren. Um diese Aspekte auf das GNM zu applizieren, muss das Verständnis von Museen als Dispositiv zunächst vertieft werden.

2.1.3 Das Museum als Dispositiv

Neben Einrichtungen wie der Kaserne, Schule und Fabrik wurden auch das Museum, im Besonderen das GNM, und die Ausstellung verschiedentlich mit dem Dispositiv in Verbindung gebracht (vgl. Ernst 2003: 390–393; Tschirner 2011: 49–54; Niewerth 2018: 75–82). So können Dispositive zum Inhalt von Ausstellungen werden.[20] Dazu zählen zunächst Exponate, die selbst als Dispositiv gelesen werden können, wie Dioramen und Schaubilder.[21] Diese erweisen sich als mikroskopische, ‚geschrumpfte‘ Dispositive, die durch Gucklöcher und Glasscheiben verdichtete Einblicke in historische Milieus ermöglichen.

20 Das GNM präsentierte sich mit der Sonderausstellung *Abenteuer Forschung* von Juni 2019 bis Januar 2020 durch die Exponierung von kunsttechnologischen Apparaten, Konservierungsmethoden und wissenschaftlichen Tätigkeiten als selbstreferenzielles Forschungsmuseum. Damit machte es die eigene Dispositivität zum Thema der Ausstellung.

21 Nicht zuletzt bietet Foucaults Panopticon ein mit den Dioramen vergleichbares Dispositiv (vgl. Foucault 1994: 251–260; Sarasin 2016: 143–145; Huhtamo 2017: 38–41).

Ausstellungsstücke können aber auch zusammen mit dem sie umgebenden Schauraum als Dispositiv ausgewiesen werden, wie es bei manchen Period Rooms der Fall ist (vgl. Kaiser 2006; Schubiger 2010; Schubiger 2019). Am GNM demonstrierten dies die Bauernstuben und „altdeutschen Zimmer“ (Wegweiser 1924–25: 82) diverser Städte und Regionen, in denen schlichtes oder aber prunkvolles Mobiliar und Hausgerät den eintretenden Besuchenden den Wohnraum der früheren Bewohner:innen anzeigten (vgl. te Heesen 2012: 82; Schubiger 2013: 65).[22] Ein Sonderfall eines Dispositivs im Museum wäre die Musealisierung eines anderen Dispositivs (vgl. Lübbe 2004: 14), zum Beispiel die Überführung einer Militärkaserne oder eines Fabrikgeländes in ein Museum. Aber auch hier kongruiert das ehemalige Dispositiv nicht mit dem musealen, da eine museal präservierte Kaserne frühere Funktionen und Aufgabenfelder nur zitiert, ohne sie zu aktualisieren. Daher ist sie kein militärisches, sondern nur noch ein museales Dispositiv. Analog sind die Kartäuserkirche und der Augustinerbau im GNM keine Stätten geistlichen Lebens mehr, sondern atmosphärische Kulissen für das kulturhistorische Inventar, überführt in das museale Dispositiv. Ungeachtet dieser und anderer Varianten des Dispositivs im Museum wird das GNM selbst im weiteren Verlauf als Dispositiv betrachtet.

2.1.4 Das GNM als Zeitdispositiv

Foucault bestimmt das Museum als eine Heterotopie: ein von Alltagsplätzen abgegrenzter ‚Andersort‘, an dem sich die üblichen Relationen zwischen Entitäten invertieren. Der Philosoph stellt das Museum damit in eine Reihe mit Bibliotheken, Friedhöfen und Gärten, die ebenfalls nur gesellschaftliche Teilbereiche betreffen (vgl. Foucault 1992: 43f.; Foucault 2014: 16; te Heesen 2012: 180f.). Was es von anderen Dispositiven abhebe, sei allerdings der Umgang mit Temporalität. So beschreibt Foucault Museum und Bibliothek als Heterotopien der Zeit,

22 In der Praxis wurden die Stuben meist nach ästhetischen Maßgaben, mit gefälligen und aufgeräumten Ensembles nach kuratorischem Gutdünken, arrangiert. Insofern waren es keine eingefrorenen Raum-Zeit-Kapseln, die den Besuchenden in vergangene Realitäten zurückversetzten, sondern sorgfältig inszenierte Kammern, die mit dem musealen Dispositiv kalkulierten: „Es [das Publikum; F.K.] versenkt sich im Anblick dieser Stuben, deren jede es wie ein Gedicht anmutet, in romantische Träumereien, und jedenfalls ist es dem Museum dankbar für einen dargebotenen Genuss.“ (Lauffer 1903: 4)

genauer der Ewigkeit. Die Zeit werde dort gestapelt und auf spezifische Weise erfahrbar:

> Die Idee, alles zu sammeln und damit gleichsam die Zeit anzuhalten oder sie vielmehr bis ins Unendliche in einem besonderen Raum zu deponieren; die Idee, das allgemeine Archiv einer Kultur zu schaffen; der Wunsch, alle Zeiten, alle Epochen, alle Formen und Geschmacksrichtungen an einem Ort einzuschließen; die Idee, einen Raum aller Zeiten zu schaffen, als könnte dieser Raum selbst endgültig außerhalb der Zeit stehen, diese Idee ist ein ganz und gar moderner Gedanke. Museum und Bibliothek sind eigentümliche Heterotopien unserer Kultur. (Foucault 2014: 16)

Indem das Museum Objekte aus verschiedenen Zeitschichten versammelt und dadurch Überzeitlichkeit suggeriert, enthebt es sich der linearen, chronologisch fortschreitenden Alltagszeit. Mit dem eingeworfenen Kulturbegriff suggeriert Foucault, dass kulturhistorische Museen der Utopie einer Zeitlosigkeit besonders nahestehen. Beide Aspekte treffen auf das GNM zu, dessen Kulturbegriff sich in seiner Identität als kulturhistorischem Museum, komprimiert im Eigennamen, niederschlägt. Die museale Gemengelage der Zeitschichten impliziert eine ‚eingefrorene Gleichzeitigkeit': Im GNM eröffnen sich Ausschnitte pausierter, zum Stillstand gebrachter Kultur als „Speicherung der Zeit" (Foucault 1992: 44), welche das Publikum, wie sonst nirgends möglich, segmentweise beim Durchschreiten der Räume physisch und im übertragenen Sinne passiert. *Zustände* und *Ereignisse*, um die beiden historiographischen Kategorien des Museumsgründers Aufseß anzuführen, geraten hierbei zu einem zeitlichen Querschnitt. Dieser Querschnitt, und das ist der zweite Punkt, bleibt jedoch nicht isoliert, sondern gerät in den Austausch mit anderen Querschnitten. Indem das GNM große, überdimensionierte Zeiträume abdeckt, kann es diachrone Zeitblöcke, zum Beispiel die Latènezeit, das Früh- und Spätmittelalter oder den Barock, synchron auf benachbarte Schausäle verteilen und anhand der Exponate anschaulich und vergleichbar machen.[23] Zuletzt sei bemerkt,

---

23 So setzte der Gründer Aufseß die Sammelgrenze auf 1650 nach dem Ende des Dreißigjährigen Krieges an. Unter seinem Nachfolger Essenwein wurde sie vorläufig auf 1800 erweitert, um im 20. Jahrhundert gänzlich aufgehoben zu werden. Wie später gezeigt wird, wollte das Museum mit den Waffen in die Gegenwart der 1870er Jahre überleiten und damit die verschiedenen Zeitschichten transversal

dass Aufseß mit seinem Generalrepertorium ein ebensolches Universalarchiv der deutschen Kulturgeschichte ins Werk setzen wollte, wie es Foucault vorschwebte.

Indes lässt sich Foucaults Aussage auch als Kritik deuten: Museen erscheinen als Orte geistiger Stagnation, mit Paul Valéry als „Stätten des Müßiggangs" (te Heesen 2012: 108), und die gestapelte Zeit entspricht nicht der Ewigkeit, sondern vielmehr der Langeweile (vgl. Valéry 2010). Mit seinem antiquarischen Geschichtsbegriff hatte Friedrich Nietzsche das Museum als Sphäre des Akribischen und Detailversessenen beschrieben, in der jedes noch so geringe Ereignis auf derselben Ebene seziert und „deshalb alles als gleich wichtig und deshalb jedes Einzelne als zu wichtig" (Nietzsche 2009: 31) genommen werde (vgl. Nietzsche 2009: 28–33):

> Dann giebt es für die Dinge der Vergangenheit keine Werthverschiedenheiten und Proportionen, die den Dingen unter einander wahrhaft gerecht würden; sondern immer nur Maasse [sic!] und Proportionen der Dinge zu dem antiquarisch rückwärts blickenden Einzelnen oder Volke. (Nietzsche 2009: 31)[24]

Italienische Futuristen forderten deshalb gar die Zerstörung der wie Friedhöfe erscheinenden Museen, welche aktuelle Dynamiken zugunsten einer reaktionären Vergangenheitsschau verfehlen und den Sinn für das Gegenwärtige verlieren (vgl. Marinetti 2010: 183). Museen sehen sich daher der Herausforderung gegenüber, eine Hierarchie oder interne Relation der Objekte einzuziehen, um deren Stellenwert zu reflektieren. Auch dies deckt der Begriff des Dispositivs ab, wobei das GNM zur Kritik eine zwiespältige Position einnimmt. Zwar wurden anfangs nach der aufseßschen Vorstellung jeder Zettel und jede Notiz gleichwertig behandelt, und auch die verschiedenen Abteilungen waren einander systemisch ebenbürtig, sodass Gemälde auf einer Stufe mit

---

durchstoßen (s. Kap. 4). Damit erinnert die Überzeitlichkeit kulturhistorischer Museen wie des GNM an eine Frühform der geschichtswissenschaftlichen Longue durée ohne deren strukturalistischen Überbau.

24 Indirekt bemängelte Nietzsche damit Aufseß' kulturhistorischen Ansatz, der in einem Querschnitt historische Ereignisse und Zustände in ein gemeinsames System hievt. Darin sind zwar Subkategorien zur Differenzierung enthalten, die Reduktion sämtlicher Entitäten auf zwei basale Kategorien sowie deren implizite Gleichsetzung wurden dennoch kritisch hinterfragt.

Foltergeräten und Spielzeugen standen. Doch wurde diese theoretische Egalität insofern durch die Museumspraxis abgeschwächt, als die Gemäldesammlung einen höheren Etat, mehr Ausstellungsräume, Arbeitskräfte und -zeit beanspruchte als die beiden anderen. Zudem übersieht die kritische Perspektive das innovative demokratische Potenzial, das kulturhistorische Museen im 19. Jahrhundert mit ihrer Hinwendung zu den Alltagsobjekten in die Kulturlandschaft eingeführt hatten. Denn die Parität der Musealien war nicht vorgegeben, sondern wurde im musealen Dispositiv erst etabliert. Ferner ließe sich gegen die Museumskritik einwenden, dass die Annahme einer ‚reinen Vergangenheit' in Museen ein Trugschluss ist. Einrichtungen wie das GNM speichern keine historischen Gegebenheiten und noch weniger die Vergangenheit selbst – immerhin kennzeichnet diese, dass sie vergangen und eben nicht (mehr) gegenwärtig ist (vgl. Deleuze 1997: 111). Stattdessen schaffen sie eine mit Bezügen, Verweisen und Deutungen gespickte Bühne, die aus Vergangenheitsschichten herrührende Objekte für ein zeitgenössisches Publikum präsentisch erfahrbar macht. Der Museologe Gottfried Korff nennt diese „Zeige- und Versuchswelt [...] eine Merkwelt – im Unterschied zur realen Wirkwelt" (Korff 2004: 102) und meint damit das, was sich im Dispositiv ereignet: Die Merkwelt entsteht im „produktiven Wechselspiel[] von Deponieren und Exponieren" (Korff 1995: 19), folglich aus den Linien des Museumsdispositivs. Auch dies beschreibt die Organisation von Zeit: Zum einen erfordert das Merken historisches Wissen, das dem musealen Dispositiv vorausgeht; zum anderen vollzieht sich das Memorieren beim Publikumsbesuch im Moment des Ausstellens als ein präsentischer Vorgang. Demnach sind Museen höchst aktuell, nämlich „der von einer jeweiligen Gegenwart aus aktualisierte und perspektivierte Bestand an verfügbar gemachtem Sinn" (Korff 1995: 19).

Daraus ergibt sich eine gemäßigtere Lesart des Foucault-Zitats: Indem das Museum Vergangenheitsschichten freilegt und in der Ausstellung auf sie verweist, wird das Verrinnen der Zeit sichtbar. Denn das Museum springt im Modus des Erinnerns von der Gegenwart zur früheren Existenzweise eines Exponats (vgl. Deleuze 1997: 133). Einerseits fällt die verstrichene Zeit immer schon den Musealien anheim, entstammen diese doch mehrheitlich nicht modernen Kulturen. Die historischen Objekte tragen per se eine Zeitlichkeit in sich, auch weil sie Zeitetappen mal mehr, mal weniger unbeschadet überstanden haben (vgl. Hahn 2015a: 19–21). Andererseits pointieren sie im Museum, unterstützt durch paramediale Angebote wie Beschriftungen, Begleittexte und Dekorelemente, das Verstreichen der Zeit, indem sie auf Unterschiede zwischen dem Jetzt und dem Damals hinweisen oder aber diese kaschieren. Damit wird die inhärente Zeitlichkeit von Objekten im Museum aufgedeckt, die in einem anderen Dispositiv der Funktionalität der Objekte geopfert würde. Dabei ist die Funktionalität dem Museum ebenfalls ein Anliegen, reflektiert es doch (ehemalige) Nutzweisen des Objekts in Ausstellungen, wodurch dieses als Vorbild für gleichwertige Objekte fungieren kann, etwa indem es sie typenhaft repräsentiert. Gleichzeitig changiert das Objekt in seinen Bedeutungen, die auch von der Zeitlichkeit des musealen Dispositivs abhängig sind, zum Beispiel im Zuge ästhetischer Veränderungen. Bei den ständigen Neuverkettungen im Museum wird der in Sammlungen konstituierte und in Ausstellungen präsentierte Objektpool dynamisch variiert, wodurch Korffs Merkwelt schließlich erst kreiert wird (vgl. Jesberg 1970: 151). Auch das GNM modifizierte die Anordnung in den Schauräumen, bestückte diese neu und reperspektivierte dadurch seine Exponate. Zuletzt adressierte das Museum durch konservatorische und restauratorische Maßnahmen die zeitlichen Prozesse, die auf die Musealien einwirkten, wie Rost, Schimmel, Schädlingsbefall, Feuchtigkeit und Lichteinfall, Beschädigungen beim Transport und in der Ausstellung. Der Abstand von der musealen Gegenwart zur Vergangenheit der Objekte wird aber auch an den Diskursivierungslinien des GNM-Dispositivs ersichtlich.

2.1.5 Diskursivierung im GNM

In seiner Monographie *Die Ordnung der Dinge* entdeckt Foucault diskursive Elemente in den frühneuzeitlichen Kunst- und Wunderkammern, den Vorboten der heutigen Museen. Dies betrifft vor allem Aussagecluster und positivistische Zuschreibungen, um die Objekte epistemischen Kategorien zuzuführen (vgl. Marx 2003). Mit der Binnengliederung nach Naturalia, Artificialia, Exotica oder Scientifica erwiesen sich die Kammern als Diskursmodelleure, die festlegten, was über welche Objekte gesagt werden kann – ganz wie später die Museen, wo gleichzeitig frühere Diskurse *und* der aktuelle Diskurs über diese Diskurse thematisiert werden können. Über die Umgebung, aus der die Kunstkammern hervorgegangen sind, führt Foucault aus:

> Die Aktivität des Geistes [...] wird also nicht mehr darin bestehen, die Dinge auseinanderzurücken, auf die Suche all dessen zu gehen, was in ihnen gewissermaßen eine Verwandtschaft, eine Anziehungskraft oder eine insgeheim geteilte Natur enthüllen kann, sondern vielmehr darin, zu unterscheiden: das heißt, die Identitäten festzustellen, dann die Notwendigkeit des Überganges zu allen Graden, die sich davon entfernen. (Foucault 2012: 88)

Im Museum findet die Operation der Unterscheidung an verschiedenen Punkten statt: zunächst einmalig bei der Ankunft von Neuerwerbungen, die einer Sammlung zugeordnet werden, anschließend als wiederkehrende Aufteilung der Objekte auf Ausstellungen, wo sie von anderen Objekten getrennt und nach bestimmten Kriterien formiert werden. Das Unterscheiden läuft auf die Produktion neuen Wissens und neuer Sinnbezüge hinaus und hängt mit der Zeitlichkeit des Museums zusammen, die neben dem unvermeidlichen Altern der Objekte deren ständige Inspektion und Reorganisation einschließt. Außer nach Sammlungen und Ausstellungen differenziert das museale Dispositiv dabei auch nach Material, Regionen, Epochen, Schulen, Autor:innen und desgleichen mehr. Wo Foucault am Akt des Differenzierens das Abstreifen emotionaler und letztlich humaner Sinnbezüge moniert, besteht Horst Bredekamp dagegen auf dem „visuellen Austausch“ der Objekte in der Kunstkammer – und im musealen Dispositiv –, der „die metamorphotische Potenz der Materie“ durch die „Vermischung von Naturobjekten mit Werken der Kunst und der Technik“ (Bredekamp 2012: 100) affirmiere und letztlich die Historizität der Objekte betone. Für das GNM gilt eine solche Affirmation im Besonderen, weil es von Anfang an zeitlich übergreifende, heterogene Sammlungsbereiche vorgibt und sich bei den Waffen und Rechtsgeräten die Areale der Kunst und Technik auch materiell überschneiden. Dabei stehen die Fluchtlinien der willkürlichen Zergliederung eines Objekts durch das Museum im Wege. Schließlich können sie vom Dispositiv nicht vorgesehene, unerwünschte Bedeutungen und Potenziale aufrufen, die vom Museumspublikum interpretiert werden können.

Im GNM ergibt sich die Diskursivierung aber nicht nur aus dem Sammeln und Ausstellen von Objekten. Obendrein weist es abseits dieser musealen Operationen institutionelle Züge auf. Bereits der erste Satzungsparagraph von 1852 designierte das GNM als Archiv und Bibliothek, ein Jahr später unterhielt es einen Verlag (vgl. Deneke/

Kahsnitz 1978: 951).[25] Essenwein nannte das GNM deshalb auch eine „Anstalt" (Essenwein 1870a: 2), und nach Aufseß erwies es sich als Sammelstelle für alles, was unter deutscher Kulturgeschichte veranschlagt werden konnte. Seine Forschungsergebnisse edierte das Museum in Publikationen, insbesondere in den schon erwähnten, eigens vertriebenen Periodika des Anzeigers und der Mitteilungen, während über den Museumsverlag thematisch und methodisch verwandte Schriften veröffentlicht wurden. Die institutionellen Interaktionen führten zu Synergieeffekten, beispielsweise wenn angekaufte Objekte in einem Aufsatz diskutiert wurden, der nach seiner Rezension im Anzeiger als Zeitschriftenbeitrag in die Bibliothek gelangte; oder wenn Neuerwerbungen erst gesondert vorgestellt, dann bei einer Sammlungsrevision erwähnt und letztlich als Exponat in einem der Wegweiser aufgeführt wurden. Beispiele hierfür gibt es zuhauf in der Essenwein-Amtszeit von 1866 bis 1891 (s. Kap. 4), aber auch über den gesamten Untersuchungszeitraum hinweg. Dabei findet die Diskursivierung transmedial statt, kann also über verschiedene Diskurslinien des GNM, die produzierten Ausstellungen, Texte und Bilder, verfolgt werden. Gesammelt und abgelegt wird am GNM außer Objekten, Ereignissen und Daten daher auch der zeitgenössische Diskurs über ebendiese Objekte, Ereignisse und Daten. Essenwein bemerkte hierzu:

> Die daraus [aus den Sammlungen; F.K.] sich ergebenden Arbeiten [Forschung, Publikationen, Vorträge etc.; F.K.] sollten in zweiter Linie stehen, dagegen sollten alle Zweige gleichmäßig gepflegt werden, ohne Rücksicht auf etwaige persönliche Neigungen des Vorstandes, noch auf Abneigung irgend welcher Kreise gegen einzelne Zweige. (Essenwein 1884a: 5)

Die Diskursivierung betraf sämtliche Abteilungen, sodass die Forschungs-, Publikations- und Verweislinien des Dispositivs orchestriert Wissen aufbereiteten. Indem das GNM nicht nur sammelte und ausstellte, sondern diese Prozesse auch paratextuell begleitete und epistemisch anreicherte, wurde es zur Wissensmaschine, die jedes eingehende Objekt, jede Publikation, jede Referenz prozessierte und archivierte.[26]

---

25 Der Verlag wird im zitierten Paragraphen noch nicht genannt, da er erst 1853 installiert wurde.

26 Zusätzlich erschlossen die sogenannten Pflegschaften, welche das GNM in vielen Städten unterhielt, außermuseale Diskursräume. Ihre Aufgabe war es, Kontakte zu

Wie es Wolfgang Ernst lakonisch ausdrückt: „Was stattfindet, ist Datenverarbeitung als Subjekt wie als Objekt jeder Rede über das GNM." (Ernst 2003: 383) Dies betraf nicht nur den überdimensionierten Zettelkasten unter Aufseß (vgl. Tschirner 2011: 42–66) oder Essenweins Restrukturierungspläne, sondern die Diskursivierung von Geschichte im GNM überhaupt.

> Auch nationales Gedächtnis schweigt, wenn es nicht diskursiv mobilisiert wird. Nichts als stumme Monumente liegen vor, falls nicht diese eine Geschichte sie zum Reden bringt, sie in Dokumente einer zum Schweigen gebrachten Stimme transformiert (Ernst 2003: 427),

schreibt Ernst unter Rückgriff auf Foucault. Im GNM wurde diesem Umstand durch eine fortwährende Diskursivierung Rechnung getragen. Ausgehend von den Musealien wurde nicht nur bestehendes Wissen in Ausstellungsnarrative gegossen. Das würde voraussetzen, dass den Objekten ein immanentes Wissen innewohnte, das es lediglich inszenatorisch abzuformen galt. Das GNM arbeitete jedoch am Wissen mit, verbreitete und legitimierte es. Als Nebeneffekt wurden die Musealien authentisiert, das heißt durch die museale Diskursivierung als authentisch und glaubwürdig gekennzeichnet (vgl. Eser/Farrenkopf/Kimmel 2017: 2).

2.1.6 Das GNM als historisch gewachsenes Dispositiv

Der finale Aspekt des GNM-Dispositivs führt abermals zu Foucault zurück, der Dispositiven eine strategische Funktion bescheinigt, ohne damit deren *interne* Organisationsleistung zu benennen. Vielmehr geht es ihm um die Notwendigkeit der Genese von Dispositiven, „deren Hauptfunktion zu einem gegebenen historischen Zeitpunkt darin bestanden hat, auf einen Notstand [...] zu antworten" (Foucault 1978: 120), also auf *externe* Gegebenheiten zu reagieren (vgl. Brauns 2007: 51). So erfolgte die Gründung des GNM auch auf das Bestreben hin, dem wachsenden gesellschaftlichen Nationalbewusstsein infolge der Studentenbewegungen des Vormärz, der Nationalversammlung 1848 in der Frankfurter Paulskirche, der Bildung von historischen und germa-

---

knüpfen, Spenden zu sammeln und Handelsbeziehungen zu initiieren, aber auch über die Museumsagenda, die Sammlungen und Ausstellungen zu informieren (vgl. Veit 1978: 16).

nistischen Vereinen eine institutionelle Entsprechung zu verschaffen (vgl. Essenwein 1870a: 2; Hartung 2006: 264f.; Hartung 2010: 45).[27] Auch später befand sich das GNM in einem Austausch mit den gegenwärtigen politischen und gesellschaftlichen, aber auch den ästhetischen und ökonomischen Prozessen, stellte das Museum doch selbst ein historisch gewachsenes Gefüge dar. Hinzu kommen die physischen Aufgaben des Sammelns und Ausstellens von Altertümern. Das GNM fiel Mitte des 19. Jahrhunderts in eine Zeit, in der öffentliche Museen und Sammlungen zuvor als wert- und bedeutungslos wahrgenommene Relikte anhäuften, die die materielle Grundlage der eigenen Kulturnation oder -region darstellen sollten. Dies galt insbesondere für historische Waffen und Rechtsgeräte. Durch die Beschäftigung mit kulturhistorischen Objekten, darunter Alltagsgegenständen und später volkskundlichen Erzeugnissen, schloss sich das GNM nicht nur der zeitgenössischen Begeisterung an, sondern prägte sie auch entscheidend mit. Im Laufe der Jahrzehnte konnte es derart viele Kulturgüter anhäufen, dass das Museum schließlich selbst als Fundus der deutschen Geschichte betrachtet wurde (vgl. Pörtner 1982).

Folglich erweist sich das GNM, neben seinen institutionellen Strukturen und dem Netz, das es zwischen seinen Bestandteilen knüpft, auf dreifache Weise als Dispositiv: durch die inhärente Zeitlichkeit, durch die fortlaufende Diskursivierung und durch sein historisches Werden und Gewordensein. Damit ist die Kontur gegeben, die in den späteren Kapiteln anderen Dispositiven wie dem Turnier oder der höfischen Jagd gegenübergestellt wird (s. Kap. 5 und 6). Zugleich ist mit dem Dispositiv das theoretische Umfeld der Begriffe abgesteckt, welche zur Untersuchung der Waffen, Folter- und Strafgeräte herangezogen werden: das Medium, die Form und die Assemblage. Mit der Musealie als Medium und der Sammlung und Ausstellung als Form sind zwei Essenzen des Dispositivs gegeben, die wechselseitig mit diesem in Beziehung stehen. Dabei verfügt das Dispositiv gleich doppelt über die Musealien: zum einen durch den physischen Besitz und Umgang mit den Objekten, zum anderen durch die Hervorhebung oder Unterdrückung bestimmter Bedeutungen in der Sammlung und Aus-

27 In der Person Hans von Aufseß, Mitglied studentischer Burschenschaften und historischer Vereine, anwesend bei der Nationalversammlung und in germanistischen Gefilden forschend, konzentrieren sich diese Facetten sogar biographisch.

stellung. Neben der Vereinnahmung des Museums von außen kann es auch zu einer Instrumentalisierung der Musealien von innen kommen. Dennoch ist keine einseitige Kontrolle so heterogener Objekte wie am GNM gegeben, denn das Museum kann den Objekten die Bedeutungen nicht beliebig anheften – abgesehen davon, wie das Publikum diese Bedeutungen interpretiert. Zwischen einem Exponat und einer Ausstellung, wo es als Meisterwerk, als Wahrzeichen, als Musterexemplar, als Beweisstück oder als Komplementärteil fungiert, kommt es zu Reibungen. In allen Fällen liefert die Position des Mediums innerhalb des Gefüges Rückschlüsse auf das museale Dispositiv. Um aber zu verstehen, inwiefern die Musealien als Medium zu betrachten sind, werden zunächst die behandelten Objektgattungen, die Waffen, Folter- und Strafgeräte, als solches definiert.

2.2 Das Medium

Die historischen Waffen, Folter- und Strafgeräte des GNM werden auf zweifache Weise als Medien bestimmt. Erstens weisen sie als materielle Objekte mediale Qualitäten auf, die im Verlauf ihrer Gebrauchsgeschichte innerhalb verschiedener Dispositive genutzt wurden, um Funktionen zu erfüllen und Bedeutungen auszudrücken. Dazu gehört auch und vor allem das museale Dispositiv. Zweitens lassen sich die Objekte innerhalb von Niklas Luhmanns Medium-Form-Unterscheidung als Medium verstehen, das sich situativ zu einer Form vereint. Auch dies steht im Zusammenhang mit den Dispositiven, weil diese Formen hervorbringen, in denen das Medium in einem spezifischen Arrangement organisiert wird, zum Beispiel Formen des Ausstellens und Exponierens im Dispositiv des GNM. Bevor die Medialität von Musealien im Speziellen erörtert wird, müssen zunächst Waffen, Folter- und Strafgeräte an sich als Medien verstanden werden.

2.2.1 Die Medialität von Waffen, Folter- und Strafgeräten

Werden Objekte auf einen irreduziblen Ursprung oder ontischen Grund zurückgeführt, ohne den sie nicht existierten, so wird dieser häufig in ihrer Materialität lokalisiert. Dies gilt auch für Waffen, Folter- und Strafgeräte, deren Essenz aus ihrer Physis abgeleitet wird. Bearbeitete Rohstoffe, wie Holz, Bronze, Eisen oder Stahl, ergeben in einer spezifischen Ausformung das Objekt, das als Waffe, als Gerät zum

Foltern oder zum Strafen bezeichnet wird. Doch werden dabei zwei Ebenen vermischt: die materielle Ebene, die die Herstellung, das Äußere und die Eigenschaften eines Objekts betrifft, und die funktionelle Ebene, nach der dieses Objekt einem Zweck zugeführt, das heißt für eine konkrete Handlung benutzt wird. So ist ein Objekt keine Waffe an sich, sondern innerhalb eines Bezugsrahmens, bei dem ein Körper – Individuen, Gruppen, Konglomerate wie ein Heer oder eine Streitmacht – es gegen eine weitere Instanz, in der Regel einen Widersacher oder Feind, zum Einsatz bringt. In einer ähnlichen Weise werden Folter- und Strafgeräte in bestimmten Situationen gegen Körper angewendet. Innerhalb solcher Rahmungen sind die Objekte funktional, da sie im Verbund mit dem Körper bestimmte Aufgaben bedienen. Dabei wird das aktualisiert, was im übertragenen Sinne als typisch für eine ‚Waffe', für ein ‚Foltergerät' und für ein ‚Strafinstrument' gilt. Die Waffen, Folter- und Strafgeräte können also nur als solche bezeichnet werden, weil es die Auffassung gibt, dass bestimmte Objekte innerhalb eines Kontextes als Waffe, zum Foltern und zum Strafen verwendet werden. Selbst wenn die ‚Kooperation' von Objekt und Körper erlischt, ist sie für die Bestimmung des Objekts noch gültig und kann an Orten wie dem Museum dargestellt werden, obgleich dort die frühere Nutzweise nicht körperlich abgerufen wird.

Wie genau die Handhabung von Objekten durch den Körper erfolgt, haben die Philosophen Arnold Gehlen und Marshall McLuhan verschiedentlich präzisiert. Auf dem Feld der Anthropologie grenzt Gehlen den Menschen von anderen Säugetieren als unangepasstes Mängelwesen ohne ausgeprägte Angriffs- oder Verteidigungsorgane ab (vgl. Gehlen 1962: 33; Gehlen 1964: 7f.). Zu seinem Überleben muss sich der Mensch äußerliche Objekte, wie Waffen und Werkzeuge, aneignen, was ihm aufgrund seiner ‚Weltoffenheit' auch gelingt. Die Indienstnahme von Objekten substituiert oder affirmiert natürliche menschliche Vermögen als Organersatz, -entlastung, -verstärkung oder -überbietung (vgl. Gehlen 1964: 8; Gehlen 1986: 93f.). Waffen, Folter- und Strafgeräte entsprechen dabei mehrheitlich dem entlastenden und verstärkenden Prinzip, indem sie die Durchschlagskraft von Hand, Arm und Fuß sowie den Schutz von Muskeln, Sehnen und Knochen erhöhen und gleichzeitig den Energieverbrauch des Körpers senken (vgl. Gehlen 1986: 94). Gehlens Ansatz überschneidet sich mit der zur gleichen Zeit entstandenen These McLuhans, der zufolge Medien –

nach seiner Auffassung auch Waffen und Kleidung – körperliche Extensionen und „Erweiterungen einer psychischen oder physischen Fähigkeit des Menschen“ (McLuhan/Fiore 2012: 26) darstellen (vgl. Schultz 2004: 36f.). Neben der ebenfalls von Gehlen vorgenommenen Verknüpfung der Waffe mit der Hand am Beispiel des Bogens verbindet McLuhan Waffen wie das Gewehr auch mit Augen und Zähnen (vgl. McLuhan 1992: 387). Zunächst leuchtet die Kausalität zwischen der Materialität eines Objekts und dem menschlichen Körper ein, sind doch auch die allermeisten Waffen und Rechtsgeräte keine in der Natur vorfindlichen Entitäten, sondern für menschliche Extremitäten geschaffene Artefakte. Ihr Zweck gibt demnach ihre Gestalt vor. Doch abseits der einschlägigen Analogien des Schwertes und des Bogens führt dieses Prinzip schnell zu Konfusionen. Welche Organe oder Körperteile weitet ein Artilleriegeschütz aus – die Hand, weil es mit Wurfgeschossen korreliert? Wie verhält es sich bei einem Flaschenzug zur Folter? Auch das Beispiel des Bogens als Extension der Hand wirft bei näherer Betrachtung Fragen auf. Erst durch ein externes Objekt, einen Stein oder Ast, wird die Hand zur Schleuder. Der Pfeil als Projektil entspräche dann dem geworfenen Stein, der Bogen der Hand. Das Bogenschießen beruht jedoch nicht auf der Wurfkraft, sondern auf dem Spannen einer Sehne, das nur unzureichend mit den Sehnen und Muskelsträngen gespiegelt werden kann. Zudem reduziert das Konzept der Körperextension ein Objekt immer nur auf eine Anwendungsweise, wobei visuelle Funktionen, zum Beispiel die Bemalung eines Schildes oder die Symbolkraft eines Galgens, außer Acht bleiben. Um die Extensionen halbwegs zu begründen, treffen spezifische Funktionen der Objekte auf den indeterminierten Körper. Dadurch werden die mannigfaltigen Gebrauchsweisen von Objekten sämtlich auf körperliche Vermögen zurückgeführt. Im Fokus stehen die üblichen Aktualisierungen, also Einsätze und Anwendungsfälle der Objekte, nicht aber ihre Virtualitäten – die vorstellbaren Möglichkeiten, die sie anbieten. Unbeachtet bleiben ferner Störungen, Fehlfunktionen sowie uneigentliche Nutzungen versatiler Objekte. Letztere liegen gerade im Museum vor, dessen Objekte üblicherweise nicht für dieses Dispositiv geschaffen wurden. McLuhan berücksichtigt dies, indem er Medien als proaktive Gestaltungsmittel der menschlichen Umwelt statt als passive Werkzeuge begreift (vgl. Schultz 2004: 31). Doch Gehlen betrachtet die materiellen Eigenschaften von Objekten zu einseitig – von seinen irrigen anthropologischen und biologischen Grundannahmen einmal abgesehen (vgl. Beller 2010: 54–69). So wurde der Stein vom Menschen nicht als Waffe ersonnen, sondern dank seinen Eigenschaften wie Härte und Schärfe erst als solche entdeckt. Gleiches gilt für Metalle wie Bronze und Stahl, deren Potenziale innerhalb bestimmter Rahmungen – in den Dispositiven – ausgeschöpft wurden.

Trotzdem liefern Gehlen und vor allem McLuhan wichtige Überlegungen zum Verhältnis von Objekt und Mensch. Denn außer dem Gefüge, in dem die Verbindung stattfindet und das bereits als Dispositiv beschrieben wurde, kann immer auch ein Körper identifiziert werden, der mit dem Objekt in Verbindung steht. Die Einordnung eines Objekts kommt sogar erst durch ihn zustande. So sehen Deleuze und Félix Guattari in der gemeinsamen Schrift *Tausend Plateaus* Waffen und Werkzeuge trotz morphologischer Gemeinsamkeiten dadurch unterschieden, dass sie zu verschiedenen Zwecken verwendet werden – „Menschen vernichten oder Güter produzieren" (Deleuze/Guattari 1992: 545). Dabei stellen sie zunächst den ballistischen, projektierenden Einsatz von Fernwaffen durch den Körper heraus, um anschließend auch Handwaffen von den Werkzeugen abzugrenzen:

> Aber auch Handwaffen verlangen einen anderen Gebrauch der Hand und des Armes als Werkzeuge, nämlich einen projektiven Gebrauch, wie die Kunst des Waffenhandwerkes belegt. Das Werkzeug dagegen ist eher introzeptiv, introjektiv: es bearbeitet eine Materie auf Distanz, um sie in einen Gleichgewichtszustand zu bringen oder um sie einer Form von Interiorität anzupassen. Die Handlung auf Distanz kommt in beiden Fällen vor, aber im einen Fall ist sie zentrifugal und im anderen zentripetal. (Deleuze/Guattari 1992: 546)

Die Ausrichtung der Werkzeuge nach *innen* intensiviert sich im Falle der Folter- und Strafwerkzeuge, wo die bearbeitete Materie mit dem Körper des Gemarterten oder Bestraften gleichgesetzt wird, welcher das Werkzeug in den seltensten Fällen beeinflussen kann. Demgegenüber sehen sich die Waffen mit „Gegenschlägen" (Deleuze/Guattari 1992: 546) konfrontiert, wenn sie buchstäblich auf andere Angriffs- und Verteidigungswaffen treffen.[28] Jedoch liegt die Medialität einer

28 Dieses der Waffengeschichte wesentliche, sich in technologischen Wettläufen äußernde reziproke Prinzip von Angriffs- und Verteidigungswaffen wurde am GNM systematisch in den Waffenausstellungen verankert (s. Kap. 4).

Waffe, eines Foltergeräts oder eines Strafinstruments nicht in der Funktionalität als praktischer Gegenstand begründet, mit dem sich physische Effekte erzielen lassen. Darüber hinaus stellt jedes Objekt mannigfaltige Potenziale bereit, wie mit ihm interagiert oder wozu es genutzt werden kann. Viele davon beruhen nicht einmal auf seiner praktischen Anwendung, sondern auf seiner Visualität und Anschaulichkeit. Zwar sind Waffen, Folter- und Strafgeräte nicht in gleichem Maße als Exponat gedacht wie eine Skulptur oder ein Gemälde. Trotzdem haben sich in verschiedenen Dispositiven kulturelle Formen entwickelt, in denen sie durch ihr Äußeres etwas mitteilen. So bezeichnen manche Objekte ihre Träger:innen auf verschiedene Weise: Das Königsschwert gebührt dem Monarchen, Offiziershämmer zeigen den militärischen Rang an, das Richtschwert markiert den Henker, Hand- und Fußfesseln belegen die Delinquenz, ein Turnierharnisch oder eine reich geschmückte Jagdbüchse deuten den sozialen Stand an und ein Schandmantel verweist auf die vorangegangene Verfehlung. Waffen können sogar an verschiedene Ethnien gekoppelt sein (vgl. Schifko 2018: 311). Einzelne Komponenten der Objekte, oftmals glatte, gut erkennbare Oberflächen oder exponierte Spitzen, fungieren als Schaufläche für Wappen, Insignien, Armeecodes, moralische und religiöse Einlassungen, mythologische Szenen und Tierdarstellungen (vgl. Kaske/Saviello 2019: 9). Auch die Exponierung bestimmter Foltergeräte und Strafgeräte verläuft nicht arbiträr, sondern misst sich am Martergrad und am Delikt. In jedem Falle treffen die Objekte auf einen Körper, der sie formt, ausgestaltet und einsetzt, und/oder der von ihnen geschmückt, identifiziert, beeinträchtigt oder in anderer Weise mit Bedeutung versehen wird. In einer Lesart McLuhans lassen sich Waffen, Folter- und Strafgeräte, aber auch Kleidung, daher als Medium verstehen (vgl. Wilckens 1982: 359f.; McLuhan 1992: 142; Zander-Seidel 2015: 134). Zum einen besteht ihre Medialität wiederum in der Ausweitung der körperlichen und organischen Funktionen wie der Haut als Wärme- oder Schutzschicht. Zum anderen repräsentieren diese Objekte ihre Nutzer:innen sowie diejenigen, die durch sie Gewalt erfahren. Im Museum kann diese Beziehung hervorgehoben werden, weil sich zwischen dem Körper und dem Medium eine Lücke auftut. So wurden die Gefechtsfunktionen der Waffen im GNM nicht mehr aktualisiert, und noch Monate und Jahre zuvor in Konflikten eingesetzte Waffen mit dem Hinweis ‚Nicht berühren!' bedacht.[29] Im musealen Dispositiv wird dem Publikum der körperliche Zugriff auf die Objekte verweigert: Vis-à-vis mit den Besuchenden sind sie ihnen physisch entzogen, können dadurch aber leichter als Medium identifiziert werden.

Wie die Beispiele suggerieren, betonten die Dispositive die Medialität der Objekte durch wiederholte Exponierung. Die Waffen wurden auf Paraden und Heerschauen präsentiert, die Foltergeräte dem Verdächtigen im Rahmen der gerichtlichen Inquisitio vorgeführt und die Strafinstrumente bei öffentlichen Züchtigungen und Hinrichtungen zur Schau gestellt. Zeitlich gesehen nimmt die Vor- und Ausstellung vieler Objekte sogar deutlich mehr Raum ein als ihre physische Anwendung, die oftmals nur kurzzeitig erfolgt, bevor die Objekte anschließend langwierig auf den nächsten Einsatz vorbereitet werden. Selbst die Vorbereitung kann das Zeigen des Objekts inkludieren, etwa wenn in einer Kaserne die gesäuberten Gewehre der Soldat:innen von den Vorgesetzten überprüft werden. Um die möglichen Anwendungsweisen eines Objekts durch den Körper innerhalb der Dispositive zusammenzufassen, wird im Folgenden ein weiterer Begriff herangezogen.

2.2.2 Die Assemblage

Die Medialität der Waffen, Folter- und Strafgeräte außer- und innerhalb des Museums ist nicht selbstgenügsam, sondern an einen Körper gebunden, der mit den Objekten interagiert, sie führt und trägt, liest und interpretiert, einsetzt und funktionalisiert. Dabei muss es sich nicht um einen individuellen Körper handeln, denn das Medium kann ebenso einen Körper im übertragenen Sinne bezeichnen. Um das Set von Optionen zu definieren, nach dem das Medium im Einzelfall mit dem Körper interagieren kann, wird das Konzept der *Assemblage* ein-

29 In dieser Hinsicht unterscheidet sich die Waffe im Museum von derselben Waffe in einer Waffenkammer. Zwar werden beide an diesen Orten aufbewahrt, gepflegt und in eine spezielle Anordnung gebracht. Doch laufen diese Tätigkeiten auf diametrale Ziele zu. Während die Waffenkammer als Station *vor* und *zwischen* der Schlacht die Waffe auf den zukünftigen Einsatz vorbereitet, bleibt die Waffe im Museum als Stätte des *Danach* von jeglichem Kampfgebrauch abgeschnitten. Wo in Waffenkammern Kampfspuren möglichst beseitigt werden, können sie in Museen sichtbar gemacht und mit Bedeutungen versehen werden.

geführt. Damit beschreibt der mexikanische Philosoph Manuel DeLanda die Verbindung heterogener Elemente zu einem größeren Ganzen. Dabei orientiert er sich an einer Äußerung von Deleuze im Dialog mit der Journalistin Claire Parnet, wo jener eine Assemblage als Gefüge heterogener Bestandteile skizziert, das zwischen diesen mannigfaltige symbiotische Beziehungen stiftet (vgl. Deleuze/Parnet 2019: 77). Dies erinnert zunächst an die Definition der Assemblage in der bildenden Kunst, nach der eine Assemblage eine dreidimensionale reliefartige Collage plastischer, auf einer Platte befestigter Elemente meint. Während solche ‚traditionellen' Assemblagen auch im musealen Dispositiv exponiert werden, kann der Begriff jedoch noch weiter gefasst werden. So versteht DeLanda unter einer Assemblage „the integration of a collection of elements into an assemblage that is more than the sum of its parts, that is, one that displays global properties not possessed by its individual components" (DeLanda 1991: 20). Dabei entsprechen die Objekte und Körper den „parts" oder „components" und lassen sich als relativ autonome Entitäten betrachten, die in verschiedene Assemblagen implementiert werden können:

> Unlike wholes in which ‚being part of the whole' is a defining characteristic of the parts [...] we need to conceive of emergent wholes in which the parts retain a relative autonomy, so that they can be detached from one whole and plugged into another one entering new interactions. (DeLanda 2010: 3f.)

Das so entstehende Konglomerat ist emergent – es ist mehr als die Summe seiner Teile, da es etwas Neues anbietet, das einzeln keinem der Komponenten möglich wäre (vgl. Mattissek/Wiertz 2014: 160). Die Gegenüberstellung von Einzelteilen und emergenten Kollektiven ist eine übliche Herangehensweise DeLandas (vgl. DeLanda 2006: 250). Im Vergleich mit dem Dispositiv lässt sich die Assemblage flexibler auf mikrologische Relationen zwischen Körper und Objekt anwenden.

Zum Verständnis der *parts*[30] einer Assemblage gibt DeLanda zwei Kategorien vor: Jede Komponente verfügt über *properties*, die imma-

---

30 Im Deutschen ist die Übersetzung von *parts* mit ‚Teilen' irreführend, da der Teil durch seine Zugehörigkeit zu einem Ganzen bestimmt ist; ansonsten wäre er kein Teil. Aus Gründen der Lesbarkeit wird die Translation trotzdem verwendet. Wo im Folgenden von Körpern oder Objekten als Teilen gesprochen wird, ist ihre Teilhabe an einer Assemblage gemeint.

nenten Eigenschaften. Diese sind weitestgehend statische, messbare und stets aktuelle Variablen – bei einem Schwert zum Beispiel Gewicht, Material, Größe und Schärfe.[31] Hinzu kommen die *capacities*, die Potenziale oder Vermögen. Dabei handelt es sich um Virtualitäten, die nicht immer aktualisiert sein müssen. Ein Schwert mit der Eigenschaft, geschärft oder spitz zu sein, hat das Potenzial, zu schneiden oder zu stechen. Ob dieses Potenzial tatsächlich realisiert wird, hängt mit der Zuordnung des Schwertes zu einer Assemblage zusammen, innerhalb derer das Potenzial eine Funktion erfüllt, so wie das Schwert von Soldat:innen als Angriffswaffe eingesetzt wird. Beispielsweise konnte ein panzerbrechendes Stoßschwert historisch besondere Geltung erlangen, wo sich die Kämpfenden gegen Plattenharnische zur Wehr setzen mussten – gegen einen anderen Körperschutz bewährte sich auch eine andere Bewaffnung. Nach derselben Verfahrensweise stellen Deleuze und Guattari das Schwert dem Säbel gegenüber, um die Auswirkungen der jeweiligen materiellen Beschaffenheit zu inspizieren, welche die beiden Waffentypen aufweisen (vgl. Deleuze/Guattari 1992: 559–561): Schon die Herstellung der Blankwaffen obliegt Grenzwerten wie dem Schmelzpunkt von Eisen oder sukzessiver Entkohlung, die beim Fertigungsprozess berücksichtigt werden müssen. So wird das eiserne Schwert nicht in großen Stückzahlen gegossen oder geformt, sondern als Einzelexemplar geschmiedet, und das heiße Eisen anschließend abgelöscht statt luftgekühlt. Dies wirkt sich auf die Merkmale der Waffen aus und bestimmt deren Handhabung. Zum Stich eignet sich das spitz zulaufende Schwert besser als der für den Hieb prädestinierte Säbel, mit dem eher seitlich als frontal angegriffen wird. Während die *properties* eines Objekts endlich sind, können die *capacities* niemals allesamt aktualisiert werden. So könnte ein Schlachtschwert als Dekorelement an einer Wand platziert, als Ware verkauft, als überdimensionierter Brieföffner gebraucht oder gänzlich anderen Zwecken zugeführt werden. Erst der Rahmen gibt die Funktion eines Objekts vor, indem dort die jeweils erforderlichen Potenziale selektiert werden:

---

31 So ist jedes Objekt durch sein Gewicht unablässig der Schwerkraft ausgesetzt, speichert Lageenergie, übt Druck aus und widersteht der Luftströmung. Nach DeLandas Ansicht resultieren die Eigenschaften ebenfalls aus Assemblagen, zum Beispiel durch die Interaktion geometrisch angeordneter Eisenkristalle in einem größeren Verbund. Solche vorgängigen physikalischen oder chemischen Gefüge sind hier jedoch nicht von Belang.

> […] a knife as used in a ‚kitchen assemblage' is a tool, the assemblage selecting from all its capacities only the ability to cut, while the same knife in an ‚army assemblage' becomes a weapon, the assemblage selecting its ability to kill. (DeLanda 2016: 73f.).

Folglich können Objekte, ohne ihre Eigenschaften aufzugeben, verschiedene Assemblagen transgredieren und dabei unterschiedliche Potenziale anbieten. Was realisiert wird, bestimmt jeweils auch die Assemblage – „an assemblage both constrains and enables its parts" (DeLanda 2006: 256). Historisch wurden beispielsweise Feuerwaffen eines stehenden Heeres auch von mobilen Reiterkollektiven eingesetzt, wobei die Waffen nahtlos von einer Assemblage in eine andere reintegriert wurden (vgl. DeLanda 2016: 74). Je nach der Assemblage kann ein prähistorischer Faustkeil als steinerne Angriffswaffe, Wurfgeschoss, Schneidewerkzeug, Hammer, Tauschobjekt oder Musealie eingesetzt und, etwa als Speerspitze oder als Kopfstück einer Axt, zum Bestandteil einer größeren Assemblage werden.

Assemblagen können in einer Art Mise en abyme selbst aus Assemblagen zusammengesetzt sein. DeLanda siedelt sie am Beispiel des Militärdispositivs auf unterschiedlichen Plateaus an, sodass damit die Formierung von Soldaten, Truppenteilen und Waffen (DeLanda 1991: 23), die Disziplinierung einer Armee (DeLanda 1991: 65) und die Organisation verschiedener Armeen (DeLanda 1991: 65) gemeint sein können. So benennt er in Anlehnung an Deleuze und Guattari die Assemblage eines nomadischen Reiterbogenschützen, bestehend aus einem Menschen, einem Pferd und einer Projektilwaffe, die sich als mikrologische Waffen-Assemblage aus einem gebogenen Holzstück, einer spannbaren Sehne und einem Pfeilgeschoss zusammensetzt (vgl. Deleuze/Guattari 1992: 540; DeLanda 2016: 4, 68–70). Auf der Makroebene gehört die Reiterbogenschütze-Assemblage wiederum zu einer Armee, die eine Assemblage von Assemblagen darstellt. Weil das entscheidende Kriterium von Assemblagen die Vereinigung von verschiedenartigen Komponenten zu einer größeren Einheit darstellt, bezeichnet DeLanda als solche auch Gefüge, die bereits als Dispositiv eingeführt wurden. Aufgrund ihrer Vernetzung heterogener Teile an Dispositive erinnernd, sind Assemblagen jedoch nicht zwangsläufig epistemisch oder hierarchisierend, sondern funktionell angelegt. DeLanda schreibt ihnen zwei Aspekte zu. Erstens werden die Bestandteile einer Assemblage erst durch diese selbst kombiniert. Zweitens stellt die

Assemblage Relationen zwischen ihren Teilen her, die intrinsischer oder – seltener – extrinsischer Natur sein können, wie es auch das Dispositiv tut (vgl. DeLanda 2016: 1f.). Trotz der Gemeinsamkeiten sind beide Termini für den Verlauf der Untersuchung strikt voneinander zu trennen. Denn wo das Dispositiv das übergreifende relationale Gebilde ist, in dem unter anderem auch Objekte, Körper und Räume enthalten sind, beschreiben Assemblagen ausschließlich Beziehungen zwischen dem Medium und dem Körper. Der Begriff erlaubt es, den Mehrwert der diversen Verbindungen zwischen Körpern, Waffen, Folter- und Strafgeräten genau zu erfassen. Dadurch können die Funktionen und Bedeutungen isoliert werden, für die das Objekt vom Körper in Stellung gebracht wurde. Dies liefert Rückschlüsse in dreierlei Hinsicht: Zunächst wird das Potenzial der Objekte deutlich, das realisiert wurde. Sodann wird der Körper ersichtlich, von dem die Realisierung ausging. Schließlich wird das Dispositiv oder die Form erkennbar, in dem oder in der die Assemblierung stattfand und das oder die sie möglicherweise sogar einleitete. So macht sich der soldatische Körper die auf ihre Eigenschaften zurückführbaren Potenziale der Waffen in einer Assemblage zunutze, zum Beispiel als Langbogenschütze, schwerer Kavallerist oder Doppelsöldner. Die Indienstnahme geschieht im Dispositiv des Militärs, wo soldatische Subjekte ausgebildet, ein bestimmter Körpertypus erzeugt und Formen etabliert werden, bei denen die Potenziale der Waffen wie die physische Bekämpfung des Feindes realisiert werden. Gleichzeitig treten die Waffen mit dem soldatischen Körper auf verschiedene Weise in Verbindung, indem sie seinen Rang innerhalb der Armee bezeichnen, von ihm instandgehalten werden und gemeinsam bei Appellen, Waffenschauen und Paraden zur Anschauung kommen. Deshalb setzen DeLandas Beispiele einen *user* voraus, der die Potenziale der Objekte realisiert: einen Koch, der ein scharfes Messer zum Schneiden verwendet, und einen Soldaten, der es als Waffe gebraucht. Auch im Museum steht dasselbe Messer in einer spezifischen, indirekteren Beziehung zum Körper. Diese Aspekte beruhen einerseits auf der Medialität der Objekte, die solche Optionen zulässt, andererseits auf einer Assemblage, die sie aktualisiert. Durch Assemblagen lassen sich daher die Beziehungen zwischen Objekten und Körpern beschreiben und ihre hierarchischen, kausalen, metonymischen und assoziativen Beziehungen ausloten, ohne den Objekten die Medialität zu entziehen oder abzusprechen. Denn jede Assemblage gewährt ihren Bestandteilen eine gewisse Autonomie:

> But to say that a technical object remains entirely undetermined runs the risk of transforming the concept of assemblage into something like a Hegelian totality in which the very identity of the parts is constituted by their relations in the whole. But as we have seen, the very definition of assemblage involves relations of exteriority, that is, relations that respect the relative autonomy of the parts. (DeLanda 2016: 73)

Beispielsweise berücksichtigt die Assemblage Hand-Bogen-Pfeil gegenüber McLuhans und Gehlens kontrovers diskutiertem Beispiel des Bogens als Ausweitung der Hand das Zusammenspiel der drei heterogenen *parts*, ohne sie künstlich analogisieren zu müssen. Untersucht werden kann daher nicht nur das Dispositiv, in welchem sich das Medium befindet, sondern auch, wie es darin mit dem Körper assembliert wird. Um die Begriffe Medium und Assemblage konkret auf das museale Dispositiv zu beziehen, muss zuerst die Musealisierung eines Objekts thematisiert werden.

2.2.3 Objekte außer- und innerhalb des musealen Dispositivs

Die Musealisierung von Objekten wurde zwiespältig diskutiert, als Mangel wie auch als Chance. Ein häufig gewählter Ansatz besteht darin, eine Dichotomie zwischen vormusealem Objekt und der Musealie zu errichten, um deren kategoriale Verschiedenheit zu dokumentieren. Ein Vertreter dieser Methode ist der Philosoph Martin Heidegger, der in der Transformation vom Objekt zur Musealie ein grundlegendes Problem sieht, weil jede Musealie ihrer Ursprungswelt entrissen sei:

> So stehen und hängen denn die Werke selbst in den Sammlungen und Ausstellungen. Aber sind sie hier an sich als die Werke, die sie selbst sind, oder sind sie hier nicht eher als die Gegenstände des Kunstbetriebes? […] Ihr Rang und ihre Eindruckskraft mögen noch so groß, ihre Erhaltung mag noch so gut, ihre Deutung noch so sicher sein, die Versetzung in die Sammlung hat sie ihrer Welt entzogen. […] Aller Kunstbetrieb, er mag aufs äußerste gesteigert werden und alles um der Werke selbst willen betreiben, reicht immer nur bis an das Gegenstandsein der Werke. Doch das bildet nicht ihr Werksein. (Heidegger 1977: 26f.)

Hierbei setzt Heidegger voraus, dass es eine Ursprungswelt gibt, in welche die Objekte eingepasst waren, bevor sie ins Museum gelangten. Ignoriert werden jedoch die Funktionalisierungen von Objekten in den verschiedensten Dispositiven und Assemblagen, die sich teils mit denjenigen im musealen Dispositiv überschneiden. Beispielhaft sei auf die Sichtbarkeit als *property* der Objekte verwiesen, die sowohl vor dem als auch im Museum repräsentative, semantische und symbolische Potenziale eröffnet. Wo Heidegger den Eintritt ins Museum zum Nachteil auslegt, deutet die Kunsthistorikerin Annemarie Hürlimann die Differenz zwischen musealen und nichtmusealen Objekten ungleich positiver. Nach ihrer Auffassung liefern Museen einen Gegenentwurf zur heutigen Konsumgesellschaft, indem sie die Objekte „losgelöst von ihrem Gebrauchswert“ (Hürlimann 2006: 63) vor Augen führen:

> Unserer Lebenswelt, die einerseits im Medial-Immateriellen ihr Heil sucht, andererseits durch Konsum- und Dekorationsfuror im Gewirr der Dinge zu versinken droht, scheint der bewusste Umgang mit den Dingen und das Gefühl für ihr sinnlich narratives Potential abhanden zu kommen. In Museen und Ausstellungen kann man sie sich zurückerobern. An diesen Orten des Zeigens führen die Dinge ihr zweites Leben und können in einer Schule des Sehens auf neue Art wahrgenommen werden. Hier kann man sein Auge schärfen und sich eine Kompetenz visuellen Erkennens aneignen, die in unserer von Bildern überfluteten Welt Not tut. (Hürlimann 2006: 62f.)

Gerade weil die Objekte im Museum frühere Gebrauchszwecke einbüßen, würden sie von den Besuchenden mit einer kritisch-attentiven Distanz wahrgenommen. Kann dieser Feststellung noch zugestimmt werden, gilt das für ihre Herleitung nicht: Inwiefern Museen uneingeschränkt ein bewusstes Sehen schärfen und, im Dickicht von Wachstumsraten, Ticketverkäufen und der Konkurrenz zu diversen Unterhaltungsangeboten, vom außermusealen „Konsum- und Dekorationsfuror“ abstehen, bleibt ungewiss. Dazu impliziert Hürlimann, dass an den Musealien ein essenzialistischer Kern, ein ungetrübter Sinngehalt wahrnehmbar wäre, welcher außerhalb des Museums verblasse. Da sich kulturhistorische Museen mit vergangenen – und wechselnden – Funktionen und Gebrauchsweisen in historischen Lebenswelten beschäftigen, kann es einen reinen, unverfälschten Kern der

Objekte nicht geben.[32] Vielmehr ließe sich einwenden, dass Museen ihren Objekten eine zusätzliche Bedeutungsschicht abringen, indem sie sie nicht nur sichtbar, sondern zugleich konsumierbar machen, wodurch die Objekte ideell wie finanziell nachhaltig nutzbar gemacht werden. Heidegger und Hürlimann vereint der Gedanke, dass Musealien an ihre vormuseale Existenz gekettet sind, welche nach Heidegger unwiederbringlich verloren, für Hürlimann dagegen im Museum neu zu entdecken ist. Tatsächlich werden die Objekte im Museum auf eine spezifische Weise in Stellung gebracht und in der Regel nach den bereits diskutierten Gesetzmäßigkeiten des musealen Dispositivs auf ihre eigene Vergangenheit hin befragt. Doch wird für die untersuchten Objektgruppen der Waffen, Folter- und Strafgeräte argumentiert, dass diese Objekte bereits vor dem Museum in Dispositiven exponiert, mit Bedeutungen aufgeladen und mit Zuschreibungen versehen wurden, die über die bloße physische Benutzung weit hinausreichten. Dies gilt auch für Erinnerungsleistungen und historische Bezüge, die nicht erst im Museum aufgerufen wurden, und ist in hohem Maße der Medialität der Objekte geschuldet. Hinzuweisen ist daher auf zwei Aspekte: Erstens weisen museale Dispositive wie das GNM mit anderen Dispositiven Gemeinsamkeiten auf, die unterschiedlich stark ausgeprägt sind, und daher nicht kategorial, sondern graduell differieren. Zweitens sind diese Gemeinsamkeiten nicht nur an dispositivische Regelmäßigkeiten, sondern vor allem an die Medialität der Objekte geknüpft, deren Potenziale je nach Rahmung auf spezifische Weise gehandhabt werden. Nachfolgend wird dieser zweite Punkt noch detaillierter ausgeführt.

Dass die Objekte im Museum ein zweites Leben durchlaufen, befindet neben Hürlimann grundsätzlich auch der Philosoph Krzysztof Pomian. Er sieht sie als „Gegenstände, die das Unsichtbare repräsentieren, das heißt die mit einer Bedeutung versehen sind" (Pomian 1998: 50). Während die Exponate maximierte Bedeutung speichern, entspreche außermusealen Objekten eine maximierte Nützlichkeit, die mit ihrer möglichen Abnutzung einhergeht. Beide Extreme können Pomi-

32 Dies gilt auch für Kunstmuseen, die ihre Stücke auf Autor:innen, Schulen, Strömungen und Epochen zurückführen und damit historisch lokalisieren. Zudem stellen sie Werke aus, die auf dem Prinzip perzeptueller Schönheit fußen und bereits in ihren ursprünglichen Dispositiven zum ästhetischen Genuss rezipiert wurden. Das Museum setzt diese Linie der wahrnehmbaren Schönheit fort, ohne sie aber eingeführt zu haben.

an zufolge nur in seltenen Fällen kombiniert werden. Andererseits sei ein Objekt erst dann wertig, wenn es „geschützt, aufbewahrt oder reproduziert wird" (Pomian 1998: 50). Wenn funktionale Objekte in museales Gut überführt werden, entledige sie das ihrer früheren Bedeutungen und versehe sie mit neuen Zuschreibungen.[33] Die musealen Objekte bezeichnet Pomian als *Semiophoren*, das heißt als Zeichenträger, die, funktionslos geworden, als leere Gefäße im Museum mit Bedeutungen und Zuschreibungen gefüllt werden. Dabei besitzen die Semiophoren eine semiotische und eine materielle Prägung. Die semiotische Seite beinhaltet die sichtbaren Aspekte des Zeichenträgers, mit denen auf etwas, „das augenblicklich nicht da ist, möglicherweise auch auf etwas, das ganz einfach als unsichtbar gilt" (Pomian 1998: 84), verwiesen werden kann. In diesem Sinne ist Otto Lauffers bekanntes Diktum zu verorten: „Sie [die überlieferten Objekte; F.K.] zeigen nur. Im übrigen sind sie stumm." (Lauffer 1943: 125; vgl. König 2005: 16f.)

Doch ist der These, Musealien seien beliebig etikettierbare Behälter, zu widersprechen. Denn zum einen verfügt jedes Objekt mit seinen *properties*, seiner Gestalt, Farbigkeit und Materialität, über grundlegende Eigenschaften, die an die eingespeisten Bedeutungen gekoppelt sind: *Capacities* und *properties* bedingen sich gegenseitig. Pomian nennt dies die materielle Seite des Semiophoren, „sein Ausgangsmaterial mit all seinen Eigenschaften, doch auch die Form, die er erhalten hat, da sie seine physischen Beziehungen zu anderen Gegenständen bestimmt" (Pomian 1998: 84). So sind die Geschützkugeln aus der Waffensammlung des GNM (W2334–W2339) durch ihre Rundung als Geschosse identifizierbar und ein Steinblock der Alten Gerichtsbarkeit (StR3) eignet sich seines Gewichtes wegen für die Folter mit dem Flaschenzug.[34] Zum anderen stellen kulturhistorische Museen ehemalige Funk-

33 Als Beispiel dient die Musealisierung einer Fabrik, sodass diese, statt Güter zu erzeugen, selbst zu einem Gut wird. Die museale Metamorphose setze einen semiotischen Kreislauf in Gang, der die Überreste der Fabrik – nun Überreste im Sinne Johann G. Droysens (vgl. Droysen 1868: 14f.) – neu auflädt (vgl. Pomian 1990: 41–43). Dies belegt außerdem, wie Museen andere Dispositive wie die Fabrik in sich einspeisen können, wobei das Fabrik-Dispositiv durch das museale Dispositiv abgelöst wird.

34 Allerdings sind die Steingewichte aus der Sammlung des GNM wohl tatsächlich historische Zunftaltertümer, die irrtümlich als Gegengewicht für Flaschenzüge aufgefasst wurden (vgl. Burger 2005: 168). Ihre Eigenschaften, das Gewicht und die Kontur, hatten als Beweise für die Echtheit der Steine genügt.

tionen der Objekte heraus, auch wenn ihre Zuschreibung nachträglich, bisweilen uneindeutig oder irrig erfolgt. Ein nachgebildeter Streithammer aus Papiermaché kann in einer Ausstellung nur deswegen als Repräsentation fungieren, weil die Vorstellung des Waffentyps ‚Streithammer' außermuseal existiert; ein im Museum als ritterliches Insigne, als Ikon des christlichen Kreuzes oder als Fürstengeschenk exponiertes Schwert ist als Assemblage der Bestandteile Gehilz, Parierstange und Schneide in Verbindung mit dem ritterlichen Körper sowie der jahrtausendelangen Gebrauchsgeschichte als Waffe identifizierbar, noch bevor sekundäre Zuschreibungen greifen. Zugespitzt: „The museum [...] transmits its messages through the object or phenomenon in such a way that the object [...] speaks for itself." (Cameron 1972: 90) Nicht zuletzt hängt die Musealität eines Objekts auch davon ab, wie ergiebig seine Potenziale sind und wie sie sich möglichst ansprechend vermitteln lassen.

Wie DeLanda veranschaulicht Pomian die materielle Seite an der Schneide eines Messers, doch führt er den Vorgang des Zerschneidens auf unmittelbare materielle Eigenschaften und damit auf die *properties*, nicht aber auf die daraus resultierenden *capacities* zurück. Damit übersieht er die Abhängigkeit von Dispositiven, Formen und Assemblagen, anstatt das museale Dispositiv als ein Gefüge unter anderen einzuordnen und den Eintritt von Objekten ins Museum als re-dimensionale Figur zu lesen (vgl. Korff/Roth 1990: 18). Innerhalb dieses Dispositivs fungiert die Musealie als Brennglas, das Wissen in kondensierter Form vermittelt. Zusammengefasst bildet das museale Medium, das heißt das Objekt, einen *part* einer Assemblage. Dabei lässt sich ein Objekt insofern selbst als Assemblage betrachten, als es aus *parts* zusammengesetzt ist. Darauf weist auch der Ethnologe Hans P. Hahn hin, wenn er die wechselseitigen Verflechtungen von Objekten bemerkt und sich auf den Begriff der Assemblage in Abgrenzung zum „Einzelding" (vgl. Hahn 2015a: 17) stützt: „Natürlich könnte man auch das Auto und seine Teile als ‚Assemblage' beschreiben."[35] (Hahn 2015a: 23) Die Assemblage, die als Ganzes statt über ihre Einzelelemente funktioniert, wendet Hahn gegen den Begriff der Objektbiographie, wie er metho-

35 Übrigens definiert Hahn auch eine Sammlung als Assemblage, obwohl diese als Anhäufung homogener Elemente keine verschiedenartigen Bestandteile kombiniert.

disch für die Erforschung musealer Objekte herangezogen wird. Hahn zufolge fußt die Objektbiographie auf einer biologistischen Verquickung menschlichen Lebens mit materiellen Artefakten. Letzteren werde eine Identität zugebilligt, die wie die menschliche Existenz durch einen Anfang und ein Ende gekennzeichnet sei. Weil aber Objekte nicht in gleichem Maße von biologischen Prinzipien abhängig seien und keine konsistente Identität aufweisen, wertet Hahn die Metapher der Biographie als unzulässig. Schließlich setze diese voraus, dass ein Objekt in allen biographischen Stationen denselben Kern bewahre, was auch Hürlimann impliziert hatte. Stattdessen sei jedoch für viele Objekte kein Kernelement unter den Komponenten auszumachen, weswegen für sie von einem Kompilat, mithin von einer Assemblage zu sprechen sei (vgl. Hahn 2015a: 19–25). Demgegenüber erlaubt es die Assemblage, die relationalen Bezüge eines Objekts innerhalb einer Situation oder eines größeren Settings, zum Beispiel eines Dispositivs, zu erfassen, ohne die Multimodalität des Objekts zugunsten einer ‚wahren' oder einzigen Funktion zu verschleiern. Jedes Objekt befindet sich selbst in einer Assemblage, die seine Funktionen vorgibt und aktualisiert. Einzig seine *properties* sind ausschlaggebend für die Potenziale, die in der Assemblage entfaltet werden können. Daher reifen Objekte nicht in einem teleologischen Prozess heran, wie es das Konzept der Objektbiographie suggeriert, sondern bieten Möglichkeiten an, die ausgeschöpft oder negiert werden. Im Museum kristallisieren sie sich zu größeren Gebilden, die operativ und funktional bestimmte Aspekte hervorheben und andere verdecken, ohne dass das Medium dabei ein anderes als vor der Musealisierung ist.

2.2.4 Museale Fluchtlinien

Wenn Objekte aufgrund ihrer Potenziale multifunktional sind, aber im musealen Dispositiv in bestimmte Bahnen gelenkt werden, handelt es sich dann bei Sammlungsobjekten und Ausstellungsexponaten um bloße Werkzeuge, die vorgefertigten Zwecken zugeführt werden? Oder diktieren umgekehrt die Objekte, welche Aufgabe ihnen zukommt? Wie angedeutet kann darauf keine einseitige Antwort gegeben werden. Denn einerseits verfügen innerhalb des musealen Dispositivs Akteure – Kurator:innen, Direktor:innen, Konservator:innen, Ausstellungsgestaltende, Aufsichten und andere – über die Objekte. Andererseits bringen die *properties* der Objekte bestimmte *capacities* mit sich, die das museale Dispositiv modifizieren und vormuseale Dispositive sichtbar machen. In Ausstellungen für die Besuchenden exponiert, geraten auch die Musealien in eine funktionale Beziehung mit dem Menschen. Doch wo es außerhalb des musealen Dispositivs zu Reibungen, Störungen und Fehlfunktionen kommt, verbleibt auch den Musealien ein widerständiger Rest. Daher kann im Museum eine völlige Vereinnahmung der Objekte nicht stattfinden. Zugleich lassen sich die Fluchtlinien, welche die Objekte aussenden, im Akt des Ausstellens produktiv nutzen. So kann die Medialität der Musealien die ehemaligen Dispositive sichtbar machen, an denen die Objekte partizipiert hatten. Denn die dort angelegte Distanz zum Körper des Betrachters – die Entfernung zwischen dem Scharfrichterschwert und der Menge, zwischen den Bürger:innen und der Glefe eines Trabanten, zwischen den Zuschauenden und dem Stechhelm eines Turnierreiters –, basierte auf demselben deiktischen Potenzial der Objekte, auf dem auch ihre Medialität im musealen Dispositiv beruht. Als Medium verweisen die Musealien zudem auf das Außen des musealen Dispositivs. Dieses Außen kann ideell sein, historisch oder metaphorisch. Üblicherweise betrifft es die gängigste historische Funktion des Objekts, etwa die militärische Verwendung eines Helmes. Es kann in der Provenienz eines Objekts bestehen, die erst im Museum vermittelbar wird, wie in der früheren Ausstellungsgeschichte eines Foltergeräts in einer Privatsammlung. Das Außen kann aber auch von einem Einzelobjekt wegführen, wenn dieses metonymisch für einen größeren Zusammenhang steht oder eine Reihe gleichwertiger Objekte adressiert, zum Beispiel ein Anderthalbhänder, der diesen Schwerttyp musterhaft repräsentiert. In jedem Falle bezeichnet es die historische Assemblierung mit einem Körper, der den Helm trägt, die Privatsammlung anlegt oder das Schwert führt.

Mit dem Zeigen auf ein Äußeres fungieren die Objekte zugleich als Fluchtlinien des musealen Dispositivs. Denn in ihnen ist ein Rest angelegt, der auf das Außen des Dispositivs verweist. Dieser Rest ist vom Museum nicht gänzlich kontrollierbar und rührt seinerseits am musealen Dispositiv. Die kriegerischen Auseinandersetzungen der 1860er und 70er Jahre beförderten große Kontingente von Waffen ans GNM, während durch strafgesetzliche Veränderungen die Foltergeräte auf der Cadolzburg obsolet wurden und deswegen später nach Nürnberg gelangten, und eine plötzlich erwerbbare Sammlung in Österreich prägte die Waffenabteilung wie nichts zuvor. Weitere Fluchtlinien führten in fremde Sammlungen, Museen und Städte, in denen Waffen, Folter- und Strafinstrumente ausgestellt wurden. Ein einzelnes Exponat wie die Eiserne Jungfrau konnte die zeitgenössische Sichtweise auf Rechtsgeräte bestimmen. Daher waren politische Entscheidungen, gesellschaftliche Umwälzungen und unvorhergesehene Ereignisse maßgeblich dafür verantwortlich, was und wie am GNM ausgestellt wurde.

Nachdem das Medium vor dem und im musealen Dispositiv sowie in seiner Beziehung zum Körper vorgestellt worden ist, wird nun auf einer dritten Ebene seine Organisation zu einer Form untersucht. Denn im Museum geraten die Objekte als leitgebendes Medium miteinander in Austausch und schließen sich zu den Formen der Sammlung und der Ausstellung zusammen.

2.3 Die Form

2.3.1 Das Verhältnis von Sammlung und Ausstellung

Die Hauptlinien des GNM-Dispositivs bilden Sammlungen und Ausstellungen, welche die Musealien nicht nur anhäufen, sondern zugleich einer spezifischen Ordnung zuweisen. Dabei entspricht die Ordnung der Ausstellung nicht derjenigen der Sammlung, wenngleich sie ihr ähneln kann. Denn als Bindeglied zum Publikum ist die Ausstellung der Ort, an dem die Sammlungsobjekte als Exponate visuell in Erscheinung treten. Methodologisch wurde sich der Ausstellung auf verschiedenen Wegen genähert. Besondere Prominenz genießen semiotische Ansätze (vgl. Schärer 2003; Scholze 2004), phänomenologische Betrachtungen (vgl. Seel 2000) sowie Einbettungen in eine ganzheitliche Museumsanalyse (vgl. Baur 2010). Dabei werden dem Feld der Ausstellung jeweils unterschiedliche Facetten zugeschrieben. Ein gemeinsamer Nenner vieler Ausstellungstheorien und -analysen ist der Fokus auf ephemere zeitgenössische Ausstellungen mit multimedialen Installationen, sensoriellen Stationen und Hands-On-Elementen. Zwar liegt es nahe, zeitgenössische Ausstellungen – und mit ihnen Museen – als sensorischen Raum optischer, akustischer und zuweilen taktiler Reize zu begreifen (vgl. Spielvogel 2014: 38; Classen 2017: 116f.). Aber die hier behandelten historischen Dauerausstellungen des GNM weisen fast ausschließlich optische Reize auf, weshalb für sie mit Svetlana Alpers von einem Ort des Sehens zu sprechen ist (vgl. Alpers 1991:

26f.). Auch wenn in seltenen Fällen weitere menschliche Sinnesbereiche[36] adressiert wurden, war das Sehen für den Museumsbesuch unabdingbar. So war im 19. und frühen 20. Jahrhundert die stille Kontemplation einzelner oder paarweiser Betrachter:innen vor den Exponaten die Regel. Diese Konvention übersetzte sich bis in die ältesten Zeichnungen von Schausälen, auf denen die dargestellten Besuchenden einzeln oder zu zweit vor den Objekten verharren. Daher können die GNM-Ausstellungen als *Schauanordnungen* tituliert werden. Lohnender als ein Vergleich mit zeitgenössischen Ausstellungen ist daher der Blick auf das Verhältnis der Ausstellung zur Sammlung. Tatsächlich sind die historischen Dauerausstellungen den Sammlungen anzunähern, da sie teils Jahrzehnte ohne wesentliche Eingriffe überstanden. Zudem leiteten sich die meisten Dauerausstellungen von einer Sammlung ab. In der Folge wiesen die Raumtitulierungen der Waffen und Rechtsgeräte auf die jeweils beherbergte Sammlung hin: Zum Beispiel notierte ein Wegweiser über einen Saal „enthält die Waffensammlung" (Wegweiser 1880: 31), während eine Halle nicht die Ausstellung, sondern „die Sammlung der Folter- und Strafwerkzeuge" (Wegweiser 1880: 38) enthielt. Solche Formulierungen entsprangen dem museumshistorischen Kontext des mittleren 19. Jahrhunderts, aus dem das Dispositiv des GNM hervorging: Auf der einen Seite gewährten Privatsammlungen und öffentliche Museen den Besuch konsistenter Schauanordnungen – der heutigen Nomenklatur nach *Dauer*ausstellungen. Andererseits etablierten sich mit den seit 1851 unregelmäßig stattfindenden Weltausstellungen kürzere Formate mit industriellen und ökonomischen Anteilen – dem jetzigen GNM-Jargon nach *Sonder*ausstellungen.[37] Der Begriff der Schausammlung, ein Synonym für die Dauerausstellung, beschreibt treffend die am GNM prävalente Beziehung von esoterischer Sammlung zu exoterischer Ausstellung (vgl. Fehr 2010: 14). Denn was sich den Besuchenden in den Schauräumen bot, war überwiegend auf die Sammlungsstruktur zurückzuführen. Dennoch ist bei aller Nähe von Sammlung und Ausstellung im

36 Gemeinhin betrifft dies durch Audioguides und Hörstationen das Ohr, gelegentlich mittels taktiler Elemente auch den Tastsinn. Olfaktorische oder gustatorische Formate sind nur selten in Ausstellungen implementiert, aber typisch für außermuseale Ausstellungen wie Messen sowie für Museumscafés und -bistros.

37 Die Zweideutigkeit des Ausstellungsbegriffs beruht auf der abweichenden Genealogie von Museum und Ausstellung.

GNM festzustellen, dass beide abweichende Formen meinen. Die Ausstellung ist nicht einfach die sichtbare Sammlung, sondern *eine* räumliche Aktualisierung aller Virtualitäten, welche die Sammlung bereitstellt. Zur bloßen Selektion der Exponate gesellen sich daher weitere Facetten.

Das Arrangement der Sammlungsobjekte in der Ausstellung lässt sich mit dem Begriff der *Inszenierung* beschreiben. Während Objekte zu einer bestehenden Sammlung addiert werden können, ist die Ausstellung nicht einfach als Summe von Exponaten zu begreifen. Insofern darf ihre Analyse nicht bei der Objektauswahl verharren, sondern muss weitere Faktoren miteinbeziehen. Am GNM sind dies die Anordnung der Exponate in eigens präparierten Schauräumen, die Positionierung und Wegführung auf dem Museumsareal, der Einsatz von Werkzeugobjekten[38], Lichtverhältnisse, der Abstand zwischen Objekten und Besuchenden, Paratexte und Begleitpublikationen sowie die öffentliche Rezeption. All dies umfasst der Term der Inszenierung, den Thomas Thiemeyer in Anlehnung an Erika Fischer-Lichtes theaterwissenschaftlichen Inszenierungsbegriff (vgl. Fischer-Lichte 2014: 327f.) wie folgt definiert:

> Inszenierungen sind Strategien, die in einer Ausstellung Exponate mithilfe von Ausstellungsmobiliar, audiovisuellen und atmosphärischen Medien (Licht, Töne) räumlich in Szene setzen, um Deutungen nahezulegen und Objekteigenschaften und -bedeutungen sinnlich erfahrbar zu machen. Sie sind mehr als die Summe ihrer Teile, nur partiell zu verstehen oder in Begriffe zu übersetzen, sondern vor allem erlebbar. (Thiemeyer 2012: 209)

Für die Dauerausstellungen des GNM zwar nicht in allen Punkten zutreffend[39], unterstreicht Thiemeyers Definition die strategische Anlage des Ausstellens in Form einer festgelegten Inszenierung, die dann – aktualisiert durch ihre Besucher:innen – ein präsentisches Erlebnis ermöglicht.

---

38 Darunter fallen Hilfsmittel wie Vitrinen, Gestelle, Texttafeln, Leuchtmittel, Trennwände, Vorhänge und Podeste, die zur Präsentation der Exponate beitragen, aber selbst nicht zu den Musealien gerechnet werden (vgl. Schober 1994: 12; Klein 2004: 101).

39 Auditive Medien kamen dort im untersuchten Zeitraum nur bei Veranstaltungen wie den historischen Kostümschauen oder Konzerten zur Anwendung.

2.3.2 Ausstellung und Medium

Wo Thiemeyer den Medienbegriff auf atmosphärische Phänomene beschränkt, wird andernorts die Ausstellung selbst als Medium verstanden (vgl. Schober 1994: 7; Scholze 2004: 11). Diese Lesart läuft jedoch Gefahr, die Bedeutungshorizonte der Exponate der Ausstellung unterzuordnen und einzig aus ihrem Arrangement abzuleiten. Statt die Medialität der Objekte zu affirmieren, die bereits vor dem Museum wirksam war, wird eine Sinnhaftigkeit beschworen, die erst im Moment des Betrachtens entsteht und an zeitgenössischen Ausstellungen plausibilisiert wird. Die Ausstellung gerät zum präsentischen Geschehnis, das, einmal aus dem musealen Dispositiv geschält, an anderer Stelle wiederholt werden kann. Nach der Verknappung der Besuchszeit wird die Ausstellung räumlich entkoppelt: Schauflächen, Trennwände, Texttafeln, Typographien und Dekorelemente werden eigens entworfen und sogar Vitrinen, Halterungen und Vorrichtungen für einzelne Exponate gestaltet. Wie die Wanderausstellungen nominell bezeugen, wird die Ausstellung mobil und transportierbar – sie gerinnt zu einem konsumierbaren Produkt.[40] Kurz gesagt stellt das Medium der Ausstellung zur Disposition, in welche Arrangements die Exponate eingelassen sind, nicht aber, wie diese selbst bestimmte Arrangements bedingen. Hinzu kommt, dass historische GNM-Bauwerke wie das Kartäuserkloster anders als die *white cubes* des 20. Jahrhunderts nicht als Ausstellungsorte geschaffen wurden. Erst durch die museale Nutzung sollte sich eine Symbiose aus Architektur und Objekt ergeben.

Zusammengefasst lässt sich der Medienbegriff für die historischen Dauerausstellungen des GNM nicht stützen, bei denen das vorhandene Sammlungsmaterial auf die verfügbaren Lokalitäten abgestimmt werden musste. Statt von der Ausstellung als Medium zu sprechen, erscheint es treffender, die Ausstellung mit Alexander Klein als Medien*verbund* und als Formation des Mediums – der Exponate – zu begreifen (vgl. Hüther 1994: 66–69; Klein 2004: 97). Dadurch wird das Problem umgangen, dass viele Objekte bereits vor ihrer Musealisierung zu Schauanordnungen gehörten, die sich von der musealen Ausstellung teils nur geringfügig abhoben. Generell eint der Faktor Sichtbarkeit alle

40 Das Aufkommen von dem Museum entwachsenen Berufsbildern wie Ausstellungsmacher:in, -architekt:in und Szenograph:in kann auf die Mobilität der Ausstellung zurückgeführt werden.

Schauformate von Waffen und Rechtsgeräten: Auf Heerschauen wurden Waffen einem Publikum präsentiert und in geometrische Figuren gebracht, während Richtschwerter bei öffentlichen Hinrichtungen nicht nur gegen den Körper des Delinquenten verwendet, sondern häufig mit großem Effekt zur Schau gestellt wurden. Visualisiert wurden dabei auch Potenziale der Objekte, die dem physischen Gebrauch vorausgingen. Entblößte der Scharfrichter sein Schwert, wartete die Menge gespannt auf dessen Einsatz. Auf Paraden vorgeführte Waffen demonstrierten metonymisch die Stärke einer Armee oder im Triumphzug als erbeutete Trophäe den errungenen Sieg. Wie im musealen Dispositiv spielten in den historischen Dispositiven der Strafgerichtsbarkeit und des Militärs herausgestellte Objekte, mithin Exponate, eine zentrale Rolle. Wie später als Musealien wurden die Objekte zum Bestandteil einer größeren Form, die ihnen Bedeutungen zuwies und die selbst durch die Objekte entstand; ohne Waffen kein Paradieren, ohne Schandpfahl keine Prangerstrafe, ohne Richtschwert, Rad und Fallbeil keine entsprechenden Exekutionen. Jedoch schleust die museale Ausstellung der Objekte eine Differenz ein: Ihre Exponate sind selbst dann räumlich und zeitlich vom früheren Gebrauchskontext abgelöst, wenn die Ausstellung, zum Beispiel als stilisierte Folter- oder Waffenkammer, solche früheren Kontexte inszenatorisch aufruft. Die so aufgetane Lücke erlaubt es, den Besuchenden Potenziale offenzulegen, die sich nicht unmittelbar aus dem Anblick der Exponate ergeben. Unterstützend machen Beschriftungen, Begleittexte und andere Werkzeugobjekte die Funktionen eines Objekts verständlich oder vergleichen es mit anderen Exponaten. Dabei können im Museum ähnliche Potenziale wie in vormusealen Dispositiven betont werden. Wie am GNM geschehen, kann die museale Zurschaustellung von Waffen politische Haltungen und gesellschaftliche Werte bekräftigen. Doch zum einen wird dies durch den zeitlichen Abstand nivelliert – historische Waffen eignen sich nur begrenzt, um die zeitgenössische militärische Stärke zu beweisen – und zum anderen aktualisieren sich auch im musealen Dispositiv niemals alle denkbaren *capacities* der Objekte. Nachdem die Zusammenhänge zwischen der Ausstellung und der Sammlung, der Exponate zur Umgebung im Ausstellungsarrangement sowie der musealen Ausstellung zur vormusealen Exponierung ausgeführt wurden, wird nun die Organisation von Objekten zu Gebilden wie Sammlungen und Ausstellungen theoretisch erfasst. Hierzu werden Formen konturiert, die bei der Verkettung des Mediums entstehen.

2.3.3 Die Medium-Form-Unterscheidung

In seiner 1926 erschienenen Schrift *Ding und Medium* beschäftigte sich der Wahrnehmungspsychologe Fritz Heider mit der Perzeption von Objekten – sogenannten Substraten – durch etwas anderes – ein *Medium*. Als Beispiele für Letzteres dienten ihm aristotelische Medien wie die Luft, die Schall transportiert, und die Lichtstrahlen der Sonne (vgl. Aristoteles 2006: 37f.); atmosphärische Reize also, die der Mensch als multisensorielles Wesen empfängt und verarbeitet, ohne dabei das Medium zwangsläufig wahrzunehmen (vgl. Baecker 2005: 175; Heider 2005: 33–35). Dabei sendet das Substrat den Reiz aus und das transportierende Medium manipuliert ihn. Ruft jemand über ein weites Feld hinweg eine zweite Person, oder sieht er einen Kieselstein auf dem Boden liegen, so sind die beim Menschen eingehenden Reize (Schallwellen und Photonen) primär von den Substraten (Rufender und Stein) abhängig. Zwar können starker Wind und schlechte Sichtverhältnisse die Wahrnehmung beeinträchtigen, doch ohne die Substrate existiert das Wahrzunehmende nicht. Deshalb beschreibt Heider Substrate als innenbedingt – es sind autonome Entitäten, die äußeren Einwirkungen ausgesetzt sein können, ohne dabei ihre Zusammensetzung zu verändern. Ein Ruf kann lauter oder leiser erschallen, ein Stein größer oder kleiner sein, aber der Substratstatus bleibt invariant. Demgegenüber ist das Medium außenbedingt, weil es von externen Bedingungen abhängt, wie Luft, die als Luftdruck, Luftströmung, in einer Windbö oder in einem Tornado gebündelt wird (vgl. Heider 2005: 25f., 37). Statt selbst eine Struktur auszubilden, passt sich das Medium einer bereits bestehenden Struktur an.

Für seine Theorie sozialer Systeme greift der Soziologe Niklas Luhmann Heiders Überlegungen auf und ersetzt das Substrat durch die *Form*, weshalb seine Variante als Medium-Form-Unterscheidung bekannt ist. Während er mit Medium und Form Kommunikationssysteme zu beschreiben und „den systemtheoretisch unplausiblen Begriff der Übertragung zu ersetzen“ (Luhmann 2018: 195) sucht, verortet Luhmann beide Begriffe ebenfalls auf einer wahrnehmungsphysiologischen Ebene. Denn jeder Organismus sei von „Wahrnehmungsmedien wie Licht oder Luft“ (Luhmann 2018: 197) abhängig,

> […] die durch den wahrnehmenden Organismus zu bestimmten Formen gebunden werden können, die dann auf Grund komplexer neurophysiologischer Prozesse als bestimmte Dinge, bestimmte Geräusche, spezifische Signale usw. erscheinen und verwertet werden können. Und schon hier kann das Medium Form werden: Licht wird in den Kathedralen zugelassen, wird Form, um mit den Säulen und Bögen spielen zu können. Die physikalische Struktur der Welt muß das ermöglichen, aber die Differenz von Medium und Form ist eine Eigenleistung des wahrnehmenden Organismus. (Luhmann 2018: 197)

Luhmanns Differenzierung funktioniert nicht ontologisch, sondern operativ: Wie es im Zitat das Licht tut, kann das Medium zur Form gerinnen oder die Form in das Medium zerstäuben. Folglich bezeichnen Medium und Form keine phänomenalen Kategorien, sondern die Organisation eines Phänomens. Anstelle von Kathedralen könnte eine museologische Lektüre Luhmanns die Schauräume in den Blick nehmen, die bestimmte Lichtverhältnisse hervorbringen, oder das Licht könnte ins Museum als ‚Kathedrale der Kunst' fallen.[41] Medium und Form situativ zu unterscheiden, obliegt zudem einem Betrachtenden, im Museum typischerweise dem Publikum.

Mit dem qualitativen Übergang vom Medium zur Form impliziert Luhmann zugleich einen Punkt des Umschlagens. Hierzu differenziert er zwischen *lose gekoppelten Medien* und *Formen mit rigider Kopplung*: „Ein Medium besteht in lose gekoppelten Elementen, eine Form fügt dieselben Elemente dagegen zu strikter Kopplung zusammen." (Luhmann 2018: 198; vgl. Khurana 2004: 100) Verbinden sich die lockeren Elemente eines Mediums zu einer festen Form, verschwindet dadurch aber nicht das Medium: „Die Differenz von Medium und Form bleibt in der operativen Verwendung erhalten und wird durch sie reproduziert." (Luhmann 2018: 198) Daher bestehen beide Pole nur in gegenseitiger Abgrenzung, ist die Form doch das Medium in einem anderen Aggregatzustand (vgl. Brauns 2002: 18; Esposito 2006: 56). Zum Beispiel besteht eine Sprache aus Wörtern, die voneinander isoliert in ihrer Aussagekraft vage bleiben, was sich etwa die Poesie

41 Immerhin erzeugten im GNM das Kartäuserkloster und die Kress-Kapelle des Augustinerbaus eine sakrale Stimmung, und in vielen Schauräumen wurde mit dem Lichteinfall durch die Fenster experimentiert, um bei Luhmanns Beispiel zu bleiben.

zunutze macht. Organisieren sich Wörter aber nach den grammatikalischen Regeln einer Sprache zu Sätzen, verengt sich zugleich ihr Sinngehalt. Als Form kann die Reihenfolge der Wörter dann nicht geändert werden, ohne die daran geknüpfte Bedeutung aufzubrechen. Obwohl unzählige Wortkombinationen vorstellbar sind, führen jene abseits grammatikalisch akzeptierter Pfade und des alltäglichen Sprachgebrauchs zu Unverständnis und scheiternder Kommunikation. Andere Beispiele sind einzelne Noten, die in fixer Abfolge die Form einer Melodie erzeugen, und Tätigkeiten, die als Beruf fest gekoppelt oder aber lose aufkommenden Zwecken zugewiesen sein können (vgl. Luhmann 2018: 198f.). Daher ist Luhmanns Medienbegriff relativ angelegt: Je nach Konstellation kann bei ihm vieles als Medium gelten.[42] Dabei kann dieses Medium nur post festum von einem Dritten erkannt werden – nämlich dann, wenn es sich in einer Form verfestigt hat (vgl. Brauns 2002: 20; Fischer 2009). Um die abstrakte Unterscheidung von Medium und Form für Analysezwecke verwendbar zu machen, schlägt Elena Esposito vor, die Form als eine mögliche Zusammenstellung aus einer größeren Elementmenge anzuerkennen. Das Medium konstituiert diese Menge, kann sich aber nur in einer Form aktualisieren. So ist „das Aktuelle […] immer eine ausgewählte Möglichkeit unter anderen, die ihrerseits aus einem Bereich von Möglichkeiten ausgewählt werden, die möglich hätten sein können" (Esposito 2006: 61; vgl. Brauns 2007: 122).

Als Zwischenstand sind zwei Dinge hervorzuheben. Zunächst bildet die Form nur *eine* Selektion aus dem medialen Möglichkeitspool. Ferner ist sie an eine Funktion oder einen Aspekt gebunden und kann rückwirkend darüber analysiert werden. Nach der Medium-Form-Unterscheidung können die Waffen, Folter- und Strafgeräte also auf eine weitere Weise als Medium bestimmt werden. Denn als Medium bieten sie zunächst viele Optionen an, wie es mit DeLandas Potenzialen beschrieben wurde. Aktualisiert wird davon aber immer nur ein Bruchteil, der sich als Form definiert und beobachtet werden kann – zum Beispiel in einer musealen Ausstellung (vgl. Khurana 2004: 102; Conrad/Beyes 2018: 55). Für die Übertragung auf das Museumsdispo-

42 Neben Massen- und Verbreitungsmedien sowie den sogenannten symbolisch generalisierten Kommunikationsmedien (zum Beispiel Geld, Liebe und Kunst) betrachtete Luhmann zeitweise auch die Kausalität, die öffentliche Meinung und Kinder als Medien (vgl. Esposito 2006: 55).

sitiv ist es wichtig, Heiders wahrnehmungsphysiologischen Ansatz zugunsten einer funktionalen Sichtweise auszublenden. Denn freilich bleibt die Waffe vor und nach der Exponierung optisch invariant. Was zählt, ist der Rahmen, der durch die Form geschaffen wird, weil sich die Waffe dadurch als Waffe präsentiert: Eine Form, in der ein Schwert zum Richten gebraucht wird, bringt auch das Richtschwert als Objekttypus hervor. Im Museum kommt die Unsichtbarkeit des Mediums gegenüber der Sichtbarkeit der Form aber auch dadurch zum Tragen, dass die Objekte dort erst als Sammlungsstücke oder Ausstellungsexponate identifiziert und damit sichtbar gemacht werden. Am Objekt kann daher die Unterscheidung von Medium und Form expliziert werden, da sich seine Potenziale in einer spezifischen Form realisieren:

> Verdankt sich das Objekt einer Unterscheidung von einem unbestimmten, aber präsenten Kontext, so entsteht die Form durch die Unterscheidung von einem virtuellen Medium. Ein ‚Objekt' kann daher […] divergierende Formen ermöglichen. (Brauns 2007: 124)

Dies zeigt sich später in aller Deutlichkeit an den Waffen, Folter- und Strafgeräten des GNM. Dabei interagieren die Formen mit den Assemblagen, indem sie eine Option aus dem Set an Möglichkeiten der Medium-Körper-Relation aktualisieren.

2.3.4 Medium und Form im Museum

Als maßgebliche Diskursivierungslinien des musealen Dispositivs wurden die Sammlung und Ausstellung ausfindig gemacht und durch den Begriff der Inszenierung miteinander verschränkt. Beide konstituieren sich durch Objektgattungen wie die Waffen, Folter- und Strafgeräte. Die entsprechenden Objekte wurden bisher in Abhängigkeit zu den Dispositiven als Medium in einem vermittelnden, bezeichnenden und bedeutenden Sinne charakterisiert. Im Museum sind sie aber in einer weiteren Weise medial, da sie sich in Sammlungen und Ausstellungen formieren. Wird Luhmanns Unterscheidung auf das GNM übertragen, erweisen sich Sammlungsobjekte und Ausstellungsexponate als Medium, Sammlungen und Ausstellungen hingegen als Form. Denn von den vielfältigen Ordnungsprinzipien einer Sammlung und den Kombinationsweisen einer Ausstellung formiert sich immer nur eine Variante. Die Sammlung trägt dabei unter einem gemeinsamen Aspekt Gleiches zu Gleichem (vgl. Sommer 2019: 26f.), während die Ausstellung Beziehungen zwischen den Exponaten herstellt. Gegenüber der Ausstellung bildet die Sammlung sogar eine demokratischere, egalitäre Form, in der eine Gewichtung der Objekte höchstens durch Sammeltendenzen und Stückzahlen zum Tragen kommt. Modifiziert eine Sammlung jedoch ihre Parameter, so reformieren sich auch die Sammlungsobjekte als Medium. Als Form wird das Medium wahrnehmbar, ohne sich darin zu erschöpfen. Denn seine virtuellen Bedeutungen bleiben mannigfaltig, auch wenn sich ein Fragment davon in einer Ausstellung aktualisiert. So „limitieren Medien das, was man mit ihnen anfangen kann", obwohl „das Arsenal ihrer Möglichkeiten" (Luhmann 2015: 170) groß ist. Sie gewähren eine gewisse Flexibilität, die dann durch die Form diktiert wird. Die Kopplung einer Ausstellungsform beeinflusst, was das Exponat bedeuten und wie es betrachtet werden soll. Dagegen ist die Form ephemer, während das Objekt noch besteht, wenn jene längst vergangen ist – dann deponiert oder aber exponiert in einer neuen Form.

Augenscheinlich gebiert die Gleichsetzung des musealen Objekts mit dem Medienbegriff unter der Prämisse, das Medium könne nur über die Form bestimmt werden, einen Widerspruch. Immerhin existieren die Objekte fort, auch wenn eine Sammlung aufgelöst, eine Ausstellung beendet oder ein Museum geschlossen wird. Doch im musealen Dispositiv sind die Objekte immer schon Musealien, das heißt Sammlungsobjekte und Ausstellungsexponate; sie werden klassifiziert, inventarisiert, in Sammlungen aufgeteilt und in Ausstellungen integriert. Daher ist jedes Museumsobjekt unabdingbar Teil einer Form.[43] Dies behebt zugleich die methodische Dissonanz zwischen der Assemblage heterogener *parts* und der Form homogener Elemente. Schließlich sind die Elemente einer Sammlung oder Ausstellung hinsichtlich ihrer Zugehörigkeit zu dieser Form gleichwertig, während die Verschiedenartigkeit der assemblierten Bestandteile – zuzüglich der verengten Definition auf das Zusammenkommen von Objekt und Körper – auf ihre materiellen *properties* und die daraus erwachsenden *capacities* zurückzuführen ist. Beispielsweise wurden im GNM Objekte verschiedenster Materialien, Dispositive, Zeitschichten, Gattungen

43 Auch deshalb sind Museen bestrebt, vergessene oder wiederentdeckte Objekte in den Depots durch Retroinventarisierung zu katalogisieren, um sie in der Form der Sammlung zu koppeln.

und Milieus zusammengeführt. Eine gewöhnliche Feldhelmbarte und ein kleinadeliger Funeralhelm waren zwar für unterschiedliche Aufgaben in anderen Dispositiven vorgesehen, doch im Museum können sie in dieselbe Sammlung eingegliedert sein, auf eine gemeinsame Ausstellungshistorie zurückblicken und beide durch Nummern im Inventar oder im Ausstellungskatalog ausgewiesen werden. Die Form kann Gemeinsamkeiten und Abweichungen unter ihren Elementen betonen, transgrediert sie letztlich aber dadurch, dass diese Elemente gemeinsam an der Form partizipieren.

Obwohl die Elemente einer Form gleichwertig sind, können sie abhängig vom Medium unterschiedliche Positionen besetzen und Aufgaben erfüllen. So gibt es Ausstellungen, die von einem oder wenigen Objekten abhängen, die sich zum Beispiel um ein Königsschwert, ein bedeutendes Ölgemälde oder eine Pharaonenbüste formieren. Historisch organisierte sich etwa innerhalb der Ausstellung eine kleinere Form um die Turnierwaffen des GNM. Umgekehrt wirkt die Form auf das Medium ein: Sammlungen und Ausstellungen klassifizieren, positionieren und semantisieren ihre Objekte. Hahn begreift Sammlungen deshalb als „virtuelle ‚Maschinen der Transformation‘, die den darin enthaltenen Dingen viel abverlangen“ (Hahn 2015b: 205). Manche Formen streben einen Vergleich oder Kontrast an, während andere eine Entwicklung aufzeigen oder einen vorgegebenen Bereich komplettieren. Um eine spezifische Kombination von Elementen innerhalb der Ausstellung zu beschreiben, kann dieser Form der Begriff des Ensembles als Kleinform beigesellt werden. Auch das Ensemble unterscheidet sich kategorial von der Assemblage heterogener *parts*, da es einzig von den Exponaten abhängt. Hierzu unterscheidet Hürlimann drei paradigmatische Modi, die Ausstellungsobjekte als „Dingarrangements“ (Hürlimann 2006: 64) annehmen: erstens das *Einzelobjekt*, das sich als Leitobjekt „durch Schönheit, historische Relevanz, Einmaligkeit, Gefühlswert“ (Hürlimann 2006: 66) und Authentizität definiert; zweitens die *Paarung* von Objekten, durch die Vergleiche, „Dialoge und Kontraste, Harmonien und Reibungen“ (Hürlimann 2006: 66) hergestellt werden können; drittens die *Gruppierung* der Objekte durch „Reihen, Ensembles, Tableaux, Assemblagen, Collagen, Montagen“ (Hürlimann 2006: 67). Alle drei Arten von Ensembles finden sich in den musealen Formen der Waffen und der Alten Gerichtsbarkeit.

Damit erweisen sich die Objekte als Medium im zweifachen Sinne: einerseits als zu Formen gerinnende homogene Elemente in Sammlungen und Ausstellungen, und andererseits als heterogene, eigensinnige Entitäten, die medial ehemalige Funktionen und Bedeutungen im Verbund mit dem Körper anzeigen. Aus dieser Spannung beziehen die Musealien die intrikaten Relationen, die sie im Dispositiv eingehen können. Darin besteht auch der Vorzug, den Medienbegriff auf die (vor-)musealen Waffen, Folter- und Strafgeräte anzuwenden. Wo die Medium-Form-Unterscheidung situativ museale Konstellationen vor allem im Rahmen des Exponierens beschreibt, so umreißt die Medialität zugleich die Verweisfunktion und Semantik der Objekte. Diese können nicht einfach als museale Prämisse vorausgesetzt werden, da sie sich bereits in den vormusealen Dispositiven entdecken lassen, zumal außermuseale Exponierungen der Objekte auch im Museum reflektiert werden. Auf diese Weise kann das museale Dispositiv in eine Beziehung zu anderen Dispositiven gesetzt werden, ohne die Medialität und die Potenziale der Objekte zu kaschieren. Dadurch werden einerseits die Gemeinsamkeiten diachroner Exponierungen ergründet, ohne das museale Dispositiv über oder unter die anderen Dispositive zu stellen. Andererseits wird die Ursache der Exponierung auch in den Objekten selbst lokalisiert. Der Medienbegriff erlaubt es, die Formen analytisch zu fixieren und zugleich die vielfältigen Nutzweisen der Objekte zu reflektieren, die sich im Krieg, bei Turnieren, auf der Jagd, in Folterkammern und auf Richtstätten, schließlich aber im musealen Dispositiv entfalten. Somit vermitteln die Waffen, Folter- und Strafgeräte in zweifacher Hinsicht. Zum einen verbreiten sie Wissen über historische und kulturelle Gegebenheiten und Kontexte. Zum anderen organisieren sie sich zu verschiedenen Formen. Deshalb erscheint der Medienbegriff geeignet, die Doppelrolle der Objekte als vormuseales Artefakt und als exponiertes Museumsstück widerzuspiegeln.

2.3.5 Form und Assemblage

Wie aus der Herleitung der Medium-Form-Unterscheidung hervorgeht, erstrecken sich die Formen nicht nur auf das Museum, sondern können auch in den anderen Dispositiven ausfindig gemacht werden. So lassen sich Soldaten als Elemente eines Regiments oder einer Armee als Form beschreiben. Dabei gibt es einen Moment des Umschlagens vom Medium zur Form, mit dem sich außer Luhmann auch Guattari und Deleuze, wenngleich unter anderen Vorzeichen, beschäftigt haben. So beschreiben sie mit dem Konzept des sogenannten maschinellen Phylums die Organisation vormals unverbundener Elemente zu einer übergeordneten kooperativen Einheit (vgl. Deleuze/Guattari 1992: 545). Dies ähnelt der losen und rigiden Kopplung von Medium und Form und geschieht ebenfalls nicht zufällig, sondern beim Erreichen kritischer Punkte. Anders als Luhmann setzen die beiden Autoren zunächst keine beobachtende Instanz voraus, welche die Transformation attestiert. Diese installiert Manuel DeLanda, der das maschinelle Phylum auf nichtorganische Prozesse angewendet hat: Beim Versuch, die Perspektive eines fiktiven „robot historian" (DeLanda 1991: 2) einzunehmen, führt er wissenschaftliche und technologische Innovationen nicht auf menschlichen Erfindungsgeist zurück, sondern prüft stattdessen, inwiefern durch Experimente und Versuchsreihen a priori existente Grenzwerte ermittelt wurden. Beispiele für solche Organisationsprozesse fänden sich nicht nur bei Lebewesen, sondern auch bei nichtorganischen Entitäten, zum Beispiel

> [...] the individual spin of atoms in a metal ‚cooperate' to make the metal magnetic; the individual molecules in a chemical reaction ‚cooperate' to create the perfectly rhythmic patterns of a chemical clock; the cells making up an amoeba colony ‚cooperate' under certain conditions to assemble an organism with differentiated organs; and the different termites in a colony ‚cooperate' to build a nest. (DeLanda 1991: 7)

Mit „under certain conditions" meint DeLanda Limits, deren Über- oder Unterschreitung die Elemente organisiert. Dabei findet er die Formenbildung insbesondere im Militärwesen vor, zum Beispiel bei Schießpulver und Feuerwaffen (vgl. Niebisch 2013: 99). Hier entdeckten Erfinder und Büchsenmacher zufällig oder durch iterative Verfahren bestimmte Grenzwerte – den kritischen Druckpunkt bei einer Schwarzpulverexplosion oder das Drehmoment einer aerodynamischen Flugbahn – und machten sich diese kreativ zunutze. Auch taktische Gefechtsformationen sieht DeLanda wie Deleuze und Guattari unter dem Gesichtspunkt des Phylums, wenn er mobile Steppenreiter der nomadischen Reitervölker Zentralasiens von den rigide gestaffelten Heeren Roms und den griechischen Phalanxen unterscheidet (vgl. DeLanda 1991: 11f.). Erst im 15. Jahrhundert trotzten stehende Heere den ‚flüssigen' Reitergruppen endgültig, indem sie schwere, aber bewegliche Belagerungsartillerie in ihr Arsenal integrierten, was auch in den GNM-Wegweisern Beachtung fand. Neben den Waffenschmieden richteten sich Kommandeure und Feldherren nach Grenzwerten wie der logistischen Fähigkeit einer Armee, den kriegsüblichen Friktionen zu trotzen (vgl. DeLanda 1991: 23). Damit spürt DeLanda im militärischen Dispositiv bestimmte Assemblagen auf, um Artefakte und Konzepte nicht als voneinander isoliert, sondern als Zusammenschlüsse miteinander relationierter Teile zu betrachten. In Anlehnung an Deleuze und Guattari kann eine Assemblage dabei selbst Teil eines größeren Gebildes sein, welches seinerseits in ein noch umfangreicheres Gefüge eingebettet ist (vgl. Hubatschke 2014: 179). Die Verschachtelung von Assemblagen erinnert zunächst an die Verschachtelung der Formen. Dennoch beschreiben die Begrifflichkeiten verschiedene Konglomerate. Denn das Medium konstituiert sich durch homogene Elemente, die heterogenen *parts* werden assembliert. Im musealen Dispositiv firmieren heterogene Artefakte gleichwertig in den Formen der Sammlung und Ausstellung. Doch wie verhält sich die Assemblage zur Form abseits der Unterscheidung von heterogenen Teilen und homogenen Elementen? Assemblagen geben ein Set oder Gerüst an Handlungsoptionen vor, von dem der Körper-Medium-Verbund einzelne Tätigkeiten durchführen kann. Dagegen besteht die Form in der Vergegenwärtigung einer Möglichkeit, die das Medium bereits beinhaltet. Sie bezieht sich vor allem auf die Anordnung der Elemente, auf ihre Ordnungsprinzipien oder auf die Hervorhebung bestimmter Eigenschaften unter den Elementen. Die Assemblage fokussiert auf konkrete Funktionen und Zwecke, die aus ihr erwachsen. Das Assemblieren ereignet sich nicht frei, sondern in einem materiellen, historischen oder sozialen Kontext. Die Dispositive der Objekte, wie das Turnier oder die Strafgerichtsbarkeit, dienen auch im Museum noch als Koordinatensystem, das die Form der Ausstellung beeinflussen kann. Insofern nimmt das museale Dispositiv, das selbst eine Assemblage aus den Objekten, dem Publikum und den Schauräumen beinhaltet, durch Formen wie die Sammlung, die Ausstellung und das Ensemble historische Dispositive in den Blick, mit denen auch historische Assemblagen einhergehen, welche die Betrachtungs- und Nutzweisen der Objekte definierten und an bestimmten Körpern hervorbrachten. Das Museum reflektiert dies, ohne die Assemblagen in den Schauräumen zu reinstallieren.

Mit dem Dispositiv, dem Medium, der Form, der Assemblage und dem Körper sind die begrifflichen Eckpfeiler gegeben, welche die Untersuchung der Waffen, Folter- und Strafgeräte am GNM abstecken. Dabei wird geprüft, welche Bezüge das Museum zu anderen Dispositiven herstellte, welche Formen – insbesondere Ausstellungsformen – das Medium annahm und wie es dabei mit dem Körper assembliert wurde. Bevor die Gründungszeit des GNM den historiographischen Teil des Buches einläutet, ist ein letzter Aspekt zu ergründen, der die Dispositive der Waffen, Folter- und Strafgeräte miteinander verbindet: die Gewalt.

2.3.6 Waffen, Folter- und Strafgeräte als Medium der Gewalt

Zunächst einmal handelt es sich bei den historischen Waffen und Rechtsgeräten des GNM um Objekte der Gewalt. Gewalt auszuüben oder ihre Ausübung abzumildern und zu vereiteln, stellte mitunter das entscheidende Potenzial dieser Objekte dar, das auf verschiedenste Weise realisiert wurde. Die Androhung und die Ausübung physischer Gewalt sowie die Durchsetzung einer auch symbolischen, zum Beispiel hoheitlichen oder staatlichen, Gewalt betraf dabei die meisten Objekte, davon die Folter- und Strafgeräte fast ausschließlich. So geht das Gewaltpotenzial eines Objekts üblicherweise aus seiner Materialität hervor. Waffen als Ganzes, meist aber Bestandteile wie Klingen, Stacheln oder Hammerköpfe, zeigen die zum Verletzen und Töten vorgesehenen Stellen an. Die gegen menschliche, im Falle der Jagdwaffen auch animalische Körper gerichtete Gewalt sollte wiederum durch andere Objekte, durch Schutzwaffen wie Helme, Harnische und Schilde, abgewehrt oder zumindest abgeschwächt werden. An Foltergeräten vorhandene Abstufungen, zum Beispiel bei Daumen- oder Beinschrauben, machten die Gewalt justierbar. Zwar können auch Angriffswaffen defensive Vorrichtungen wie Parierstangen und -haken sowie Tarnelemente enthalten, die nicht unmittelbar der Anwendung physischer Gewalt dienten. Doch auch sie schützten nur insofern vor der Gewalt durch einen Feind, als sie die zukünftige Ausübung weiterer Gewalt – zur Unterbindung des feindlichen Potenzials, Gewalt auszuüben – sicherstellten.[44]

---

44 Aufgrund der bisher gesammelten Erkenntnisse können Waffen, Folter- und Strafgeräte allesamt als *Gewaltmittel* beschrieben werden, die sich in verschiedenen

Die Materialität liefert jedoch nur erste Hinweise auf die Bestimmung der Objekte. In den Dispositiven, wo sie tatsächlich zur Anwendung kamen, äußerte sich die Gewalt auf unterschiedliche Weise. Während sie in kriegerischen Auseinandersetzungen nur selten reguliert, im Normalfall aber extensiv war, ging es bei den frühneuzeitlichen Folter- und Strafgeräten um präzise, zuvor festgelegte Gewaltanwendungen, die auch die Androhung von Gewalt durch das Vorzeigen des Folterinstruments umfassten. Zumindest in der Theorie sollte durch Vorschriften und Protokolle ein Überschuss von Gewalt vermieden werden, wenngleich dies überlieferte Exzesse bei Folterungen und Bestrafungen konterkarieren (vgl. Van Dülmen 1984: 236f.; Schild 1985: 160–162). Dispositive wie das spätmittelalterliche Turnier und die höfische Jagd hegten die Gewalt regulativ ein und wendeten sie ins Kompetitive, indem sie sie als sportlichen Wettkampf und als exquisiten Zeitvertreib inszenierten. Hierbei sollte ein Überschuss an Gewalt durch festgelegte Abläufe und Konventionen, aber auch durch eigens entworfene Objekte wie Rennzeuge, abgestumpfte Lanzen und Stechtartschen eingedämmt werden. Dagegen abstrahiert das museale Dispositiv die den Objekten eingeschriebene, von ihnen ausgehende oder ihnen zugedachte Gewalt, denn die Musealien sind dem menschlichen Körper und damit den früheren Assemblagen als Ausgangspunkt wie als Ziel entzogen. Der äußeren Anschauung preisgegeben, kann jegliche aggressive Nutzung der Exponate nur indirekt thematisiert, imaginiert und symbolisiert werden. Dadurch ergebt sich im Museum eine neue Assemblage mit den Bestandteilen Besucher:in-Objekt-Schausaal. Mit Deleuze gesprochen, kehrt sich die äußerliche Projektion der Gewalt im musealen Dispositiv in eine Introspektion um, da sich die museale Handhabung der Waffen an deren Fortbestehen orientiert. Handlungen erfolgen im Museum nicht mehr mit, sondern *an* den Waffen zu Zwecken ihrer Erforschung, Pflege und Exposition, anstatt Körper oder andere Waffen physisch zu beeinträchtigen; dasselbe gilt für die Rechtsgeräte. Zentrifugal und außenorientiert wird demgegenüber das Potenzial der Exponate, mit Bedeutungen angereichert zu werden,

Formen aktualisieren. Dass die Untersuchung trotz aller Ähnlichkeiten gedanklich zwischen den Objektgattungen differenziert, ist einerseits der Sammlungsaufteilung des GNM geschuldet. Andererseits werden dadurch die verschiedenen Dispositive und Entwicklungslinien gespiegelt, aus denen die Objekte der Gewalt hervorgingen.

führen diese die Besuchenden doch von der Gegenwart weg. Im Museum kann der Herstellungsprozess einer Waffe, der ursprünglich dem Schmied vorbehalten war, dem gesamten Publikum kommuniziert werden. Ob die Gewalt im GNM positiv oder negativ konnotiert, abgelenkt, ausgeblendet oder gar negiert wird, ist im Einzelnen zu analysieren.

Die vorgestellten Begrifflichkeiten kommen im historischen Werdegang der Waffen und der Alten Gerichtsbarkeit zu vielfältiger Ausprägung. Über den hundertjährigen Verlauf von der Museumsgründung bis in die Nachkriegszeit können diverse Formen und Assemblagen im Dispositiv des GNM ausgemacht werden. Teils koexistent und sich überlappend organisierten sie außer den Potenzialen der Musealien, ihren Funktionen und Bedeutungen, auch das mediale Verhältnis zum Körper. Dabei war ihnen je eine eigene Beziehung zu den vormusealen Dispositiven, wie dem Militär, dem Turnier, der höfischen Jagd und der Strafgerichtsbarkeit, eingeschrieben. So können sechs Untersuchungsbereiche eingezogen werden, von denen vier auf die Waffen abfallen. Der fünfte betrifft die Alte Gerichtsbarkeit, bevor der sechste Bereich beide Abteilungen umschließt. Zunächst beginnt die inhaltliche Auseinandersetzung mit dem GNM bei dessen Gründung, als das museale Dispositiv ins Werk gesetzt wurde. Mit den ersten Ausstellungen etablierte sich eine Form, die das ästhetische Potenzial des Mediums der Waffen realisierte.

3 Die Frühzeit des GNM. Die malerische Form

3.1 Die Vorbereitung, Gründung und Ausrichtung des GNM

Über die Chronologie der Ereignisse, die zwischen 1832, als Freiherr Hans von und zu Aufseß – im Folgenden kurz als ‚Aufseß' geführt – mit seinen Sammlungen vom Familienstammsitz Schloss Unteraufseß erstmals nach Nürnberg zog, und 1852 die Konzeptionierung, Vorbereitung und schließlich die Gründung des Germanischen Nationalmuseums beeinflusst haben, ist ausführlich berichtet worden (vgl. Hektor 1863: 3–18; Falke 1897: 127–153; Hampe 1902a: 9–24; Bahns 1977a; Veit 1978: 13–16; Hochreiter 1994: 58–62; Crane 1996: 6–20; Crane 2000: 69–72, 92–100, 143–145; Weid 2001: 2; Andrian-Werburg 2002: 5–9; Ernst 2003: 400–403; Hakelberg 2004; Hartung 2006: 262–265; Sfedu 2006: 45–47; Hess 2014; Miller 2017: 175–178; Fetzer 2023). Deswegen wird an dieser Stelle nur eine Kurzfassung der wichtigsten Geschehnisse geliefert. Vom Einfluss sich ausbreitender Geschichts- und Altertumsvereine beflügelt und selbst gerade ein Periodikum zu deutsch-germanischer Kulturgeschichte lancierend, strebte Aufseß im Anschluss an die Gründung der *Gesellschaft für die Erhaltung der Denkmäler vaterländischer Geschichte, Literatur und Kunst* an, neben einer ideellen Auseinandersetzung auch eine dingliche Repräsentation nationaler Kulturhistorie zu schaffen: ein national ausgerichtetes Museum,

> […] in dem die ausgestellten Sachzeugnisse von Handschriften und Urkunden über Musikalien, Gemälde und Grafiken, Bauwerke, Grabmäler, Münzen, Instrumente und Geräte bis zu archäologischen Funden ein möglichst universelles Bild der deutschen Geschichte vermitteln sollten. (Hess 2014: 50f.)

Zwar fungierte Aufseß bereits als Sammlungsinspektor der 1833 ins Leben gerufenen Altertumsgesellschaft, doch scheiterte sein ambitioniertes Vorhaben eines umfassenden Schauplatzes deutscher Kulturgeschichte zunächst an der Kritik namhafter Geschichtswissenschaftler wie Leopold von Ranke, Johann G. Droysen, Theodor Mommsen und

Jakob Grimm. Diese hielten die Idee eines Sammelsuriums historischer Quellen – des sogenannten Generalrepertoriums – für unrealisierbar und störten sich am neuartigen kulturhistorischen Ansatz (vgl. Weiss 2006: 240f.). Aufseß' Geschichtsbegeisterung wurde ihm von seinen Zeitgenossen als naiver, wissenschaftsferner Dilettantismus ausgelegt; und das Vorhaben der Gründung einer Kulturanstalt war vorerst gescheitert.

Knapp zwei Jahrzehnte später hatten sich die Bedingungen im Zuge politischer, sozialer und akademischer Entwicklungen geändert, sodass die Absichten des Freiherrn nun auf fruchtbaren Boden stießen. Den Wunsch nach einer geeinten deutschen Nation begleitete das Verlangen, eine gemeinsame kulturelle und historische Grundlage zu schaffen. Eine repräsentative Institution als nationale Klammer, die in einem kolossalen Rahmen zeit- und ortsübergreifend die Spuren des früheren Zusammenlebens zusammenführte, erschien mittlerweile realisierbar. Mit der beginnenden Erforschung einer als einheits- und identitätsstiftend empfundenen Geschichte und dem disziplinären Durchbruch der Germanistik bot sich der Vorstellung von einem Nationalmuseum eine zweite Chance. Zuerst als historischer Zentralverein konzipiert, kamen im August 1852 die Teilnehmenden der Versammlung deutscher Geschichts- und Altertumsforscher in Dresden zur Übereinkunft über ein ‚germanisches Museum', dessen Begründung unmittelbar darauf kommissionell bestätigt wurde. Ein halbes Jahr später wurde das Vorhaben im Februar 1853 hoheitlich durch König Maximilian II. von Bayern genehmigt. Obwohl mittlerweile breite Teile der Öffentlichkeit, aber auch namhafte Gelehrte wie Gustav Freytag das Generalrepertorium als Fundament eines nationalen Gedächtnisses und als hilfreichen „Wegweiser bei jeder historischen Forschung" (Freytag 1853: 55) schätzten, blieb seine Umsetzung über Aufseß' gesamte Amtszeit als Museumsdirektor hinweg ein Streitpunkt (vgl. Veit 1978: 19). Dennoch wurde zum finanziellen und ideellen Beistand für „dieses ächt [sic!] deutsche Unternehmen" und die „interessanten Sammlungen" (Krausser 1858: 48) aufgerufen, die gemeinsam das nationale Kulturgut abbilden sollten. Aufseß war es gelungen, ein museales Dispositiv ins Werk zu setzen, das die zeitgenössischen Erfordernisse erfüllte und der nationalen Kulturgeschichtsschreibung einen Nährboden bereitete. Das GNM entstand also als das unmittelbare Resultat gesellschaftlicher Diskurse, wobei das Sammeln und das

Forschen von Anfang an generationenübergreifend und überzeitlich ausgerichtet waren. Damit erwies sich das GNM als Zeitdispositiv und als historisch gewachsenes Dispositiv (s. Kap. 2.1.4 und 2.1.6).

Was im Generalrepertorium als Verweisform zweidimensionalen Text- und Bildwissens angelegt war, fand in den Museumssammlungen seine dreidimensionale Entsprechung. Die von Aufseß zusammengetragenen Kunst- und Altertumssammlungen bildeten mit dem Archiv und der Bibliothek ein „allgemeines Museum" (Deneke/Kahsnitz 1978: 951) oder, in der offenen Anlage dem Repertorium gleichkommend, ein Generalmuseum. In der Praxis nivellierte sich dieser Universalanspruch zunächst, fielen die ersten Musealien doch mit der Privatsammlung des Gründers zusammen. Aufseß' Sammelweise lässt sich dabei als kulturhistorisch orientiert beschreiben: Seit seiner Adoleszenz hatte er Objekte jeden Alters und sämtlicher Art, Gattung und Qualität zusammengetragen, die er in seinem *System der deutschen Geschichts- und Alterthumskunde* (vgl. Aufseß 1853) zu vereinigen suchte. Historische Waffen und Rechtgeräte, die der fränkische Freiherr seit Jahren angehäuft hatte, stellten zwei Teilbereiche sowohl der Altertumssammlung als auch des Systems dar. Den teils grundlegenden Veränderungen zum Trotz, die sich in den kommenden Jahrzehnten am GNM ereignen würden, waren damit die Hauptlinien des musealen Dispositivs etabliert worden: Historische Objekte wurden in Sammlungen integriert, um sie für die Nachwelt zu bewahren, in Forschungsdiskurse einzubinden und in Ausstellungen der Öffentlichkeit zugänglich zu machen. Die Musealien gingen dabei in mehrere Formen ein. Zunächst wurden sie in die Sammlungen und Ausstellungen aufgenommen, wo sie nach der Objektgattung, nach regionalen oder zeitlichen Aspekten rubriziert wurden. Die Waffen gelangten in die Waffensammlung, die Rechtsgeräte zu den Gerichts- und Strafrequisiten. Zugleich wurden die Musealien in die Form des Generalrepertoriums eingetragen. Dort leisteten sie nicht nur die Verweise auf geschichtliche Ereignisse und Zustände, sondern erbrachten als historische Relikte sogar den Beweis dafür. Mithin avancierten die Objekte zu den materiellen Repräsentanten der kulturellen Basis, die vom GNM gestiftet werden sollte. Die enge Kopplung in der Form der Sammlung entsprach einem kulturellen Teilbereich, der auch im aufseßschen System aufgeführt wurde.

Dabei entwickelte sich die Form der Waffensammlung in Abhängigkeit zum zeitlichen Kontext des 19. Jahrhunderts, weil zu dieser Zeit das Sammeln und Ausstellen historischer Waffen salonfähig wurde. Bevor im GNM an der ersten Ausstellung von Waffen gearbeitet wurde, hatte Aufseß den materiellen Fundus dafür bereitgestellt. Der Freiherr hatte Waffen nicht bloß aus einer persönlichen Vorliebe heraus, sondern innerhalb einer Kultur des Sammelns von Militaria zusammengetragen. Daher ist zunächst nach den Beweggründen zu fragen, historische Waffen überhaupt zu sammeln und auszustellen, auch weil diese Gründe großen Einfluss auf die Präsentation im Museum ausübten.

3.2 Das Sammeln und Ausstellen von Waffen im 19. Jahrhundert

Wie viele andere Sammlungen des GNM gehen die Anfänge der Waffensammlung auf Aufseß' Privatbesitz zurück, der noch vor der Museumsgründung unter seinen so unterschiedlichen Altertümern auch Waffen angehäuft hatte. Der Besitz und der Gebrauch von Waffen waren in den stärker militarisierten Gesellschaften des 18. und 19. Jahrhunderts nicht unüblich. So wurden Waffen in Alltagssituationen getragen und von exerzierenden Burschenschaften und Turnvereinen verwendet (vgl. Willers 1978: 833). In Nischen, aber auch in der breiten Gesellschaft ergaben sich Formen um Waffen, wobei diese meist in sportlichen Kontexten zur physischen Ertüchtigung eingesetzt wurden. Jedoch betraf dies in der Regel zeitgenössische Waffen, für deren Sammeln sich noch kein triftiger Anlass fand, erst recht kein kultureller. Demgegenüber hatten sich ältere Militaria in der ersten Jahrhunderthälfte vom einzuschmelzenden Rohstoff der Napoleonischen Kriege zu bewahrenswerten und sogar lukrativen Memorabilia vergangener Zeiten entwickelt (vgl. Anonymus 1808: 6f.; Kress 1832: 4). So konnte der Reiseschriftsteller Friedrich Nicolai noch 1783 berichten, Kaiser Joseph II. habe bei seinem Besuch des Nürnberger Zeughauses über die dortigen Bestände bemerkt: „Es sey da viel vortreffliches Metall zum Einschmelzen und Umgießen." (Nicolai 1783: 222) Doch spätestens 1806 mit dem Zusammenbruch des Heiligen Römischen Reiches wandelte sich der Blick auf historische Waffen (vgl. Burgdorf 2021: 8f.; Hakelberg 2021: 20f.). Statt sie für die Produktion *neuer* Waffen – Artillerie und Munition, Bajonette und Säbel – zu verwenden, wurden die alten Waffen als prestigeträchtige Schaustücke in Privatsammlungen integriert, um der damaligen Sehnsucht nach dem Mittelalter Ausdruck zu verleihen (vgl. Homburger 1924: 13). Mit der steigenden Nachfrage entstand ein Markt für historische Waffen. Neuartige Technologien wie das Perkussionsschloss senkten den Gebrauchswert älterer Waffen, während sich gegenläufig dazu deren Schauwert erhöhte. Denn die erworbenen Stücke wurden nicht nur gesammelt, sondern auch exponiert. Neben Ausstellungen, die primär auf Waffen abzielten, wie etwa die Schau von Rüstungen und Blankwaffen im Rittersaal des Schlosses Erbach im Odenwald bei Frankfurt am Main (vgl. Anonymus 1808: 5–8; Kress 1832: 3–21; Hess 2014: 47f.), stellten die Waffen bald eine gängige Objektgruppe in breit angelegten Altertumssammlungen dar. Dort sollten sie sich mit Gemälden, kirchlichem Inventar, kunsthandwerklichen Erzeugnissen, Büchern, Bauteilen, frühneuzeitlichem Mobiliar, frühgeschichtlichen Funden und anderem zu ‚Objektwelten' der Vergangenheit komplettieren (vgl. Schaum 1819: 3f., 55, 69, 72). Korffs Konzept einer deiktischen Merkwelt wurde insofern modifiziert, als der Anspruch lautete, statt eines Verweises die Schausäle direkt als Stätten der Vergangenheit zu inszenieren – zumindest in der Vorstellung. Die Bestückung mit Objekten bereicherte eine Ausstellung also um die erwünschte historische Dimension. Hatten die Waffen in den städtischen Zeughäusern die lokale militärische Stärke bezeichnet, verwiesen sie nun auf die eigene Geschichte. Je nach Ausstellung variierte der angelegte Maßstab: Wo sich das GNM mit der gesamten Nation beschäftigte, beschränkten sich Privatsammlungen häufig auf ein Adelsgeschlecht, auf den Sammelnden und dessen Familie. Der Übergang vom nicht (mehr) gebrauchten militärischen Kampfmittel zum Exponat – mit anderen Worten die Musealisierung der Waffe – wiederholte sich unter anderen Vorzeichen für viele Objektgattungen, so auch bei den Folter- und Strafgeräten (s. Kap. 7.2).

Das Potenzial von Waffen, visuelle und semantische Bezüge herzustellen, wurde in der romantischen Literatur wiederentdeckt. Deren Interesse an Volkssagen und tradierten Erzählungen hatte die mittelalterliche Heldenepik und die höfischen Artusromane aufleben lassen. Die Protagonisten dieser sagenhaften Erzählungen führen außergewöhnliche, bisweilen magische Waffen – Dietrich von Bern und sein Schwert Nagelring, König Artus und Excalibur – oder stellen diese selbst her – das von Wieland geschmiedete Mimung, Siegfrieds unter Anleitung des Riesen Mime gefertigtes Meisterstück Balmung. In den fiktionalen Texten wurden die Waffen durch die Zuschreibung wundersamer Kräfte bis ins Übernatürliche aufgewertet. Teilweise kam ihnen ähnliche Reverenz zu wie den Ruhmestaten der Besitzer, die ohne diese mächtigen Artefakte undenkbar schienen (vgl. Millet 2019: 175). Abzulesen ist dies an den ausführlichen Beschreibungen der Waffen, die sich oftmals in optischen Details und Pleonasmen verlieren. Solchen deskriptiven Passagen haftet eine visuelle Qualität an, die nicht nur auf der Kampfstärke der beschriebenen Waffe fußt. So erscheint die Waffe häufig als reines Anschauungsobjekt, das in einer spezifischen Situation, bei einem Gelage oder einem Turnier, exponiert wird – als Form. Denn der Einsatz im Gefecht ging dem Präsentieren der Waffe bei Festivitäten und höfischen Anlässen zuvor, wobei das Objekt zu einem wesentlichen identifikatorischen Merkmal seines Trägers wurde. In der Literatur avancierten die Waffen vom Gebrauchsobjekt zum Exponat, das es am eigenen Körper auszustellen galt: „Den Dichtern war es weniger um die furchterregende Wirkung der Waffen zu tun als um ihren herrlichen Glanz." (Bumke 2008: 222) Neben der optischen Wirkung zählte gerade für die mittelalterlichen Stücke aber auch der historische Ursprung einer Waffe. Diese konnte Erinnerungen und Imaginationen wachrufen, die an eine bestimmte Zeit oder Kultur geknüpft waren, zum Beispiel an das Frühmittelalter oder an das Rittertum.

Viele Privatsammler beriefen sich auf die literarisch erschlossenen Potenziale von Waffen und wollten sie in ihren Ausstellungen durch reale Stücke zum Ausdruck bringen. In der Folge wurden Waffen auch in und um Nürnberg zu einem beliebten Ausstellungsobjekt, so im Grundherrischen Haus der gleichnamigen Patrizierfamilie an der Karlsbrücke, wo spätestens seit der Jahrhundertwende bis 1832 Kriegsmodelle aus dem Nürnberger Zeughaus gezeigt wurden (vgl. Murr 1801: 472; Bub 1930: 66–68); in der Sammlung des Handelsgerichtsassessors Johann J. Hertel, wo die Waffen nach der Katalogisierung 1840 eine von acht Abteilungen bildeten (vgl. Decker 1954: 1f.); schließlich ebenfalls um 1840 in Abraham Pickerts Antiquitätensammlung in Fürth, der als Händler manches der gezeigten Stücke auch veräußerte (vgl. Mayer 1844: 44; Anonymus 1877: VIII).[45] In einem solchen Umfeld erscheint es folgerichtig, dass Aufseß' jahrelang auf

45 Das GNM kaufte jahrzehntelang Waffen von Abraham Pickert sowie später von dessen Söhnen Sigmund und Max.

lokalen Auktionen und dem Nürnberger Trödelmarkt erstandene Waffen auch den Weg in sein Museum fanden.

3.2.1 Waffen als Nobilitätsbescheinigung

Dass Waffen für Aufseß keine nebensächliche Objektgattung darstellten, belegt ein Porträt, welches Johann J. Eberhardt, Inspektor der photographischen Ateliers im GNM, 1864 aufnahm (Abb. 5). Darauf ist der Freiherr in einen gotischen Harnisch des späten 15. Jahrhunderts (W2160) gekleidet und mit einer Jagdarmbrust um 1650 bewaffnet. Zugespitzt könnte dies als trotzige Reaktion auf die vom

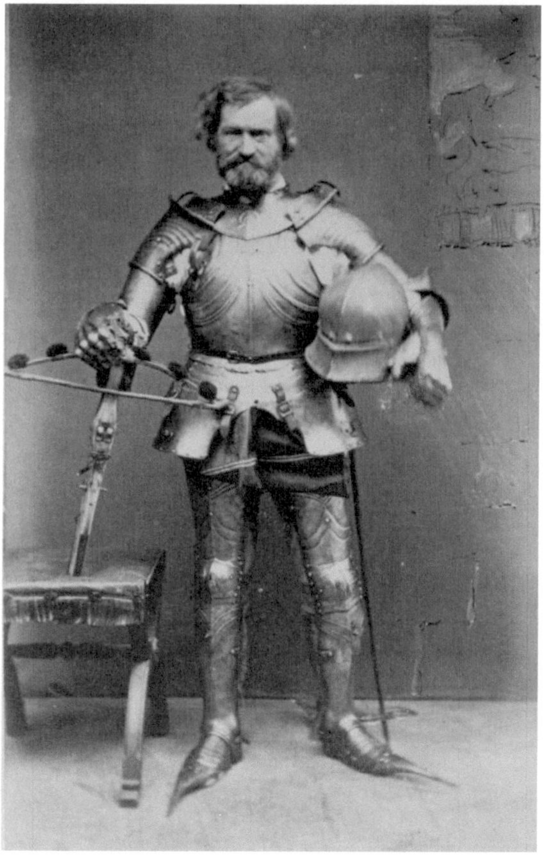

Abb. 5: Johann J. Eberhardt, Hans von Aufseß im Harnisch und mit Jagdarmbrust, 1864

Reichszerfall ausgelöste Machtminderung des Klein- und Niederadels gelesen werden, der Aufseß den ritterlichen Harnisch als Nobilitätsausweis und die Armbrust als Zeichen des angestammten Jagdprivilegs entgegenreckt.[46] Schließlich demonstriert seine für die Photographie zusammengestellte Gewandung bewusst keine historische Akkuratesse. Denn wenngleich die damaligen Objektdatierungen gelegentlich fehlerhaft waren, stand für den Harnisch und die Armbrust außer Frage, wann sie ungefähr entstanden waren. Statt als historische Figur posiert Aufseß für die Photographie vielmehr in seiner Rolle als Sammler, der sich stolz mit dem Zusammengetragenen schmückt und sich zugleich als Freiherr behauptet. Die Armbrust mit dem rechten Unterarm lässig am Scheitelpunkt des Bogens auf einem kleinen Hocker balancierend und den Helm zwischen Hüfte und rechte Hand geklemmt, demonstriert Aufseß den selbstbewussten Umgang vieler Waffensammler mit den Exponaten. Die Waffe war hier dem eigentlichen Gebrauch entzogen, aber noch nicht vom Körper entfernt wie in der musealen Ausstellung. Dadurch wurde sie zum Medium des Sammlers selbst, der sich mit seiner Kollektion in Szene setzen konnte. Eine genaue historische Verortung der Objekte wurde zugunsten des bloßen Besitzes unterschlagen, weshalb sich ein militärischer Reiterharnisch ungehindert mit einer höfischen Jagdarmbrust kombiniert ließ. Im direkten Aufeinandertreffen von Medium und Körper wurde die physische Funktion der Waffe, zum Beispiel der Leibschutz des Harnischs, von der visuellen Indienstnahme für das Medium der Photographie verdeckt. Es ergab sich die Assemblage Sammler-Sammlungsstück-Exponierung, wobei der individuelle Körper des Sammlers mithilfe des Mediums inszeniert wurde. Das Handlungsset dieser Assemblage beinhaltete keinerlei militärische Nutzung der Waffe, sondern die Zier des Körpers. Was üblicherweise repräsentativ über die Ausstellung im eigenen Haus erfolgte, wurde in diesem Falle direkt an Aufseß ausgeführt. Historische und militärische Gewaltaspekte der Waffe wurden ausgeblendet, da es ausschließlich auf ihre Beziehung zum Besitzer ankam. Auf der Aufnahme hält Aufseß die Armbrust nicht schussbe-

46 Die Bewehrung des Hans von Aufseß nimmt auch Wilhelm Kaulbachs undatierte Karikatur im Gästebuch des Schlosses der Familie Aufseß auf. Darauf ist zu sehen, wie der Museumsgründer gesattelt, geharnischt, und mit einer Turnierlanze gewappnet unliebsame Widersacher seines Generalrepertoriums niederreitet (vgl. Weiss 2006: 244; Hess 2014: 51).

reit, sondern so, dass sie möglichst gut zu sehen ist: Die Photographie trat an die Stelle der Ausstellung, um den Sammler sichtbar zu machen. Obwohl Aufseß die Aufnahme im GNM anfertigen ließ, legte er damit seine persönliche Bindung zu den Objekten offen.

Als Privatsammler von Waffen stellte sich Aufseß in eine Reihe von Exzentrikern: Die Begeisterung für das Sammeln und Ausstellen von militärischen, insbesondere aber ritterlichen Objekten des Hoch- und Spätmittelalters fand sich nicht nur bei Aufseß, sondern bereits beim Gründer des Pariser Musée de Cluny, Alexandre Du Sommerard (vgl. Bann 1988: 38; Kaiser 2006: 262–264), bei Heinrich K. vom und zum Stein (vgl. Hampe 1902a: 6f.) und Joseph von Dietrich (vgl. Anonymus 1889a) sowie bei vielen Zeitgenossen des Freiherrn wie Joseph von Laßberg (vgl. Hess 2014: 45) und Carl M. von Mayerfels (vgl. Anonymus 1889d: 84–90) – von Vorläufern wie der Rüstkammer im Ulmer Bürgerhaus von Joseph Furttenbach (vgl. Furttenbach 1641; Lazardzig 2007: 123–132) einmal abgesehen. Dennoch besteht ein wichtiger Unterschied zwischen Furttenbach im 17. Jahrhundert und den Privatsammlern des 19. Jahrhunderts. Denn Ersterer, selbst Architekt und Erfinder, griff beim Schaffensprozess neuer Objekte auf seine Exponate zurück. Nicht zufällig arbeitete er mit (Kriegs-)Modellen. Eine derartige professionelle Bindung zum Sammlungsgegenstand fehlte in der Regel bei den späteren Privatsammlern, was dafür der Heterogenität der Sammelbereiche zuträglich war. Schließlich genügte der zeitliche Abstand zwischen einem Objekt und der Gegenwart, um jenem die Sammel- und Zeigenswürdigkeit zuzusprechen. Über die ständische Zugehörigkeit vieler Waffen ließen sich die eigene Herkunft oder aber der gesellschaftliche und finanzielle Aufstieg demonstrieren. Auf diese Weise konnten historische Waffen allein durch ihre Anwesenheit die adelige Abkunft des Eigentümers beglaubigen. Dabei musste der blankpolierte Harnisch in der Eingangshalle eines Privatanwesens nicht einmal aus Familienbesitz stammen, auch wenn dies sicherlich ein Zubrot gewesen wäre – seine bloße Präsenz behauptete die chevaleresque Abstammung des Sammlers. Aufsteiger, neureiche Kaufleute, Grundbesitzer und Fabrikherren konnten durch Militaria entweder die eigene Familiengeschichte abbilden oder diese nach eigenem Gusto konstruieren. Historische Waffen waren hierfür wegen der Verbindungen zu Rittertum und Adel sowie durch Zuschreibungen positiv besetzter Werte wie Tapferkeit, Treue und Eleganz prädestiniert. Das

Sammeln und Exponieren von Waffen war für Adelige wie Aufseß also nicht bloß eine materielle und kulturelle Wertanlage, sondern zugleich ein repräsentativer Akt (vgl. Hakelberg 2021: 24–26). Waffen, deren Führung bisweilen spezifischen Ständen oder Personengruppen vorbehalten war, wirkten aus dieser Perspektive umso attraktiver. Nicht zufällig waren es ein ritterlicher Harnisch und eine höfische Jagdarmbrust, mit denen sich Aufseß für die Aufnahme schmückte.

3.2.2 Der Waffenschutz im aufseßschen Ordnungssystem

Der Freiherr war aber nicht nur Waffensammler, sondern auch Urheber der bereits erwähnten Klassifizierung historischer Doku- und Monumente, dem 1853 aufgestellten *System der deutschen Geschichts- und Alterthumskunde*, „entworfen zum Zwecke der Anordnung der Sammlungen des germanischen Museums“ (Abb. 6) (Aufseß 1978: 974; vgl. Aufseß 1978: 979f.). Als die Sammlungsobjekte nach der Museumsgründung auf die Schauräume verteilt werden mussten, stellte sich

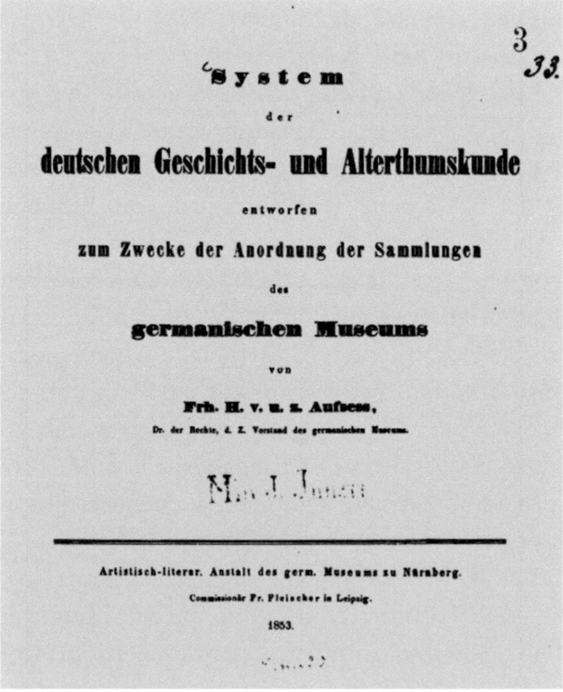

3
33.

System
der
deutschen Geschichts- und Alterthumskunde
entworfen
zum Zwecke der Anordnung der Sammlungen
des
germanischen Museums
von
Frh. H. v. u. z. Aufsess,
Dr. der Rechte, d. Z. Vorstand des germanischen Museums.

Artistisch-literar. Anstalt des germ. Museums zu Nürnberg.
Commissionär Fr. Fleischer in Leipzig.
1853.

Abb. 6: Hans von Aufseß, *System der deutschen Geschichts- und Alterthumskunde*, 1853

auch die basale Frage nach der Einordnung kunst- und kulturhistorischer Quellen und Artefakte. Obgleich Aufseß, die heftige Kritik antizipierend, sein System bescheiden als vorläufige Skizze auswies und im Besonderen die mangelhafte Spezifik der untergeordneten Fachgruppen beklagte, bekräftigte er die „Idee eines Gesammtsystems aller einzelnen Fächer, in dem diese sich sämmtlich als organische Theile zusammenfinden und gegenseitig ergänzen" (Aufseß 1978: 977). *Geschichte* als Summe aller Ereignisse rund um Örtlichkeiten, Personen und bemerkenswerte Begebenheiten bildete die erste Oberklasse des Systems. Die zweite Klasse lautete *Zustände* und sollte mittels historischer Relikte, der *Quellen* und *Altertümer*, soziokulturelle Querschnitte einfangen. Sie ergänzte die Ereignisgeschichte um ein kulturhistorisches Korsett. Den Zuständen untergeordnet war außer den „Staatsanstalten" auch „der deutsche Reichs- und Staatskörper", welcher seinerseits den „Staatsschutz" beinhaltete. Neben dem „Rechtsschutz", worunter die Folter- und Strafwerkzeuge gelistet waren, zerfiel der Staatsschutz in den „Waffenschutz" (Aufseß 1853: 6), und dieser wiederum in Kriegswesen, Kriegsbedarf, Kriegsleute, Waffengattung sowie Kriegs- und Waffenübung (Abb. 7). Gemäß dieser Systematik wurden die Waffen wenig überraschend im militärischen Dispositiv angesiedelt, denn anstelle einer individuellen Besitzerschaft verschrieb sich das GNM als öffentliche Institution der gesamten Nation. Statt als Statussymbole fungierten die Waffen als Vehikel des Krieges und des waffengeführten Konflikts zwischen Königreichen, Staaten oder anderen Parteien. Mithin firmierten die Waffen als Instrument militärischer Interessensdurchsetzung nach *außen* hin, zur Verteidigung des eigenen Gebietes wie zur gewaltsamen Aneignung fremder Areale. Gerade die territoriale Absicherung gegen exogene Kriegsabsichten wurde seinerzeit zur vaterländischen Pflicht ausgerufen (vgl. Meisel 1865: 5–8). Daher lässt sich eine Assemblage mit den drei Komponenten Krieg-Nation-Waffe ausmachen: Der Körper war mit der Nation nicht mehr individuell, sondern politisch, wobei die Assemblage erstmals die Gewalt durch Waffen beinhaltete. Denn die Waffen garantierten die Unversehrtheit der Nation, indem sie ihre räumlichen Grenzen absicherten oder gar ausdehnten. Dagegen wurde die Souveränität im eigenen Staatsgebiet zunächst ausgeblendet – wie sich zeigt, wurden exekutive Aufgaben wie die Vollstreckung von Sanktionierungen im aufseßschen

2) der deutsche Reichs- und Staatskörper:
- a) Staatsverfassung, Ordnung und Rechte
  - a) des Reiches:
    - α) Reichsordnungen, Gesetze,
    - β) Reichsoberhaupt,
    - γ) Reichsbeamte, Reichstag,
    - δ) Reichslande, Reichsgut.
  - b) der Territorien und Gebiete:
    - α) nach ihrer Verschiedenheit,
    - β) Landes- und Localordnungen,
    - γ) Kreis- und Landesvertretung,
    - δ) Hof- und Erbämter.
- b) Staats- und Hofceremoniel.
- c) Staatsverwaltung:
  - a) Regierungsweise,
  - b) Regierungsorgane,
  - c) Finanzmittel,
  - d) Fürsorge für Staatswohl:
    - α) Polizei,
    - β) Wohlthätigkeitsanstalten.
- d) Staatsschutz:
  - a) Rechtsschutz:
    - α) Gerichtsbarkeit,
    - β) Gerichte,
    - γ) Gerichtsverfahren,
    - δ) Rechtsnormen:
      - aa) im Civilrecht,
      - bb) im Strafrecht.
    - ε) Rechtsfälle.
  - b) Waffenschutz:
    - α) Kriegswesen,
    - β) Kriegsbedarf,
    - γ) Kriegsleute, Waffengattung,
    - δ) Kriegs- und Waffenübung.

Abb. 7: Rechtsschutz und Waffenschutz im
System der deutschen Geschichts- und Alterthumskunde, 1853

System den Rechtsgeräten übertragen (s. Kap. 7.). Die Waffe als solche wurde aber nicht nur als staatlich-militärisches Mittel gesehen, sondern auch als kulturhistorisches Relikt. In diesem Zusammenhang unterschied sie sich von den Textquellen, welche in ideeller Relation zu ihrem Inhalt stehen, und von den Erzeugnissen der Kunst, worunter Aufseß traditionell Zeichnungen, Gemälde, Plastiken, Architektur und Tonkunst verrechnete. Demgegenüber beinhalteten Aufseß' Altertümer neben den Waffen noch viele andere Objektgattungen. Deutlich umfangreicher als die Kunstsammlungen, wurden die Altertumssammlungen systematisch strikt von diesen getrennt.

Kurz gesagt sind Waffen – in der Theorie des aufseßschen Systems – Militaria, die in verschiedenen Gattungen über Kriegsführung und -taktik Aufschluss geben, und kulturhistorische Erzeugnisse, welche die frühere Lebensart veranschaulichten. In der Praxis sollte dies eine dreistellige Anzahl an historischen Stücken leisten. 1856 wurden der Waffenabteilung in Aufseß' Übersichtswerk *Organismus* rund 200 Objekteinträge zugeschrieben, wobei ein Eintrag zuweilen mehrere Gegenstände fasste, zum Beispiel drei Pfeilspitzen (vgl. Aufseß 1856b: 370–378). Nach einem Artikel im Anzeiger waren es im selben Jahr sogar 250 Nummern, die trotz großer Lücken 18 Rubriken des aufseßschen Systems abdeckten (vgl. GNM 1856: 277). Zu ihnen zählten nicht nur Originale, sondern auch Nachbildungen aus Gips und Papiermaché sowie Zeichnungen von Waffen, die von Anfang an die Sammlungen um fehlende Objekte wie Geschütze ergänzt hatten. Laut der Satzung war die Sammelgrenze der Waffen wie bei den übrigen Abteilungen auf 1650 angesetzt (vgl. Deneke/Kahsnitz 1978: 951). Während dieses Limit an anderer Stelle willkürlich gewählt zu sein schien, fiel es bei den Waffen grob mit dem Ende des Dreißigjährigen Krieges zusammen. Doch wurde es durchaus überschritten, und seit der Gründung hatte es jüngere Objekte im GNM gegeben.

Obwohl die theoretische Rolle der Waffe in Aufseß' Schriften somit recht genau konturiert wurde, wichen das praktische Sammeln und Exponieren davon ab. Statt die Waffen gezielt zu komplettieren, nach den systemischen Rubriken oder den kulturhistorischen Inhalten zu ordnen, ging es zunächst um eine simple zahlenmäßige Erweiterung der Objekte. Um das Generalrepertorium möglichst rasch und kostengünstig zu unterfüttern, wurden Kopien aus anderen Museen und Sammlungen besorgt. Weil es etwa an Harnischen mangelte, wurden diese nachgebildet, um überhaupt auf die Waffe verweisen zu können. Gipskopien von Harnischen entstammten einer Nürnberger Fabrik, aber auch der hauseigenen Gipsgießerei (vgl. Anzeiger 1856: 277f.; Anonymus 1857: 355). Die individuelle Provenienz einer Rüstung und die militärischen Vorzüge von Schutzwaffen blieben vorerst weitestgehend unbeachtet. Worauf es ankam, war die Einspeisung der Waffe in die Verweisform des Repertoriums.

3.2.3 Die Diskursivierung der Waffen

Obwohl seine Privatsammlung fast alle Musealien hervorgebracht hatte, zeichnete Aufseß für die Ausstellungsgestaltung nicht allein verantwortlich. Dennoch konzentrieren sich retrospektiv viele Forschungsansätze auf seine Person. Seine Bedeutung für das frühe GNM zeigte sich außer der Gründung hauptsächlich auf zwei Weisen. Erstens war das Generalrepertorium als übergeordnete Idee zweifelsfrei programmatisch für das junge Museum, auch wenn diese Form in der Rückbetrachtung oftmals andere Faktoren überdeckt. Zweitens fiel Aufseß' private Situation mit derjenigen des Museums zusammen, denn seine Immobilien wurden in den ersten fünf Jahren zum Ausstellungsort der musealen Sammlungen. Dass viele Fäden auf den Freiherrn zuzulaufen scheinen, ist auch der dürftigen Quellenlage zur Ausstellungskonzeption geschuldet. Das junge Museum nur als Zerstreuung eines eifrigen Privatsammlers zu betrachten, hieße jedoch, seine Konzeption als öffentliche Anstalt zu unterlaufen. Daher sei neben Aufseß auf August von Eye als weiteren Akteur verwiesen, seit der Museumsgründung der Vorstand der Kunst- und Altertumssammlungen. Gut vertraut mit den Beständen verfasste Eye neben thematischen und sammlungsbezogenen Beiträgen im Anzeiger auch den ersten Wegweiser. Nicht nur deswegen ist anzunehmen, dass sein Wort bei inszenatorischen Fragen Gewicht hatte. Als Aufseß vermehrt mit Strategie- und Verwaltungsaufgaben betraut war, fielen inhaltliche Anliegen sowie die oberste Betreuung der Sammlungen Eye zu (vgl. Aufseß 1856a: 62; Hampe 1902a: 33f.).[47] Seine Skizzierung der ersten Schauräume im Tiergärtnerturm und im Kartäuserkloster verdeutlicht, wie intensiv Eye diese

47 Dies legen auch persönliche Unterlagen des Freiherrn nahe, der sich zunehmend vom Tagesgeschäft des Sammelns und Ausstellens entfernt hatte. Vielen Dank an Sarah Fetzer für den freundlichen Hinweis.

mitgestaltet hatte. Bei allem Einfluss, den Aufseß als Sammler, Gründer und Direktor auf das GNM ausübte, war es Eye, durch den die Musealien auch zu Exponaten wurden.

Überdies erweiterte Eye die Diskurslinien des Dispositivs. Gemeinsam mit Jacob von Falke[48] gab er ab 1854 in drei Bänden das Werk *Kunst und Leben der Vorzeit* heraus (vgl. Eye/Falke 1868–69). Darin stellten die Autoren Einzelstücke, Ensembles oder an Objekten aufgefächerte Aspekte vor. In kurzen Abschnitten wurden Musealien aus dem GNM, Sammlungsteile und Räumlichkeiten behandelt, im ersten Band etwa der Tiergärtnertorturm als Ausstellungsort der Exponate. Dabei entwickelte sich ein Modus, der im Aufbau den Museumsschriften wie dem Anzeiger und dem Wegweiser ähnelte: Eine Seite lieferte den inhaltlichen Text zu einem Thema, eine zweite veranschaulichte den Sachverhalt durch zugehörige Zeichnungen. Die Texte gaben eine Kostprobe davon, wie sich kulturhistorisches Wissen portioniert vermitteln ließ. Zugleich entsprachen sie der Verweisform des Generalrepertoriums, indem jedes Thema, jedes Objekt und jeder Beitrag einem Aspekt im ‚Leben der Vorzeit' entsprachen. Die Einzelheiten sollten sich kaleidoskopisch zu einem größeren Ganzen zusammensetzen. Prägnant für diese Sparte kulturhistorischer Texte ist dabei die Verkettung thematisch losgelöster Inhalte. Beispielsweise folgte einem Abriss über royale Gerichtssiegel die Beschreibung von Trachten in einer spätmittelalterlichen Handschrift, bevor zu Schachfiguren gesprungen wurde (vgl. Eye/Falke 1868: 71–73). Nur die zeitliche Verankerung hielt die Texte zusammen. Die kulturhistorischen Vignetten passten sich in ein Schaubild der Vergangenheit ein, das rein ästhetisch rezipiert werden konnte. Die Herangehensweise glich derjenigen der Museumsbesucher:innen, die im GNM von Raum zu Raum die verschiedensten Exponate betrachten konnten, während die Wegweiser dazu knappe Einlassungen bereitstellten. Der Genuss und der Zweck der Lektüre lagen wie in der Ausstellung darin, die Gegenwart für einen kurzen Moment zu verlassen, um das zu goutieren, was schlagwortartig als kultureller Splitter der Vergangenheit zusammengefasst wurde. Metaphorisch gesprochen waren die Texte und Ausstellungen ein reich

48 Von 1855 bis 1858 war Falke als Konservator am GNM angestellt, während sein Bruder Johannes dort 1856 zum Ersten Sekretär ernannt wurde. Beide waren prägende Figuren des frühen GNM.

dekoriertes Fenster, durch das die Vorzeit in Augenschein genommen werden konnte. Denn auch in der Ausstellung wurden vereinzelte Objekte im bürgerlichen oder klösterlichen Ambiente der Schauräume nach einer Ästhetik des Historischen – insbesondere des Mittelalterlichen – arrangiert.

3.3 Die frühen Ausstellungen des GNM

3.3.1 Die Waffenhalle im Tiergärtnertorturm 1853–1857

Ein knappes Jahr nach der Museumsgründung, am 15. Juni 1853, konnten die GNM-Sammlungen erstmals öffentlich besichtigen werden (vgl. Springer 2014: 248f.). Die umfangreichen Musealien wurden auf zwei Orte in Nürnberg aufgeteilt: Die Schriften und ein Teil der Kunstsammlungen befanden sich im Toplerhaus am Paniersplatz, während die Waffen mit dem Gros der Kunst- und Altertumssammlungen im Tiergärtnertorturm ausgestellt wurden. Dieser Turm befindet sich noch heute neben Aufseß' damaligem Wohnsitz, dem sogenannten Pilatushaus, unweit der Kaiserburg im Westen der Altstadt. Im ersten Turmgeschoss konnten die Waffen in der entsprechend benannten ‚Waffenhalle' als „Ausdruck der militärischen Komponente der Kulturgeschichte" (Kammel 2015: 287) inspiziert werden. Der Name impliziert, dass sammlungsfremde Objekte hier nicht zu finden gewesen wären. Tatsächlich nahmen die Waffen eine Hälfte des Raumes in Beschlag, doch wurden sie durch Möbel – Sekretäre, Paniere, einen Eichentisch und Teppiche –, Holzschnitzwerke und einen Kronleuchter ergänzt. Waffen mit häuslichen Objekten zu kombinieren, war dem im Jahr 1832 von Du Sommerard gegründeten Musée de Cluny nachempfunden. Dieses Museum, welches die Inszenierungsweise der ersten GNM-Ausstellungen vorwegnahm, enthielt ein dem französischen König Franz I. geweihtes Zimmer mit einem „Himmelbett des 16. Jahrhunderts als Teil einer stilistisch homogenen Möblierung, die von bewaffneten Puppen in Ritterrüstungen bewacht wurde" (Joachimides 2012: 26). Hierbei vermählte die Inszenierung das Royale und Häusliche mit den Waffen, wodurch gleich zwei Funktionen aktualisiert wurden. Aufseß hatte die Waffen nach persönlichen wie nach systemischen Absichten bestimmt; beides wurde in Paris vereint. Denn die ritterlichen Harnische schützten mit dem königlichen Leib sowohl den individuellen als auch den politischen Körper, was durch ihre Positionierung im privaten Schlafgemach unterstrichen wurde. Dagegen war das Nürnberger Turmzimmer keiner Persönlichkeit gewidmet, und aus den heterogenen Exponaten entstand auch kein kohärenter Bezugsrahmen, der eindeutig auf einen bestimmten Stand, ein Milieu oder eine Zeitschicht verwies. Warum hieß das Turmzimmer also Waffenhalle?

Dass der Schauraum nach den Waffen benannt wurde, lässt sich mit den Waffenhallen und Rüstkammern erklären, die in kulturhistorischen Sammlungen und Museen omnipräsent waren. So forderte der Maler Georg W. Issel bereits 1817 in einer Schrift, dass ein potenzielles Nationalmuseum auch eine Anzahl besonderer Themenräume enthalten müsse, etwa ein Grabgewölbe, einen Reformationsraum, ein Fürstenzimmer, einen Rittersaal und eben eine Waffenkammer (vgl. Lohmeyer 1929: 151; Ernst 2003: 392). Bis ins 20. Jahrhundert hinein stellten Waffenhallen einen gängigen Raumtypus kulturhistorischer Museen dar. Enthielt ein Museum zunächst keine exklusive Halle für die Waffen, wie zum Beispiel das als Reaktion auf das GNM 1855 in München gegründete Bayerische Nationalmuseum (BNM), galt dies als unkonventionell (vgl. Seelig 2000: 159). Später verfügte das BNM aber gleich über zwei Waffenhallen in markanter Lage, eine große und eine kleine (vgl. Bassermann-Jordan 1902: 283–285; Seelig 2000: 159f.). Im Schweizerischen Landesmuseum in Zürich fungierte die Waffenhalle Ende des 19. Jahrhunderts gar als „das Herzstück der Baugruppe“ (Joachimides 2012: 29), und auch im historischen Museum in Bern wurden Waffen ausgestellt (vgl. Rodt 1885: 59–67). Den Tiergärtnertorturm außer der ‚Bilderhalle‘[49] auch mit einer Waffenhalle auszustatten, zeigte nicht nur den Stellenwert von Waffen gegenüber Gemälden und Skulpturen im kulturhistorischen Museum. Durch die Exponate etablierte sich auch eine übergeordnete Form, die sich im folgenden Jahrhundert wie selbstverständlich im Zentrum des musealen Dispositivs behauptete – neben Grabdenkmälern, Schmuck, Textilien, volkskundlichen Objekten und anderem mehr. Denn von der Ausstellung im Turmzimmer an waren mit Waffen gefüllte Säle – mithin Formen der Gewalt – ein unabdingbarer Bestandteil des GNM.

---

49 Analog zur Waffenhalle befanden sich in der Bilderhalle im zweiten Stock des Turms nicht nur Erzeugnisse der Malerei, sondern auch Statuen, Reliquienkästen und andere Objektgattungen (vgl. Wegweiser 1853: 8–10).

Die Komposition der Exponate lässt sich textlich den Passagen im ersten Museumswegweiser, bildlich aber Willibald Maurers Vorzeichnung für einen Holzstich entnehmen. Sie dokumentiert von der Fensterseite aus das Rauminnere um 1853 (Abb. 8): Im Bildhintergrund sind die Waffen an der Rückwand zu beiden Seiten eines spätmittelalterlichen Schrankes platziert. Links neben dem Schrank sind Schwerter und Schilde, rechts Stangen- und Feuerwaffen angebracht, und an den Wänden hängen Armbrüste. Zwischen den ritterlichen Waffen links und der „Volks- und Landsknechtsbewaffnung" (Wegweiser 1853: 5) rechts, darunter Stangenwaffen, Hakenbüchsen und Feldflaschen, herrscht eine strikte, auch im Wegweiser hergestellte Trennung. Unter den ritterlichen Exponaten befinden sich nebst Schwertern auch ein Turniersattel des Regensburger Geschlechtes der Paulsdorfer (W676), darüber an der Decke eine Turnierlanze (W863) und zur Linken auf einem Podest ein gotischer Plattenharnisch, der auf dem Holzstich von einem Besucher in Augenschein genommen wird. Dazu werden diese Stücke von sammlungsfremden Objekten ergänzt – so präsentieren spätgotische Skulpturen des Heiligen Georg bestimmte historische Bewaffnungen (vgl. Kammel 2015: 287).

Arrangiert war die damalige Ausstellung, die diachron vom Frühmittelalter bis zum 17. Jahrhundert reichte, nur lose nach Waffentypen und besonderen Einzelstücken. Dadurch wirkte sie provisorisch und zerstückelt – ein Richtschwert befand sich unter ritterlichen Schwertern und Schilden, und „alte Jagd-, Reit- und Kriegsgeräthe" (Wegweiser 1853: 4) waren notdürftig gemeinsam im Schrank untergebracht, ohne sie nach ihren unterschiedlichen Einsatzgebieten zu trennen. Die Kriterien, nach denen Waffen auf Gestellen aufgereiht oder anderweitig vermengt wurden, blieben vage und unscharf, anstatt sie kompositorisch oder textlich klar auszuformulieren. Kleinere Waffenreihen stießen auf isolierte Stücke wie den Turniersattel, die Lanze und den Harnisch, welche durch die ritterliche Herkunft nur oberflächlich verknüpft wurden und eher für sich standen. Dennoch legte die Ausstellung das ästhetische Fundament für die Präsentation von Waffen in der nachfolgenden Dekade. Immerhin entsprach die Anordnung grob den Binnendifferenzierungen in Aufseß' *Organismus*, was der erste Jahresbericht zum Ziel ausrief, der auch die „bessere, zweckmäßige Aufstellung in einem grösseren Locale" (Jahresbericht für 1852–54: 8)

Abb. 8: Willibald Maurer, Waffenhalle im Tiergärtnertorturm, 1853

anpries. Demgegenüber relativierte der Wegweiser, die Sammlungen seien im Turm „nicht in der Weise angeordnet [...], dass eine wissenschaftliche Reihenfolge dabei bestünde" (Wegweiser 1853: 7). Dafür entschädigte die ästhetische Aufmachung:

> Was hier an wissenschaftlicher Ordnung abgehen muss, hat man durch gewisse, dem Locale entsprechende malerische Anordnung zu ersetzen gewusst, so dass für den angegebenen Mangel wenigstens der äussere Eindruck einigen Ersatz gewährt. (Wegweiser 1853: 7)

Weil die Ausstellungsidee nicht präzisiert werden konnte, sollten inszenatorische Mittel dies übertünchen. Damit beschrieb der Wegweiser das bestimmende Organisationsprinzip der kommenden Jahre. Liest sich das Zitat noch wie eine vorläufige Rechtfertigung, so zeigte sich mit dem Umzug der Waffen auf das Klostergelände, dass das Arrangement im Tiergärtnertorturm nicht nur den äußeren Umständen geschuldet war. Denn den ersten beiden Ausstellungen war eine ästhetische, an der Oberfläche verharrende Form wesentlich, die an vielen Stellen quer zur systemischen Bestimmung der Waffen verlief. Stattdessen war die Ästhetik privater Waffenausstellungen ins museale Dispositiv eingeschleust worden, ohne länger auf den Körper des Sammlers zu verweisen.

3.3.2 Die Waffen im Kleinen Kreuzgang und Refektorium 1857–1859

1854 beschloss die bayerische Regierung, dem GNM das mittelalterliche Kartäuserkloster in Nürnberg zu überlassen, und wählte damit den Sitz, den Aufseß und König Maximilian II. von Bayern unter den diskutierten Standorten wie der Veste Coburg und der Wartburg favorisierten (Abb. 9) (vgl. Kammel 2015: 284). Das geräumige Grundstück bot Platz für eine kompakte Präsentation der Sammlungen und schuf nebenbei ein passendes Ambiente für die zahlreichen mittelalterlichen Objekte (vgl. Heerwagen 1902: 88). Bereits ein Jahr später stand der südlich an die Kartäuserkirche anschließende Kleine Kreuzgang als zukünftiger Aufenthaltsort der Waffen fest, der von nun an auf den Grundrissen und Raumplänen den Rüstungen und Waffen zugeschrieben wurde (vgl. Anzeiger 1855: 100). Noch heute verläuft der Kreuzgang im Rechteck um einen Innenhof, der wegen der dortigen Wappen ‚Wappenhof', wegen der Waffen bisweilen auch ‚Waffenhof' genannt wurde. Im Norden grenzte der Kreuzgang an die Kartäuserkirche oder ‚Kunsthalle', während sich im Süden die ehemalige Klosterküche und restaurierungsbedürftige Ruinen befanden (Abb. 10). An der Ostseite lag der Grasgarten des Großen Kreuzgangs. Weil sich der Wunsch nicht erfüllte, über dem Innenhof ein Glasdach einzusetzen, konnten die Waffen nicht gefahrlos unter freiem Himmel ausgestellt werden (vgl. Jahresbericht für 1856: 45; Curtius 1999: 9). Stattdessen waren sie ausschließlich für die Innenräume vorgesehen.

Im September 1857 wurden die Waffen vom Tiergärtnertorturm in das „Kunstgebäude" (Jahresbericht für 1856–57: 7), wie der Kleine Kreuzgang anfangs auch bezeichnet wurde, überführt (vgl. Anonymus 1858: 151).[50] Als profaner Schauraum für Militaria hatte er seine monastische Vergangenheit nicht gänzlich eingebüßt, denn noch immer waren die christlichen Wandmalereien nicht gänzlich verblichen. Weil Teile des Kreuzgangs saniert werden mussten, wurden heidnische

50 Das Erstglied ‚Kunst' der Kunsthalle (Kirche) und des Kunstgebäudes (Kleiner Kreuzgang) rührte daher, dass beide, vor allem die Kirche, auch Teile der Kunstsammlungen enthielten.

Abb. 9: Heinrich Stelzner, Kartäuserkirche von Südosten, 1857

Altertümer, das heißt als vorchristlich eingestufte Objekte, vorläufig bei den Waffen platziert, und einige Waffen gelangten zeitweilig in den Vorraum des Refektoriums, das als ‚Frauenhalle' häusliche Altertümer beherbergte. Erst ab dem Frühjahr 1859 nahm einzig die Waffensammlung den Kleinen Kreuzgang in Beschlag. Derweil fungierte der Innenhof als deutscher Reichs- und Bundessaal.[51] Er zeigte die vereinten Wappenschilde der deutschen Länder und freien Städte als Sinnbild der deutschen Einheit. Rings um den Hof waren im Kreuzgang die Wappen der germanischen Stammesgenossen angebracht, „gleichsam an den deutschen Grenzen herum" (Wegweiser 1860: 19). Repräsentierte der Innenhof das geeinte Deutschland, so entsprachen die Waffen im Kreuzgang dem staatlichen Grenzschutz oder gar der Grenzvergrößerung in feindlichem Gebiet. Damit reflektierten sie die im aufseßschen Waffenschutz angelegte Rolle, indem sie auch räumlich nach außen zum Zwecke der Verteidigung sowie der Eroberung feindlicher Gebiete in Stellung gebracht wurden. Bis hierhin schien die Ausstellung die theoretischen Überlegungen zu berücksichtigen. Jedoch wurde diese

51 Später übernahmen der Standesherrensaal und der Saal der Reichsstädte im Augustinerbau eine ähnliche Rolle.

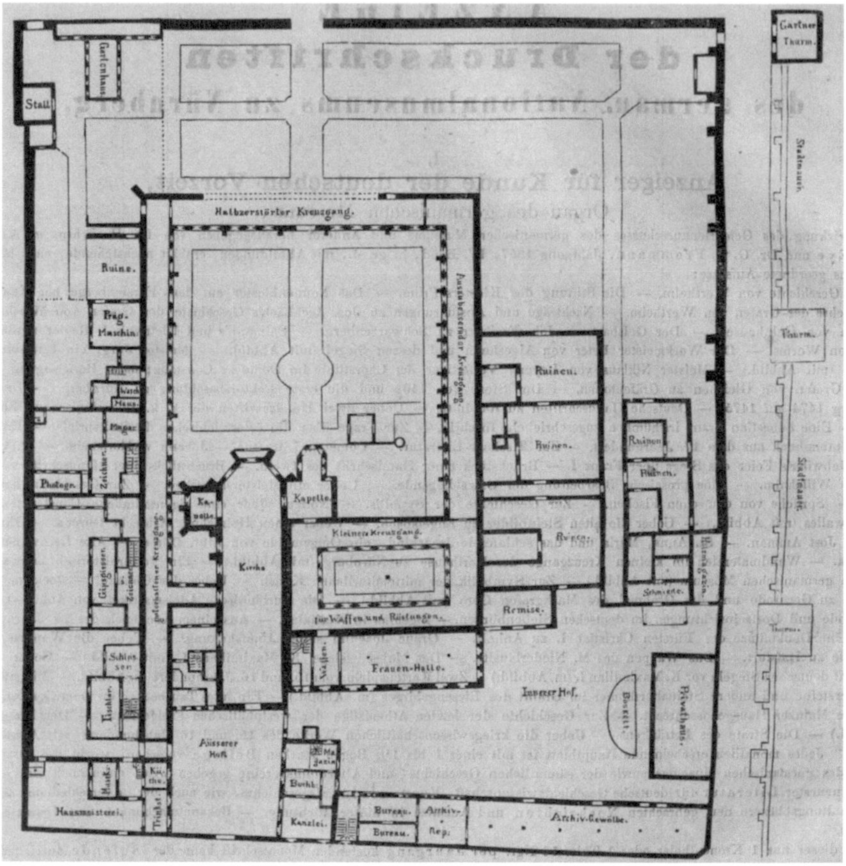

Abb. 10: Grundriss der Kartause, 1858

Lesart durch die die Gruppe der ‚Volksbewaffnung' unterminiert, die sich bereits im Tiergärtnertorturm befunden hatte und hauptsächlich aus frühneuzeitlichen militärischen Feldwaffen bestand. Die Volksbewaffnung bezog sich auf inländische Scharmützel im Zuge der Bauernkriege, war aber kurioserweise am äußeren Rand des Kleinen Kreuzganges platziert. Trotzdem wurden die Waffen deutlicher als noch im Tiergärtnertorturm als Repräsentanten nationaler Geschichte und nicht nur als Abformungen des Generalrepertoriums verstanden. Außer der eskapistischen Funktion der Exponate, ein romantisiertes, ungefährliches Bild der Vergangenheit aufzurufen, wurden sie als kulturstiftende Elemente Deutschlands in den politischen Dienst genommen. Dies zeigte sich auch an ihrer Nachbarschaft zu den nationalgeschichtlichen

Denkmälern, die nebenan in der Kartäuserkirche gezeigt wurden. Die Waffe ging im Kreuzgang in eine Form ein, welche die Reichsidee transportieren sollte.

Wie die Waffen bis 1859 ausgestellt waren, lässt sich aus zwei Abbildungen rekonstruieren. 1857 fertigte der Maler Paul Ritter als Vor-

Abb. 11: Heinrich Stelzner,
Waffenhalle im Vorraum des Refektoriums, 1857

zeichnung für einen Artikel der *Illustrirten Zeitung* über das GNM eine lavierte Federzeichnung der Frauenhalle mit den Waffen im Hintergrund an. Ungefähr zur gleichen Zeit illustrierte Heinrich Stelzner eine Reihe früher Museumsbauten inklusive der Vorhalle des Refektoriums (Abb. 11). Beide Abbildungen wurden im März 1858 in besagtem Periodikum abgedruckt (vgl. Anonymus 1858: 152f.). Zusammen mit der Beschreibung des unbekannten Autors ergeben sie ein genaues Ausstellungsbild, das dem Arrangement im Tiergärtnertorturm in vielen Belangen entsprach. Zwar war auch diese Anordnung vorläufig. Schließlich belegten die Waffen das Refektorium nur bis zum Abschluss der Renovierungen im Kleinen Kreuzgang. Die dämmrige Vorhalle war an den Wänden und über den Durchgängen mit Waffen versehen – links die Stangenwaffen, Reitzeug und Sporen, rechts die Schwerter an der Längswand zur Frauenhalle. Damit war die rudimentäre Aufteilung der früheren Waffenhalle beibehalten worden, ohne eine stringente Chronologie zu implementieren. Über den Blankwaffen befanden sich Schutzwaffen wie Rüstungsteile und Schilde, außerdem Armbrüste und Jagdutensilien wie Messer, Jagdhörner und zwei holzgeschnitzte Tierköpfe. Den Eingangsbogen zur Frauenhalle säumten zwei Kriegsfahnen aus dem Nürnberger Zeughaus und, mittig auf Stelzners Zeichnung, der gotische Harnisch, in dem sich Aufseß photographieren ließ. Rechter Hand befanden sich Feuerwaffen wie ein Falkonett und Wallbüchsen mit Zubehör sowie ein zweiter Harnisch. Wie im Tiergärtnertorturm waren der Turniersattel der Paulsdorfer und die Tartschen mit den Wappen des Deutschen Ordens (W971) und der Stadt Deggendorf (W972) zu sehen. Auch die Trennung von Schwertern und Stangenwaffen wurde fortgesetzt, wobei die Exponate nach ihrer Größe arrangiert wurden. Jedoch wurden die Differenzierungen nicht immer aufrechterhalten, wie an zwei Stangenwaffen in der Reihe der Schwerter zu ersehen ist. Auch sonst irritierte die Zuteilung einiger Objekte: Eine Lanze für Ritterspiele stand bei den Stangenwaffen der Infanterie, Kriegs- und Jagdgeräte wurden weiterhin vermischt und die Positionierung der wenigen originalen Harnische[52] wirkte unmotiviert.

Einstweilen waren die zugänglichen Abschnitte des Kleinen Kreuzganges, dazu „bestimmt die eigentliche Waffenhalle zu werden“ (Anonymus 1858: 154), mit Kriegsmodellen und Abgüssen von mittelalterlichen Harnischen, Helmen und Waffen bestückt. Obwohl Originale und Kopien somit großteils separiert wurden, spielte diese Unterscheidung noch keine merkliche Rolle. Vielmehr wurden Waffenbesitzer:innen dazu aufgerufen, dem Museum Nachbildungen ihrer Waffen zu stiften, um „eine vollständige Geschichte der Bewaffnung des deutschen Volkes zu geben“ (Wegweiser 1860: 23):

> Auch hier gilt es, das Beste, was man nicht immer, ja nur selten, im Original haben kann, in getreuer Copie zu wissenschaftlichem Gebrauch zusammenzustellen. Jeder Besitzer von ausgezeichneten

52 Aus Aufseß’ Besitz stammte als erster Harnisch der Sammlung noch eine spätmittelalterliche Arbeit Hans Grunewalds (ehemals W1119) (vgl. Willers 1978: 834; Brenker/Burger 2020: 34).

> deutschen Waffen sollte sich bereit finden lassen, eine Copie hievon dem deutschen Centralmuseum zum gemeinen Besten mitzutheilen. (Wegweiser 1860: 23)

Das Selbstbild als „deutsche[s] Centralmuseum" offenbarte den Anspruch des jungen GNM und des Generalrepertoriums, wurde aber noch nicht vom vorhandenen Sammlungsmaterial getragen. Stattdessen spiegelte das tatsächliche Arrangement der Exponate im Kreuzgang und im Refektorium, mit dem auf den optischen Genuss der Ensembles gesetzt wurde, die damalige Sammelpolitik. Auf äußere Spenden und Zuwendungen angewiesen, zahlte das GNM bis 1863 elf Jahre lang die geliehene aufseßsche Sammlung ab. Dieses Schuldenverhältnis verschlang einen Großteil des Etats und erschwerte kostspielige Neuerwerbungen. Wegen der prekären Finanzlage wurden Waffen nur spärlich erworben und gelangten fast ausschließlich als Geschenke oder als Bestandteil größerer Ankäufe ans Haus (vgl. Kammel 2015: 285, 291). Auch deshalb dienten Zeichnungen und Photographien von Waffen als Ersatz, darunter solche von Objekten anderer Häuser wie den Zeughäusern in Berlin und Wien. Ein namhaftes Geschenk kam zum Beispiel von Jakob H. von Hefner-Alteneck, dem Waffenkundler und späteren Direktor des BNM (vgl. GNM-Zugangsregister ZR 1853–1859). Doch sollten Zeichnungen, Buchillustrationen und Photographien von Waffen nicht nur inhaltliche Löcher stopfen. Mehr noch sind auch sie auf das Generalrepertorium zurückzuführen, dem zufolge sämtliche Verweise auf die Erzeugnisse der nationalen Vorgeschichte gesammelt werden sollten. Geschichte wurde materialisiert, verschriftlicht, transkribiert und in ein Gefüge gegenseitiger Verknüpfungen gebracht. Auf diese Weise wurden die Waffen neben ihrem Schauwert auch als Vertreter der teils willkürlich angelegten Kategorien im Waffenschutz als Teil des Generalrepertoriums bestimmt. Dabei eröffnete das Repertorium einen großen Spielraum, indem es zwischen geschichtlichen Ereignissen, außergewöhnlichen Persönlichkeiten und großpolitischen Taten sowie Zuständen unterschied. Letztere ließen sich als Bestandsaufnahme vergangener Zeiten großflächig durch Objekte und Texte verbürgen. Aufseß' Dichotomie entsprach in etwa einer Mischung aus Nietzsches monumentalischer und antiquarischer Historie, da alle Begebenheiten gleichermaßen berücksichtigt, aber dennoch bestimmte Ereignisse besonders gewürdigt werden sollten (vgl. Nietzsche 2009: 20–33). Was allerdings fehlte, war die kritische Geschichte in

Gestalt belastender oder unerwünschter Erinnerungen. So verwiesen die Waffen nicht auf Niederlagen, auf Gewalt oder Leid, obwohl diese Aspekte am Beispiel des Dreißigjährigen Krieges hätten thematisiert werden können. Als Repräsentant von Geschichte wurde die Waffe im musealen Dispositiv neutral oder positiv gesehen, auch weil sich ihre Funktion auf repräsentative und staatssichernde Anliegen bezog. Während das Medium viele weitere Optionen angeboten hätte, wurden nur die genannten in der Form aktualisiert.

3.3.3 Die Waffenhalle im Kleinen Kreuzgang 1859–1866

Nach Abschluss der Renovierungsarbeiten wurden die Kriegs- und Jagdwaffen im Frühjahr 1859 vollständig im Kleinen Kreuzgang aufbewahrt, während in die Vorhalle des Refektoriums Hausgeräte und Musikinstrumente gebracht wurden (vgl. Jahresbericht für 1858: 8; Jahresbericht für 1859: 8, 53). Mehr als ein Jahrzehnt lang waren die Waffen nun am selben Ort zu sehen. Über die Aufstellung geben die seit 1860 unregelmäßig publizierten Wegweiser Auskunft. Die ersten beiden enthalten eine schematische Karte der Waffenhalle aus der Vogelperspektive, auf der die Positionen der Exponate im Kreuzgang eingetragen sind (Abb. 12). Nördlich von der Kirche hereintretend, erwarteten die Besuchenden linker Hand zunächst noch keine Waffen, sondern drei Gemälde: Wo *Die Schlacht im Walde* (Gm579) einen lokalen markgräflich-städtischen Konflikt von 1502 thematisierte, entstammten die *Belagerung Nürnbergs im Dreißigjährigen Krieg* (Gm590) und das *Probefeuerwerk von Johann Khonn* (Gm595) dem Dreißigjährigen Krieg.[53] Hatten diese Exponate noch einen waffen- oder kriegsgeschichtlichen Hintergrund, galt das für die Pilger- und Stammtafel der Nürnberger Familie Ketzel (Gm581, Gm582) und eine gotische Truhe sowie die später dort platzierte Büste von Willibald Imhof nicht mehr. Zudem waren rechts Abgüsse von Narrenfiguren Erasmus Grassers aus dem Münchener Rathaus, eine Spielschüssel und eine weitere Truhe zu sehen. Durch die Nähe der Waffen zu den Ge-

53 Davon war *Die Schlacht im Walde* bereits im Treppenhaus des Tiergärtnertorturms aufgehängt, nicht aber in der dortigen Waffenhalle. Hatte der Wegweiser damals die waffenkundliche Bedeutung und den lobenswerten Patriotismus des Werkes gerühmt, wurde es später als künstlerisch mangelhaft bezeichnet (vgl. Wegweiser 1853: 16; Wegweiser 1865: 22).

mälden wurden jene kulturgeschichtlich kontextualisiert. Die beiden Schlachtengemälde, in Ansätzen auch das Feuerwerk, ergänzten sich mit den Waffen im Kreuzgang, wenngleich auf gemeinsame Ensembles aus Gemälden und Waffen verzichtet wurde. Solche Bezüge blieben für das Publikum jedoch verborgen, sofern es nicht über das nötige Vor-

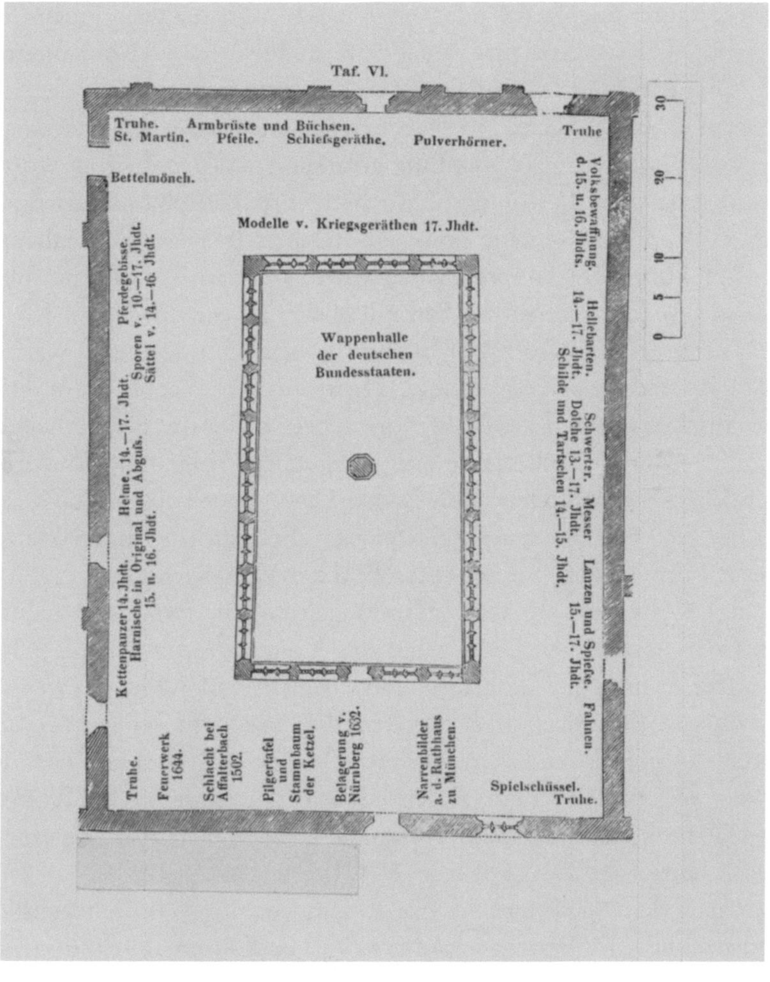

Abb. 12: Grundriss der Waffenhalle mit Exponaten, 1860

wissen verfügte. Dagegen weichten die Stammtafel, die Büste, die Narrenfiguren und die Spielschüssel die thematische Engführung auf das Kriegshandwerk auf, was an die Möbel im Tiergärtnertorturm erinnerte. Dies war sicherlich auch der begrenzten Ausstellungsfläche auf dem Klostergelände geschuldet, hatte jedoch einen Nebeneffekt: Statt die Waffen genealogisch aus dem Krieg herzuleiten, wie es in Aufseß' Schriften und im Wegweiser beteuert worden war, wurden sie durch die sammlungsfremden Exponate in ein ästhetisches Verhältnis gesetzt. Wie im Tiergärtnertorturm entstand dadurch eine Komposition, die über ein Sammlungsgebiet oder einen systemischen Zweig hinausging. Bezweckt wurde keine Interdependenz in Form einer Konfrontation oder Opposition verschiedener Abteilungen, sondern im Gegenteil eine symbiotische Form, deren Elemente nach visuellen Merkmalen ausgewählt und in der Ausstellung arrangiert wurden. Mithin wurden Ensembles kreiert, die von den Besuchenden ästhetisch und nostalgisch rezipiert werden konnten, ohne auf historischen Zusammenhängen und Deduktionen zu basieren. Zwar wurde mit dem Transfer ins museale Dispositiv der Körper des Sammlers weitgehend durch den Körper der Nation ersetzt. Trotzdem blieben die Bedeutungen der Waffe in beiden Assemblagen vergleichbar. Denn wo die ehemaligen militärischen Funktionen nur selten hervorstachen, sollte der Staat – wie der Sammler – durch die Objekte aufgewertet, das heißt kulturhistorisch angereichert werden. Den historischen Dispositiven des Militärwesens oder der Jagd enthoben, arrangierten sich die Exponate in der Waffenhalle als Form zu einem geschönten Bild der Vergangenheit.

Im Anschluss an die sammlungsfremden Exponate nahmen Schutzwaffen die linke Längswand des Kreuzgangs in Beschlag: Kettenpanzer, Helme und „Harnische in Original und Abguss" (Wegweiser 1860: 17), Pferdegebisse, Sättel und Sporen. Im November 1861 zählten die Harnische erstmals mehr Originale als Kopien, nachdem Freiherr von Künsberg aus Wernstein dem Museum ca. 20 Harnische und Harnischteile mit einem Gesamtgewicht von neun Zentnern geschenkt hatte (vgl. GNM-Akten A-441; ZR 1861/3912; Willers 1978: 834). Nach dem späteren Direktor Essenwein war dies die eigentliche Geburtsstunde der Waffensammlung (vgl. Essenwein 1892: 76). In der Folge wurde die Provenienz aus Künsberg durch Texttafeln zu Füßen der Harnische hervorgehoben. Die Harnischteile sollten nach ihrer Ankunft von Waffenrestauratoren nicht nur entrostet, sondern auch neu kompiliert und um fehlende Komponenten ergänzt werden, wozu das GNM mit Fachleuten wie Jacob Schlözer und Josef Hugel Kontakt aufnahm (vgl. Willers 1978: 834). Somit wurden die Harnische, die fortan im Mittelpunkt der Waffenausstellungen standen (vgl. Wegweiser 1865: 24), selbst assembliert, wobei ihr Äußeres eher nach ästhetischen als nach historischen Maßgaben gestaltet wurde. Im März 1862 folgten den Harnischen als Präsent des Grafen Eberhard von Erbach 21 Rüstungsteile – Handschuhe, Arm- und Beinschienen „zur Ergänzung mehrerer defekter Rüstungen“ (Jahresbericht für 1862: 5; vgl. ZR 1862/3994). Auch sie wurden wahrscheinlich, wie es damals nicht selten praktiziert wurde, zur Vervollständigung vorhandener Rüstungen genutzt.[54] Nach der Position der Volksbewaffnung und den sammlungsfremden Exponaten war dies die nächste Ausscherung vom aufseßschen System, aber auch vom Generalrepertorium. Schließlich wurden die Rüstungsteile zu Harnischen kompiliert, die so nicht existiert hatten, aber optisch der Vorstellung eines Harnischs entsprachen. Deshalb war die Verweisfunktion dieser Kompilate nicht als historisches Relikt fundiert, sondern ästhetisch, nämlich als Imagination der Vergangenheit.

Im Rundgang entlang des Kreuzgangs folgten auf die Harnische Distanzwaffen an der Südwand: Armbrüste in verschiedenen Größen, Büchsen, Pfeile, Radschlösser und Pulverhörner. Diesen Handwaffen gegenüber lagen die artilleristischen Kriegsmodelle des 18. Jahrhunderts sowie ab 1864 Modelle aus dem Dreißigjährigen Krieg wie Kanonen, Kriegsmaschinen, Zelte und eine Wagenburg. Weil diese Modellgruppe vom Nürnberger Zeugmeister Johann Carl gefertigt und ehemals im städtischen Zeughaus aufbewahrt wurde, wird sie als Kleines Nürnberger Zeughaus bezeichnet (vgl. Doppelmayr 1730: 230; Hampe 1911: 599; Königer 1967). Die Modelle waren aus Nürnberger Privatsammlungen zusammengekommen. Ein Konvolut entstammte der Sammlung Hertel im Osten der Stadt. Dort hatte der Handelsgerichtsassessor und Kaufmann Hertel das umfangreiche Erbe seines Vaters dafür aufgewendet, eine Kollektion von Kunstgegenständen, Naturalien und Kuriositäten für „alle Kunstfreunde der Stadt und von auswärts“ (Decker 1954: 1) anzulegen.[55] 1841 publizierte Hertels

54 Beispielsweise erwiesen sich historische Trachten des Sammlers Oskar Kling im GNM ebenfalls als Zusammenstellung eigentlich disparater Teile (vgl. Selheim 2002: 101).

55 Jeden Sonn- und Feiertag war Hertels Sammlung vormittags in seinem Haus zu besichtigen; angeblich zählte sogar Lola Montez zu den Besucher:innen (vgl. Anonymus 1843: 184; Decker 1954: 7).

Freund und Lehrer Georg Remshard einen Katalog der Sammlung inklusive einer gut hundert Nummern enthaltenden Waffenabteilung (vgl. Remshard 1841: 294–305). Bei einem Drittel davon handelte es sich um Kriegsmodelle, darunter um diejenigen aus dem Zeughaus. Nach Hertels Tod zerstreute sich die Sammlung, bis 1864 eine Auktion im Augustinerkloster stattfand, bei der fast alle Nummern der Waffenabteilung verkauft wurden. Die letzte Nummer umfasste die Kriegsmodelle als über 170 Einheiten starke Gruppe, die Eye im Vorwort des Katalogs gesondert anpries: „Diese Sammlung, der letzte Rest des einst so machtvollen Nürnberger Zeughauses, für die Kriegsgeschichte von unschätzbarem Werthe, ist auf's Beste erhalten und dürfte schwerlich ein Seitenstück finden." (Anonymus 1864b: 182) Weil dem GNM finanzielle Mittel fehlten, ersteigerte dessen Sekretär Julius R. Erbstein die Modelle aus eigener Hand, um sie dem Museum gegen Ratenzahlung leihweise zu überlassen (vgl. Kammel 2015: 286). Ein weiteres Konglomerat der Kriegsmodelle enthielt die bereits erwähnte Grundherrische Sammlung, eine bedeutende patrizische Privatsammlung im Westen Nürnbergs (vgl. Murr 1801: 472). Hiervon befindet sich zum Beispiel ein Orgelgeschütz im GNM (vgl. Wegweiser 1896: 193; Bub 1930: 68). Die Kriegsmodelle waren daher nicht nur militärhistorisch bedeutend, sondern verwiesen zugleich durch ihre Vorgeschichte auf die Privatsammlungen, wie es die Ausstellung im Kleinen Kreuzgang ästhetisch ohnehin tat. Dieser Umstand wurde auch dadurch unterstützt, dass bald darauf einige Kriegsmodelle zwischen den Künsberger Harnischen an der Längsseite verteilt wurden (vgl. Wegweiser 1865: 24). Dies führte die frühere Isolierung der Objekte ad absurdum, da die spätmittelalterlichen Harnische keinerlei Berührungspunkte mit den frühneuzeitlichen Kriegsmodellen aufwiesen. Abermals regierte die ästhetische Sichtweise vor der historischen.

Schließlich stießen die Besuchenden an der westlichen Längswand des Kleinen Kreuzganges auf die erwähnte Volksbewaffnung sowie auf diverse Blankwaffen und Schilde. Dieses Ensemble sollte sowohl die Chronologie als auch – etwas widersprüchlich – die Gattungsvielfalt der Waffen vermitteln (vgl. Wegweiser 1860: 22). Obwohl die Volksbewaffnung namentlich aufgeführt wurde, mischte sie sich mit anderen Waffen, um bald darauf zu verschwinden. Dadurch verblasste die politische Indienstnahme der Waffe in der Ausstellung noch weiter. Was verblieb, war ein ausgewogenes Stimmungsbild.

3.4 Die malerische Form

Zur Beschreibung der Waffenhalle im Kleinen Kreuzgang hieß es in der *Illustrirten Zeitung*:

> Es sind hier nicht allein die Gegenstände des Alterthums, es ist nicht die Architektur, welche uns wie bezaubert an die Stelle fesseln, wo wir stehen – es ist das Ensemble, die Harmonie des Ganzen, die so fremdartig und so abgeschlossen in sich ruhend uns erscheint. Es ist ein Bild von höchster malerischer Wirkung, ein Kunstwerk, nicht mit Farben auf der Leinwand, sondern in greiflicher Wirklichkeit. (Anonymus 1858: 154)

Pittoresk und harmonisch, wie ein Gemälde „von höchster malerischer Wirkung", erschien die Waffenhalle dem Autor. Statt auf einzelne Exponate oder Gruppen wie die Volksbewaffnung abzuheben, entdeckte er den inszenatorischen Effekt in der Komposition der Ensembles und damit in der Form der Ausstellung selbst. Wie auf einer Leinwand ragte unter den Elementen keines heraus; einander gleichwertig, waren sie alle an der Entstehung des Kunstwerks beteiligt. Statt spezifische Stücke zum Kunstwerk zu erheben, war die harmonische Vereinigung aller Waffen im klösterlichen Ambiente zur malerischen Form das oberste Gebot. So schrieb die *Deutsche Bauzeitung*: „Die Aufstellung der verschiedenen Sammlungen geschah vorerst in malerischer Anordnung und hat als solche besonders bei Künstlern und Kunstfreunden viel Beifall gefunden."[56] (Bergau 1877: 485) Statt der Wissenschaft wurde die Ausstellung dem Feld der Kunst zugeordnet. Später sprach Direktor Essenwein davon, „das malerische Ensemble des ehemaligen Refektoriums zu zerstören", denn die „malerische Aufstellung" hätte manche Besuchenden bedauerlicherweise „in eine nie dagewesene romantische Zeit versetzt" (Essenwein 1884a: 50; vgl. Bösch 1892: 73). Schließlich resümierte Lorenz Seelig, dass Ausstellungssäle „größeren Zuschnitts zur ‚malerischen' Darbietung von Waffen besonders seit dem frühen 19. Jahrhundert – zum Teil aber auch schon im 18. Jahrhundert – verbreitet waren" (Seelig 2000: 159; vgl. Ernst 1988: 29; Seelig 2000: 164). Von Ausstellungsmachenden, Besuchenden und Forschenden wurden und werden historische Waffenausstellungen wie die

56 Demgegenüber bezeichnete Richard Wagner das Museum bei seinem Besuch 1861 noch als armselig (vgl. Andrian-Werburg 2002: 22).

im Kleinen Kreuzgang als malerisch gekennzeichnet, ohne dieses Adjektiv genauer zu umreißen. Wie lässt sich das Malerische als formales Kompositionsprinzip der Waffenhalle verstehen?

Knapp 60 Jahre nach der Gründung des GNM definierte der Kunsthistoriker Heinrich Wölfflin in seiner Beschäftigung mit dem künstlerischen Stil das Malerische als Gegenpol zum Linearen. Damit beschrieb er das Abweichen von isolierten, klar konturierten Objekten auf der Leinwand und die Tendenz zu einem Ensemble aus Farben und Strichen: „Das plastische und konturierende Sehen isoliert die Dinge, für das malerisch sehende Auge schließen sie sich zusammen." (Wölfflin 1915: 15) Weiter bemerkte Wölfflin, dass sich einzelne Formen im Malerischen zu einer gemeinsamen Form aufheben:

> Während die stark sprechende Umrandung die Form unverrückbar macht, die Erscheinung gleichsam festlegt, liegt es im Wesen einer malerischen Darstellung, der Erscheinung den Charakter des Schwebenden zu geben: die Form fängt an zu spielen […]. Man kann also den Unterschied der Stile weiterhin so bestimmen, daß das lineare Sehen zwischen Form und Form fest scheidet, während das malerische Auge umgekehrt auf jene Bewegung hin visiert, die über das Ganze der Dinge hinweggeht. (Wölfflin 1915: 21)

Die Auflösung der Elemente in einer dynamischen Form entspricht dem Übergang zum Malerischen. Übertragen auf das GNM bedeutet dies, dass die einzelnen Exponate in der ästhetischen Form aufgingen, welche die Inszenierung in der Waffenhalle hervorrief. Konkret heißt das: Die malerische Form brachte die Objekte in einer Gesamtkomposition zusammen, die sich nach den herrschenden ästhetischen Vorstellungen richtete und die Lebenswelten der Gegenwart kontrastierte. Sie erlaubte die Flucht in eine als idyllisch und unbeschwert empfundene Vergangenheit, die sich bei genauerem Hinsehen jedoch als Konstruktion, bisweilen gar als Illusion erwies. Ausgeglichen wurde diese immanente Schwäche durch den unmittelbaren Effekt, den die malerische Form bei den Besuchenden auslöste.[57]

Am GNM wurde das Malerische mit seinen geschmackvollen und übersichtlichen Ensembles fernab historischer oder wissenschaftlicher

---

57 Das Malerische ist in der Nähe des Pittoresken zu verorten, als dessen Synonym es zuweilen gebraucht wird. Für das GNM eignet sich ersterer Begriff allein deshalb besser, weil er in den Selbst- und Fremdzuschreibungen fällt.

Kriterien alsbald zur dominanten Organisationsform. Dieses Phänomen erkannte auch das Museumspersonal. Nach Johannes Falke bestand die Methode des jungen GNM darin, „durch Herstellung von Zimmern im Geschmacke der verschiedenen Zeiten vollständige, abgerundete Bilder" (Falke 1856: 95) zu erzeugen. Dieser Geschmack basierte nicht auf der sorgfältigen Rekonstruktion historischer Objektwelten, sondern auf dem Blick in eine romantisierte Vergangenheit (vgl. Dahn 1880: 423f.).[58] Statt Brüche und Aporien zwischen den Exponaten hervorzuheben, wurden sie durch die gemeinsame Form geglättet. Im Falle der Waffen privilegierte dies das ästhetische Ensemble vor dem Einzelexponat und vor der Aufgliederung in einzelne Objekte. In dieser Hinsicht ist es wenig verwunderlich, dass die Volksbewaffnung, abgesehen von ihrer waffenkundlichen Ungenauigkeit, im Laufe der Zeit in den übrigen Blankwaffen aufging.

In den Raumkompositionen des jungen GNM wurde dessen Medium – die Musealien – zu einer Form gekoppelt, die sein ästhetisches Potenzial bestmöglich realisierte. Die Exponate bildeten die malerische Form, um dem Publikum vermeintlich akkurate, tatsächlich aber geschönte Einblicke vorzuführen. Diese Form bildete eine rezipierbare Schaufläche, ohne dass einzelne Elemente die Aufmerksamkeit der Besuchenden zu stark beanspruchten und dadurch Kontur annahmen. Damit glichen die Waffen einem anderen Medium in der Frühzeit des GNM, den Bleistiftzeichnungen des Klostergeländes (Abb. 13). Auch sie sollten die Atmosphäre der mittelalterlichen und ruinösen Klosterbauten einfangen. Die Darstellung der Klosterruine verweist dabei auf zwei Aspekte. Zum einen signalisiert sie das Interesse an der eigenen Vergangenheit, auf deren Grundfesten das Museum als Schatzkammer der nationalen Geschichte errichtet wurde. Zum anderen demonstriert sie beispielhaft, wie die malerische Form ältere Objekte in einen ästhetisierten Zusammenhang überführt. Vor der strikten Linearität späterer technischer Zeichnungen vermischten sich auf den Zeichnungen Kultur

58 Das Romantische und das Ästhetische meinen in diesem Zusammenhang Inszenierungen, welche mithilfe der visuellen Oberfläche der Exponate eine Gesamtkomposition arrangieren, die von den Besuchenden erfahren werden kann. Da solche Kompositionen ihre Bestandteile auf die visuelle Erscheinung reduzieren und ohne tiefergehende – etwa politische oder soziale – Implikationen auskommen, können sie als ‚Stimmung', als im Ästhetischen verhafteter Eindruck, genossen werden.

Abb. 13: Ruine des Kartäuserklosters, 1850/1860

und Natur, die Elemente der Sakralarchitektur, die Bäume und Pflanzen, zu einer ästhetisch geronnenen Form. Die doppelte Rahmung, innen durch Maßwerkfenster, außen durch Mauer und Laub, entsprach der Rahmung durch die Form, wie sie in den Schauräumen vorgegeben wurde. Noch deutlicher als im Tiergärtnertorturm wurde im Kleinen Kreuzgang auf den visuellen Gesamteindruck Wert gelegt. Obwohl die Waffen mit Gemälden oder Skulpturen kombiniert wurden, reduzierte man sie deshalb nie zu stark auf konkrete Ereignisse oder Zustände, wie Gefechte oder Heeresbewaffnungen – nicht einmal durch diejenigen Gemälde, die eine Schlacht verbildlichten. Statt an den Waffen kulturgeschichtliche Aspekte aufzuzeigen, trugen auch sie zum Stimmungsbild bei.

Indes ist die malerische Form nicht als Dilettantismus auszulegen, wie es zuweilen rückblickend geschah. Denn die Ausstellung richtete sich nicht an ein Expert:innenpublikum, das imstande wäre, die vagen Bezüge zwischen den Exponaten und der Waffengeschichte auf eigene Faust zu entschlüsseln. Die diffuse Verteilung der Objekte und die bloß angedeutete Motivik sprechen gegen eine ausgeklügelte Inszenierungsstrategie. Demgegenüber entfaltete die Waffenhalle eine ästhetisch auf den Kreuzgang abgestimmte Atmosphäre, in der die Exponate über ihren Schauwert zum Ausdruck kamen. Gezwungen durch die lückenhafte Zusammenstellung der Waffen bediente sich das GNM des ästhetischen Potenzials des Mediums und der historischen Räumlichkeiten, um die malerische Form zu kreieren. In dieser Hinsicht war das GNM kein Solitär, hob doch der Architekturhistoriker Siegfried Giedion in seinem Plädoyer für ein lebendiges Museum hervor: „Im 19. Jahrhundert hatten die Museen leichten Stand, da man den ästhetischen Wert in seiner Isolation schätzte." (Giedion 1929: 103) Anstatt historische Zusammenhänge auf zeitgenössische Diskurse zu beziehen oder Entwicklungsgänge bis in die Gegenwart zu verfolgen und damit „eine gewisse Eingliederung ins Leben" (Giedion 1929: 103) zu erzielen, diente die Vergangenheit im GNM als entzogene Illusion, die nicht zuletzt durch die Verklärung von als ‚deutsch', ‚mittelalterlich' und ‚heroisch' empfundenen Erzählungen, Ereignissen und Relikten zum Sehnsuchtsort wurde. Das Museum schrieb die literarische Würdigung von Waffen fort, indem es sie in der Form aktualisierte. Dabei gelang es, die malerische Form aus dem Umfeld der Privatsammlungen ins museale Dispositiv zu transplantieren und den Körper des Sammlers durch den des Staates zu substituieren, und somit eine ursprünglich private und individuelle Form in einen öffentlichen Raum zu überführen. Während diese Form von einer waffenkundlichen Warte aus bemängelt wurde, fand das Publikum daran großen Gefallen (vgl. Essenwein 1870a: 18). Wie in den Privatsammlungen dienten die Waffen dazu, „auf dekorative Wirkungen hinzuarbeiten, die der Atelier- und Burgenromantik jener Zeit entsprachen" (Homburger 1924: 28). Dadurch wurde einerseits Aufseß' eigene Sammlung reflektiert, die das Fundament der Waffensammlung gelegt hatte. Andererseits hatte die Gewalt, die historisch von den Waffen ausgegangen und durch sie zugefügt worden war, im wohltemperierten Stimmungsbild der Ausstellung keinen Platz. Sie verbarg sich im Detail – im protektiven Gedanken des Grenz- und Staatsschutzes, als Wappnen nach außen hin, und in der Kategorie der Volksbewaffnung, wo die Gewalt den Umsturz durch das Volk begleitete, aber im Museum einem einigkeits- und letztlich staatsstiftenden Zweck zugeführt wurde, bevor die Volksbewaffnung in die Gesamtästhetik der Form einsickerte (vgl. Rieke-Müller/Müller 2000: 368f.).

Mit der Symbiose zwischen den Exponaten und dem Schauraum, der Qualität einzelner Stücke, Neuzugängen wie den Künsberger Harnischen und den Kriegsmodellen sowie der Vernetzung mit lokalen Händlern wurden ausbaufähige Strukturen geschaffen. Nach Aufseß' Abtreten wurde Andreas Michelsen zum Ersten Direktor berufen, der das Museum aber nach zwei Jahren wieder verließ, ohne tiefe Spuren am GNM oder der Waffensammlung im Speziellen zu hinterlassen. Erst unter seinem Nachfolger setzte die Blütezeit der Waffen ein, in der die Form besonders eng mit dem musealen Dispositiv verzahnt wurde. Diese Zeit begann mit dem Abbau der malerischen Form zugunsten neuer Ansprüche wie Vollständigkeit, Chronologie und Systematisierung. Über die ästhetischen Impulse und anekdotischen Verweise der Frühzeit hinausgehend wurden unter Essenweins Ägide neue Inszenierungsweisen von Waffen ausgelotet. Obwohl der neue Museumsleiter die malerische Form entschieden ablehnte, verflocht auch er seinen waffenkundlichen Ansatz mit dekorativen Elementen, um die Ensembles in den Schausälen bestmöglich zur Geltung zu bringen. Im folgenden Kapitel wird untersucht, wie in seiner Amtszeit die Musealien neu organisiert wurden und aus der malerischen die waffenkundliche Form entstand.

4 Feldwaffen. Die waffenkundliche Form

4.1 Die Reformierung der Waffensammlung

Im März 1866 trat August von Essenwein, im Folgenden kurz Essenwein, seine Amtszeit als Erster Direktor des GNM an, die bis zu seinem Tod 1892 andauern sollte (vgl. Springer 2014: 254). Zuvor in Wien und Graz tätig gewesen, wird er wegen seines immensen Einflusses auf das Museum auch als dessen zweiter Gründer bezeichnet (vgl. Springer 2014: 290). Noch bevor Essenwein sein Ausbauprojekt realisieren konnte, welches das Museum um historistische Bauwerke erweitern und die Anzahl der Ausstellungsräume von 13 auf 80 erhöhen würde (vgl. Bösch 1892: 72), bemühte er sich um grundlegende Änderungen am Dispositiv des GNM.

4.1.1 Szientismus statt Ästhetizismus

Zwei Jahre nach seiner Berufung verfasste Essenwein eine erste Inventur aller Museumsabteilungen. Darin hob er nicht nur besondere Objekte hervor, sondern formulierte auch seinen Plan für die zukünftige Ausrichtung des Hauses. Zunächst erklärte er das aufseßsche Generalrepertorium für gescheitert. Essenwein wollte die Pfade des Repertoriums unverzüglich verlassen und stattdessen die einzelnen Sammlungen aufwerten. So berief er sich auf Aufseß' Entwurf des GNM als „ein ideales Gesammtregister der ganzen Wissenschaft, ein idealer Gesammtkatalog aller Sammlungen" (Essenwein 1868: 84); zwar hielt Essenwein dies für eine imponierende Vision, jedoch sei die „Durchführung hinter dem guten Willen zurückgeblieben" (Essenwein 1868: 84). Dennoch verdanke man es den Gründerjahren, dass die „Lehranstalt" (Essenwein 1868: 84), wie Essenwein das GNM auch nannte, „nach der Nummernzahl als eine der grössten Sammlungen Deutschlands betrachtet werden" (Essenwein 1868: 84) könne. Das liege jedoch an der Vielfalt aller Sammelbereiche, denn beim Vergleich einzelner Bereiche mit Spezialsammlungen fallen jene deutlich ab, seien lückenhaft und unvollständig. Hier wollte Essenwein ansetzen und, wie er es im Rückblick einordnete, „statt zufällig zusammengekommener Stücke, die als Illustrationen eines unsichtbaren Systems dienten, systematisch angelegte Sammlungen herstellen, die eine wissenschaftliche Einheit bilden“ (Essenwein 1884a: 5). Bei den Waffen bestand ein solches System in der Waffengeschichte selbst, die wissenschaftlich, das heißt waffenkundlich aufbereitet werden sollte. Mit anderen Worten: Essenwein ersetzte die prävalente malerische Form durch eine analytische, szientifische: die waffenkundliche Form. Indem er dieses Vorgehen bei den anderen Abteilungen wiederholte und zugleich die bisherige Verweisstruktur des Generalrepertoriums verwarf, rüttelte er am Dispositiv des GNM. Obwohl die musealen Operationen unverändert blieben, wurden sie neu gewichtet: Statt jedes Einzelstück im Repertorium auf das Ganze des Museums zu beziehen, sollte die Sammlungsidee aus der Gesamtheit der Ausstellungsobjekte hervorgehen, die Museumsidee hingegen aus der Gesamtheit der Sammlungen. An die Stelle des Generalrepertoriums traten daher die Sammlungen selbst. Dadurch würde eine lehrreiche Anschauung der einzelnen Zweige für Lai:innen und Expert:innen gleichermaßen erreicht, denn: „Jedes Museum soll und muß in erster Linie belehren.“ (Essenwein 1867: 128) Für die Objekte bedeutete dies, dass sie nicht mehr nur ein Verweis unter vielen im Beziehungsgeflecht des Generalrepertoriums waren, das als „zentrale Erfassung aller verstreuten schriftlichen, bildlichen und gegenständlichen Fragmente“ (Tschirner 2011: 45) fungiert hatte. Vielmehr bildeten die Musealien von nun an den Hauptinhalt des GNM, und zwar nicht für sich, sondern gemeinsam in den verschiedenen Formen.

Um den Besuchenden die Anlage der einzelnen Sammlungen nahezubringen, musste sie aus den Objekten hervorgehen. Besonders greifbar wurde eine Sammlung durch „das Hauptsächliche“ (Essenwein 1868: 88), durch als repräsentative Typen fungierende Objekte. Wieder zwei Jahre nach seiner ersten programmatischen Schrift führte Essenwein in einem Bericht aus,

> […] daß möglichst systematisch und vollständig alles vertreten sein soll, was die Vorzeit hinterlassen hat, daß der Hauptnachdruck darauf gelegt werde, das Material in der Absicht der Belehrung zu sammeln, daß die vergleichenden Studien durch getreue Abbildungen und Abgüsse möglichst vieler, insbesondere aller wichtigen Monumente jeden Zweiges gefördert werden sollen. (Essenwein 1870a: 3)

Seiner „Absicht der Belehrung“ Nachdruck verleihend wollte Essenwein ein gelehrtes Publikum bedienen, dessen „vergleichende[] Studien“ breit gefächerte Sammlungen und Ausstellungen voraussetzten. Wie Aufseß war auch Essenwein – zumindest vorläufig – der Inklusion von Kopien, Galvanoplastiken und Abgüssen nicht abgeneigt, solange die Originale fehlten (vgl. Essenwein 1867: 189f.). Dennoch ging es ihm nicht nur darum, unerschwingliche Objekte günstig zu ersetzen. Vielmehr sollten die Nachbildungen einen direkten Mehrwert für die Besucher:innen schaffen, indem sie ihnen die Beziehung zu benachbarten Exponaten verständlich machten.[59] Anstatt sich auf wenige ausgewählte Exponate zu konzentrieren, sollten alle vorhandenen Objekte in ein „woldurchdachte[s] System“ (Bösch 1892: 73) und in eine „systematische Anlage“ (Essenwein 1867: 190) eingelassen werden (vgl. Homburger 1924: 28). Daraus würde ersichtlich, „wie wichtig selbst sonst unscheinbare Gegenstände sind, wenn sie zueinander in richtige Beziehung gebracht werden“ (Anzeiger 1868: 233). Statt das Publikum nur auf besondere Stücke hinzuweisen, sollte es auch vor gewöhnlicheren Exponaten verweilen.[60] Während Essenweins Überlegungen dem GNM im Allgemeinen galten, so richteten sich ihre praktischen Auswirkungen im Besonderen an die Waffen (vgl. Hampe 1927: 159f.; Andrian-Werburg 2002: 37).

Der malerischen Ausstellungsform, wie sie Eye noch angepriesen hatte, konnte Essenwein nur wenig abgewinnen. Zwar erschienen auch ihm die Lokalitäten signifikant, in denen die Exponate präsentiert wurden, denn diesen musste genügend Raum zu ihrer Begutachtung zustehen. Anstelle einer unübersichtlichen „Rumpelkammer“ wollte Essenwein einen Ort schaffen, an „welchem man die Gegenstände sehen, sie studieren, an ihnen etwas lernen kann“ (Essenwein 1867: 391). Auf der Ausstellungsfläche sollten die Exponate nicht ästhetisch arrangiert, sondern in eine systematische Form überführt werden. Um den Illusionismus früherer GNM-Ausstellungen zu vermeiden, müss-

59 Während die Nachbildungen bei Aufseß auf die Ausfüllung der Sammlungen bezogen waren, um das Generalrepertorium zu befrachten, wurden sie unter Essenwein stärker in die Form der Ausstellung eingearbeitet.

60 Gegen diese Absicht ist einzuwenden, dass bei steigender Objektzahl die durchschnittliche Verweilzeit des Betrachtenden vor einem Exponat eher ab- als zunehmen dürfte.

ten die Schausäle nach wissenschaftlichen Gesichtspunkten auf die Exponate abgestimmt werden:

> Es ist sehr leicht, in irgend einem Zimmer durch malerische Aufstellung alter Schränke und Tische durch [sic!] Belebung derselben mit Krügen und Gläsern, durch Behängung der Wände mit Waffen und Musikinstrumenten, durch einige alte Teppiche und Einsetzung gemalter Scheiben in die Fenster einen Gesammteindruck hervorzubringen, der originell von unsern heutigen Wohnungen absticht und uns angenehm anmuthet, bei welchem daher jeder, der von der Sache nichts versteht und nur den Eindruck auf sich wirken läßt, gerne glaubt, in die alte Zeit zurück versetzt zu sein. Ein Alterthumsliebhaber mag so seine Wohnung ansprechend für sich und als Gegenstand des Neides für seine Freunde einrichten; Aufgabe einer wissenschaftlichen Anstalt ist das nicht. Wenn eine wissenschaftliche Anstalt dergleichen Gesammtbilder darstellen will, muß sie solche geben genau so, wie sie wirklich waren, und nicht so, wie sie der allermodernste sentimentale Weltschmerzler, welcher mit der Gegenwart zerfallen ist und sich ein romantisches Bild der alten Zeit ausmalt, sich vorstellt. (Essenwein 1870a: 18)

Zwar begriff auch Essenwein eine Ausstellung als Schauanordnung von Exponaten an einem hierfür präparierten Ort. Doch der Zweck bestand für ihn in der wissenschaftlichen Beschreibung historischer Verhältnisse, nicht im Ausmalen klischierter Stimmungen. Der Passus lässt sich deshalb als Kritik der Ausstellungen unter dem „Alterthumsliebhaber" Aufseß lesen. Immerhin ließ Essenwein, überzeugt davon, wie „gefährlich für […] empfängliche Gemüther ein romantisches Aufstellungsbild werden kann" (Essenwein 1870a: 18), sofort die Frauenhalle seines Vorvorgängers auflösen. Zugleich distanzierte er sich von der malerischen Form der Privatsammlungen, wobei ihm Aufseß als Symptom einer Bewegung galt, welche diese ursprünglich außermuseale Form aus Schlössern, Burgen und Privathäusern in das museale Dispositiv verlegt hatte.

Anstelle ästhetischer Ensembles und sorgfältig kuratierter Stimmungsbilder strebte Essenwein die Einheit von Raum, Dekor, Mobiliar und Exponaten an, wenngleich sie seiner Ansicht nach bei der Sammlungsvielfalt des GNM schwerlich zu erreichen sei.[61] Diese Einheit verstand Essenwein als „Gesammtbild“ (Essenwein 1870a: 3) – als objektiven Abzug der Geschichte, fokalisiert im wissenschaftlichen Blick der Gegenwart. Wie es das Erstglied ‚Gesammt‘ des Kompositums andeutet, wandte sich Essenwein nicht nur der Sammlungsebene zu. Sein Anspruch bestand darin, jede der drei Ebenen – Museum, Sammlungen und Ausstellungen, Objekte – einer gründlichen Revision zu unterziehen und mithin das Dispositiv umzustülpen. So verweist Frank M. Kammel darauf, dass sich das GNM unter Essenwein von einem Quellenrepertorium, das nebenbei Sammlungen und Ausstellungen unterhielt, zu einem Museum wandelte, dessen Schwerpunkt auf der Sammlungs- und Ausstellungsarbeit lag (Kammel 2015: 290). Doch verabschiedete Essenwein nicht nur Aufseß’ Utopie, wiewohl er aus praktischen Beweggründen manche seiner Entscheidungen weitertrug, sondern auch die malerische Form und die damit einhergehende Ausstellungsweise des jungen GNM und vieler Privatsammlungen. Seine Beziehung zu dieser Form fasste Essenwein in einen Vergleich:

> Wenn ein Vergleich gestattet ist, so sind viele Sammler nicht mit Botanikern zu vergleichen, die ein Herbarium zum wissenschaftlichen Studium und als Belegesammlung der aus dem Studium sich ergebenden Thatsachen anlegen, sondern Blumenfreunden, welche die Fenster vor ihrer Stube mit schönen Gewächsen zieren, und deren höchster Stolz darin besteht, eine seltene Pflanze zur Blüthe zu bringen. […] Auch der Botaniker […] wird sein Herbarium nicht um solcher seltenen Pflanzen willen missen wollen, wenn auch der Blumenliebhaber lächelt, daß er gewöhnliche Wiesengräser sammelt und aufbewahrt, daß er sich mit der Bestimmung solcher gewöhnlichen Pflanzen abgibt. Nur selten erhebt sich ein Sammler vom Standpunkte des Blumenliebhabers auf den des Botanikers. (Essenwein 1876: 353)

Essenwein sah sich selbst als Botaniker, wohingegen ihm die meisten Privatsammler als Blumenfreunde galten. Dagegen lässt sich der später oft als Dilettant getadelte Aufseß keiner Gruppierung einwandfrei

---

61 Dass der erfahrene Architekt Essenwein außer der Fassadengestaltung auch mit der Einrichtung von Gebäuden – und mit der Inszenierung von Räumen – vertraut war, hatte er 1865 mit einem Vorschlag für die Innenausstattung der St.-Maria-Kirche zu Köln unter Beweis gestellt (vgl. Dux 1996: 129).

zurechnen, was Essenweins ambivalenter Einstellung ihm gegenüber entspricht. Schließlich hatte sich Aufseß mit seinem an Alltagsobjekten orientierten Kulturbegriff ebenfalls um „gewöhnliche Wiesengräser" bemüht, ohne die das GNM als kulturhistorische Anstalt nicht möglich gewesen wäre.[62] Indes realisierte Essenwein seine Konzepte nicht nur am GNM, sondern formulierte sie pauschal als wünschenswerte museologische Stoßrichtung. Kleineren, dem Vorbild des GNM nacheifernden Museen stand er beratend zur Seite und exportierte dafür eigene Kenntnisse und Anschauungen (vgl. Essenwein 1867: 127f.). Sein Erfolg prädestinierte ihn dafür, gerieten seine Gesamtbilder in Nürnberg dem GNM-Sekretär und stellvertretenden Direktor Hans Bösch zufolge doch derart eindrucksvoll,

> […] daß mancher Freund der Anstalt die Räume des Museums bloß deshalb durchwandert, um die Aufstellung, Gruppierung und Anordnung der Sammlungen, die mit den Lokalen so trefflich harmoniert, auf sich wirken zu lassen, ohne irgend ein Stück oder eine Abteilung näher zu studieren. (Bösch 1892: 73)

Somit war es Essenwein gelungen, die Perspektive über die Komposition der Exponate auf die Beziehung der Schausammlungen zum Museum zu verschieben. Auf diese Weise ließ sich das GNM als gewachsenes Dispositiv vermitteln, nicht als Leinwand, auf der Objekte zu aufgeräumten Ensembles formiert wurden. Gleichzeitig basierte dies auf der Medialität der Exponate, die nicht mehr ästhetische Vorstellungen evozierten, sondern in eine thematische Relation mit den übrigen Musealien gesetzt wurden. Andere Potenziale des Mediums realisierten sich, und eine neue Form entstand: Jedes Objekt repräsentierte die Gesamtanlage von Sammlung und Ausstellung, indem es auf benachbarte Objekte, aber auch auf sich selbst als Bestandteil der Form verwies. In Böschs Anekdote ist die Form sogar derart ausgeprägt, dass das Einzelstück vom Publikum übergangen und damit unsichtbar wird.

62 Auch zahlreiche andere Privatsammlungen fungierten als Refugien für Kunst- und Kulturschätze, bevor diese in öffentliche Kollektionen und Museen eingingen. Die vielfach als naiv und konzeptionslos gescholtene Sammelleidenschaft vermögender Privatpersonen wirkte damit als Bindeglied zwischen den ursprünglichen Dispositiven der Objekte und dem Museum und ist ein wichtiger Grund dafür, dass sich viele Objekte bis heute erhalten haben.

Post mortem blieb jedoch auch Essenwein nicht vor dem Vorwurf des Illusionismus gefeit. Nach und nach hatte sich eine ablehnende Haltung gegenüber dem Historismus entwickelt, die in Essenwein einen paradigmatischen Vertreter dieses Stils erblickte (vgl. Schöne 2006: 90f.). Zur Mitte des 20. Jahrhunderts attestierte ihm der damalige Direktor Ludwig Grote einen *horror vacui* – das Bedürfnis, alle räumlichen Oberflächen mit Verzierungen und Dekorationen versehen zu müssen,

> [...] stimmungsvolle malerische Winkel und Interieurs, Originale, Kopien und sogenannte Neuschöpfungen im Geist alter Zeit naiv mischend. [...] Obgleich er als Architekt eine andere Gesinnung als Aufseß besaß, war dessen Geist noch so lebendig, daß das Museum im Wesen nicht verändert werden konnte, wenn jetzt auch das umkämpfte Generalrepertorium gestrichen wurde. (Grote 1960: 13)

Im zeitlichen Verlauf gerieten Essenweins historistische Gesamtbilder, die er diametral zu den Ensembles unter Aufseß entwickelt hatte, daher selbst zu einer Antiquität.[63]

4.1.2 Die Erneuerung der Waffenhalle im Kleinen Kreuzgang

Die Eingriffe unter dem neuen Direktor betrafen auch die Waffenhalle im Kleinen Kreuzgang. Zur Amtszeit Essenweins ist sie lediglich auf einer lavierten Bleistiftzeichnung abgebildet, die nach 1868 von Ludwig Braun als Skizze für ein Erinnerungsblatt angefertigt wurde (Abb. 14). In zwei Ansichten zeigt sie die Museumsfassade vom Haupteingang und vom großen Klosterhof her, und in fünf Ausschnitten die bedeutendsten Schausäle im Inneren. Das Zentrum bildet eine Perspektive auf das Schiff der Kartäuserkirche in der „Kunst-Halle“ mit Wilhelm

---

63 Insbesondere missbilligten die GNM-Angestellten den Gegensatz von Exponaten und Dekor. Daher wurde um die Mitte der 1920er Jahre in den Kreuzgängen „die von Essenwein geschaffene, allzu historische und darum als solche sich zu stark vordrängende Architektur vereinfacht, soweit es nur irgend möglich war; denn es kann heute ruhig ausgesprochen werden, daß nur solche Räume der Auffassung unserer Zeit entsprechen, welche sich den in ihnen aufzustellenden Gegenständen unterordnen und nicht umgekehrt. Kontrastwirkungen zwischen Architekturgebilden und Kunstgegenständen, welche für sich sprechen, sind auf die Dauer unerträglich.“ (Schulz 1927: 94).

Abb. 14: Ludwig Braun, Innenansichten des GNM mit der Waffenhalle rechts oben, nach 1868

Kaulbachs Fresko der Gruftöffnung Karls des Großen durch Kaiser Otto III. und mit dem Abguss des Braunschweiger Löwen, der auf das Fresko starrt. Rechter Hand befindet sich ein Ausschnitt mit einer Sektion der „Waffensammlung“ im Kleinen Kreuzgang, der auf der linken Seite von der Grabsteinhalle oder „Monumenten-Sammlung“

im Großen Kreuzgang kontrastiert wird. Die Ansicht der Waffenhalle enthält zwei männliche Besucherpaare, die zwischen drei Feldgeschützen, fünf spätmittelalterlichen Vollharnischen und einem Trabantenharnisch flanieren. Irritierend ist die Kombination der Rüstungen mit in die Panzerhandschuhe geklemmten Lanzen oder Spießen. Ob der Ausschnitt bereits die Umstellungen Essenweins abbildete, ist ungewiss. Zwar hätten die aufgereihten Harnische Essenweins übliche Arrangements vorweggenommen, aber sie mit Stangenwaffen auszustaffieren, sogar mit solchen für Reiter, galt seinerzeit unter Waffenkundlern als unbedingt zu vermeidender Ästhetizismus (vgl. Boeheim 1890: 583f.). Weil auch die Wegweiser nichts dergleichen berichteten, erscheint es plausibel, dass der Zeichner keine getreue Wiedergabe der Ausstellung beabsichtigte, sondern eigene Vorstellungen in die Darstellung einfließen ließ. Trotzdem ist der Skizze zu entnehmen, welch zentralen Stellenwert die Waffenhalle für das Museum innehatte.

Bis Essenwein seine Ausbaupläne für eine neue Unterkunft der Waffen realisieren konnte, nahm er zunächst Änderungen an der bestehenden Ausstellung vor. Eine davon sollte die Exponate um Abbildungen ergänzen, welche die sukzessive Ausdifferenzierung historischer Waffen anschaulich machten. Daher wurden ab 1867 „Zusammenstellungen gezeichnet, […] welche die Entwickelung der Bewaffnung zeigen" (Jahresbericht für 1867: 1), ließe sich diese doch „an der Hand einer Serie von Abbildungen am einfachsten verfolgen" (Essenwein 1867: 328). Die ersten angefertigten Zeichnungen behandelten den Körperschutz von der römischen Antike über das Mittelalter bis zu den zeitgenössischen Uniformen der Kürassiere. Anschließend wurden die Feuerwaffen in Angriff genommen (vgl. Jahresbericht für 1868: 2):

> Bereits ist eine Serie von Zeichnungen aufgestellt, welche den Entwickelungsgang in Form und Gebrauch der Rüstungen von der römischen Periode bis auf die Ausläufer bei den Kürassieren unserer Zeit zeigt. Eine gleiche Serie über die Entwicklung der Handfeuerwaffen, wie eine zweite über die Entwicklung der Artillerie, sind bereits gezeichnet und harren ihrer Aufstellung. (Essenwein 1870a: 20)

Zeichnungen, so der Plan, setzten die Exponate zueinander in ein Verhältnis, das jedem von ihnen Aussagekraft und Relevanz verlieh. Sie fungierten als visuelle Repräsentation der übergeordneten Form, in die sich die Waffen einpassen ließen, und als Lückenfüller dort, wo

Originale und Kopien fehlten, zum Beispiel bei der mittelalterlichen Bewaffnung (vgl. Essenwein 1880: 207). Daher handelte es sich bei allen bildlichen Repräsentationen – außer Zeichnungen waren dies auch Druckblätter, Miniaturen, Grabsteine und Siegel – um punktuelle, vorläufige Ergänzungen, solange es der Sammlung an Originalen mangelte. Denn nur an diesen ließen sich „das Gewicht jedes Waffenstückes", sein „Grad der Beweglichkeit", seine „Gebrauchsfähigkeit" und damit „die Beurtheilung des jeweiligen Zustandes eines Heeres der Vergangenheit" (Essenwein 1880: 208) erkennen. Damit errichtete Essenwein eine Differenz zwischen der Repräsentation einer Waffe und dieser selbst, die er mit den *properties* des Objekts begründete. Anders als zur Zeit des Generalrepertoriums stellte er das Medium durch seine Materialität *über* die sonstigen Repräsentationen, denn eine „Sammlung kann dem Publikum nicht nach einem rein theoretischen Systeme geordnet vor Augen geführt werden" (Essenwein 1870a: 4). Zwar fungierte die museale Waffe ebenfalls als Repräsentation, indem sie waffenkundliche Inhalte nur medial vermittelte und vom Körper der Besuchenden distanziert wurde, welche weder ihr Gewicht noch ihre Handhabung überprüfen konnten. Doch anders als eine Nachbildung hatte sie sich tatsächlich in militärischem Gebrauch befunden. Essenwein knüpfte die Waffen daher an das militärische Dispositiv und die dortigen Assemblagen, wo soldatische Körper mit der Waffe hantiert hatten.

Trotzdem erfüllten die Abbildungen vorerst wichtige Funktionen. Als Essenwein 1868 die Waffenhalle neuordnen ließ, wurden sie erstmals in den Kleinen Kreuzgang gehängt. Wie Essenwein im Wegweiser ausführte, sollten die Abbildungen zum einen die vorhandenen Exponate kontextualisieren, indem sie sie im waffengeschichtlichen Verlauf verorteten (vgl. Wegweiser 1868: 31). Zum anderen adressierten sie in der Waffenhalle fehlende Waffen und Waffentypen, die somit zumindest als Illustration zugegen waren. So zeigte die Abbildungsreihe zum Körperschutz den berühmten Wandteppich von Bayeux als Beleg für die Verwendung von Schuppenpanzern im Frühmittelalter. Da das GNM keine solche Rüstung besaß, dienten zwei runde Bronzeplatten aus einem Thüringer Fund als Repräsentanten der Panzertechnik, die allerdings erst aus dem 12. Jahrhundert und eben nicht aus dem Frühmittelalter stammten. Ähnlich wurde mit den Ringpanzern zur Zeit der Kreuzzüge verfahren. Dort bezogen sich die Abbildungen auf das

12. Jahrhundert, die Waffensammlung barg an vergleichbaren Originalen aber nur jüngere Exemplare wie einen tscherkessischen Kettenpanzer. Auch für die Entwicklung der Feuerwaffen verwendete man Zeichnungen und Photographien, obwohl der Wegweiser den Exponaten Vollständigkeit bescheinigte. Dies entsprach Essenweins didaktischer Methode und ersetzte ungleich kompliziertere Gips- oder gar Metallnachbildungen (vgl. Wegweiser 1868: 36). Die Zeichnungen konnten sich aber auch mit den Nachbildungen ergänzen. So zeigte eine Übersicht einen spätmittelalterlichen Plattenharnisch, der in der Ausstellung ebenfalls durch eine Gipsnachbildung vertreten war.

Des Weiteren wurden die sammlungsfremden Gemälde in der Halle nun explizit auf die Waffen bezogen. Beispielsweise sollte *Die Schlacht im Walde* die unterschiedliche Handhabung älterer Büchsen an der Wange oder auf Gabeln sowie die Bewaffnung der Kämpfenden demonstrieren und damit auf das militärische Dispositiv zurückführen (vgl. Wegweiser 1868: 37–40). Solche Einordnungen sollten Irritationen bei den Besuchenden über das Vorhandensein der Gemälde zuvorkommen und diese zugleich, wie die Übersichtszeichnungen, auf die ausgestellten Waffen beziehen. Anders als bei den Zeichnungen verblieben die Verweise jedoch insofern auf einer piktorialen Ebene, als die Schlachtengemälde ikonographisch zwar einzelne Waffentypen reproduzierten und auch fehlende ersetzten, aber die Typen nicht innerhalb eines waffengeschichtlichen Schemas festmachten. Dagegen boten die Überblicksdarstellungen keine singulären Verweise, sondern bildeten die waffenkundliche Form ab. Anders als beim Generalrepertorium ging die Sammlungsidee aus dem Ausstellungskonzept hervor. Die Form reflektierte das Beziehungsgeflecht sämtlicher Waffen in der Ausstellung sowie in den beiden Leitlinien des Wegweisers: Denn neben der kulturgeschichtlichen Rahmung, innerhalb derer sich das wechselseitige Austarieren von Angriffs- und Verteidigungswaffen abspielte, visualisierte sich die Form in der Auflistung der Exponate (Abb. 15). Listen waren dabei nicht nur ein ökonomisches Mittel, möglichst viele Objekte gleichwertig zu benennen und das Ausstellungsinventar lückenlos zu dokumentieren. Darüber hinaus repräsentierten auch sie das waffengeschichtliche System, indem sie die Nennungen einzelnen Typen zuordneten. Obwohl Essenweins erste Eingriffe in die Waffenhalle noch punktuell erfolgten, nahmen sie die gemeinsame

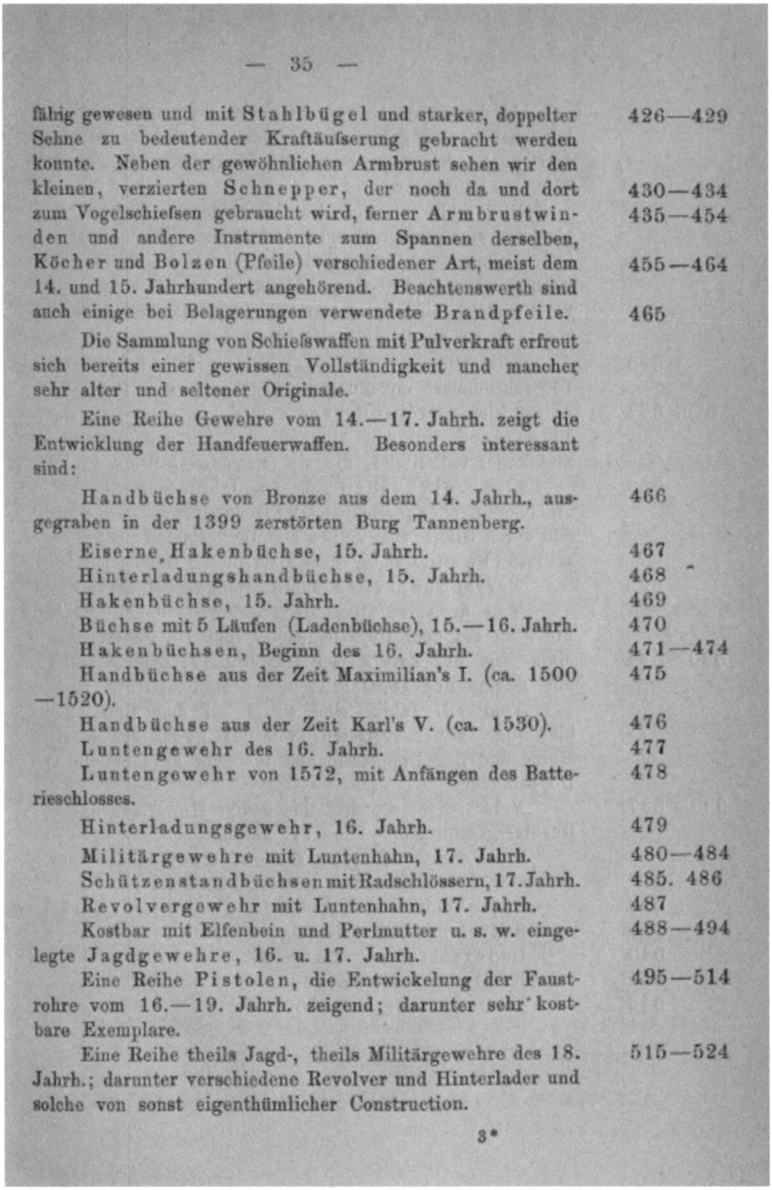

— 35 —

fähig gewesen und mit Stahlbügel und starker, doppelter Sehne zu bedeutender Kraftäußerung gebracht werden konnte. Neben der gewöhnlichen Armbrust sehen wir den kleinen, verzierten Schnepper, der noch da und dort zum Vogelschießen gebraucht wird, ferner Armbrustwinden und andere Instrumente zum Spannen derselben, Köcher und Bolzen (Pfeile) verschiedener Art, meist dem 14. und 15. Jahrhundert angehörend. Beachtenswerth sind auch einige bei Belagerungen verwendete Brandpfeile. 426—429 430—434 435—454 455—464 465

Die Sammlung von Schießwaffen mit Pulverkraft erfreut sich bereits einer gewissen Vollständigkeit und mancher sehr alter und seltener Originale.

Eine Reihe Gewehre vom 14.—17. Jahrh. zeigt die Entwicklung der Handfeuerwaffen. Besonders interessant sind:

Handbüchse von Bronze aus dem 14. Jahrh., ausgegraben in der 1399 zerstörten Burg Tannenberg.	466
Eiserne Hakenbüchse, 15. Jahrh.	467
Hinterladungshandbüchse, 15. Jahrh.	468
Hakenbüchse, 15. Jahrh.	469
Büchse mit 5 Läufen (Ladenbüchse), 15.—16. Jahrh.	470
Hakenbüchsen, Beginn des 16. Jahrh.	471—474
Handbüchse aus der Zeit Maximilian's I. (ca. 1500—1520).	475
Handbüchse aus der Zeit Karl's V. (ca. 1530).	476
Luntengewehr des 16. Jahrh.	477
Luntengewehr von 1572, mit Anfängen des Batterieschlosses.	478
Hinterladungsgewehr, 16. Jahrh.	479
Militärgewehre mit Luntenhahn, 17. Jahrh.	480—484
Schützenstandbüchsen mit Radschlössern, 17. Jahrh.	485. 486
Revolvergewehr mit Luntenhahn, 17. Jahrh.	487
Kostbar mit Elfenbein und Perlmutter u. s. w. eingelegte Jagdgewehre, 16. u. 17. Jahrh.	488—494
Eine Reihe Pistolen, die Entwickelung der Faustrohre vom 16.—19. Jahrh. zeigend; darunter sehr kostbare Exemplare.	495—514
Eine Reihe theils Jagd-, theils Militärgewehre des 18. Jahrh.; darunter verschiedene Revolver und Hinterlader und solche von sonst eigenthümlicher Construction.	515—524

3*

Abb. 15: Exponatliste im Wegweiser, 1880

waffenkundliche Form vorweg, welche in den folgenden Jahrzehnten installiert werden sollte – eine Form, die auf dem Dispositiv des Militärs aufbaute.

4.2 Das militärische Dispositiv und der gemeine Soldat

In seinem Bericht von 1870 beschied Essenwein über die Waffen: „Ein großer Theil ist zum Schutze des Körpers bestimmt; andere gewinnen ihre Bedeutung erst in der Hand [...].“ (Essenwein 1870a: 19) Wenngleich er weitere Verwendungsweisen einräumte, waren dies die primären Optionen, die Waffen ihm boten. Beide korrelierten sie mit dem menschlichen Körper, der durch die Waffen abgeschirmt wurde oder sie mit der Hand führte. Das Einsatzfeld der Waffen sah Essenwein in militärischen Auseinandersetzungen, Gefechten und Kriegen. Wie das aufseßsche System verschränkte auch er den Schutz eines einzelnen Körpers mit der Sicherheit des überindividuellen Staates. Die Waffen wurden bei ihm zum Politikum, waren „sie doch bald der Verteidigung und Erweiterung des Staates dienstbar geworden, und ihre eigentliche Bedeutung liegt im Dienste, den sie dem Staate leisten“ (Anzeiger 1884–86: 98). Dies erinnert frappierend an die Kategorie des Staatsschutzes, der die Waffen im aufseßschen System angehörten, und belegt, dass die Waffengeschichte von Essenwein als Abfolge staatlicher Kriegsintervention und -technologie gelesen wurde. Damit nahm Essenwein einen Aspekt vorweg, der medienwissenschaftlich vor allem von Friedrich Kittler vertreten wurde: die deterministische Sichtweise, nach der Kriege Medien hervorbrachten, die die gesellschaftliche Situation bestimmten (vgl. Niebisch 2013: 97). Zwar berief sich Kittler auf einen anderen Medienbegriff und in seinen historiographischen Analysen vor allem auf das 20. Jahrhundert. Trotzdem ist die grundlegende Argumentation vergleichbar. Waffen einer Kriegspartei führen zur Hochrüstung der Gegenseite, was wiederum die Entwicklung neuer Waffen befeuert. Essenwein machte die Waffe gar zur nationalen Existenzbedingung: Waffen gingen aus Konflikten hervor und wirkten auf sie ein, wobei „das Schicksal der Nationen von ihrer richtigen und rechtzeitigen Verwendung abhieng [sic!]“ (Essenwein 1880: 207). Mit der politischen Markierung einer freundlichen und einer feindlichen Partei durch den Krieg wurden die Waffen auf beiden Seiten dem Militär zugesprochen (vgl. Schmitt 2015: 25f.). Diese indirekte „Entwaffnung des Volkes“ (Münkler 1982: 34) übertrug die Waffen und die Befugnis zu ihrem Gebrauch vollständig dem Militärapparat, was jegliche eingesetzte Gewalt politisch fundierte.

Essenwein lokalisierte den Ausgangspunkt der Waffen im militärischen Dispositiv, das die Potenziale des Mediums wirkmächtig realisierte. Darüber hinaus billigte er den Waffen neben einem praktischen auch einen symbolischer Wert zu, der ebenfalls die politische Dimension berührte. Damit meinte der Direktor jedoch keine repräsentativen Waffen, wie etwa Insignien militärischer Befehlsgewalt, mit einer bestimmten Profession verknüpfte Objekte oder kostbare Waffengeschenke. Stattdessen richtete Essenwein seine Aufmerksamkeit auf gewöhnliche militärische *Feld-* und *Gefechtswaffen*. Einerseits erzwangen dies die vorhandenen Musealien, konnte das GNM doch keine hoheitlichen Prunkwaffen wie im BNM oder in der Dresdener Rüstkammer aufbieten. Andererseits war die Ausrichtung auf diese Art von Waffen die Frucht der Überzeugung, dass es Feldwaffen waren, die das Kriegsgeschehen geprägt hatten:

> Kostbare Prunkrüstungen zu besitzen, werden wir sicher kaum hoffen dürfen; es liegt dies aber auch weniger in unserer Aufgabe. Wir haben das Waffenwesen vom Standpunkte seiner Entwicklung und seiner Beziehungen zur Kriegsführung zu betrachten; uns muß es interessieren, wie die Massen bewaffnet waren, welche die Schlachten geschlagen, welchen Einfluß ihre Bewaffnung auf den Gang des Kampfes hatte und wie sich Angriffs- und Vertheidigungswaffen zu jeder Zeit gegenseitig verhielten, wie die Entwicklung der einen die der andern bedingte. Die Luxuswaffen, welche die Rüstungskammern hoher Herren zierten, oder in denen sie zu Festen auszogen, hatten damals so wenig Einfluß auf den Gang der Schlachten als heute Ehrendegen und Gallauniformen [sic!]. (Essenwein 1870a: 20)

Statt einer Selektion rarer, aufwändig gefertigter Prunkstücke zählte für Essenwein die in hoher Zahl produzierte Feld- und Gefechtswaffe. Das war auch eine pragmatische Entscheidung, denn Gefechtswaffen waren in der Regel einfacher und vor allem günstiger zu erstehen (vgl. Willers 1978: 839f.). Außerdem fehlte in Deutschland eine Sammlung, „in welcher die Geschichte des Waffenwesens im Mittelalter [und darüber hinaus; F.K.] so gut studiert werden könnte, als es eben das Material überhaupt zuläßt“ (Essenwein 1880: 206). Indes sind Feldwaffen nicht mit Aufseß' Volksbewaffnung zu verwechseln, da diese erstens eine gesellschaftliche Schicht, nicht aber ein militärisches Heer oder eine Armee umfasste. Zweitens klammerte die Volksbewaffnung bestimmte Feldwaffen, wie zum Beispiel Reiterschwerter, aus. Dagegen ist für Gefechtswaffen ausschlaggebend, dass sie primär für militärische Konflikte hergestellt und genutzt wurden. Sie garantierten die Souveränität des Staates im „Getümmel des Feldes“ (Essenwein/Frommann 1872: 12). Zwar bildete die „Bewaffnung des gemeinen Mannes“ (Essenwein 1868: 99) einen essenziellen Bestandteil der Feldwaffen, aber eben nicht den einzigen. Außerdem veränderte sich das Prinzip der Vereinigung. Die Volksbewaffnung hatte einigende Kräfte über die gesamte Population eines Reiches oder einer Nation hinweg gewürdigt, die darüber hinaus auch gegen die Obrigkeit gerichtet waren. Dagegen adressierten die Feldwaffen den militärischen Komplex sowie die Armee, die einer herrschenden Gruppe, im Normalfall dem Staat selbst, unterstellt war. Zudem verabschiedete Essenwein den Körper des Sammlers, welcher sich durch die Aneignung der historischen Waffen in Szene setzte. An seiner Stelle rückte der gemeine Soldat, der unbekannte und anonyme Körper der Massen, in den Fokus. Die Potenziale der Waffen wurden anhand der Assemblage Soldat-Feldwaffe ausgelotet. Der menschliche, aber entindividualisierte Körper zog jedoch nicht die Thematisierung der martialischen Gewalt nach sich, die den Krieg begleitet und den soldatischen Körper gezeichnet hatte. Vielmehr wurde die Gewalt als notwendiger Bestandteil des militärischen Dispositivs gesehen und dadurch zur Konsequenz aller Kriege und waffengeführten Konflikte abstrahiert. Im Detail wurde dies in der Ausstellung nicht ausgeführt, auch weil spezifische Kriege nicht tiefgehend untersucht wurden.

Der Waffe als Musealie schienen die Feldwaffen auf den ersten Blick entgegenzustehen. Wo Erstere in der malerischen Form noch unter ästhetischen Aspekten berücksichtigt worden war, leitete sich ihre Funktion fortan vom militärischen Gebrauch ab. Die waffenkundliche Form koppelte ihre Elemente an die taktische Verwendung im Gefecht. Als Exponat verwies eine Feldwaffe auf ihre frühere Nutzweise, ohne diese zu aktualisieren – schließlich wurde sie von den Besuchenden nicht geschwungen, getragen oder abgefeuert. Doch wie zuvor die malerische Form adressierte auch die waffengeschichtliche Form das Museumspublikum, da der geschichtliche Verweis den didaktischen Anspruch des GNM einlösen sollte. Statt romantisierten Geschichtsbildern lehrten die Waffen kriegs- und waffenkundliche Aspekte (vgl. Homburger 1924: 28f.). Nach der Ansicht des Museums handelte es sich nicht bloß um einen Wechsel der transportierten Inhalte. Denn mit dem Verblassen der ornamentalen und ästhetischen Potenziale von Waffen sollte die Ausstellung deren Kern freilegen. Dieser Kern wurde im militärischen Dispositiv und dem damit einhergehenden – meist taktischen – Gebrauch der Waffen in Kriegen und waffengeführten Konflikten verortet. Wie diskutiert wurde (s. Kap. 2.2.3), ist allerdings nicht von einem essenzialistischen Kern zu reden, sondern von einem weiteren Potenzial, das die Waffen anboten; zumal die Form nicht den vermeintlichen Kern realisierte, sondern nur den Verweis darauf. Immerhin war sie nach ihrem Ursprung museal, nicht militärisch. Die Form entlehnte dem militärischen Dispositiv bestimmte Funktionen der Waffen, um sie im musealen Dispositiv anzuzeigen.

Vor diesem Hintergrund ließen sich auch nichtkriegerische Objekte derivieren, denn oftmals beruhten Waffen aus zivilen Kontexten, die zum Beispiel als Paradewaffe, Statussymbol oder Rangabzeichen fungiert hatten (vgl. Evert 2015), zumindest indirekt auf Gefechtswaffen. So konnte das GNM die Garde- und Trabantenwaffen auf spätmittelalterliche militärische Stangenwaffen zurückführen, wenngleich diese anderen Zwecken zugewiesen worden waren (vgl. Essenwein 1883b: 1). Auch hier ging Essenweins deterministisches Konzept auf: Über die Verwandtschaft mit den Gefechtswaffen konnten nichtmilitärische Waffen ohne Weiteres ins Sammlungsprogramm integriert werden. Die waffenkundliche Form bestimmte das Medium daher entweder als militärischen Ursprungs oder als Abkömmling davon. Zudem wurde die Waffe als ein Medium gesehen, das mit kulturhistorischem Wissen beladen werden konnte. Von einer ästhetischen Oberfläche, auf welche die romantisierten Geschichtsbilder projiziert wurden, wurde jede museale Waffe zum Abkömmling des militärischen Dispositivs, wo Kriege entschieden und Nationen gestaltet wurden.

Letztlich erklärt sich die Engführung auf Feld- und Gefechtswaffen auch aus dem Dispositiv des GNM. Während in den Kunst- und Wunderkammern das Seltene und Außergewöhnliche zusammengetragen worden war, nahmen kulturhistorische Museen ebenso mit dem Gewöhnlichen vorlieb. Hatten Aufseß' Privatsammlung und seine systemische Kategorie der Zustände den Anstoß in diese Richtung gegeben, waren die Waffen seinerzeit wegen der Sammelgrenze noch von der Gegenwart entfernt worden. Überdies hatte sie die malerische Form dem Alltag entzogen und in einer rezipierbaren Vorstellung der Vergangenheit platziert. Nun wollte Essenwein gerade diejenigen Objekte hervorheben, die sonst übergangen würden. Statt „blos [sic!] einzelne kostbare Curiosa“ (Essenwein 1868: 88) aufzustellen, sollte jedem Exponat durch die Form ein Mehrwert zukommen.[64] Auf die Beschreibung „reich geätzte[r] Hellebarten und Partisanen" (Essenwein 1883a: 333) zum Schutz von Kaufleuten und Adeligen folgten daher die „einfacheren Waffen" (Essenwein 1883a: 333) städtischer Wächter und Knechte zur Verteidigung aller Bürger. Auch hier machten Abbildungen die Waffen miteinander vergleichbar (vgl. Essenwein 1877a: 9–12; Essenwein 1881: 131–138; Essenwein 1883a: 331f.; Essenwein 1883b: 3f.).

Wo die Waffen unter Aufseß zwar eine Schlüsselrolle eingenommen, aber noch thematischer Geschlossenheit bedurft hatten, baute Essenwein sie zu einer Hauptattraktion des GNM aus. Durch seine Erwerbstätigkeit, die Kontakte zu Gönnern, Sammlern und Händlern und sein Fachwissen erneuerte Essenwein das Sammeln und Ausstellen der Waffen fundamental. Mit den neuen Objekten änderte sich gleichzeitig deren Betrachtungsweise. Die Form der Ausstellung war endgültig zum Scharnier zwischen dem wissenschaftlichen Selbstanspruch und der didaktischen Vermittlung geworden. Sie bildete die Grundlage, um in aller Ausführlichkeit eine Geschichte der Waffen, und zwar anhand der Feldwaffen, erzählen zu können.

4.2.1 Sammlungsausbau unter politischen Vorzeichen

Um diese Geschichte gebührend zu entfalten, wurde zuallererst die Sammelgrenze in die Gegenwart des 19. Jahrhunderts verlegt. Dieser Schritt wurde mit der kontinuierlichen Ausdifferenzierung von Waffen begründet: „Auf einem Gebiete aber, wo ein fortwährender, ununterbrochener Entwickelungsgang bis auf die heutige Zeit stattgefunden hat, können wir natürlich mit dem Jahre 1650 nicht abschließen." (Anzeiger 1867: 145) Zugleich, so Essenweins Plan, würden die technischen Neuerungen zum Beispiel der Feuerwaffen bei der Öffentlichkeit Interesse erwecken (vgl. Essenwein 1877c: V). Die Ausweitung der Sammelgrenze sollte die Neugier der Besuchenden wecken und ihnen die Historizität gegenwärtiger Waffen vor Augen führen. Für den Direktor gab es keinerlei Grund, die Geschichte der Waffen mit dem Dreißigjährigen Krieg enden zu lassen – zumal diese Grenze in der

64 Das hieß anfangs, auch qualitativ minderwertige Stücke und Dubletten auszustellen. Diese wurden nur langsam aus den Schausälen entfernt, was bis ins 20. Jahrhundert andauerte.

Praxis übergangen worden war (vgl. Hampe 1902a: 118). Deshalb fiel das Limit nun mit der Gegenwart zusammen. Wo dies die vorhandenen Objekte noch nicht leisten konnten, griff das Museum wieder auf Zeichnungen zurück.

Essenweins Beschluss resultierte auch aus der Menge an Feuerwaffen, die mehrere Kriegsministerien dem GNM in den Jahren um den Deutsch-Französischen Krieg übergeben hatten. Die neuen Musealien erlaubten die lückenlose Darstellung mindestens der Handfeuerwaffen bis um 1870, was fortan von den Wegweisern mal mehr, mal weniger subtil versichert wurde (vgl. Wegweiser 1904: 116; Wegweiser 1930: 137–141). Gleichzeitig wuchs die Zahl der Neuzugänge für die Waffensammlung stark an (vgl. ZR 1868–1876). Erfolgten Ankäufe unter Aufseß und Michelsen noch sporadisch, förderte Essenwein auch aus persönlichem Interesse den Sammlungsausbau in hohem Maße. Dabei folgte der Direktor der Prämisse, lieber frühzeitig auf dem Markt verfügbare Stücke zu erstehen, als im Nachhinein ein Vielfaches der ursprünglichen Preise bezahlen zu müssen oder die Waffen gar unwiederbringlich an ausländische Museen und Privatsammlungen zu verlieren. Welch seltene Objekte dem Museum durch Zögern und Sparsamkeit entgangen waren, wusste Essenwein genaustens zu beklagen – zum Beispiel ein kostbarer gotischer Harnisch für Ross und Reiter und ein Kollektiv aus 20 Helmen (vgl. Essenwein 1880: 206f.; Bösch 1892: 72). Dank Essenweins Netzwerkarbeit beschränkten sich die Geschäftspartner des Museums bald nicht mehr auf örtliche Antiquare wie die Familie Pickert und kleinadelige Schenker, auch wenn diese weiterhin die Waffensammlung versorgten (vgl. Jopek 2008; Kammel 2015: 297). Leihgaben kamen unter anderem direkt von (ehemaligen) Militärs wie einem Danziger Major und dem Oberstleutnant und Waffenkundler Gustav Köhler.

Doch waren es vor allem die umfangreicheren Zuwächse, welche die Umsetzung der direktorialen Pläne erleichterten. Wie sehr sich Essenwein persönlich um den Erwerb von Waffen bemühte, demonstrieren seine im September 1869 getätigten Reisen nach Konstantinopel und Rhodos (vgl. Springer 2014: 324–327; Kammel 2015: 297f.). Nachdem er durch Köhler von der Akquise einer auf Rhodos befindlichen Bombarde für das Musée d'Artillerie in Paris gehört hatte, ließ er sich unter Aufbietung seiner Verbindungen nach Wien Waffengeschenke vom türkischen Sultan Abdul Asis zusichern, um infolgedessen selbst in die Türkei zu reisen (vgl. Anzeiger 1869: 273; Anzeiger 1870: 98; Willers 2002a: 145). Obwohl er auf schwere Geschütze abzielte, überließ man Essenwein nach seiner Ankunft in Konstantinopel unter Berufung auf eine uneindeutige Übersetzung seines Gesuchs nur eine Handvoll kleinerer Waffen.[65] Unverzüglich reiste Essenwein weiter nach Rhodos, um dort in Absprache mit dem Oberst Asis Bey fünf Kanonen auszuwählen, die im Februar 1870 per Schiff und Eisenbahn ins GNM gelangten und dort

> [...] Lücken der Sammlung ausfüllen werden. Insbesondere werden für die Geschichte der Artillerie sehr wichtige Stücke die Sammlungen der Anstalt erweitern, die sodann für das Studium der Entwickelung der Feuerwaffen, namentlich für die ältere Zeit, von großer Bedeutung sein wird. (Anzeiger 1869: 305)

Obwohl dies einen nennenswerten Erfolg darstellte, der in der Öffentlichkeit eine Welle von Gerüchten lostrat (vgl. Anzeiger 1869: 337), hatte Essenwein die Artilleriestücke in Konstantinopel nicht vergessen. Nach der Gründung des Deutschen Reichs, zu dem die Türkei ein wertschätzendes Verhältnis pflegte, glückte „durch Vermittlung des deutschen Kronprinzen Friedrich" eine zweite Kontaktaufnahme: 1874 wurden als Geschenk drei Kanonenrohre, wieder mit einem Schiff und einem „Spezialeisenbahnwaggon" (Willers 2002a: 147), nach Nürnberg transportiert. Ohne das eigene Budget anzutasten, hatte das GNM in kurzer Zeit acht bronzene Geschützrohre des 15. und 16. Jahrhunderts gewonnen, die bis heute zu den bedeutendsten Artilleriewaffen der Sammlung zählen (W571, W572, W574, W578, W579, W1951, W1952, W1953).

Nicht nur dieses essenweinsche „Husarenstück" (Springer 2014: 324) war zum Teil der deutschen Reichsgründung 1871 geschuldet. Im August und September 1871 sowie einmalig 1872 trafen im GNM Konglomerate hauptsächlich artilleristischer Waffen als Präsente des königlichen Kriegsministeriums in München ein (vgl. ZR 1871/6285–6356). Anders als bei den Waffen aus Konstantinopel und Rhodos handelte es sich um zeitgenössische, zum Teil in den 1860er Jahren gegossene Stücke. Einige von ihnen waren kurz zuvor als französisches Beu-

65 Laut Willers handelte es sich lediglich um eine Wallbüchse, aber das Zugangsregister listet zwei Exemplare auf, zudem drei Stangenwaffen, eine Sturmhaube, eine bronzene Handgranate und vier Geschützkugeln (vgl. ZR 1870/5962–5967).

tegut aus dem Deutsch-Französischen Krieg ins Reich gelangt. Damit nicht genug: Der Münchener Schenkung schlossen sich 1872 die österreichischen und preußischen Kriegsministerien in Wien und Berlin sowie König Ludwig II. von Bayern an, 1873 dann das sächsische Kriegsministerium und schließlich 1874 das württembergische Kriegsministerium in Stuttgart – das GNM wurde mit zeitgenössischen Waffen geradezu überhäuft. Damit war es Essenwein in wenigen Jahren gelungen, mit den Feuerwaffen an die Gegenwart anzuschließen. Das GNM hatte die politischen Bedingungen geschickt für seine Zwecke genutzt (vgl. Bösch 1892: 74f.) und wollte nun mit den Waffen „die Wünsche des deutschen Volkes und aller Schichten desselben [...] verstehen“ und ihm „eine umfangreiche, belehrende Sammlung [...] bilden“ (Essenwein 1892: 86). Gleichzeitig setzte sich das GNM von den Armeemuseen des späten 19. Jahrhunderts ab, wie dem Bayerischen Armeemuseum in München, dem Heeresgeschichtlichen Museum in Wien oder dem Musée Historique de l’Armée in Paris. Dort und in anderen Waffensammlungen wurden Ehren- oder Ruhmeshallen zur Feier von Feldherren, gewonnenen Schlachten, der regionalen oder nationalen Armee eingerichtet. Im GNM aber fehlten eindeutige Verweise auf militärische Persönlichkeiten, spezifische Kriege und Gegenwartskonflikte. Die Waffen sollten nicht die Taten einer bestimmten Armee glorifizieren. Selbst die erbeuteten französischen Waffen wurden nicht dezidiert als Kriegstrophäen inszeniert, wenngleich diese Lesart unterschwellig präsent war. Stattdessen ergänzten diese Objekte das waffengeschichtliche Panorama, ohne dass sich das GNM als Kulturstätte der deutschen Nation auf die Position eines Heerführers, einer Streitmacht oder einer Partei festlegen musste. Zwar behielt es sich vor, lokal- und regionalgeschichtlich bedeutsame militärische und politische Ereignisse zu erwähnen. Diese wurden aber nicht als gegenläufige Konflikte inszeniert, sondern als geschichtliches Werden *einer* Nation. Die frühere diffuse Gemengelage aus Fürstentümern, Königreichen und Reichsstädten[66] ließ sich dadurch positiv wenden, denn die waffengeschichtliche Form war in Bezug auf Objekte und Regionen integrativ: Ungeachtet der Herkunft einzelner Stücke fügten sich die Waffen als Form zum Abbild einer als deutsch betrachteten, kol-

66 Nicht zufällig wurde im späteren Augustinerbau ein Schauraum als sogenannter Saal der Reichsstädte inszeniert.

lektiven Kulturgeschichte zusammen. Das Aufkommen der waffenkundlichen Form kann daher nach dem Jahrzehnt der Einigungskriege und des Deutsch-Französischen Krieges wissenschaftlich *und* politisch erklärt werden. Dass sich das Museum unter Essenwein den politischen Verhältnissen anschmiegte, behinderte die Sammlungsarbeit nicht – im Gegenteil erlaubte es der Selbstanspruch, gleichermaßen Kriegsministerien, Antiquariate, Privatsammlungen, aber auch Patriziat und Adel zur Unterstützung des nationalen Unterfangens anzufragen. Statt sich auf einzelne Kriege zu konzentrieren, stand hinter den Sammlungen und Ausstellungen ein abstrahierter Krieg, der technologische und kulturelle Umwälzungen mit sich brachte. Dies hatte bereits für den Dreißigjährigen Krieg gegolten, der weniger politisch oder religiös als vielmehr waffengeschichtlich eingeordnet worden war. Kriege als Ereignisse wurden von individuellen Entscheidungsträgern befreit und durch die anonyme und gesichtslose Kohorte des gemeinen Soldaten perspektiviert. Dadurch konnten sie als Schmelztiegel aus Arsenalen, Bewaffnungen und Innovationen betrachtet werden, im Sinne Kittlers als „kriegerisches Wettrüsten, in dem Technikentwicklung auf der hegemonialen Ebene durch ein Antizipieren der Medientechnologie des Gegners gedacht wird“ (Niebisch 2013: 97). Dieses weitgehend enthumanisierte Wettrüsten ging nahtlos in der Form auf. Politische Verhältnisse erleichterten aber nicht nur den Erwerb neuer Waffen, sondern beeinflussten auch die Rezeption der vorhandenen. So wurden die Kanonenrohre und übrigen Waffen aus Rhodos und Konstantinopel als deutsche Waffen der Johanniterritter identifiziert, mittels derer auf die Kreuzzüge und Türkenkriege als militärische Konflikte verwiesen werden konnte (vgl. Anzeiger 1869: 273). Auch die französischen Beutestücke

> […] sind für uns nicht blos [sic!] ruhmreiche Denkmäler der großen Thaten der deutschen Heere, sondern sie schließen sich auch, da unsere Waffensammlung schon früher bis auf die neuere Zeit herein fortgeführt war, fast unmittelbar an die älteren Sachen an […]. (Anzeiger 1871: 281)

Politisches und Waffenkundliches ergänzten sich in der Form. Das GNM als Nationalmuseum steigerte seinen politischen Impetus, und die waffenkundliche Form bereitete einen vermeintlich objektiven, geschichtlich fundierten Boden für die Verherrlichung des militärischen

Dispositivs. Bedeutete der Deutsch-Französische Krieg auch für das GNM einen „Augenblick des Stillstands" (Jahresbericht für 1870: 1), so stimmte es deshalb in das Hohelied des Patriotismus mit ein (vgl. Jahresbericht für 1870: 1). Die Erzählung der ‚deutschen' Waffe wurde zum Katalysator für die Beihilfe politischer Machthaber und für den öffentlichen Zuspruch.

Die sichtbarsten Auswirkungen hatten alle diese Entwicklungen auf die Schausäle. 1872 vermeldeten die Wegweiser, dass einige Feuerwaffen aus dem überfüllten Kleinen Kreuzgang zu den Folter- und Strafwerkzeugen gestellt worden waren (vgl. Wegweiser 1872: 17). Derweil setzte Essenwein, der schon 1870 das bisherige „Lokal" der Waffen als „ungenügend" (Essenwein 1870a: 20) bezeichnet hatte, seinen ambitionierten Ausbauplan in die Tat um. Neue Museumsgebäude und Schausäle sollten den Musealien größere Ausstellungsflächen bieten und ihnen zugleich in Dekor und Stil entsprechen, um die gewünschten Gesamtbilder zu kreieren. Damit kehrte sich erstmals das Verhältnis zwischen dem Schausaal und der Sammlung um. Denn der Tiergärtnertorturm und der Kleine Kreuzgang hatten stimmungsvolle, aber relativ unveränderliche Architekturen bereitgestellt, in welche sich die Exponate einzupassen hatten (s. Kap. 3.3). Nun orientierten sich die zu errichtenden Schauräume umgekehrt an den Exponaten, was Jörn Bahns als „Wandel zum Anschaulichen hin, zum Vorrang der Ausstellung kunst- und kulturgeschichtlich bedeutsamer Objekte" (Bahns 1978: 357; vgl. Bahns 1977b: 177) beschreibt. Neue Gebäude und Schausäle auf dem Museumsareal sollten sich gezielt an den zugedachten Sammlungen ausrichten, „bis jeder Saal seine definitive Bestimmung hat, definitiv eingerichtet und der Sache wie dem Stil des Gebäudes entsprechend decorirt ist" (Essenwein 1872a: 323). Im Falle der Waffen betraf dies das Augustinerkloster in der Nürnberger Altstadt, welches Essenwein auf das Museumsgelände zu überführen beabsichtigte.

4.2.2 Die Inszenierung des Augustinerbaus

Das Kartäuserkloster war im Nürnberg des 19. Jahrhunderts nicht die einzige monastische Ruine. Denn die Kirche des ehemaligen Augustinerklosters war bereits 1816 abgebrochen worden, um einem städtischen Justizkomplex zu weichen (vgl. Rosenthal-Metzger 1931: 18). Mit den Bauvorhaben in Nürnberg vertraut, sah Essenwein in der

Klosterruine die Lösung der eigenen Raumprobleme. Ab 1871 wurde das Augustinerkloster transloziert, das heißt seine Bauteile wurden auf das GNM-Gelände versetzt, um sie zu renovieren und als Ausstellungsfläche herzurichten. Die Lage des entsprechend getauften Augustinerbaus auf dem Museumsareal ist einem Grundriss von 1877 zu entnehmen (Abb. 16). Wie darauf zu sehen ist, schloss der Kleine

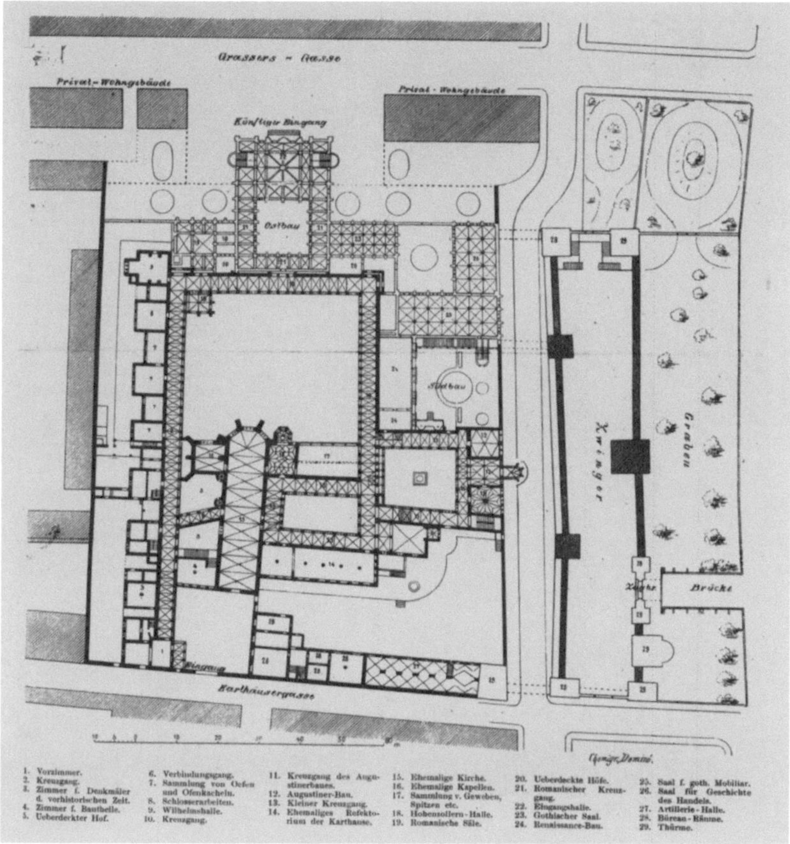

Abb. 16: August von Essenwein,
Gesamtplan des erweiterten Museumsareals, 1877

Kreuzgang (Nummer 13) südöstlich durch eine Treppe an das Obergeschoss des Augustinerbaus (Nummer 12) an. Dort befand sich mit dem geräumigen Standesherrensaal der neue Standort der Waffen, während im Erdgeschoss außer kleineren Räumen auch die sogenannte St.-Leonhardskapelle bzw. Kress-Kapelle lag. Tatsächlich hatten sich die

Kreuzgang (Nummer 13) südöstlich durch eine Treppe an das Obergeschoss des Augustinerbaus (Nummer 12) an. Dort befand sich mit dem geräumigen Standesherrensaal der neue Standort der Waffen, während im Erdgeschoss außer kleineren Räumen auch die sogenannte St.-Leonhardskapelle bzw. Kress-Kapelle lag. Tatsächlich hatten sich die

Abb. 17: Augustinerbau mit Kress-Kapelle, um 1935

Waffen daher nur um wenige Meter vom Kleinen Kreuzgang fortbewegt.[67] Nach der Vollendung des Rohbaus erfolgte 1874 die innere

67 Auf dem Grundriss ist auch die Position des zukünftigen Südbaus eingezeichnet, der östlich an den Augustinerbau angrenzen und im 20. Jahrhundert zwischen den Weltkriegen einen Teil der Waffen aufnehmen würde.

Dekorierung und Ausstattung des Augustinerbaus, wobei Essenweins Spendenkampagnen erste Früchte trugen und öffentliches Aufsehen erregten (Abb. 17).[68] In einem Schreiben vom 28. April 1874 schlug der Verein deutscher Standesherren dem Museum vor, einen der neuen Ausstellungssäle zu gestalten. Der Direktor willigte ein und legte ein ästhetisches Konzept vor, welches der Verein am 30. Oktober 1874 mit einer Zahlung von 5000 Gulden akzeptierte. So kam es zur mittelalterlich anmutenden Gestaltung des Waffensaales, welcher den Stiftern

Abb. 18: Rudolf Albrecht, Waffen im Standesherrensaal, 1896

zum Dank fortan als Standesherrensaal bzw. Saal der deutschen Standesherren bekannt war (vgl. Bahns 1978: 392).[69] Obwohl die Bewaffnung der Massen in der Ausstellung dargestellt werden sollte, fungierte demnach der Hochadel in einer Doppelrolle als Gönner und Schutz-

68 So beteiligten sich Nürnberger Patrizierfamilien wie die Imhoff, Grundherr, Praun, vor allem aber die Kress und Tucher an den Spesen für die Translozierung und Renovierung, wobei die Familie Kress die Restaurierung der nach ihnen benannten Kapelle finanzierte (vgl. Bahns 1978: 386).

69 Essenweins Kooperation mit den Standesherren trug auch in der Folgezeit Früchte, denn zukünftige Waffenkäufe wurden vom Verein mehrfach bezuschusst und einzelne Standesherren gar zu Förderern des GNM (vgl. Jahresbericht für 1876: 2; Jahresbericht für 1880: 1; Jahresbericht für 1887: 1; Jahresbericht für 1897: 1).

herr des Saales. Dies wurde auch ästhetisch reflektiert, denn die Geldgeber führten dem Publikum ihr Engagement unmissverständlich vor Augen, wurde im Standesherrensaal doch eine Adelsschau inszeniert (vgl. Springer 2014: 296f.): Ringsum an der Saaldecke verlief ein Fries, der die Wappen aller beteiligten Standesherren in alphabetischer Reihenfolge zeigte (Abb. 18). Damit thronten die Wappen über den

Abb. 19: August von Essenwein, Wandbemalung im Standesherrensaal, 1874

Abb. 20: Glasfensterentwurf von König Magnus, um 1876

darunter aufgestellten Waffen, was zunächst an den Wappenhof mit den ‚germanisch-deutschen' Stämmen im Kleinen Kreuzgang erinnerte. Dabei war die Nation ebenfalls ein Faktor: Unterhalb der Wappen waren die Wände mit blauen Behängen bemalt, die von weitem wie Gewebe anmuteten. Die Wandbehänge zeigten ein heraldisches Muster mit roten Löwen und goldenen Adlern, die abwechselnd in Kreise gefasst waren (Abb. 19). Während der Adler das Nationalsymbol des Deutschen Reiches darstellte, verwies der Löwe sowohl auf das Königreich Bayern als auch auf den Braunschweiger Löwen, dessen Abguss seit 1867 vor dem Fresko in der Kartäuserkirche postiert war. Das Muster wurde vermutlich einem Teppich auf der Wartburg, einer Statue in Köln oder aber einem Seidenstoff mit Silberdruck aus dem GNM nachempfunden (vgl. Bahns 1978: 392f.). Bei einfallendem Fensterlicht versprühten die Saalwände somit eine beeindruckende Farbigkeit, die das teils glänzende, teils matte Silber und Metallgrau der Waffen kontrastierte.

Hatte sich Essenwein über Aufseß' malerische, stilllebenartige Ensembles mokiert, so präferierten auch die Standesherren einen sehr graphischen, von Mittelalter, Rittertum und Heldensagen inspirierten Stil, zu dem jedoch auch der Direktor selbst beitrug: Für den Chor der angrenzenden Augustinuskapelle entwarf er Glasgemälde der Neun Helden des Mittelalters. Diese rekrutierten sich zu gleichen Teilen aus dem heidnischen Altertum – Alexander der Große, Hector, Julius Cäsar –, dem sogenannten alten Bund – Josua, David, Judas Makkabäus – sowie den christlichen Helden – Karl der Große, König Artus und Gottfried von Bouillon. Im Mythos der Neun Helden vermischten sich Fiktives mit Realem, sagenhafte Gestalten mit historischen Figuren. In Nürnberg waren die Figuren bereits auf dem Schönen Brunnen am Hauptmarkt abgebildet und in Gedichten behandelt worden (vgl. Schroeder 1971: 162–164); Grund genug für Essenwein, sie in das historistische Raumkonzept aufzunehmen. Auf die Glasgemälde der Neun Helden folgten die drei freigiebigsten Fürsten – Hermann von Thüringen, Leopold von Österreich und König Magnus von Schweden. Alle zwölf Figuren waren im Stile des 13. und 14. Jahrhunderts kostümiert, wie sich beispielhaft einer Pinselzeichnung von König Magnus entnehmen lässt (Abb. 20). Mit der Gestaltung der Figuren in der Bewaffnung des Früh- und Hochmittelalters fand Essenwein einen Weg, die bildliche Tradition der Neun Helden aus dem Mittelalter fortzuführen und in die waffenkundliche Form einzugliedern. So führte Magnus an seiner Seite ein vom Schild verdecktes Einhandschwert mit typischem Scheibenknauf, das in der Waffensammlung in dieser Form nicht existierte. Daher reicherten die Glasgemälde die waffenkundliche Form außer mit christlichen, ritterlichen und mythischen auch mit ikonographischen Versatzstücken an. Fiktive und mythisierte Persönlichkeiten im sakralen Kapellenraum mit historischen Waffen zu versehen, belud die Waffen mit einer symbolischen Schwere, die Essenwein eigentlich vermeiden wollte. Indes zeigten die übrigen Glasfenster Personifikationen ritterlicher Tugenden mit dem Heiligen Georg als Patron der Ritterschaft und dem Heiligen Michael als Patron Deutschlands in ihrer Mitte. Ihre Position untermauerte die nationale Bedeutung der historischen Waffen. Die ritterliche Atmosphäre übertrug sich auch auf das ‚Reckenthürmchen', welches durch den Standesherrensaal über eine Loge erreicht werden konnte. Es war mit Wappen und Bildern aus der Familiengeschichte der Stifter geschmückt, den Grafen von der Recke-Volmerstein (vgl. Wegweiser 1893: 98). Insgesamt rückte die Inszenierung in der Augustinuskapelle und im Reckenthürmchen von der Thematisierung der bewaffneten Massen ab, um den Adel zu zelebrieren. Somit wurden im Augustinerbau verschiedene Schichten vereint: Der durch den Fries repräsentierte Hochadel wurde der Bewaffnung der Massen übergeordnet, stand aber mitsamt dem Militär für das vereinte Deutschland und das königliche Bayern. Unterstützt wurde dieser Vorbau durch die sagenhaften Neun Helden und die ritterlichen Tugenden, die den christlich-mythischen Urgrund der Nation legten. Alle Ebenen verband die Waffe, die als Element der waffenkundlichen Form jeglicher Partei zu eigen war und deren Funktionalität durch das militärische Dispositiv bestimmt wurde. Den Höhepunkt markierten dabei insofern die exponierten Feldwaffen, als nur sie die entsprechenden *properties* mitbrachten. Allein die Verweise auf die Reichsstadt Nürnberg blieben in diesem Kontext noch schemenhaft. Bevor die Anordnung der Waffen im Standesherrensaal genauer untersucht wird, sind zunächst die Prinzipien zu erarbeiten, nach denen die waffenkundliche Form ihre Elemente regulierte. Drei Aspekte lassen sich unterscheiden, die auch inszenatorisch eingeführt wurden: Typologie, Chronologie und Reziprozität.

4.2.3 Typologie. Von der Waffe zum Waffentyp

Mehrfach wurde bereits der Ästhetizismus hervorgehoben, der das Ausstellen von Waffen im frühen und mittleren 19. Jahrhundert begleitet hatte. Statt ihnen wissenschaftlich-distanziert zu begegnen, wurden Waffen als Überreste einer idealisierten Vergangenheit betrachtet. Ungeachtet der historischen Gebrauchsfunktion im Militärwesen zählte ihr Äußeres, das in den Ausstellungssälen in eine geschmackvolle Schauanordnung eingearbeitet wurde. Doch um die Jahrhundertmitte trat neben diese Perspektive auf Waffen eine weitere: Waffen wurden zum wissenschaftlichen Forschungsgegenstand. Vermehrt erschienen jetzt Publikationen zu verschiedenen Waffenkontingenten wie zum

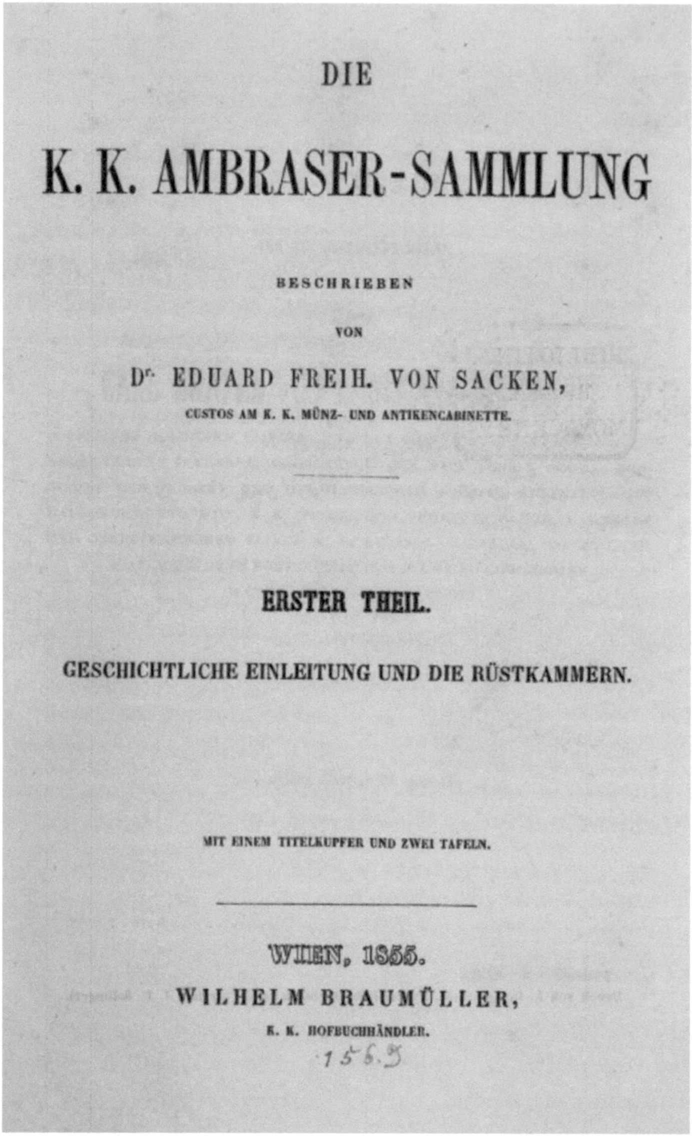

DIE

K. K. AMBRASER-SAMMLUNG

BESCHRIEBEN

VON

Dr. EDUARD FREIH. VON SACKEN,

CUSTOS AM K. K. MÜNZ- UND ANTIKENCABINETTE.

ERSTER THEIL.

GESCHICHTLICHE EINLEITUNG UND DIE RÜSTKAMMERN.

MIT EINEM TITELKUPFER UND ZWEI TAFELN.

WIEN, 1855.

WILHELM BRAUMÜLLER,

K. K. HOFBUCHHÄNDLER.

Abb. 21: Eduard von Sacken, Titelblatt mit Verweis auf die Rüstkammern der Ambraser Sammlung, 1855

Beispiel Zeughäusern und herrschaftlichen Sammlungen (vgl. Scheiger 1833; Leber 1846; Sacken 1855; Leitner 1866–70; Schulz 1867). Diese Texte listeten die Waffen eines Kollektivs nicht nur auf, sondern ordneten sie auch topographisch ihrem Aufbewahrungsort zu, etwa einer

Rüstkammer oder einem Flur in einem Arsenal (Abb. 21). Zusammen mit den Waffen wurden auch die Räume vermessen, in denen sie sich befanden. Diese kontrastierten die fiktiven Naturareale in literarischen Texten, die Schlachtfelder und privaten Räume der adeligen Sammler, in denen Waffen bislang lokalisiert wurden. Einerseits waren diese Räume historisch, da es sich um existente Waffenkammern und Arsenale handelte, andererseits museal, da sie die Waffen bewahrten und meist auch ausstellten. Solche funktionalen Räume zur Lagerung und zum Studium der Waffen unterschieden sich von den literarischen Mythenräumen sowie von den – teils theatralen – Räumen in Privatsammlungen. Zwar konnten auch militärisch-museale Räume nach historischen oder fiktiven Vorbildern inszeniert werden. Doch diese Räume waren unmittelbar aus dem militärischen Dispositiv hervorgegangen. Mit der wissenschaftlichen Betrachtung der Waffen wurden demnach auch neue Räume in den Blick genommen. Denn wie später im Museum wurde angenommen, dass die räumliche Aufteilung der Waffen nicht zufällig, sondern planmäßig erfolgt war. Zugleich verflocht sich die Beschreibung der Räume, in denen Waffen aufbewahrt und exponiert worden waren, mit einer historiographischen Darstellungsweise. Der literarische Gang durch ein Zeughaus wurde somit zum Gang durch die Geschichte nicht nur des Zeughauses, sondern auch der Waffen darin, die an den Exponaten entfaltet wurde. Im Dispositiv des GNM führten die Wegweiser diese Linie fort, indem sie die Schausäle beschrieben, tatsächlich aber die Waffengeschichte abtasteten.

Abgesehen von den Räumen war es die entscheidende Neuerung der wissenschaftlichen Annäherung an Waffen, diese in einer relationalen Typologie zu versenken. Zwar waren Versuche keineswegs neu, Waffen theoretisch zu distinguieren und in Schemata zu fassen. Auf militärischer Seite hatten sie sich seit Langem in Taktikmanualen, Inventaren und Fechtbüchern etabliert. Beispielsweise lieferte Major Georg Freiherr von Hauser in seiner 1818 veröffentlichten Schrift *Die Artillerie oder die Waffenkunde* ein ausgeklügeltes System zeitgenössischer Blank- und Schießwaffen, in dem Letztere in zahlreiche Subtypen zerfallen (vgl. Hauser 1818). Der Unterschied der neuen Waffenkunde zu Autoren wie Hauser lag darin, dass Letztere waffenkundliches Wissen, „die einem jeden Officiere nöthigen Kenntnisse der Waffen“ (Hauser 1818: III), für ein militärisches, zumindest aber militäraffines Publikum aufbereiteten. Die Handhabung eines Gewehrs, die chemische Zusammensetzung von Schießpulver oder die Reinigung einer Batterie zu erläutern, zielte innerhalb des militärischen Dispositivs darauf ab, taktische Optionen, effektive Einsatzmöglichkeiten und die korrekte Pflege von Waffen zu diskutieren. Nur wer die Entstehung und die Funktionsweise von Waffen kannte, der konnte sie im Gefecht geschickt einsetzen oder aber überlegenere Waffen entwickeln. Die Waffengeschichte wurde auf eine teleologische Linie reduziert, die parallel zur Kriegsführung verlief und deren Abfühlen immer ausdifferenziertere und verbesserte Waffen zum Vorschein brachte. Damit adressierte die Geschichtsschreibung von Waffen im militärischen Dispositiv die zukünftige Aktualisierung der Waffe im Einsatz; Hauser zufolge war seine Botschaft „jedem Officiere unentbehrlich, welcher Feldschanzen zu entwerfen haben kann" (Hauser 1818: III). Das Wissen über alte und aktuelle Waffen war ausschließlich im Kontext des Neuen gefragt, das es entweder geistig oder materiell – als Rohstoff zur Fertigung neuer Waffen und Munition – vorbereitete.

Etwa seit dem 19. Jahrhundert entstand abseits der militärischen Waffenhistoriographie ein kulturhistorisches Feld ebenfalls um historische Waffen. Dabei bestand die Relevanz des Gegenstands nicht im Erfinden neuer Waffen, sondern in seinem Alter, im historischen Werden und Gewordensein. Hatte eine mittlerweile untaugliche Waffe das militärische Dispositiv passiert, konnte sie Aufschluss über einen Aspekt der Vergangenheit geben. Die medialen Anlagen, die die Waffe in sich trug, wurden nun gezielt ausgeschöpft. Zwar orientierte sich auch die Waffenkunde an den Funktionen einer Waffe im Gefecht und ihren taktischen Vorzügen, wie zum Beispiel Dorn und Haken an Helmbarten zum Durchdringen von Platten und zum Abwerfen der Reiter, oder wie der verkürzten Nachladedauer eines Zündnadelgewehrs. Doch führte die Historisierung der Waffen zusätzliche Potenziale mit sich. Wo Hauser die Waffen ausschließlich als Gebrauchsobjekte begriffen hatte, reicherte die Waffenkunde die Kluft zwischen der Entstehung einer Waffe und der Gegenwart mit zusätzlichen Bedeutungen an. Jedoch erfolgte die Aufladung historischer Waffen mit Sinn nicht automatisch, sondern bedurfte einer Generation von Taxonomen und Deutern, welche die Waffen in Klassifikationen einfügten und in Kontexte einbetteten. Diese Akteure arbeiteten als Sammlungsverwalter, Kunst- und Waffenhistoriker und eben als museale Kuratoren und Konservatoren. Mit ihnen veränderte sich auch die Assemblage. Statt wie früher eine physische Verbindung mit dem Träger – mit Soldaten, Rittern, Turnierkämpfern, Duellanten, Wächtern etc. – einzugehen, waren die Waffen im musealen Dispositiv weitestgehend von jeglicher Handhabung abgeschnitten. Aus Assemblagen wie Pferd-Reiter-Bogen oder Stechzeug-Reiter-Lanze wurde die museale Assemblage Exponat-Publikum-Schausaal. Fragen nach der Effektivität von Waffen gegen andere Waffen und Opponenten wurden mit der Frage nach der Wirkung von Exponaten auf ein Publikum gekoppelt. Wie konnte die waffenkundliche Form in der Ausstellung wiederholt werden, um dem Publikum die Waffengeschichte zu vermitteln? Im GNM lautete die Antwort darauf, die Exponate zunächst in ihrem Verhältnis untereinander zu bestimmen, sie zu beschreiben, zu klassifizieren und zu ordnen.

Einer, der sich im Beschreiben, Klassifizieren und Ordnen historischer Waffen besonders hervorgetan hatte, war der französische Architekt und Kunsthistoriker Eugène Viollet-le-Duc. In seinem 1854 erschienen *Essai sur l'architecture militaire au Moyen-âge* verschmolzen Architektur und Kriegswesen zu einer Einheit: Stadtmauern und Festungen wurden nach ihrer Bauweise untersucht und auf militärische Vorteile hin befragt (vgl. Viollet-le-Duc 1854).[70] Wie der Titel preisgibt, behandelte Viollet-le-Duc keine zeitgenössische Militärarchitektur, sondern Türme, Vorsprünge, Schießscharten und Bastionen des Spätmittelalters. Inhaltlich wie konzeptuell rief seine Arbeit ein breites Echo hervor. Vorbildhaft wurde Viollet-le-Ducs Verschränkung kompakter Textabschnitte mit eigens angefertigten Zeichnungen, die oftmals mit Buchstaben und Ziffern versehen und maßstabsgetreu erstellt wurden. In der Absicht, Text und Bild unentwegt aufeinander zu beziehen, entstanden umfangreiche Wörterbücher und Nachschlagewerke dinglicher und historischer Sachgebiete, unter anderem von Waffen. In seinem mehrbändigen *Dictionnaire raisonné du mobilier français de l'époque Carlovingienne à la Renaissance* ging Viollet-le-Duc auf die Ikonographie und Morphologie einzelner Waffentypen, die Bestandteile, historischen Variationen und militärischen Zwecke ein (vgl. Leitner 1876: 329). So verfolgte er die Entwicklungslinie der Axt an bildlichen Belegen in Teppichen und Zeichnungen sowie an den Sei-

70 Übrigens besuchte Viollet-le-Duc im selben Jahr Nürnberg und bezeichnete es als die mittelalterliche Stadt schlechthin (vgl. Springer 2014: 243).

tenprofilen einer Breitaxt, Bardiche und Streitaxt (vgl. Viollet-le-Duc 1875: 3–23). Die jeweiligen Subtypen chronologisch abmessend verfuhr er auf die gleiche Weise mit anderen Waffen.

Viollet-le-Ducs Wirken blieb auch Essenwein nicht verborgen, der in der Folge, tief beeindruckt von dem Franzosen (vgl. Springer 2014: 68–72), „dessen Schriften vielfach zitiert" (Kier 2016: 241), etwa in seinem Teilkatalog über die Helme der GNM-Waffensammlung. Diese Arbeit sollte gemeinsam mit anderen Teilkatalogen „als Seitenstück zu Viollet-le-Duc's Arbeit in seinem Dictionnaire du mobilier français" (Essenwein 1892: 26) einen Gesamtkatalog der GNM-Waffen vorbereiten (vgl. Willers 1978: 837).[71] Wegen ihrer Ähnlichkeiten bezeichnet Hiltrud Kier Essenwein auch als deutschen Viollet-le-Duc (vgl. Kier 2016: 240). So orientierte sich Essenweins grundlegende Schrift *Quellen zur Geschichte der Feuerwaffen*, in welcher er der historischen und technischen Ausdifferenzierung von Feuerwaffen nachging, stilistisch am Vorbild Viollet-le-Ducs, vom Abschreiten der Zeitabschnitte einzelner Waffentypen bis hin zu den schlichten, aber präzisen Zeichnungen samt eigener Legende (Abb. 22) (vgl. Essenwein 1877b: Tafel XXXXII, LXIV, LXXXXIV, CXII). Später referenzierte es Wendelin Boeheim, Gründer und Herausgeber der *Zeitschrift für Waffenkunde*, als Meilenstein der jungen Disziplin: Im Vorwort zu seinem *Handbuch der Waffenkunde*[72] nannte Boeheim Essenweins *Quellen* unter den „Meisterleistungen", den „vortrefflichen Monographien über einzelne Zweige der historischen Waffenkunde" (Boeheim 1890: III). Auch sonst wurde Viollet-le-Ducs typologischer Ansatz in Essenweins literarischem Schaffen ersichtlich. Seine geplanten Teilkataloge sollten herausgelöste Gruppen der Waffensammlung beschreiben, wobei es nicht mehr darum gehe, „die Aufsätze […] in solch bunter Reihe sich folgen zu lassen, als damals, sondern systematisch […] das gleichartige zusammenzufassen" (Essenwein 1892: 25f.). Die gleiche Methode manifestierte sich in den sammlungsbezogenen Schriften Essenweins im

71 Essenweins schwere Krankheit verhinderte neben der Fertigstellung des Gesamtkatalogs auch einen geplanten Museumsführer mit reichhaltigem Bildmaterial, der Lai:innen einen kulturgeschichtlichen Überblick verschaffen sollte (vgl. Bösch 1892: 75).

72 Dieses Buch galt als deutsche Antwort auf die Waffenkompendien in England und Frankreich, darunter dasjenige Viollet-le-Ducs.

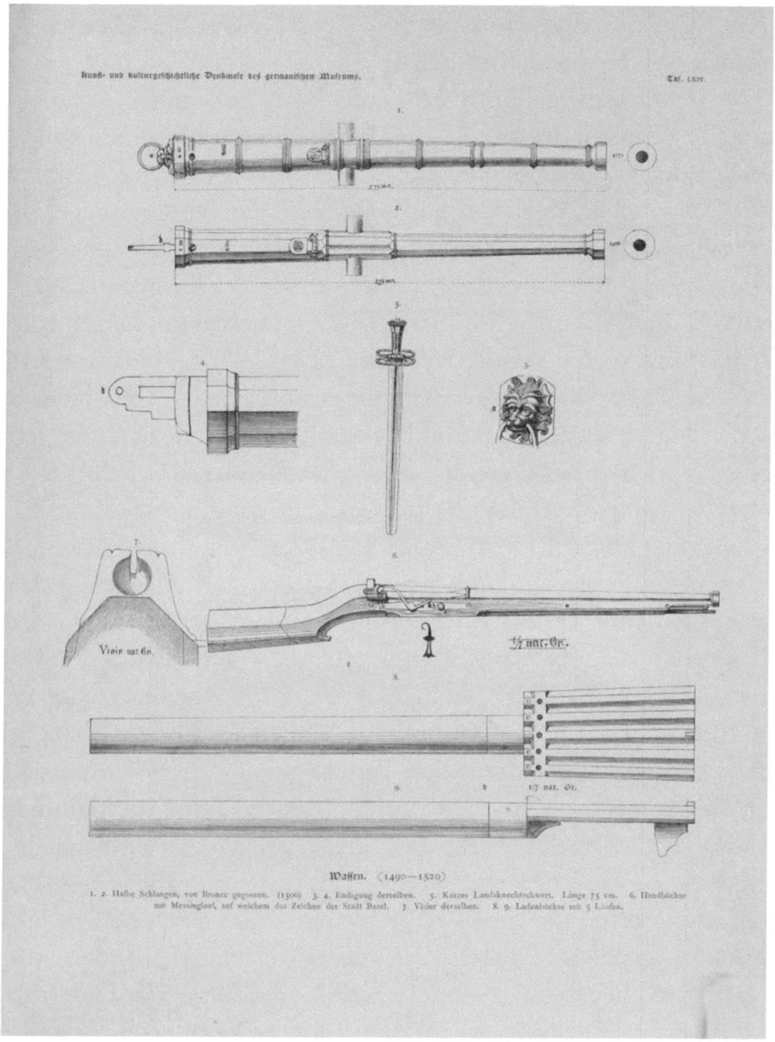

Abb. 22: August von Essenwein,
Maßansichten verschiedener Waffen und Waffenteile, 1877

Anzeiger. Deren Spannweite reichte von Aufsätzen über Feuerwaffen (vgl. Essenwein 1868–70; Essenwein 1870b; Essenwein 1872b; Essenwein 1877a; Essenwein 1890) und Stangenwaffen (vgl. Essenwein 1883a; Essenwein 1883b) bis hin zu einem ausführlichen Beitrag zur mittelalterlichen Bewaffnung (vgl. Essenwein 1880–82). Bei der Diskursivierung der Waffen wurde Essenwein weniger von Eye als von Viollet-le-Duc beeinflusst, brachte in seine Arbeit aber auch Aspekte der Kunstgewerbemuseen mit ein, wie das Prinzip des Gleichen und Ähnlichen (vgl. Kammel 2015: 300f.).[73]

Die im Dispositiv des GNM angelegte Zusammenführung der produktiven Linien, der Sammlung, Ausstellung und Beforschung der Musealien, wurde durch die waffenkundliche Form nochmals verstärkt. Denn neben den Texten zeigte sich die typologische Vorgehensweise auch in den Ausstellungen. Die unter Aufseß' Zeitgenossen als malerische Form forcierte „bunte[] Reihe" (Essenwein 1892: 25) wich in den Schauräumen ausdifferenzierten „Serien der verschiedenen Waffengattungen, der Speere, Schwerter, Dolche, Pfeile, Aexte u.s.w." (Essenwein 1867: 327). Im Versuch, die historischen Waffen einer Systematisierung zu unterziehen, bildete sich eine grundlegende Unterteilung in Angriffs- und Verteidigungswaffen heraus, das heißt in *arms and armour*, und von dort jeweils in einzelne Waffentypen und Rüstkomponenten. Die *arms* zerfielen in Blankwaffen und Feuerwaffen, die ihrerseits nach Subtypen aufgegliedert wurden (vgl. Carman 1955: V; Oakeshott 1994: 7). Diese Aufspaltung wandten nach Essenwein und Boeheim auch viele spätere Waffenkundler an (vgl. Dotzauer 1904: 156; Laking 1921; Gessler 1928; Mann 1962; Seitz 1965; Seitz 1968).[74] Weithin verbreitet war die Aufteilung von Waffen in die vier Kategorien Angriffswaffen (Blankwaffen) und Verteidigungswaffen (Körperschutz und Schild), mechanische Fernwaffen (Bogen, Armbrust) und Pulverwaffen (vgl. Gessler 1928: 14); grundsätzlich befolgte auch das GNM diese Zuordnung. Aber welche Vorzüge bot es aus wissenschaftlicher Sicht, Waffen als Typen zu begreifen? Zum einen ließen sie sich als Forschungsobjekt fixieren, das nicht kontingent, sondern durch historische, militärische, technologische, ökonomische und soziale Entwicklungen entstanden war.[75] Zum anderen konnten Waffen inner-

73 Im Schema von Lorraine Daston und Peter Galison lässt sich die typologische Waffenkunde des Forschers Essenwein im Spektrum zwischen der Naturwahrheit und der mechanischen Objektivität verorten, weil Essenwein zwar von musterhaften Typen ausging, diese aber durch möglichst viele reale Erscheinungsformen und Variationen von Waffen repräsentieren wollte (vgl. Daston/Galison 2007).

74 Eine Variante von Max Dreger basierte auf dem Deweyschen Dezimalsystem, setzte sich aber nicht durch und wurde vom GNM kritisch betrachtet (vgl. Dreger 1926: 27–31; Ernst 2003: 541).

75 So brachten Hochöfen und verbesserte Schmelzverfahren auch effektivere Waffen hervor (vgl. Williams 2003). Umgekehrt wirkten sich punktuelle (militär-)technologische Innovationen auf den gesellschaftlichen Rahmen aus, in dem sie

halb der Typologie aufeinander bezogen werden. Sie standen in einem Verhältnis zueinander, bedingten sich gegenseitig, stellten Oppositionen, Äquivalente und Derivate dar, so wie die Garde- und Trabantenwaffen aus den militärischen Stangenwaffen hervorgegangen waren. Übersichtsdarstellungen, Tabellen und technische Zeichnungen halfen dabei, die Waffen in ein relationales Gefüge zu setzen. Exemplarisch zeigt sich dies in einer Tabelle Essenweins für hochmittelalterliche Schwerter und Dolche, die ihre Einträge unter anderem nach Gewicht, Länge und Klingenmaßen beschreibt und damit vergleichbar macht (Abb. 23). Dadurch wurden die Exponate kontextualisiert, ohne sie

	Gewicht	Gesammtlänge	Länge der Klinge	Breite der Klinge an der Wurzel	Länge des Griffes	Länge der Parierstange
	Gramm	cm.	cm.	cm.	cm.	cm.
Fig. 3:	955	95	82	5,5	9,8	22
" 4:	1025	96	Bruchstück	5,5	10	21
" 5:	1900	117	94,5	5,5	16,5	22
" 6:	1455	91,5	72	5,5	12,2	16
" 7:	1605	121	98,5	5	15,5	22
" 8:	1796	127,5	1,05	6	20	20
" 9:	160	29,5	19	2,7	7	—
" 10:	300	30	17	2,25	9	—
" 11:	165	31,3	19,5	3	9,5	—

Abb. 23: August von Essenwein,
Tabelle verschiedener Schwerter und Dolche, 1881

diesmal durch eine bildhafte Repräsentation zu ersetzen. Denn die Objekte brachten gegenüber den Abbildungen und Tabellen einen materiellen Überschuss mit sich, den Letztere nicht ausgleichen konnten (vgl. Essenwein 1870a: 4).

Die Typologie der Waffen basierte auf ihrer Semiotizität als Musealien. Hatte der malerische Form die Zeichenhaftigkeit dafür genügt, den Betrachtenden in eine imaginierte Vergangenheit zu katapultieren, so leisteten Waffen nun Verweise in vielfacher Hinsicht. Zunächst repräsentierte jedes Exemplar einen wissenschaftlich genormten Waffentyp, der wiederum größere Gruppen von Musealien umfassen konnte. Dieser Typus war historisch an ein bestimmtes Zeitfenster, eine Region oder ein Ereignis gekoppelt, im GNM zum Beispiel an das Spätmittelalter, die Ausrüstung von Landsknechten, die Bewaffnung der bayerischen Armee oder die Bauernkriege. Darüber hinaus verwiesen die Waffen innerhalb der Form auf andere Waffen – wo eine Sammlung

stattfanden – gut dokumentiert ist dies für den Steigbügel (vgl. White 1962; Roland 2003; Worthen 2009).

stets die übrigen Sammlungsobjekte, eine Ausstellung die benachbarten Exponate einbezog, deutete die waffenkundliche Form auf andere Waffen und Waffentypen als Vorläufer und Nachfolger, Verwandtschaften und Exoten. Zuletzt adressierte sich jede Waffe selbst als Musealie, und zwar im Verhältnis zur Rolle, die ihr in der Sammlung oder Ausstellung zukam. Die Waffen bildeten als Medium eine Form, die aber wiederum die einzelnen Elemente zum Vorschein brachte.

Die Taxierung von Waffen mithilfe eines typologischen Verfahrens erstreckte sich nicht nur auf das GNM, sondern generell auf das Dispositiv kulturhistorischer Museen. Am BNM verfolgte Direktor Hefner-Alteneck zur gleichen Zeit wie Essenwein einen ähnlichen Ansatz in Gestalt einer historischen Zusammenschau der Waffen, wenngleich deren Reorganisierung der Waffen immer wieder mit raumarchitektonischen Problemen kollidierte (vgl. Bassermann-Jordan 1902: 283f.; Seelig 2000: 163f.). Auch im 20. Jahrhundert blieb die Verzweigung in (Sub-)Typen eine gängige Methode, um Waffen in einer Sammlung zu organisieren und in einer Ausstellung zu verteilen. Beispielhaft führte dies das Schweizerische Landesmuseum vor, das ebenfalls auf „Gebrauchswaffen“ (Gessler 1928: 13) setzte, also auf Feldwaffen statt auf militärisch bedeutungslose Prunkstücke. Dabei blieb der Typus nicht das einzige Merkmal, nach dem sich die Anordnung der Waffen in der waffenkundlichen Form vollzog. Hinzu kam eine Chronologie, die sich auch am GNM entdecken lässt (vgl. Gessler 1928: 3–11).

4.2.4 Chronologie. Serielle Reihung als formales Prinzip

Hand in Hand mit der Typologisierung der Waffen ging der zweite Aspekt der Form: eine progressive Chronologie, die die Typen intern strukturierte und ihre Entwicklung im geschichtlichen Verlauf anzeigte. Beides wurde durch gestaffelte Ensembles, die *Serien*, erreicht. In der Ausstellung sollte „jede einzelne Serie, soweit es angeht, chronologisch geordnet“ (Essenwein 1867: 327) sein. Die Form verteilte ihre Elemente daher nicht nur nach Typen, sondern auch nach ihrem Alter. Das GNM ließ typologisch gleichwertige Waffen vom ältesten zum jüngsten Exemplar aufreihen, um den technologischen Fortschritt zu veranschaulichen. Diesen konnten die Besuchenden beim Abschreiten der Exponatreihen nachvollziehen, wie ihn die frühe waffenkundliche Literatur noch argumentativ festgestellt hatte. Dabei verwehrte sich der Direktor gegen den Gedanken, mit den Serien nur den zeitgenössischen Geschmack auszustellen. Stattdessen sollten jene den Gang der Geschichte selbst – und den Kern des Mediums der Waffe – abbilden (vgl. Essenwein 1867: 190):

> Die Sammlungen sollen auf jedem Gebiete der Kultur sich bewegen und überall das Material nebeneinander stellen, welches zum Studium des Entwicklungsganges jedes Zweiges nöthig ist. Die Frage, wie weit die Dinge mit dem heutigen Zeitgeschmacke übereinstimmen, wie weit mit den künstlerischen Anschauungen Einzelner, kann gar nicht in Betracht kommen. Was einmal da gewesen, hat in der geschichtlichen Reihenfolge seinen Platz. Je vollständiger diese das Gute und Schöne wie das minder Gute, das Grosse und Edle, daneben aber auch das scheinbar Unbedeutende umfasst, um so richtiger wird sie das Bild der Entwickelung der Kultur heben, um so klarer das Auf- und Absteigen, die Wellenbewegungen, wie die scheinbaren Sprünge zeigen. (Essenwein/Hahn 1873: o.S.)

Das Sprachbild „überall das Material nebeneinander stellen" wurde durch die Exponatserien zum dreidimensionalen Ordnungsprinzip. In Wölfflins Begriffen war die waffenkundliche Form nicht malerisch, sondern linear und konturiert. Abgezielt wurde auf ein möglichst lückenloses Inventar der Waffen, und wo es an diesen mangelte, seien Stücke auszustellen, die „charakteristisch für ihre Epoche sind" (Essenwein/Hahn 1873: o.S.). Der Ausstellungsbesuch wurde zu einer seriellen Erzählung, die sich episodisch für jeden dargebotenen Waffentyp wiederholte. In Gestalt der Serien als Kleinform der waffenkundlichen Form und der Ausstellung verschränkten sich aber nicht nur Typus und Chronos – sie waren Ausdruck des Klassifizierten, des wissenschaftlich Unterworfenen. Das Einzelobjekt rückte in den Hintergrund, denn die Serie entstand erst durch die Summe der Exponate und profitierte von deren Anzahl. Andererseits stärkte sie jedes ihrer Glieder und verlieh damit auch dem unbedeutendsten Objekt Relevanz, indem sie es innerhalb der Form an einem zeitlichen Punkt und im Umfeld eines Typus verortete. Nicht zuletzt konnte die Serie als verschachteltes Ensemble innerhalb der größeren Form das Medium mühelos akkumulieren, indem sie sich nach einer Seite hin fortsetzte oder um Mittelglieder erweiterte. Auch die vielen Waffen, die in Essenweins Amtszeit ans GNM gelangten, ließen sich problemlos an eine bestehende Serie andocken. Indirekt bedingten daher die Sammelerfolge eine serielle Art des Ausstellens, denn die schiere Anzahl erforderte eine Reorganisation der Exponate, wollte das GNM die Anlagen der Sammlung und Ausstellung möglichst kongruent halten.

Serien wurden für Essenwein zum wichtigsten Ordnungsinstrument einer Ausstellung, sodass Boeheim später resümierte: Essenwein „nimmt sich ein Object [das heißt einen Typus; F.K.] und beobachtet dessen Entwicklung Schritt für Schritt vom frühen Mittelalter bis ins 17. Jahrhundert. Für die Belehrung hat er im Gebiete das Beste geleistet." (Boeheim 1897: 4) Wie es am Zitatende anklingt, waren die Serien in Essenweins didaktischem Ansatz auf das Museumspublikum zugeschnitten. Davon abgesehen, dass sie diesem einen Überblick der Waffentypen lieferten, stellten sie oftmals einen Bezug zur Gegenwart her. Chronologie und Typologie wurden im Wegweiser deshalb als Grundprinzipien der Ausstellung kommuniziert:

> Die Sammlung ist, soweit es die Verhältnisse zuliessen, chronologisch geordnet [...]. Es sind jedoch in einzelnen Reihen auch die gleichartigen Waffen möglichst zusammengehalten, so dass die Entwicklung jeder Gattung leicht verfolgt werden kann. (Wegweiser 1884: 69)

Wurde die Chronologie anfangs noch auf die Anordnung einzelner Waffen appliziert, wandte das GNM sie bald auf ganze Schauräume an. Denn die Waffen wurden nicht nur nach ihrem Typus auf verschiedene Säle verteilt, sondern ebenfalls nach ihrem Alter. Dies zeigte die um 1890 vorgenommene Aufteilung der mittelalterlichen Waffen im Erdgeschoss und der frühneuzeitlichen Waffen im ersten Stock des Augustinerbaus. Typologisch von diesen Waffen geschieden, wurden die Artilleriewaffen in einer eigenen Geschützhalle nach Kalibern geordnet, von tragbaren Handbüchsen über größere Stein- und Tarrasbüchsen, Schlangen, Metzen und Falkonette bis hin zu den großen Geschützrohren aus Rhodos und Konstantinopel. Um die chronologisch aufsteigende Anordnung der Stücke einzuhalten, schlossen die französische Kriegsbeute, eine Mitrailleuse und ein Pariser Hinterladergeschütz, sowie Kanonen aus Württemberg, Sachsen und Preußen die Aufstellung ab (vgl. Wegweiser 1884: 74–76).

4.2.5 Der Standesherrensaal 1876–1902

Inwiefern Chronologie und Typologie die Form in der Ausstellung bestimmten, demonstrierte ab 1876 der Standesherrensaal für die Dauer eines Vierteljahrhunderts. Nahe der Eingangstür befanden sich Waffen des 10. bis 14. Jahrhunderts, während am Saalende solche des 19. Jahrhunderts zu finden waren. Dazwischen waren die Waffentypen in Serien nach ihrer chronologischen Entwicklung und Ausdifferenzierung gestaffelt, wie eine Aufnahme von Ferdinand Schmidt beweist (Abb. 24)[76]. Inwieweit die serielle Reihung die Ausstellung organisierte,

Abb. 24: Ferdinand Schmidt,
Harnische und Sattel im Standesherrensaal, 1902

lässt sich an einer in der diagonalen Raumecke aufgenommenen Photographie des Standesherrensaales zeigen, die in Rudolf Albrechts Dokumentierungsprojekt des Hauses veröffentlicht wurde (Abb. 18). Darauf sind große Bereiche der rechten Bildhälfte von abgezäunten Gestellen belegt, auf denen Exemplare eines Waffentyps gereiht waren. Die Gestelle füllten die Saalmitte aus und ließen sich von beiden Längsseiten her betrachten; von vorne nach hinten waren Gewehre, Stangenwaffen und Schwerter zu sehen. Angeheftete Schilder nummerier-

76 Diese späte, lange Zeit fehldatierte Photographie (vgl. Willers 1978: 843, Tafel 424; Scherer 1999: 145, Tafel 119) zeigt die serielle Anordnung der Harnische und Sättel an der Längswand.

ten die Reihen und erleichterten zugleich die Identifikation der Stücke mithilfe der Wegweiser. Wie früher im Kleinen Kreuzgang standen an den Längsseiten des Saales vor den Fenstern separat auf Holzpflöcken die Voll- und Halbharnische sowie die Künsberger Rüstteile, nun aber passender neben militärischen Sätteln (vgl. Wegweiser 1879: 21). Nahe bei den Harnischen wurden als Ergänzung zu diesen Schutzwaffen die Schilde und Helme aufbewahrt, wobei Typen wie Tartschen und Setzschilde sowie Becken-, Sturmhauben und Eisenhüte vertreten waren.

Eingerahmt von diesen Schutzwaffen enthielten längliche Gestelle in der Saalmitte die Blankwaffen. Von hochmittelalterlichen Einhandschwertern, schweren Zweihändern und Schlachtschwertern, Panzerstechern, Jagdschwertern, Fechtschwertern und Dolchen, ritterlichen Spießen, Helmbarten, Partisanen, Sturmgabeln, Sensen, Turnierlanzen, Trabanten- und Paradewaffen bis hin zu Messern, Morgensternen und Streitäxten und -hämmern fand sich eine breite Palette an (Sub-)Typen. Um möglichst viele Exponate in einer Reihe zu präsentieren, wurden die Zweihänder und Schlachtschwerter abwechselnd mit dem Ort nach oben und nach unten gestellt, damit sich ihre Parierstangen nicht gegenseitig behinderten. Das Resultat ist auf einem in den 1890ern aufgenommenen und mit „Waffensaal im germanischen Museum“ beschrifteten Glasnegativ von Schmidt zu sehen (Abb. 25). Hierauf ist zu erkennen, dass zwischen die Reihen nummerierte Vitrinen gestellt wurden und an den Mittelsäulen auf Kopfhöhe Schilde hingen.[77] Aber auch unter den Stangenwaffen sind zwei Besonderheiten zu beobachten. Erstens widmete sich eine Serie „Bauernwaffen“ (Wegweiser 1896: 119), die in den Bauernkriegen und bei Aufständen Verwendung fanden. Damit übertrug sich Aufseß' Volksbewaffnung zumindest thematisch in den Standesherrensaal, wurde aber deutlicher auf eine soziale Schicht bezogen. Zweitens wurde auf den zivilen Gebrauchskontext, die kunstgewerbliche Bedeutung und die damit einhergehende verminderte waffentechnische Aussagekraft jüngerer Stangenwaffen verwiesen. Aber auch dies wurde militärisch hergeleitet, nämlich aus dem Aufkommen der Feuerwaffen (vgl. Wegweiser 1896: 120). Die Form

77 Eine erhöhte Positionierung von Exponaten war zu ihrem Studium jedoch nicht generell vorteilhaft. So wurde im BNM die Platzierung von Waffen hoch oben an Wänden oder auf großen Schränken beklagt (vgl. Doepler 1902: 320f.).

Abb. 25: Ferdinand Schmidt,
Blankwaffen und Harnische im Standesherrensaal, 1902

der Waffen imitierte dabei frühere militärische Formen: Die Anordnung der Gewehre ähnelte der Linienformation der Kabinettskriege, während die Aufstellung der Zweihänder und Stangenwaffen an die Fronten der Gevierthaufen erinnerte. Somit wurden die Gefechtsformen im militärischen Dispositiv auch optisch referenziert.

Anschließend trafen die Besuchenden in der Nähe der Rückwand auf die mechanischen Fernwaffen. Deren Anordnung stand exemplarisch für ein gängiges Arrangement im Saal: Zunächst wurde ein Handbogen nebst Schutzstücken für die linke Hand gezeigt und die Funktionsweise dieser Objekte erklärt. Daneben wurde der Waffentyp der Armbrust eingeführt, der in verschiedenen Ausprägungen zu begutachten war. Die Intention bestand darin, die sich ausbildenden Modifizierungen und Verbesserungen der Armbrust abzubilden, zum Beispiel Schnepper als Jagdarmbrust, Stahlbügel mit doppelter Sehne und Winden zum Spannen (vgl. Wegweiser 1887: 93). Hierbei wurde die Armbrust selbst als Assemblage einzelner *parts* begriffen, welche der Erläuterung bedurften. Ähnlich wurden auch die Feuerwaffen inszeniert. Neben Exponaten wie der Tannenberger Büchse (W2034), Hakenbüchsen, Jagdflinten, Faustrohren und Pistolen wurden vor allem

Gewehre jeglicher Art ausgestellt. Besonderes Augenmerk lag dabei auf den Gewehrschlössern – erläutert wurde die Konstruktionsweise des Luntenschlosses, Luntenschnapphahnschlosses, Radschlosses, Steinschlosses und des Perkussionsschlosses sowie die Mechanik des Zündnadelgewehrs. An dieser Komponente des Waffentyps ließ sich seine jahrhundertelange militärische Entwicklung verfolgen. Den Rest der jüngeren und jüngsten Feuerwaffen stellte neben den Militärgewehren der Kriegsministerien die Beute aus dem Deutsch-Französischen Krieg dar.

Alle Abbildungen des Standesherrensaales zeigen neben den neuen Gestellen auch Schränke, Kästen und Vitrinen. Diese Möbel dienten als Werkzeugobjekte, um die Exponate in Szene zu setzen. Im Verbund mit den Serien konnten alle Exemplare eines Typs, zum Beispiel eines Dolches, in einen Kasten gelegt werden, während Schränke Jagdgeräte, Munition oder Pulverflaschen beinhalteten. Wegen der identischen und unauffälligen Bauweise geriet die Möblierung nie zu sehr in den Vordergrund, sondern unterstützte die angestrebte Gleichwertigkeit der Waffen. Denn die Möbel sollten „in ihren Formen so einfach sein, daß sie nicht die Augen der Beschauer auf sich ziehen“ (Essenwein 1867: 391). In der Praxis zeigte das in den 1890er Jahren ein breiter Schrank im Erdgeschoss des Augustinerbaus, der in 16 Fächer mit je einem oder zwei Helmen aufgeteilt war (Abb. 26). Von links oben nach rechts unten veranschaulichten die Fächer die Entwicklung der Helme vom 12. bis zum 15. Jahrhundert über Typen wie Beckenhauben, Sturmhauben, Eisenhüte und Schallern. Weil das GNM damals noch keinen originalen Topfhelm besaß, befestigte man zwei Kopien – davon eine des berühmten, in Wien befindlichen Prankher Funeralhelmes mit Zimier (W1914, W1916) – an der Oberseite des Schrankes. Dadurch wurden der fehlende Helmtyp repräsentiert und gleichzeitig die Nachbildung von den Originalen geschieden. Auf diese Weise fungierten sogar die Werkzeugobjekte als physische Entsprechung der Ordnungsprinzipien Essenweins. Wie das Medium – die Exponate – reflektierten sie die Form, ohne diese aber selbst hervorzubringen. Sie bedingten das Ausstellen von Waffen *nach* der malerischen Form. Doch teilten die Möbel ein Problem der waffenkundlichen Form: die Überfülle an Exponaten, durch welche die Systematisierung in Unordnung umzuschlagen drohte. Deshalb musste die Form sorgsam austariert werden: Am

Abb. 26: Rudolf Albrecht, Helmschrank, Brust- und Rückenstücke im Augustinerbau, 1896

BNM wurden aufgrund der „unvermeidlichen museumsmässigen Glaskästen“ (Bassermann-Jordan 1902: 283) eine „starke Ueberfüllung und keinerlei System für eine bestimmte Zusammengehörigkeit bestimmter Arten“ (Doepler 1902: 321) beklagt. Im GNM enthielten viele Schränke daher nur Waffenzubehör.

4.2.6 Reziprozität. Angriffs- und Verteidigungswaffen

Durch die Aufstellung der Waffen in Serien, das heißt in chronologischen Reihungen für jeden Waffentyp, wurde der instruktive Aspekt der Schauanordnung für die Besuchenden unmittelbar ersichtlich. Die Geschichte der Waffen konnte im Museum an den Repräsentanten der Typen verfolgt werden. Die Serialisierung barg aber auch Nachteile, da sie die Ausstellung gleichförmig und statisch machte; man lief die Reihen ab, ohne vor einem Einzelstück zu verweilen. Statt die Waffengeschichte an Ereignisse, Personen oder Vorstellungen zu koppeln, sah sich das Publikum einer Abfolge unzähliger Typen und Zeitabschnitte gegenüber. Die Form der Ausstellung glich einem Zeitstrahl oder einem verästelten Diagramm und damit Darstellungsmodi, wie sie sich in waffenkundlichen Abhandlungen fanden. Dadurch drohten die Exponate hinter ihrer Funktion in der Form zu verblassen.

Um dieses Problem zu beheben, sollten die verschiedenen Serien nicht isoliert bleiben, sondern miteinander interagieren. Den Grund für die Interaktion entnahm das GNM ebenfalls der Waffenkunde: die Reziprozität, die über Kausalzusammenhänge die verschiedenen Typen aufeinander bezogen hatte. Sie beschrieb das wechselseitige Verhältnis von Angriffs- und Verteidigungswaffen oder, wie es im 19. Jahrhundert oftmals hieß, Trutz- und Schutzwaffen. Essenwein unterschied ausgehend vom Träger zwei Arten von Waffen, „um seine Widerstandsfähigkeit zu erhöhen (Schutzwaffen) und seine Kräfte zu mehren, um den Gegner sicherer zu treffen (Angriffswaffen)“ (Anzeiger 1884–86: 98). Die Reziprozität erlaubte es, die Waffengeschichte entlang einer Differenz aufzufächern: In Schlaufen konnte thematisiert werden, wie Angriffswaffen einen verbesserten Körperschutz bedingten, der wiederum modifizierte Angriffswaffen hervorbrachte, deren Wirkung ihrerseits von neuentwickelten Rüstungsteilen abgedämpft werden sollte, und so fort. Das deterministische Narrativ des innovationsfördernden Krieges wiederholte sich auf der Mikroebene an der Form der Waffen selbst. Wie die Serialisierung wurde auch die Reziprozität explizit in den Museumsschriften hervorgehoben. So lieferte der Wegweiser das Beispiel des sogenannten Gänsbauchs, einer Kante am Bruststück zum Abfälschen von Kugeln (vgl. Williams/Edge/Atkins 2006):

> Die Ausbildung der Feuerwaffen setzte dem Fortschreiten der Schutzwaffen allmählich Grenzen. Man versuchte im 16. Jahrh. noch eine Zeit lang, durch Stärke der Harnischtheile dem Andrange der Kugeln Widerstand zu leisten, und zum Theil mit Erfolg, wie zwei Brustharnische in unserer Sammlung zeigen, welche die Spuren abgeprallter Kugeln an sich tragen. Durch Einführung des sogen. Gänsebauches […], einer scharfkantigen Zuspitzung des Harnisches auf der Brust, welche das Abgleiten der Kugeln bewirken mußte, suchte man jene Widerstandsfähigkeit zu erhöhen. Auch von dieser Art hat das Museum einige interessante Beispiele aufzuweisen. (Wegweiser 1872: 20)

Durch die Reziprozität ließen sich Angriffs- und Verteidigungswaffen in ein Verhältnis setzen und die Serien innerhalb der Ausstellung aufeinander beziehen. Dies beförderte eine weitere Abstrahierung der

Gewalt. Indem die Waffen über die waffenkundliche Form nach Typus, Alter und Zweck taxiert wurden, geriet ihre Entwicklung zu einem historisch gefestigten Faktum, das sich anstandslos mit der Geschichte anderer Objektgattungen vergleichen ließ. Die Wellenbewegungen und Sprünge im Verlauf der Waffengeschichte und die fortschreitenden technischen Verbesserungen machten eine teleologische Geschichtsschreibung der Waffen salonfähig. Menschliche Akteure wurden dabei nur in ihrer Funktion als militärische Hersteller oder Träger von Waffen herangezogen. Deshalb wurde an den Abdrücken der abgeprallten Kugeln auf den Harnischen nicht die im Gefecht angerichtete Gewalt untersucht, der sich Menschen ausgesetzt sahen, sondern die Funktionstüchtigkeit der Harnische als Verteidigungswaffen unter Beweis gestellt. Zugleich belegten die Aufprallspuren den Einsatz der Harnische als Feldwaffen im Gefecht. In summa wurden Konflikte und Kriege nicht als Orte der Gewalt betrachtet, sondern als Vehikel waffentechnischer Innovation und als Feld, auf dem sich diese aktualisierte. Mit dem Ende ihrer Romantisierung setzte eine Versachlichung der Waffe ein, die sie als wissenschaftlichen Gegenstand etablierte. In Abhängigkeit zum militärischen Dispositiv entwickelte sich ein Wissen über Waffen, das bald als standardisiert und gesichert galt und in Museen wie dem GNM ausgebreitet wurde. Dieses vermeintlich objektive Wissen begünstigte die Auslagerung kriegs- und gewaltkritischer Positionen, indem es die Waffen in einer Form koppelte und in einer Assemblage verortete, die auf dem Bild des gemeinen, unbekannten Soldaten fußte, ohne diesen zu personalisieren oder Einzelschicksale zu diskutieren. Der soldatische Körper war immer nur als Träger und Führer von Waffen präsent, als realisierende Instanz der Potenziale. Wie die 1870er Jahre zeigten, ließ sich das Wissen über Waffen politisch instrumentalisieren, wobei Aspekte physischer Gewalt und emotionalen Leides verdeckt wurden. Letztlich wurde damit der Grundstein für die Vereinnahmung historischer Waffen zur Jahrhundertwende bereitet, wie sie auch im GNM vorfindbar war. Trotzdem revidierte die Reziprozität das Verhältnis der Waffen zur Nation, da fremde Waffen unter dem Gesichtspunkt des Einflusses auf hiesige Waffen in die Form integriert werden konnten. Zwar ging es dem Museum weiterhin um die „Geschichte der deutschen Kultur“, aber ausländische Waffen wurden dort behandelt, „wo sie zur Erklärung der deutschen Verhältnisse nöthig sind“ (Essenwein/Frommann 1872: 8; vgl. Burian 1978: 140).

Mit der Waffenschau im Standesherrensaal hatte Essenwein die Abstimmung der Ausstellung auf die Sammlung vorläufig erreicht. Die Form der Sammlung war kein privat zusammengetragenes Konglomerat von Altertümern, sondern bildete ein feingliedriges wissenschaftliches System, das jedem Objekt seinen Platz in der Waffengeschichte zuteilte. Die Form der Ausstellung fiel mit dem Sammlungszweck zusammen und setzte als physische Entsprechung der Sammlung konsequent deren Prinzipien um, in denen sich der Erwerb und das Zeigen von Waffen verschränkten. Hätte die vorherige freie, ungebundene Ausstellungsweise ohnehin nicht mit dem Sammlungswachstum Schritt halten können, löste sich dieses Hindernis elegant durch die Einführung der Serien auf. Die Waffen erzeugten eine gemeinsame Form, die jedes Exponat zu einem waffengeschichtlichen Fixpunkt machte. Indes führten Typologie, Chronologie und Reziprozität zu einem neuen Problem. Denn in der Aufseß-Ära hatte die überschaubare Menge an Waffen noch keine Vollständigkeit proklamiert. Der Reiz der alten Waffenhallen lag außer der geschmackvollen Komposition im überraschenden Auffinden von Kuriosa wie dem seltenen Turniersattel oder einer Vitrine mit Prunkwaffen, ohne dass die Ausstellung die Absicht ernstlich verfolgt hätte, die Entwicklung der Waffen erschöpfend zu erzählen. Nun jedoch wurde mit der waffenkundlichen Form beansprucht, die mitteleuropäische, mindestens aber die ‚deutsche' Waffengeschichte mit allen wichtigen Typen und Perioden abzudecken (vgl. Essenwein 1877c: V). Um diesem Ziel gerecht zu werden, gestattete der Hofantiquar Sigmund Pickert dem GNM, „aus seiner reichen Sammlung alles auszuwählen, was zur Ausfüllung der Lücken dienen konnte, und dasselbe, ohne es zu erwerben, als sein Eigenthum bei uns aufzustellen" (Jahresbericht für 1876: 2). Spätestens seit den 1870er Jahren standen einer raschen Behebung der Lücken aber zwei Faktoren entgegen. Zum einen waren historische Waffen, insbesondere solche des Mittelalters, zu einer Rarität geworden, die bereits mehrheitlich in öffentliche und private Sammlungen eingegangen war. Zum anderen und damit einhergehend stiegen die Handelspreise für Waffen rasant an. 1880 echauffierte sich Essenwein über englische Sammler, die bereits viele historische Waffen ins Ausland gebracht hätten, und über den Unwillen in Deutschland, die rückblickend geringen Preise für die Waffen aufzubieten (vgl. Essenwein 1880: 205f.). Deshalb stellte der Direktor zwei Jahre später eine Erwerbsliste mit prioritär zu besorgenden Waffen auf, wobei dem Sammlungsetat ein Betrag über 140000 Mark zugesprochen wurde, von denen 50000 Mark auf den Ankauf von Turnierobjekten entfallen sollten (vgl. Essenwein 1884a: 46; Anonymus 1889b). Auch bei der Liste folgte Essenwein seinen museologischen Prinzipien: Statt spezifische Objekte für den Erwerb zu benennen, gab er Typen vor.

4.3 Provenienz als Fluchtlinie. Der Saal der Kriegsmodelle

Viele Jahre über Essenweins Lebzeit hinaus existierte die waffenkundliche Form im GNM, auch wenn sie bald nicht mehr die Sammlung und Ausstellung komplett in Beschlag nahm. Bevor andere Formen neben ihr emergierten, ergab sich frühzeitig ein kleiner Riss, der spätere Fluchtlinien der Musealien vorwegnahm. Dieser bestand in der Provenienz und Ausstellungsgeschichte der Objekte der Kriegsmodelle des Kleinen Nürnberger Zeughauses. Im Kleinen Kreuzgang noch bei Geschützen und Harnischen positioniert, wurden die Modelle nach der Einrichtung des Standesherrensaales von sämtlichen Exponaten der Waffensammlung getrennt. Zunächst waren sie mit Modellen von Winden, Mühlen, technischen Werkstätten, einem Bergwerk und landwirtschaftlichen Geräten in einem Kreuzgangsflügel zu sehen. Obwohl sie thematisch mit dem Militärwesen verbunden waren, entschied sich das Museum, die Modelle nach ihrer Objektgattung zu begreifen und Modellen aus zivilen Kontexten beizumengen. Entsprechend wurde der Ausstellungsbereich nicht als Waffen-, sondern als Modellsammlung bezeichnet, auch wenn die Wegweiser betonten, wie präzise einige Modelle das Geschützwesen zur Zeit des Dreißigjährigen Krieges abbildeten (vgl. Wegweiser 1880: 39–41).

Jedoch wurden die Kriegsmodelle Anfang der 1890er Jahre in einen eigenen Obergeschosssaal im inzwischen errichteten Südbau gebracht. Eine Aufnahme zeigt den Saaleingang und drei breite Schränke, in denen die Modelle aufgestellt waren (Abb. 27). Entlang der Wand bildeten die Umrisse der Ziegel eine Art Festungsarchitektur, die oben durch aufgemalte Zinnen abgeschlossen wurde, über denen sich in regelmäßigen Abständen Kapitellsäulen befanden. In der oberen Ecke ist die Darstellung eines knieenden Engels zu sehen, der einen Stechhelm und ein Dreieckschild nach unten hält. Ungeachtet dieses Dekors, das zusammen mit der historistischen Fassade des Südbaus an den

Abb. 27: Rudolf Albrecht, Saal der Kriegsmodelle im Südbau, 1896

Augustinerbau erinnerte, sollte die nüchterne Inszenierung der Modelle in den Schränken auf ihre militärische Herkunft verweisen, weshalb die Wegweiser die Maßstabstreue der Gewehre, einer Feldschmiede und der behelmten Kriegerpuppen auswiesen (vgl. Wegweiser 1893: 98f.). Auch hier verfuhr das Museum chronologisch bis ins 19. Jahrhundert und ergänzte das Kleine Nürnberger Zeughaus um jüngere Modelle. Wurden die Kriegsmodelle daher ebenfalls in die waffenkundliche Form eingepasst?

Die Kriegsmodelle waren nicht aus typologischen Gründen isoliert worden, sondern ihrer Herkunft wegen. Der Schausaal griff die

Provenienz der Objekte in den Privatsammlungen der Patrizierfamilie Grundherr und Hertels auf (vgl. Murr 1801: 472; Osterhausen/Wilder 1819: 186f.; Bub 1930: 66). Anstelle eines Objektvergleichs echter und modellierter Waffen wurde die Geschlossenheit der Gruppe priorisiert, wodurch sie eine eigene Form ausbildete. Statt zu den militärischen Waffen in Realgröße nahmen die Modelle untereinander Verbindungen vor; statt Größenverhältnisse und technische Details an den Feldwaffen aufzuzeigen, wurden die Modelle als Ensemble von Miniaturen exponiert. Deshalb wurden die Wegweiser nicht müde, die Provenienz des Kleinen Nürnberger Zeughauses im ‚großen' städtischen Zeughaus und ihre Herstellung durch den Zeugmeister Johann Carl zu erwähnen (vgl. Wegweiser 1880: 39f.; Wegweiser 1896: 192f.). Ausgehend vom Medium selbst, nämlich von dessen vormusealem Werdegang, wurde zum ersten Mal ein Ort in den Blick genommen, an dem ein Objekt nicht nur für militärische Zwecke exponiert worden war (vgl. Neumann 1992a: 118f.). Denn im Zeughaus hatten sich die Modelle in der Kammer des Zeugwarts befunden, wo sie Gästen der Stadt gezeigt wurden: „Wir besahen darauf auch des Zeugwärters Zimmer und die daselbst befindlichen mancherley kleine Modelle von Artillerie-Fortifications-Mathematisch-Mechanisch- und anderen Sachen […]." (Monconys 1697: 732) Obwohl die Kriegsmodelle im militärischen Dispositiv wurzelten, demonstrierten sie zum ersten Mal spektatorische und nichtmilitärische Verwendungszwecke. Was sich im Saal der Kriegsmodelle nur andeutete, wurde mit den neuen Turnierwaffen vorangetrieben. Indem diese ein weiteres Dispositiv einführten, höhlten sie die waffenkundliche Form aus.

5 Turnierwaffen. Die Form des Turniers

5.1 Das Kategorisierungsproblem von Turnierwaffen

Der 16. August 1889 markiert das Datum des bedeutendsten Zuganges in der Geschichte der Waffensammlung, denn an diesem Tag wurde die Sulkowskische Sammlung für einen angesichts der Stücke äußerst geringen Preis an das GNM verkauft (vgl. ZR 1889/10008 a). Obwohl sich diese Sammlung im Besitz des polnischen Fürstengeschlechts Sulkowski auf der niederösterreichischen Burg Feistritz befunden hatte, bestand sie hauptsächlich aus historischen Waffen des städtischen Zeughauses in Nürnberg (vgl. GNM 1889: 241–251). Nach den Bronzerohren aus dem Orient konnte Essenwein einen weiteren Coup feiern: Die mehrere hundert Exemplare umfassende Sammlung beseitigte auf Anhieb die Schwächen und Leerstellen, welche Essenwein sieben Jahre zuvor unter den Waffen festgestellt hatte. Zugleich erweiterte sie die GNM-Waffen um ein thematisches Feld, denn das Herzstück der eingetroffenen Objekte bildete eine Gruppe von Turnierwaffen: elf Turnierpanzer, davon sieben Stechzeuge und vier Rennzeuge, zudem ein Stechhelm, acht Brechscheiben, Armteile, Achselschutzscheiben, Verstärkungsstücke und ein sogenannter Türkenkopf – ein Turnieraccessoire in Gestalt einer rassistisch motivierten Pappzielscheibe (vgl. GNM 1889: 241–243).

Diese Stücke konnten nicht reibungslos in die waffenkundliche Form integriert werden. Zum einen war der Standesherrensaal seit Jahren überfüllt, zum anderen ließen sich die Turnierwaffen nicht ohne Weiteres mit den Feldwaffen zusammenführen. Denn die neuen Musealien verwiesen nach dem militärischen auf ein zweites Dispositiv von Waffen: zivile spätmittelalterliche Turniere. Zwar waren vereinzelte Turnierwaffen wie der Sattel der Paulsdorfer, der Deggendorfer Turnierschild und Turnierlanzen in den früheren Ausstellungen vorfindbar gewesen. Doch diese wenigen Exponate hatten keine gemeinsame Form etabliert, sondern waren unter Waffentypen wie ‚Schild‘ und ‚Stangenwaffe‘ subsumiert worden. Statt nach Gebrauchskontext und Anwendungszweck waren diese Waffen nach ihrem Äußeren aufgeteilt worden. Jegliche sportliche oder spielerische Kontextualisierung von Waffen beim Turnier oder bei der höfischen Jagd (s. Kap. 6.) war als Kriegsspiel ebenfalls aus dem militärischen Dispositiv deriviert worden: „Die Waffen, welche zur Jagd gedient, können ja ohnehin nicht von denen getrennt werden, welche im Kriege oder im Waffenspiele benutzt wurden.“ (Essenwein 1870a: 21) Im teleologischen Verlauf der Waffengeschichte, wie ihn die waffenkundliche Form vorgeschrieben hatte, ergab der Fokus auf das militärische Dispositiv durchaus Sinn, da sich Turnierwaffen im Hochmittelalter nur geringfügig von Gefechtswaffen unterschieden und auch später noch von diesen beeinflusst wurden.

Indes trieb eine mögliche Zuordnung von Turnierwaffen nicht allein das GNM um, denn zivile Verwendungskontexte gaben Waffenkundlern ein Kategorisierungsproblem auf, das auf verschiedene Weise beantwortet wurde. Zumeist flottierten Turnierwaffen als Sonderfall der einzelnen Waffentypen, so etwa bei Guy F. Laking (vgl. Laking 1921: 115f.) und bei Bashford Dean, wo den Turnierharnischen zwar ein Kapitel unter den frühneuzeitlichen Harnischen zustand, sie dort aber aus ihrem Gebrauchskontext heraus beschrieben wurden (vgl. Dean 1915: 63–67). Dagegen platzierte August Demmin die Turnierhelme genealogisch unter dem übrigen Kopfschutz bei den Topfhelmen, und für das Turnier bestimmte Brust- und Schulterschilde, Rüsthaken, Brech- und Schwebescheiben bei den Harnischkomponenten (vgl. Demmin 1869: 274f.; Demmin 1893: 481–485). Samuel Meyrick unterschied „varieties“ (Meyrick 1842: IX), turniereigene Unterarten oder Bestandteile eines Waffentyps, funktional und optisch von den militärischen Waffen abgesetzt. Derweil ließ Wendelin Boeheim die Turnierwaffen auf die Militärwaffen folgen und begründete dies mit der späten Entstehung genuiner Turnierwaffen: „Bis ins 14. Jahrhundert blieb die Ausrüstung und Bewaffnung im Turniere dieselbe wie im Kriege.“[78] (Boeheim 1890: 519; vgl. Neuhaus 1927: 470) Die Uneinigkeit der wissenschaftlichen Texte über das Verhältnis von Turnier- und Feldwaffen zeigte sich auch in den Ausstellungen. Während die Turnierwaffen mancherorts isoliert wurden, befanden sich im Rittersaal

78 Auch danach gab es Überschneidungen zwischen Feld- und Turnierwaffen, zum Beispiel in Gestalt von modularen Harnischgarnituren, die für diverse Einsatzzwecke angepasst werden konnten.

auf Schloss Erbach Turnierrüstungen neben Prunk- und Kriegsharnischen (vgl. Kress 1832: 5–21; Glüber 2006: 42–47). Grundsätzlich kann beobachtet werden, dass dem Turnier ab einer größeren Menge von Exponaten auch inszenatorische Aufmerksamkeit zuteilwurde.[79] Daher traten am GNM mit der Ankunft der Sulkowskischen Sammlung Turnierbezüge neben die militärgeschichtliche Betrachtung. Damit buchstabierte die Ausstellung nicht mehr nur das Sammlungsprinzip aus, sondern reflektierte auch die Herkunft der Musealien. Die Beziehung zum Exponat kehrte sich um: War die Bedeutung eines Stückes zuvor aus seiner Zugehörigkeit zur abstrakten Form generiert worden, lag sie nun in der Provenienz der einzelnen Waffe, die aus der Inszenierung hervorgehen musste. Beispielsweise wurde ein Turnierhelm anders in Szene gesetzt als ein Schnapphahnschlossgewehr, weil jener im kulturellen Gedächtnis mit dem Rittertum assoziiert wurde, während das Gewehrschloss zunächst als Abweichung von anderen Schlosstypen hergeleitet werden musste. Statt von einem standardisierten Typus auszugehen und die Exponate nach dem Verwandtschaftsgrad zu diesem zu bestimmen, funktionierten die Turnierwaffen in der Ausstellung vor allem durch ihre individuelle Provenienz. Dieses Phänomen entfaltete sich exemplarisch an den elf Turnierzeugen der Sulkowskischen Sammlung, insbesondere den sieben Stechzeugen. Diese Waffen brachten Potenziale mit sich, die bereits vor dem Museum zu ihrer Exponierung geführt hatten und nun im GNM angezapft werden sollten. Im Museum, aber auch in der Öffentlichkeit wurde ihre wendungsreiche Geschichte deshalb vielfach thematisiert (vgl. Anonymus 1889a; Anonymus 1889b; Bösch 1889; Essenwein 1889; Jahresbericht für 1889: 1–3; List 1923: 6; Kunze 1938: 8). Im Folgenden werden drei prämuseale Ausstellungskontexte der Turnierzeuge betrachtet, die einen Einfluss am GNM geltend machten: die sogenannten Nürnberger Gesellenstechen, das städtische Zeughaus und die Schauräume der österreichischen Burg Feistritz.

---

79 Während dieser Umstand kaum verwundert – besitzt ein Museum eine große Anzahl alter Münzen, so empfiehlt sich eine numismatische Abteilung –, lassen sich Turnierwaffen leichter thematisch zusammenfassen als etwa militärische Waffen wie Zweihänder und Faustrohre.

5.2 Die Medialität der GNM-Turnierzeuge

Die Turnierzeuge der Sulkowskischen Sammlung bestehen aus sieben Stechzeugen (W1312–W1318) und vier Rennzeugen (W1307–W1310), die vom späten 15. bis zum mittleren 16. Jahrhundert in Nürnberg angefertigt wurden (Abb. 28). Im Anschluss an ihre Untersuchung 1988 unterschied Walter Karcheski zwei Helmtypen der Stechzeuge. Während die beiden jüngeren Exemplare des zweiten Typs zweifelsfrei

Abb. 28: Stechzeug aus dem Nürnberger Zeughaus, 21. Jahrhundert

vom Plattner Valentin Siebenbürger stammen, galt der Hersteller der fünf älteren Exemplare des ersten Typs als unbekannt. Karcheskis Ergebnisse deuten jedoch auf die Werkstatt Konrad Polers hin: „The [...] characteristics, construction and form common to the Nuremberg type I helms suggest that they are from Poler's shop, if not by the master himself." (Karcheski 1993: 191) Die beiden älteren der vier Rennzeuge tragen das Nürnberger Wappen und die Jahreszahl 1498, die jüngeren die Marke Wilhelms von Worms dem Älteren, Siebenbürgers Schwiegervater.[80]

5.2.1 Das Dispositiv des Turniers

Geschmiedet wurden alle elf Turnierzeuge für die auf dem Nürnberger Hauptmarkt veranstalteten Gesellenstechen[81] und Rennen, an denen sich angesehene Patriziersöhne der Stadt und bisweilen adelige Gäste beteiligten. Galten Turniere im Hochmittelalter noch als spielerische, aber nicht ungefährliche Möglichkeit, gemeinsam mit anderen Rittern Reitmanöver für das Gefecht zu proben – und damit das Spiel am Ernstfall des Krieges auszurichten –, so veränderte sich ihre Funktion etwa ab dem 14. Jahrhundert. Als Turniermodus wurde mehr und mehr die Tjost, der regelbasierte ritterliche Zweikampf, vor dem Buhurt und der Turnei, Massenkämpfen in offenem Gelände, präferiert. Derivierte Modi entstanden, zum Beispiel das Gestech bzw. Stechen, bei dem mit abgestumpften Lanzen[82] angeritten wurde, und das Ren-

80 Die Werkstatt beider Plattner befand sich im Pilatushaus am Tiergärtnertorturm, wo später Aufseß wohnte.

81 Woher der Name der Gesellenstechen rührt, geht auf verschiedene Erklärungen zurück. Manche sehen seinen Ursprung in einem Turnierverbot des Landadels für die Patrizier, da es jenem missfiel, dass sich diese das angestammte Turnierrecht des Adels anhefteten. Als Reaktion der Städter nannte man die Ereignisse eben nicht ‚Turniere', sondern ‚Gesellenstechen' (vgl. Körber 1859: 13; Altenau 1883: 62; Endres 1982: 93f.; Endres 1988: 226f.). Wenngleich die adelige Missgunst nicht von der Hand zu weisen ist, kann sie nicht allein als ausschlaggebendes Motiv für die Namenswahl angeführt werden, da ‚Gesellenstechen' auch andernorts stattfanden und die nürnbergischen Stadtchroniken ebenfalls von ‚Turnieren' berichten. Daher beruft sich eine zweite Erklärung auf den Umstand, dass Gesellen, also junge Patrizierabkömmlinge, bei den Kämpfen mitwirkten (vgl. Lochner 1845: 10f.). Von vielen Nürnberger Stechen ist aber bekannt, dass daran auswärtige Gäste teilnahmen. Schließlich führt ein dritter Ansatz zum Austragungsmodus der Turniere zurück (vgl. Windsheimer 1988: 8). Demnach sei das Gesellenstechen „ein ritterspiel mit einzelkämpfen, gesell gegen gesell […], im gegensatz zum buhurt oder turnier, wo schar gegen schar rennt und sticht" (Hildebrand/Kant 1897: 4043). Es handelte sich um eine Reihung einzelner Duelle oder Tjosten, die synchron nebeneinander stattfinden konnten.

82 Wegen des sogenannten Krönleins oder Krönigs als Lanzenspitze, von dem sich ein Exemplar (W2081) im GNM befindet, wird diese Turnierart auch als Krönleinstechen bezeichnet.

nen, das seinerseits eine Vielzahl von Unterarten hervorbrachte (vgl. Boeheim 1890: 534-561). Mit dem Format veränderten sich auch die Veranstaltungsorte, denn die früheren Naturareale wichen eingegrenzten Kampfplätzen bei und in Städten. Zu den Turnierkämpfern gesellten sich als Akteure nun Schiedsrichter, welche die Einhaltung der Regeln überwachten, und Zuschauer:innen, welche die coram publico ausgetragenen Duelle mit Spannung verfolgten (vgl. Gurlitt 1889: 7f.; Gessler 1931: 16; Elias/Dunning 1984; Fleckenstein 1985; Wozel 1990; Barber/Barker 2001; Anderson 2017; Meyer 2017; Pfaffenbichler 2017: 15-20). In Anlehnung an die „Hegung oder Begrenzung des Krieges" (Schmitt 2017: 91) kann von einer Hegung des Turniers gesprochen werden, das vom militärischen in den soziokulturellen Bereich überging und die Freund-Feind-Unterscheidung während der Zweikämpfe auf den kleinen Kreis der Patriziats- und Adelsgesellschaft beschränkte.

Kurzum, das Turnier wurde kulturell von einer kriegerischen Gruppenübung zu einem repräsentativen, gesellschaftlichen und spektakulären Ereignis eingehegt.[83] Nach wie vor stellte die Teilnehmerschaft eine soziale Elite dar, denn zum Wettstreit wurde nur eine kleine weltliche und männliche Oberschicht zugelassen, was durch Adelsnachweise überprüft wurde. Deshalb wurde die ständische Abkunft der Beteiligten bei den Turnieren nach außen gekehrt, wozu sich insbesondere Objekte eigneten. Die Sichtbarkeit des Turniers bedeutete damit die Sichtbarkeit sozialer Distinktion, die durch Objekte aufrechterhalten wurde. Diese repräsentative Sichtbarkeit drückte sich in einem Füllhorn von Farben, Wappen und Symbolik, vor allem aber von Waffen aus. Letztere wurden im Zeremoniell und während der Kampfhandlungen ausgestellt, um selbst Wappen und Farben auf ihrer Oberfläche zur Schau zu stellen. Dabei richtete sich die Sichtbarkeit weniger an die Teilnehmenden untereinander als vielmehr an die Umstehenden. Anders als bei Massengefechten waren die Farben seines Kontrahenten für den Duellanten irrelevant – dass jener ihm auf der Turnierbahn entgegenritt, offenbarte ihn ohnehin als Widersacher. Für das Publikum aber wurde die Ausstattung jedes Kämpfers zur Informationsoberfläche. Nicht zufällig wurden die seitlichen Partien der

83 Die Gesellenstechen etablierten eine persistente Traditionslinie. Als Parodie darauf befördern sich die Wettkämpfenden der sogenannten Fischerstechen noch heute mit Stangen von kleinen Booten.

Tjostierenden mit großer Oberfläche – Pferdedecken, schräg anliegende Tartschen, Schulterstücke – und das gut erkennbare Zimier an der Helmspitze in Szene gesetzt, damit die Zuschauenden längs der Stech- oder Rennbahn, wo sich in der Regel die Tribüne befand, bestmögliche Sicht auf diese Objekte hatten. Je mehr die Turnierenden von den immer komplexer geratenden Plattenpanzerungen verdeckt wurden, desto stärker musste ihre Identität materiell signalisiert werden. Im Falle der Gesellenstechen ist neben einer Abschottung nach unten – zum *vulgus*, zum gemeinen Bürger – auch eine Auflehnung nach oben, zum ländlichen Hochadel, zu registrieren: Hierbei konnten das Patriziat und der stadtnahe Kleinadel mit den Privilegien des Landadels, dem das Turnierrecht zustand, zumindest in diesem Punkt gleichziehen (vgl. Niedermann 1980: 75f.). Als Folge wurden die Turnierwaffen mit patrizischer und städtischer Symbolik versehen.

5.2.2 Die Nürnberger Gesellenstechen

In Nürnberg veranstaltete das Stadtpatriziat eine ganze Reihe von Stechen, Rennen und Kolbenturnieren. Von etwa 1400 bis zur Mitte des 16. Jahrhundert wurde meist auf dem Grünen Markt, dem heutigen Hauptmarkt, vor der Frauenkirche im Osten und dem als Tribüne genutzten Rieterschen Patrizierhaus im Süden unregelmäßig eine Vielzahl von Turnieren abgehalten (vgl. Windsheimer 1988: 112; Endres 2001: 265). Ca. 20 der vom Stadtrat ausgerichteten, prestigeträchtigen Turniere wurden Gesellenstechen genannt (vgl. Windsheimer 1988: 54). Mitunter gestaltete sich die Teilnahme an den Gesellenstechen äußerst kostspielig, denn die Wettstreitenden mussten für Ausrüstung, Knappen, Pferde, Verpflegung, eventuell anfallende Reisegebühren und Unterkünfte selbst aufkommen (vgl. Steinhausen 1899: 237–241; Endres 1982: 97; Windsheimer 1988: 9, 123–127). Neben dem physischen Geplänkel auf dem Turnierplatz entwickelte sich ein zweites, ästhetisches Wetteifern darum, mit beeindruckendem Rüstzeug aufzuwarten und sich gegenseitig im Prunk zu überbieten (vgl. Roth von Schreckenstein 1886: 667f.; Endres 1982: 98–100).[84] Zugleich entstand als Reaktion darauf eine Kultur des gegenseitigen Verleihens unter Turnierkämpfern

84 Daher lässt sich das Dispositiv des Turniers nicht nur waffentechnisch, sozial- und sportgeschichtlich untersuchen, sondern auch soziologisch nach Aspekten der Mode.

– speziell von Rössern (vgl. Weber 1866: 338f.; Anzeiger 1868: 34; Steinhausen 1899: 237f.) und von Turnierharnischen (vgl. *Allgemeine Zeitung* in GNM-Akten 98.1; Roth von Schreckenstein 1886: 645f.; Anonymus 1889b; Gurlitt 1889: 11f.; Steinhausen 1899: 240).[85]

Für ein souveränes Stadtpatriziat waren derartige Zustände nicht hinnehmbar. Um das ‚Wettrüsten' zu verhindern, die Familien finanziell zu entlasten und die eigene Geschlossenheit zu demonstrieren, gab der aus Oberhäuptern der Patrizierfamilien bestehende Nürnberger Rat bei den städtischen Plattnern die Herstellung von Stechzeugen in Auftrag. In diesem Kontext entstanden auch die Zeuge der Sulkowskischen Sammlung. Seit den 1460er Jahren wurden gleichartige Turnierzeuge angefertigt, „die im Zeughaus aufbewahrt, gelegentlich repariert und bei Bedarf von den Bürgern der Stadt ausgeliehen werden konnten" (Endres 2001: 268; vgl. Windsheimer 1988: 12f.). So zitierte der Anzeiger ein Schreiben des Markgrafen von Brandenburg, der den Nürnberger Patrizier Sebald Rieter um sein Stechzeug und, sollte Rieter keines besitzen, um die Entleihung eines solchen ersucht hatte (vgl. Mummenhoff 1880: 11). Da der Brief von 1487 stammt, bezog sich der Markgraf mutmaßlich auf die Rüstungen im Zeughaus. Zwischen den Gesellenstechen wurden die Turnierzeuge im städtischen Zeughaus und damit in kurzer Entfernung zu ihrem späteren GNM-Standort aufbewahrt (vgl. Karcheski 1993: 181; Nickel/Breiding 2010: 127).[86] Wegen der hohen Nachfrage wurden 1518 und 1535 vom Rat erneut je vier Stechzeuge geordert, 1539 zudem zwei Exemplare beim angesehen Plattner Valentin Siebenbürger (vgl. StAN Rep. 60 b, Nr. 9, fol. 209 r.). Um beim Gestech lädierte Stechzeuge von einem Experten instand zu halten, gestand der Rat diesem in einem Verlass im Mai 1539 außergewöhnliche Privilegien zu: „Dem Sibenbürger, platner, erlauben, 1 jar lang 2 gsellen über die ordnung ze halten, dweil er Meiner Herren [aus Sicht des Ratsschreibers; F.K.] harnaschkamer und stechzeug außpes-

85 Wie sich sparsame und mittellose Adlige untereinander mit Stechzeugen versorgten, illustrieren diverse Briefe und Chronikeinträge (vgl. StadtAN E 29/IV Nr. 331; Müllner 2003: 667).

86 Auch die städtischen Rennzeuge konnten dort entliehen werden. 1506 fand ein Nürnberger Scharfrennen zwischen den im Zank liegenden Patriziern Sigmund Pfintzing und Hanns Thummer statt, bei dem die beiden „auff daß Höfflichste außgeputzt auff die Pahn kummen in gleicher Rustung" (Müllner 2003: 384), was auf die Verwendung der städtischen Rennzeuge schließen lässt.

sern soll."[87] (Hampe 1904: 336) Den Ratsherren war bewusst, welche Bedeutung die Stechzeuge nicht nur für die Turniere, sondern auch für das Stadtpatriziat hatten: Sie waren die Objekte, an denen sich die Repräsentativität des Turniers abzeichnete, und das Turnier war das Dispositiv, in dem die Turnierwaffen repräsentative Funktionen erfüllten.

5.2.3 Sichtbarkeit, Repräsentanz und Gewalt

Vor dem eigentlichen Gestech fand die sogenannte Helmschau statt, bei der die Anwesenheit aller Teilnehmer überprüft und die Ausrüstung kontrolliert wurden (vgl. Roth von Schreckenstein 1886: 623). Durch diese „Beurteilung von Waffen und Zeug vor der Eröffnung des Turniers" (Wozel 1990: 11) setzte man Objekte und Turnierkämpfer zueinander in Relation: Indem die Waffen bei der Helmschau den Partizipanten zugeordnet wurden, ersetzten sie den Namen und das Gesicht des Trägers. In einem repräsentativen Akt wurde offiziell und für alle Anwesenden sichtbar nicht nur die Turnierfähigkeit der Teilnehmer, sondern auch, diese legitimierend, ihre adlige Abkunft festgestellt. Dies geschah ebenfalls durch die Objekte: Wer mit Turnierhelm und -zeug, mit Zimier, Schild, Schwert oder Lanze ausgestattet war, der markierte seinen Stand und seine Privilegien, ohne das Gesicht zeigen zu müssen. Folgerichtig sprechen die Turnierberichte metonymisch von ‚Helmen', welche für die Teilnehmer standen. Disqualifikationen wurden symbolisch an den Objekten geahndet – „nicht adelige oder nicht ehrenwerte Bewerber wurden durch Herunterwerfen des Helmes vom Turnier ausgeschlossen" (Gamber 1985: 520). Die Ablehnung der Objekte zog die symbolische Eliminierung ihres Trägers nach sich. Auch schadhafte Ausrüstung konnte zum Ausschluss führen, wie es 1446 dem Patrizier Sebald Kress widerfuhr:

> Sebald Kreß aber ist auf die Bahn kummen, da die Gesellen schon alle abgestochen hatten, und vermeint erst Ehr zu erjagen, es hat aber niemand mit ihme wollen stechen, zwar nit aus Zagheit, sonder daß am Zeug großer Mangel gewest, derwegen er mit Spott abziehen müssen. (Müllner 1984: 379)

---

87 Dass die kontinuierliche Reparatur der Zeuge notwendig war, legen Bemerkungen über Mängel beim Stechen nahe: „Der [Hanns; F.K.] Starck wurd am Zeug bald schadhafft […]." (Müllner 2003: 683)

Solch öffentliche Demütigung blieb jedoch die Ausnahme, denn bei den Gesellenstechen war in erster Linie die „Gelegenheit zu prestigeträchtigen Auftritten mit ritueller Helmschau und Helmteilung vor großem Publikum gegeben, wodurch die Bedeutung der gesellschaftlichen Zusammenkunft des Adels einer Region außerordentlich erhöht wurde“ (Endres 2001: 264). Noch vor Kampfbeginn beglaubigten die Turnierzeuge die rechtmäßige Ernennung ihrer Träger und repräsentierten diese zugleich für den Rest der Veranstaltung. Ihre glatte, schimmernde Oberfläche schützte nicht nur, sondern war jederzeit für das Publikum sicht- und lesbar, auch weil sie sich bunt mit Farben und Wappen dekorieren und am Scheitel mit einem Helmkleinod versehen ließ. Dadurch ergab sich bei den Gesellenstechen eine Assemblage aus der Waffe, dem Körper des Kämpfers, seinen Wappen, Farben und Abzeichen sowie dem Pferd. Genauer war es der Körper des Patriziats, der durch die Turnierzeuge bezeichnet wurde. Abseits der Waffenführung nach den Gestechregeln ermöglichte die Assemblage es, die Objekte repräsentativ einzusetzen und dem Publikum dadurch Stand und Identität des Trägers zu vermitteln. Denn wie das Museum basierte auch das Turnierdispositiv auf Zusehenden. Welche Zuschauermassen die Gesellenstechen anlockten, schilderte der Nürnberger Dichter Hans Sachs in seinem Gedicht *Das Gesellenstechen* über dasselbe vom 8. März 1538:

> durch ein fenster ich sach / ein wolverschrankte ban / zu der kam iederman / auf rossen, kerrn und wegen / auf leitern, feßern, schregen / stunt volks ein große meng. / da war ein groß gedreng / ein gschrei und laut getöß / von rossen ein gestöß / gar oft ein grüst einbrach / ein schön purzeln man sach. / ringsweis am mark ich wol / sach alle fenster vol / von erbern man und frauen / das ritterspil zu schauen / all heuser stecktn vol innen / auf dechern und auf zinnen / die leut rab schauen teten. / in dem ich ein trommeten / hört samt pfeifen und trummen / oben her sach ich kummen / in hohem zeug acht frecher / gerüster krönleinstecher / ie ein par mit einander / köstlich gebutzt allsander / neben iedem drei narren / loffen, auf in zu harren / auch in sein farb bekleit / vor iedem stecher reit / ein gsell, wie sich gebürt / und seinen spieß im fürt / und zogen also her / ganz höflicher geber / in die verschrankten ban / verhüt durch etlich man / sie teten wenig prangen / der schimpf wart angefangen / ir ieder an der stet / seinen rüstmeister het / der in schraubt aus und ein. (Sachs 1885: 160f.)

Zum einen beschreibt Sachs' Gedicht, mit welcher Begeisterung das Publikum das Turniergeschehen verfolgte. Zum anderen liefert es eine Quelle für die Wahrnehmung der Partizipanten durch die Zuschauenden. So sind die „acht frecher“ für das Hohenzeuggestech mit Krönlein gerüstet und in ihre Farben geschmückt, wobei „köstlich gebutzt allsander“ auf die polierten, glänzenden Stechzeuge gemünzt ist, in welche die Kämpfer von ihren Rüstmeistern geschraubt wurden. Vom sich bietenden Schauspiel beeindruckt, fragt das lyrische Ich nach dem Ausrichter des Turniers:

> ich sprach: wer richt sie [die Turnierkämpfer; F.K.] an? / er sprach: das haben tan / ir vetter, so vor jaren / auch gute stecher waren / dergleich ein erber rat / darin gefallen hat / zu solchem ritterspil / gewendet kostung vil / verordnet und versehen / das kein schad sol geschehen / noch vorteil brauchet wert / mit spieß, zeug oder pfert. (Sachs 1885: 163)

Die Gleichstellung der Teilnehmer verbürgte der Stadtrat, indem er „spieß, zeug oder pfert“ – Lanzen, Stechzeuge und Turnierpferde – zur Verfügung stellte. Denn die Turnierzeuge waren nicht nur Ausdruck ihrer Träger, sondern standen ebenso für den patrizischen Stadtrat. Kontrastiert wurde der glanzvolle Aufzug der Teilnehmer mit dem gefährlichen Kampfgeschehen, bei dem außer den Waffen auch Ross und Reiter an ihre Grenzen gebracht wurden:

> wo eim (wie oft geschach) / etwas riß oder brach / war er doch kurzer zeit / zum treffn wider bereit / schonten einander nit / […] der ganz mark oft erhal / von manchem starken stos / das beide man und ros / oft lagen auf der ban / noch rittens wider dran / als wer in nichtsen drum / zu holen preis und rum. / sie triben tapfer zu / und hetten wenig ru / sam wers in einem kampf / das in der dunst und dampf / her aus den helmen drang. (Sachs 1885: 161f.)

In seinen verknappten Versen entfaltete Sachs die Funktionen der Turnierwaffen inklusive der GNM-Stechzeuge. Zunächst waren sie Signum des Nürnberger Stadtpatriziats, über das nur auf ihr Geheiß hin verfügt werden durfte. In diesem Sinne waren sie zeichenhaft, da sie indexikalisch auf den sozialen Status ihrer Träger verwiesen. Dabei implizierte die beinahe identische Konstruktionsweise der Turnierzeuge eine scheinbare Äquivalenz, die jedoch durch Farben, Wappen und die Kleinodien noch immer komparative Spielräume zwischen den

Teilnehmern offenhielt. Am Leib getragen signalisierten die Zeuge, wer ein Turnierkämpfer und damit adeliger Abstammung war und sein durfte. Demgegenüber waren sie als Gebrauchsobjekte unmittelbar mit dem Körper des Tjostierenden verbunden und gewährleisteten dessen Schutz beim Aufprall auf die Lanze des Kontrahenten. Dabei hatten sie der Gewalt des Wettkampfs zu trotzen, die sogar den gemäßigten spätmittelalterlichen Turnierformaten anhaftete. Noch heute verbürgen Schrammen und Kampfspuren auf den Turnierzeugen eindrücklich die physische Konsequenz der Gesellenstechen. Wo Blessuren bei Sachs als in Kauf zu nehmende, letztlich vernachlässigbare Variable des (lyrischen) Vergnügens verbucht werden, sind Unfälle und unglückliche Zusammenstöße um den Turnierplatz[88] nicht von der Hand zu weisen: „Dem Hirßvogel ist ein Roß auf der Bahn liegen blieben, so hat der Ulstatt im Gedräng einen Mann zu Tod geritten." (Müllner 1984: 379) Gleichzeitig verstärkten drohende Verletzungen die Kompetitivität der Gesellenstechen. Wer aber seine Waffen geschickt führte und im Turnier erfolgreich kämpfte, der konnte sein öffentliches Ansehen steigern, wie es Hanns Starck bei den Stechen von 1538 und 1539 gelang (vgl. Müllner 2003: 667, 683). Wo die eingehegte Gewalt im agonalen Rahmen positiv umgedeutet und gar glorifiziert werden konnte, blieben die plötzlichen Gewaltausbrüche außerhalb der eigentlichen Duelle eine zwar berichtenswerte, aber letztlich hingenommene Begleiterscheinung, was sich mit der Ubiquität von Gewalt im städtischen Alltag erklären lässt. So war die spätmittelalterliche Nürnberger Bürgerschaft ständig mit Gewalterscheinungen und deren physischen und juristischen Konsequenzen konfrontiert (vgl. Groebner 1995). In Erinnerung blieben dagegen die repräsentativen Funktionen der Turnierzeuge.

5.2.4 (Un-)Scharfes Erinnern: Die Gesellenstechen von 1446 und 1561

Obgleich nicht alle Gesellenstechen nach dem gleichen Programm abliefen und oft in größere Festivitäten wie patrizische Hochzeiten oder hoheitliche Besuche eingebettet waren, stellten sie doch wichtige repräsentative, inner- und außerhalb Nürnbergs aufmerksam verfolgte Ereignisse dar, die noch lange nach ihrer Austragung kollektiv erinnert

88 Denn außerhalb der Kämpfe kam es bei Turnieren zuweilen zu Ausschreitungen, sodass die Beteiligten entwaffnet, ein Turnierfrieden ausgesprochen oder sicheres Geleit zugebilligt werden mussten (vgl. Rühl 1985: 43–46).

wurden. Indem sie diese Ereignisse memorierten, kam den Waffen auch im Nachhinein eine tragende Rolle zu. Ganz besonders gilt dies für die beiden Gesellenstechen von 1446 und 1561.[89] So wurde das Stechen von 1446 anlässlich einer Hochzeit zwischen den Patriziergeschlechtern Ebner und Löffelholz von jungen Patriziergesellen durchgeführt,

> […] darein neununddreissig Helm [das heißt Turnierkämpfer; F.K.] eingeritten, deren jeder einen Rüstmeister, einen Stangenführer und zween Knecht zu Fuß gehabt, in seine Farb gekleidet. Die Stecher sein alle geritten in hohen Zeugen, und hat ein jeder sein Wappen mit Schild und Helm-Kleinod geführt. (Müllner 1984: 377)

Was der Ratsschreiber Johannes Müllner nachträglich in seiner Chronik berichtete, bezog sich auf das Verhältnis von sozialer Zugehörigkeit und individuellem Ausdruck: Zwar trugen alle Kämpfer eine Turnierrüstung, alle ritten in einem Sattel für das Hohenzeuggestech[90], jedoch wurden Geschlecht und Namen jedes Einzelnen durch Farben, Wappen und Helmzimier ausgedrückt (vgl. Hohenlohe-Waldenburg 1868: 49; Altenau 1883: 63; Anonymus 1918: 57; Wozel 1990: 10f.). Interessanter als der Turnierablauf, Sieger und Preise ist aber, wie das Gestech im Nachgang memoriert wurde: Zur Würdigung des Ereignisses ließ Berthold Volckamer, als Zweitplatzierter immerhin Gewinner eines Rings, ein Gemälde anfertigen, auf dem alle Teilnehmer mit ihren Farben und Zimieren abgebildet waren. Mindestens bis ins 17. Jahrhundert hinein war das Gemälde in Volckamers Haus zu sehen und so bekannt, dass Schembart-, Stech- und Geschlechterbücher davon Kopien enthielten (vgl. Lochner 1845: 20; Müllner 1984: 379).[91] Darüber hinaus diente es als Vorlage für eine Stuckabbildung, die 1621 prominent an der Flurdecke im zweiten Stock des Nürnberger Rathauses angebracht

89 Hier ließen sich weitere Gesellenstechen anführen, von denen ausführliche Berichte bekannt sind, zum Beispiel die von 1451 oder 1538 (vgl. Rüxner 1532: 157–160). Der Unterschied zu den Stechen von 1446 und 1561 besteht jedoch in der medialen Speicherung und Vergegenwärtigung durch Objekte wie die Stechzeuge des GNM.

90 In diesem Sattel steht der Reiter beinahe aufrecht, um dem Zusammenprall mit seinem Opponenten besser entgegenwirken zu können. Auch der Paulsdorfer Sattel im GNM ist ein Sattel für das Hohenzeuggestech (vgl. Viallon 2015: 113–116).

91 Später kam das Bild in den Besitz des von der Romantik beeinflussten Architekten Carl A. Heideloff, eines Bekannten von Aufseß und Essenwein (vgl. Lochner 1845: 21).

wurde (vgl. Colditz-Heusl 2021: 4). Weil die tatsächliche Bewaffnung der Turnierkämpfer für das Stuckgemälde im Rathaus fast zwei Jahrhunderte nach dem Gesellenstechen nicht mehr zu ermitteln war, ließen sich die beiden Künstler Heinrich und Hans Kuhn wahrscheinlich von den jüngeren Stechzeugen inspirieren. Diese waren zwar erst nach dem Gestech von 1446 entstanden, konnten aber noch im Zeughaus in Augenschein genommen werden (vgl. Anonymus 1889c). Die Stuckdecke ist auch auf Paul Ritters Ölgemälde *Begrüßungsszene auf dem Gang im zweiten Stock des Nürnberger Rathauses* dargestellt, welches 1888 zum Geburtstag des liberalen Politikers Karl von Crämer entstand.[92] Darauf stehen die Parteifreunde Crämers und hochrangige Beamte dem Jubilanten Spalier, während über ihnen die Deckenszene abgebildet ist (vgl. Colditz-Heusl 2013: 349, 503, Tafel 13). Zudem fanden Photographien und Nachzeichnungen der Stuckdecke zusammen mit anderen Illustrationen des Stechens, zum Beispiel von Albin Mattenheimer und Lorenz Ritter, ihren Weg in Bücher, Zeitschriften und auf Postkarten (vgl. StadtAN A 5 Nr. 1593, 1846, 2045; Keyssler 1751: 1385; Körber 1859: 10; Altenau 1883: 61; Mummenhoff 1891: 155; Mummenhoff 1896b: 33-35; Schwemmer 1976: Tafel 112; Museen der Stadt Nürnberg 2001: 71). Auch das GNM erinnerte in einem späteren Jahresbericht an das Stechen von 1446 (vgl. Jahresbericht für 1937: 24). Auffällig ist auf allen diesen Darstellungen die Ausstattung der Turnierkämpfer mit Froschhelmen, Stechzeugen und gekrönten Lanzen, wobei die Helme und Zeuge als markante und ikonische Objekte herausstachen. Damit richtete sich der Vorgang des Memorierens wesentlich an diesen Turnierwaffen auf. Darüber hinaus waren Stechzeuge und -helme in Turnierbüchern ein beliebtes Motiv, wo die Kämpfer in den Stechzeugen mit Wappen, Farben und Helmzier abgebildet wurden (vgl. Anonymus 16. Jahrhundert). Die gerüsteten Turnierkämpfer der Gesellenstechen von 1446 und 1561 wurden ebenfalls in einem solchen Buch gewürdigt (vgl. Nickel/Breiding 2010). Darin sind Waffen, insbesondere die Turnierzeuge, ein zentraler Bildbestandteil.[93] Außer dem Verweis auf den gesellschaftlichen Status der Träger

92 Übrigens stellte Paul Ritter in seinem Werk *Der Marktplatz zu Nürnberg zur Zeit des Turniers 1496* noch ein weiteres Gesellenstechen dar (vgl. Colditz-Heusl 2013: 354f., 507, Tafel 19).

93 Stechhelme wurden auch abseits der Gesellenstechen künstlerisch verarbeitet, zum Beispiel in Albrecht Dürers Malerei *Stechhelme in drei Ansichten* von 1498 und

wurde ihre Abbildung zu einer ikonographischen Tradition des Patriziats, weshalb Stechhelme viele Familienwappen und Totenschilde in Nürnberg und Franken zierten. Zur Zeit der Gesellenstechen und danach übernahmen die Waffen als Erinnerungsträger in den verschiedensten Formen eine mnemotechnische Funktion für die Reichsstadt und das Stadtpatriziat (vgl. Eckstein/Pektas 2012: 7; Taube/Roth 2019: 387). Damit nahmen sie vorweg, was später im Zeitdispositiv des GNM an ihnen memoriert wurde. Die Stechzeuge waren weniger als Gebrauchsgegenstand denn als Medium erkannt worden, das repräsentative und ästhetische Vorzüge mit sich brachte.

Das letzte als solches bezeichnete Gesellenstechen fand 1561 auf dem Hauptmarkt statt (vgl. StAN, Reichsstadt Nürnberg, Handschriften 32). Sehr wahrscheinlich Augenzeuge des Geschehens, hielt es Jost Amman im gleichen Jahr auf einem Gemälde fest, das heute im BNM aufbewahrt wird (Abb. 29). Zu sehen sind die acht Teilnehmer des Stechens, allesamt dem Nürnberger Patriziat angehörig und mit geborgten Stechzeugen aus dem Zeughaus gewappnet, die ihnen der Rat zugeteilt hatte (vgl. Pilz 1932: 75; Pilz 1935: 38; Pilz 1940: 206). Bei Amman sind die Tjostierenden in vier horizontalen Paaren angeordnet. Wenngleich sie sich über Farben, Wappen und Helmzier genau identifizieren lassen, weisen sie bereits die Stechzeuge und die seitliche, duellbereite Positur als turnierfähige Patrizier aus. Neben der Schutzfunktion, die die Zeuge als technisch ausgeklügelte Panzerungen bei diesem ‚Extremsport' leisteten (vgl. Gessler 1931: 45; Nickel/Breiding 2010: 128), illustriert das Gemälde die Aufmerksamkeit, welche diese Waffen garantierten. Im Besonderen heben sich die Kämpfer durch die weiß-silbrige Färbung ihres Körperschutzes vom übrigen farbenprächtigen Geschehen ab. Gezeigt werden aber auch Eigenheiten des Dispositivs: Durch hölzerne Abzäunungen von den Kämpfern getrennt versammelt sich eine Menschenmenge um den rechteckigen Turnierplatz. Für Veranstaltungen wie die Gesellenstechen schuf die Reichsstadt mit Vorrichtungen wie Kettenstöcken eine Barriere vor dem gemeinen Publikum (vgl. Mummenhoff 1899b: 8–10). Dadurch wurde der sozialen Differenz zwischen Turnierkämpfern und Schaulustigen eine materielle Entspre-

---

seinen Kupferstichen von Wappen, was den Wiedererkennungswert dieser Objekte nur förderte (vgl. Müller 2002: 117–124).

Abb. 29: Jost Amman, *Das Gesellen-Stechen der bürgerlichen Patriziersöhne Nürnbergs, vom 3. März 1561*, 1561

chung geliefert. Zugleich war das Publikum wie im musealen Dispositiv von den Objekten abgeschnitten und konnte diese nur betrachten. Auch im GNM sollten Schranken und Trennstangen die unmittelbare Nähe der Besuchenden zu den Exponaten unterbinden, doch war aus der sozialen Differenz im Museum eine zeitliche geworden.

Während die Zeuge im Dispositiv des Turniers auf den ersten Blick als Körperschutz fungierten, übernahmen sie weitere Aufgaben. Sie bezeichneten ihre Träger und die Ausrichter der Gesellenstechen und memorierten die Veranstaltungen im Nachgang, wobei sie zu einem patrizischen Emblem wurden. Beides basierte auf der Medialität der Waffen, welche die entsprechenden Potenziale ermöglichte. Es entwickelte sich eine Assemblage, bei der sich das Turnierzeug mit dem Körper eines bestimmten adeligen Trägers, der es physisch einsetzte, aber auch mit dem des Patriziats verband, der durch es charakterisiert wurde. Dabei transportierten die Turnierzeuge wie im Falle des Stechens von 1446 auch unscharfe, instrumentalisierbare Erinnerungen. Mit ihrem Austritt aus dem Turnierdispositiv gingen sie zunächst in Ausstellungsformen ein, die die Bezüge zur Stadtgeschichte, zum

Patriziat und zum Turnier auf unterschiedliche Weise aktualisierten. Die erste Form ergab sich im städtischen Zeughaus, wo die Turnierzeuge etwa 300 Jahre lang aufbewahrt wurden.

5.2.5 Die Turnierzeuge im städtischen Zeughaus

Im Anschluss an die Gesellenstechen befanden sich die Stechzeuge im städtischen Zeughauskomplex zwischen der Pfannenschmiedsgasse und der Färberstraße (Abb. 30). Wie in vielen Städten des Spätmittelalters und der Frühen Neuzeit diente das Zeughaus als logistischer

Abb. 30: Johann A. Delsenbach,
Vorderes Ansehen des Nürnberg:Zeughauses, um 1750

Sammelpunkt und Lagerstätte für Waffen, Munition und Kriegsgerät.[94] Die Bestände wurden von den Zeugmeistern einsatzfähig gehalten und sorgfältig arrangiert, um Engpässe in der Ausstattung von Stadtmauertürmen, Wehrgängen und Bastionen, aber auch von umliegenden Städten, Dörfern und Stützpunkten zu beseitigen (vgl. Dotzauer 1904: 165–167). Jedoch ging die Funktion von Zeughäusern über die eines Magazins oder Depots hinaus, denn sie „waren nie nur Orte des Aufbewah-

94 Gelegentlich wird zwischen dem Zeughaus und dem Blidenhaus unterschieden, wo schwere artilleristische Waffen wie die namensgebende Blide, ein Tribok bzw. stationäres Katapult, vor der Witterung geschützt waren.

rens, sondern gleichzeitig immer solche des Betrachtens“ (Arx 2012: 17) und übernahmen dabei sogar museale Aufgaben (vgl. Neumann 1992a: 160). Auch in Nürnberg wurde der 1588 von Hans Dietmair errichtete Portalbau mit den beiden Zwiebeltürmen schnell zu einem Wahrzeichen der Stadt (vgl. *Allgemeine Zeitung* in GNM-Akten 98.1). Seine Fassade sollte Nürnbergs militärische Stärke demonstrieren, das Zeughaus ist aber auch in nichtmilitärischen Quellen wie der Abbildung eines Tuchhändlers als markantes Bauwerk zu sehen (Abb. 31). Nicht nur beeindruckte das Äußere vieler Zeughäuser, ihre Architektur und Dimensionen, auch ihr Inneres – massierte Waffen – bewies metonymisch die städtische Virilität.[95] Außer der Repräsentativität der Gebäude und der Ansammlung von Objekten wiesen Zeughäuser weitere Gemeinsamkeiten mit den späteren Museen auf. Hochrangige Gäste der Stadt besichtigten sie, und gegen einen Obolus standen sie gelegentlich auch für Bürger:innen und Kaufleute offen (vgl. Keyssler 1751: 1393; Röder 1789: 19):

> Vor allem bei den großen (reichs-)städtischen Zeughäusern kann man von einem wirtschaftlichen Interesse an neuer Kundengewinnung ausgehen; man denke etwa an die Bedeutung Nürnbergs und Augsburgs als Lieferanten von Kettenhemden, Harnischen und bronzenen Geschützrohren. (Burger 2012: 424f.; vgl. Toifl 2015: 29–31).

Dass auswärtige Reisende spätestens seit dem 15. Jahrhundert Nürnbergs Zeughaus, „die vornehmste Sehenswürdigkeit der Reichsstadt“ (Bösch 1889: 1), erkundeten und dabei von städtischen Patriziern, die oftmals die Zeugmeister stellten, angeleitet wurden, ist reichhaltig belegt (vgl. Pfister 1833: 154f.; Dotzauer 1904: 170-174; Eser/Neuner 2002: 36f.; Willers 2002b: 157).[96] Es ist davon auszugehen, dass die Turnierzeuge noch in der Zeit der Gesellenstechen die prosperierende

95 Beispielhaft für die (versuchte) Machtrepräsentation durch ein Zeughaus kann der Reiseschriftsteller Philipp Röder genannt werden, auf den das mit Kanonen angefüllte Nürnberger Zeughaus großen Eindruck machte, seines Erachtens aber die tatsächliche Verteidigungsstärke der Stadt kontrastierte (vgl. Röder 1789: 15).

96 Für diverse Besuchsberichte des Zeughauses vgl. Monconys 1697: 732; Friedensburg 1902: 200; Kellenbenz 1959: 236; Anders 1960: 110–112; Müllner 2003: 448f., 581, 697, 700.

Abb. 31: Ambrosius Gabler, *Der Serviet Kraemer* vor dem Portalbau des städtischen Zeughauses in Nürnberg, 1790

Reichsstadt abbilden sollten. War die Sichtbarkeit der Zeuge im Turnierdispositiv noch mit dem physischen Einsatz verschränkt, führte sie jetzt zur uneingeschränkten Exponierung. Zwar büßten die Rüstungen im Zeughaus ihre Destination als körperliche Schutzpanzer ebenso ein wie den kurzzeitigen Bezug zu den jeweiligen Trägern beim Turnier. Fortan wurden sie nicht mehr auf dem Hauptmarkt an individuellen Körpern vorgeführt, sondern repräsentierten als Gruppe den Körper des Patriziats und den Wohlstand der Reichsstadt. Doch war das Dispositiv des Turniers nicht völlig verblasst, wurden auf die Oberfläche der Zeuge doch Vorstellungen ritterlicher Turniere und Patrizierfeste in Nürnberg projiziert. Ihre Gebrauchsfunktion im Zweikampf wich einer historischen Verdichtung.

Den Reiseberichten zufolge koexistierte die ausgestellte militärische Potenz im Zeughaus mit anekdotisch zu nennenden Kontextualisierungen. Als Balthasar de Monconys auf seiner Deutschlandreise 1663 in Nürnberg Halt machte, besichtigte er auch das Zeughaus: „Man zeigete uns auch ein ungeheuer Schlacht-Schwerd von einem Riesen dessen eine Ribbe gleich darneben hanget.“ (Monconys 1697: 732) Andere Quellen berichteten von einer massiven Bleikugel, die der polnische König August III. angeblich bei seiner Visite einhändig in die Höhe gestemmt hätte (vgl. Röder 1789: 22; Pfister 1833: 148). Obgleich diesen Einlässen nur wenig Glauben zu schenken ist, verrät ihre Erwähnung doch etwas über die Weise des Ausstellens. Denn erst wenn solche Anekdoten und Beteuerungen – etwa bei Führungen – immer aufs Neue reproduziert wurden, konnten sie sich festsetzen.[97] In Anbetracht der Besuchsberichte erscheint es plausibel, dass die Turnierzeuge zunächst von den patrizischen Gastführern, möglicherweise Augenzeugen oder gar Teilnehmer der Turniere, beim Rundgang kontextualisiert wurden. Derweil lassen sich über das tatsächliche Arrangement der Turnierzeuge innerhalb der Zeughauswaffen nur Einzelheiten in Erfahrung bringen. Knapp zwei Jahrzehnte nach dem letzten Gesellenstechen schlug sie ein von Essenwein transkribiertes Inventar wohl einer der Anhäufungen von Harnischen im Zeughaus zu (vgl. Essenwein 1877c: 144–177). Bezüglich der Turnierwaffen ist dort lediglich von Rennspießen die Rede, die aber in einem Spießhaus an der Pegnitz gelagert wurden (vgl. Essenwein 1877c: 176f.), wobei im Zeughaus ein

97 Auch im GNM verwiesen die Wegweiser auf das angebliche Sprachrohr Götz von Berlichingens, die Pistolen Ferdinand von Schills, den Ladestock Theodor Körners oder nannten Götz von Berlichingens Halbharnisch unter den Stücken der Sulkowskischen Sammlung. Damit führten sie die unbestätigten Zuschreibungen früher Sammlungen fort (vgl. Wegweiser 1865: 26; Wegweiser 1893: 97; Wegweiser 1930: 146).

‚Harnischboden' existierte (vgl. Reichsstadt Nürnberg 05–14). Dagegen listete ein Inventar des 16. Jahrhunderts, das wohl 1560 erstellt wurde (vgl. Dotzauer 1904: 161), alle sieben Stech- und vier Rennzeuge des GNM sowie ein achtes Stechzeug auf (vgl. Metropolitan Museum of Art 1986: 456; Karcheski 1993: 181). Wie diese Waffen ausgestellt waren, deutet der Vorgang der Auflistung selbst an, leisteten Inventare doch ein „Stillstellen der Welt" (Siegert 2003: 41), einen Gestus schriftlicher Fixierung, der einer Lokalisierung und damit auch einer räumlichen Arretierung entsprach. Wie bei der Beschreibung der Zeughauskomplexe das Singuläre in einer endlosen Aufzählung von Waffentypen, Munition und Kriegsgerät unterging, so gingen auch die Turnierzeuge in größere typologische Formen ein. Schließlich zählte in den Inventaren keine einzelne Kartaune oder Sturmhaube, sondern die Stückzahl aller Kartaunen oder Sturmhauben (vgl. Soden 1869: 414f.). Die meisten Zeughauswaffen mussten militärisch einsatzfähig, verfügbar und zugänglich sein, was auf die Stechzeuge nicht zutraf. Außer dem Zugriff auf die Waffen im Ernstfall erleichterte eine Typologie auch den Bestandsüberblick und dadurch den Zählvorgang der Inventur selbst. Deshalb nahmen die Stechzeuge wohl zunächst keine hervorgehobene Position innerhalb der Zeughauswaffen ein, sondern waren den Harnischen als Typus beigesellt. Ins Blickfeld gerieten sie daher vermutlich erst, als ihr geschichtlicher Wert als reichsstädtisches Zeugnis honoriert wurde.

Im 18. Jahrhundert wurden die Zeughausbestände nicht nur in eine systematische, sondern auch in eine ästhetische Ausstellungsform überführt. Denn im Todesjahr 1728 des Zeugmeisters Gottlieb Trost wurden die Waffen an den Innenwänden zu geometrischen Ensembles geformt, was mit öffentlichem Beifall aufgenommen wurde (Abb. 32) (vgl. Anonymus 1806: 25; Ghillany 1868: 158; Kunze 1938: 8). Dabei wurden historische von zeitgenössischen Waffen lediglich räumlich geschieden. Dieses Arrangement hielt sich bis zur Entleerung des Zeughauses kurz vor 1800 (vgl. Murr 1778: 418; Anonymus 1806: 25).[98]

98 Dass das Nürnberger Zeughaus noch im späten 18. Jahrhundert ein bedeutendes Bauwerk darstellte, ergibt sich auch daraus, dass es nachts im Gegensatz zu vielen anderen Orten der Stadt von Laternen erleuchtet wurde (vgl. Nicolai 1783: 221).

Abb. 32: Innenansicht des städtischen Zeughauses, um 1728

Im Jahr 1806 blickte ein ehemaliger Besucher zurück: „Ich erinnere mich noch mit Vergnügen, der ausserordentlichen Menge des Geschützes und der Waffen, jeder Gattung und jedes Zeitalters, die noch vor kurzem, in diesen ungeheuern Steinmassen aufbewahrt wurde." (Anonymus 1806: 25) In der neuen Form vermischte sich der Rückblick auf die Blütezeit der Reichsstadt mit dem Versuch, die gegenwärtige Wehrhaftigkeit zu präsentieren. Hier waren es ästhetische und nicht typologische oder militärische Maßgaben, nach denen die Waffen zu Ensembles formiert wurden. Dass die Ausstellung dabei sogar theatrale Züge annahm, verdeutlicht ein heute im GNM befindliches Zeughausexponat: Am Hauptportal befand sich eine Figurine König Karls XII. von Schweden mit einer von ihm gespendeten Uniform, bis die Figurine und ihre Bekleidung über den Kunsthandel ins GNM gelangten (vgl. Röder 1789: 19f.; Dotzauer 1904: 151; Roider 2008: 200f.). Die Neuanordnung der Waffen unter Zeugmeister Trost hatte auch die Turnierzeuge betroffen. So beschrieb Christoph G. von Murr in seinem Stadtführer eine Galerie, in der sich „alte Turnierrüstungen" (Murr 1778: 418; vgl. Kunze 1938: 8) bei Brechschrauben aus dem 16. Jahrhundert befänden, was eine zeitliche Gliederung dieser Exponate nahelegt. Auch Heinrich Pfister erinnerte sich an „viele alte Harnische und Turnierrüstungen von allen Arten" (Pfister 1833: 150). Wirkte die Drapierung der neueren Waffen auf Philipp Röder lächerlich, so befand er dagegen für die älteren: „Am vorzüglichsten sind für den Fremden die alten Waffen, die hier aufgestellt sind, und die man einzeln und in ihrer Verbindung siehet.“ (Röder 1789: 21) Daher waren die Turnierzeuge als Gruppe zu besichtigen und befanden sich bei ungefähr gleichaltrigen Waffen. Nach der Neuaufstellung der Bestände waren sie nicht nach einem Typus geordnet, sondern nach ihrem Alter von den zeitgenössischen Waffen isoliert worden. Nicht zuletzt wurden die elf Turnierzeuge deshalb als Gruppe aus dem Zeughaus verkauft. Die Musealisierung der Stücke, die im Zeughaus eingesetzt hatte, wurde schließlich in einer neuen Form weitergeführt. Nach der städtischen Öffentlichkeit des Zeughauses setzte sie sich in einer österreichischen Privatsammlung fort.

5.2.6 Die Turnierzeuge auf der Burg Feistritz

Nach den Jahrhunderten im Zeughaus besiegelten die Revolutionskriege und die Napoleonischen Kriege den vorläufigen Abschied der Turnierzeuge von Nürnberg. Um 1800 besetzten und passierten französische und österreichische Truppen die Stadt und bedienten sich dabei an den Zeughauswaffen (vgl. Krausser 1858: 17f.). Angeblich entnahmen die Österreicher dem Zeughaus während ihrer beiden Aufenthalte so viel, „dass nicht einmal die Nägel an der Wand blieben“ (Ghillany 1868: 158; vgl. Kress 1832: 4; Bösch 1889; Kunze 1938). Denn die Koalitionskriege erforderten anders als die älteren Kabinettskriege die ununterbrochene Aushebung von Soldaten und deren Versorgung mit Feldwaffen. An diese gelangte man entweder direkt durch Plünderungen eroberter Zeughäuser oder indirekt durch das Einschmelzen älterer und untauglicher Waffen zur Fabrikation neuer Waffen und Munition (vgl. Glüber 2006: 45). Obwohl die Reichsstadt angesichts der heranrückenden Truppen große Teile der Bestände verkaufte, wurden 1796 und 1797 dennoch Waffenkontingente aus dem Zeughaus transportiert (vgl. Essenwein 1889: 215–217). Zur administrativen Übernahme Nürnbergs durch die bayerische Regierung 1806 war das Zeughaus dann völlig ausgeräumt. Jedoch gingen die Besitztümer des Zeughauses nicht sämtlich dem Militärärar zu, sondern fanden ihren Weg auch in Privatsammlungen. Noch 1796 wurde ein kleiner Teil der Bestände an die Waffensammlung im Schloss Erbach verkauft (vgl. Essenwein 1889:

217f.).[99] In Erbach wurden die Waffen in einem Saal vereinigt, dessen Architektur der unterschiedlichen Herkunft der Stücke Rechnung trug, „um ein dem Zweck entsprechendes Ganze [sic!] darzustellen“ (Anonymus 1808: 5). Ästhetisch bedeutete dies eine Orientierung an Kirchen und Domen, gotischen Privathäusern, Glasmalereien und Wappendekor. Abgezielt wurde nicht auf die „Nachbildung eines Waffensaales oder eine[r] Rüstkammer der Vorzeit“, sondern auf „eine bildliche Darstellung des Ueblichen der damaligen Zeit, sowohl in Ansehung des Ritterwesens, als der Bauart“ (Kress 1832: 4). Dabei handelte es sich um die malerische Form, die in Erbach sehr früh zur Ausprägung kam und jahrzehntelang Bestand hatte (vgl. Leber 1844: 297). Somit waren die ersten Zeughauswaffen in die historistischen Rittersäle privater Sammler eingegangen.

Es blieb nicht bei Erbach, denn im Mai 1797 und im Januar 1798 wurden die letzten Harnische aus dem Zeughaus versteigert, worunter sich auch die elf Turnierzeuge befunden haben dürften (vgl. Essenwein 1889: 217; Gärtner 1926: 104). Zusammen mit den Restbeständen wurden die Zeuge vom Wiener Großfuhrmann und Waffensammler Joseph Dietrich erworben, der am Ende der Napoleonischen Kriege mit den „Dietrich'schen stabilen Belagerungsgeschütz- und Depot-Bespannungen“ (Anonymus 1855a: 766) sowie Speditionsdiensten zu einiger Berühmtheit gelangen sollte.[100] 1824 wurde Joseph, mittlerweile Burg-

99 Darunter befand sich ein Stechzeug, das mit den sieben im GNM nahezu identisch ist. Es wurde lange Zeit für das fehlende achte Exemplar des Zeughauses gehalten – die Zahl ergab sich aus den acht Teilnehmern am Gesellenstechen 1561 und auf Ammans Gemälde. Stattdessen offenbarte es sich als Präsent der fränkischen Adelsfamilie Künsberg, die das junge GNM mit Harnischen bedacht hatte (vgl. Karcheski 1993: 187). Das Conrad von Künsberg zugeschriebene Erbacher Stechzeug befindet sich heute im Higgins Armory Museum in Worcester, Massachusetts. 1986 war es anlässlich der Ausstellung *Gothic and Renaissance Art in Nuremberg* des GNM und des Metropolitan Museum of Art in Nürnberg zu sehen.

100 Da Dietrich in den Akten nicht als Käufer erwähnt wird, erwarb er die Waffen wohl über einen österreichischen Leutnant als Mittelsmann: „Seine [Dietrichs; F.K.] Nachkommen wissen allerdings zu erzählen, daß er dem Rate alles Eisen um 25000 fl. abgekauft habe. Es ist ja wahrscheinlich, daß er nicht vom Rate der Stadt, sondern vom österreichischen Lieutenant gekauft hat und eine Partie Eisen als Rückfracht nach Wien für seine leeren Wagen benützte.“ (Essenwein 1889: 218) Gegen den sofortigen Erwerb der Waffen spricht Dietrichs damals noch junges Alter. Hans Bösch vermutet daher, dass er die Stücke erst in den folgenden Jahren

herr und Theatermäzen (vgl. Hottner 1856: 153; Kaiser 1870: 90–94), in das ungarische Baronat erhoben (vgl. Anonymus 1835: 711–713). Wie Aufseß sammelte er außer Waffen noch viele andere Objekte, zum Beispiel die Kunstgegenstände und Instrumente des Schönfeldschen technologischen Museums (vgl. Baedeker 1842: 37; Jurenak 1856: o.S.; Mormann 1874: 1f.; Leisching 1921).[101] Dietrich lässt sich im Umkreis der Privatsammler des 19. Jahrhunderts verorten, die vor allem eine persönliche Vorliebe für historische Waffen zeigten. Zeitgenössische und jüngere Quellen betonten seine romantische Ader und Neigung zu allem, was ihm mittelalterlich oder ritterlich dünkte (vgl. Anonymus 1889a; Essenwein 1889: 218; List 1923: 6). Nachträglich sprach ein ungenannter Autor im *Fränkischen Kurier*, bei dem es sich mit großer Wahrscheinlichkeit um Essenwein handelte, Dietrich jegliche Fachkenntnis von seinen Sammlungsobjekten ab. Statt „nach wissenschaftlichen Grundsätzen" systematisch zu sammeln, hätte der Baron nur „seine[] Neigung für das Seltsame und Absonderliche" (Anonymus 1889a) befriedigt. Demgegenüber rühmten andere Autoren Dietrichs Patriotismus und Freigebigkeit: „Musterhaft und leider beynahe einzig, ist die Sorgfalt, mit der Herr von Dietrich für die Erhaltung der Denkmähler des Mittelalters in seinem Gebiethe sorgt." (Scheiger 1823: 449; vgl. Anonymus 1855b: 699) Seine Sammlungen, darunter tausende Waffen und mindestens 49 Harnische, stellte Dietrich südlich von Wien auf der 1815 erworbenen niederösterreichischen Burg Feistritz am Wechsel aus (Abb. 33) (vgl. Krickel 1846: 586f.; Leber 1856: 58). Nach der Renovierung der Burg wurden die Objekte „in restaurierten mittelalterlichen Räumen" (Anonymus 1855a), dekoriert „nach alter ritterlicher Weise" (Tschischka 1836: 60), ausgestellt. Die historistische, oftmals als pseudomittelalterlich bezeichnete Einrichtung der eigenen Räumlichkeiten bis hin zu ganzen Burgen war für viele Sammler ein Weg, den Privatbesitz der Öffentlichkeit zugänglich zu machen und

ersteigerte, dann mithilfe des früheren Hofbankiers Freiherr Peter von Braun (vgl. Krickel 1846: 586; Bösch 1889: 2f.).

101 Übrigens ist eine darüber vom Waffenkundler Josef von Scheiger verfasste Publikation dessen Gönner Dietrich gewidmet, „dem kenntnißreichen Verehrer und thätigen Beschützer vaterländischen Alterthumes" (Scheiger 1824: III) – eine irritierende Formulierung, schließlich stammten viele Besitztümer Dietrichs aus dem Ausland.

Abb. 33: Ansicht der Burg Feistritz
mit schriftlichem Vermerk des Nürnberger Zeughauses, 1821

zugleich Kapital und Kunstsinn zu demonstrieren (vgl. Seeleke 1964: 1). Ein Besuchsticket für die Burg Feistritz konnten Interessent:innen in der freiherrlichen Kanzlei in Wien erstehen (vgl. Puff 1845: 522). Schon die äußere Burganlage war aufwendig inszeniert:

> [...] sofort betritt man einen Vorhof, von niederen Ringmauern umgeben und mit einer alten Kastanie geschmückt; von hier ist der ausgedehnte und rasch ansteigende Park zugänglich, in dem Teiche und Pavillons, Grotten und Kaskaden, Statuen und steinerne Lehnstühle vom romantischen Sinn des Josef Baron Dietrich künden. Diese Gegenstände ließ Dietrich aus Versailles hieher kommen. (Schaffran 1930: 6)

Die detailliertesten Beschreibungen der Feistritzer Burgräume verfassten Josef von Scheiger, Rudolf Puff und Friedrich von Leber im Zuge ihrer Wanderungen durch Niederösterreich. So hob Puff bei seiner

Besichtigung die romantische Stimmung hervor, die der Anblick der Burg in der Landschaft auslöste (Abb. 34) (vgl. Puff 1845: 522; Anonymus 1854: 1116). Im Inneren verteilten sich die Waffen auf reich

Abb. 34: Georg M. Vischer,
Aussicht auf die Burg Feistritz am Wechsel, 1672

geschmückte Säle: einen Trinksaal mit Rüstungen und Panzerhemden, einen Schlafsaal mit Dietrichs persönlicher Rüstung, eine Halle mit Ritterbildern, ein Verhörzimmer mit Richtschwert und Eiserner Jungfrau, einen Rittersaal und nicht weniger als *drei* Rüstkammern. Die Knappenrüstkammer enthielt Angriffswaffen, Schilde und Zubehör, wovon viele Stücke aus dem Nürnberger Zeughaus stammten (vgl. Scheiger 1828: 178f.; Leber 1856: 55). Ein Rüstkabinett in der Trisurkammer zeigte außer Blankwaffen auch die kostümierte Figur des Götz von Berlichingen nebst elf lebensgroßen, gerüsteten Figurinen. Hier dominierte uneingeschränkt die malerische Form:

> Das hohe Gemach zur Rechten fasst die schönsten Harnische und Waffen von hohem Werthe. Da sie sämmtlich über Mannequins geschnallt und mit Wachs- oder Holzgesichtern versehen sind, – einige der letzteren von überraschender Schönheit – so rundet sich ihre Zahl zu einem lebenben [sic!] Bild (tableau), in dessen Mittelpunct ein sitzender Ritter einen vor ihm Knieenden zum Ritter schlägt.

> Rings umher stehen die geharnischten Zeugen dieser feierlichen Handlung. An den Wänden sind die werthvollsten Waffenstücke in schönem Ebenmasse vertheilt. (Leber 1856: 56f.)

In der letzten Rüstkammer, der sogenannten Herren-Harnaschkammer, waren die Turnierwaffen ausgestellt. Neben Schilden befanden sich hier die elf Nürnberger Turnierzeuge, „schwere Sicherheitsrüstungen zu Zweikämpfen, nicht mit Schnallen, sondern durchaus mit Schrauben" (Puff 1845: 532; vgl. Leber 1844: 296). Man zählte „eilf [sic!] Turnierharnische, vier Rennharnische und sieben Gestechharnische von der alten schweren Gattung" (Leber 1856: 56). Auch auf der Burg Feistritz wurden die Zeuge gruppiert, diesmal jedoch als Teil einer ins Äußerste stilisierten und ästhetisierten Form.[102] Wie die Augustinuskapelle im GNM war die Herren-Harnaschkammer mit Glasmalereien von Rittern dekoriert. Obwohl der Saal zu großen Teilen Turnierwaffen enthielt, ging es nicht um die Gebrauchsfunktion bei den Gesellenstechen oder die Verbindung zu Nürnberg, sondern um die Inszenierung einer Vergangenheitsillusion. Geschichte verdichtete sich zu symbolisch aufgeladenen Szenen, die in den Rüstkammern, im Schlosstheater und auf dem Turnierplatz an den Waffen begutachtet und sogar *erlebt* werden konnte. Die an Orten wie Erbach aufgekommene malerische Form wurde in Feistritz auf die Spitze getrieben, und auch die Assemblage des Privatsammlers wiederholte sich, indem Dietrich vor allem sich und seinen Reichtum inszenierte. Nicht zufällig besaß er einen eigenen Harnisch in seinem Schlafgemach, was an Aufseß' Waffenporträt erinnert. Auf dem Turnierplatz der Burg eignete er sich seine Waffen höchstwahrscheinlich selbst an und realisierte somit ihre visuellen Potenziale, ohne die patrizischen und reichsstädtischen

---

102 Möglicherweise blieb es nicht bei der Ausstellung der Turnierzeuge, denn Dietrich hielt auf dem Turnierplatz im Park Ritterspiele ab (vgl. *Der Sammler* in GNM-Akten 98.1; Scheiger 1828: 178). Hinsichtlich seiner Vorliebe für das Mittelalter handelte es sich dabei wohl um theatrale Ereignisse, die überdies in der Nähe des Schlosstheaters stattfanden. Dass Originale wie die Zeuge bei den Spielen verwendet wurden, kann nur vermutet werden (vgl. Dotzauer 1904: 177). Den Einschätzungen seiner Zeitgenossen nach ging es Dietrich aber kaum um das Nachspielen realhistorischer Geschehnisse oder gar der Gesellenstechen selbst: „Eine Bildung, die über sein Geschäft hinausging, besaß er [Dietrich; F.K.] nicht, indessen muß ihm zur Ehre nachgesagt werden, daß ihm der plumpe Stolz anderer Parvenus gänzlich fremd war […]." (Kaiser 1870: 91)

Bezüge aufzurufen. Denn die Turnierzeuge standen in Feistritz nicht in einem Verhältnis zur spätmittelalterlichen Ereignisgeschichte oder gar zur Waffengeschichte, sondern zu den opulent arrangierten, prunkvollen Burgsälen ihres Eigentümers. Doch löste sich das Medium bald wieder von der Form. Zwar blieben nach dem Tod des Barons im Jahr 1855 die Burg Feistritz und ihre Besitztümer einstweilen in Familienbesitz, denn Dietrichs Tochter hatte sich mit Ludwig von Sulkowski, dem Abkömmling eines polnischen Fürstengeschlechts, vermählt. Jedoch gerieten Dietrichs Nachkommen, darunter sein Enkel und Alleinerbe Josef, trotz ihres Reichtums „in financial problems caused by the immoderate and lavish way of life“ (Preinfalk 2016: 162), und die Burganlagen verfielen zunehmend (vgl. Schaffran 1930: 5). Dennoch blieb die Ausstellung bis zum Verkauf der Sulkowskischen Sammlung 1889 unberührt.[103]

Nachdem sie ihre eigentliche Funktion beim Gestech und Rennen abgelegt hatten, gingen die Turnierzeuge in zwei unterschiedliche Formen ein. Im städtischen Zeughaus waren sie den anderen Waffen zunächst beigeordnet, um erst im späteren Verlauf ihres Alters wegen ein gesondertes Ensemble innerhalb der ästhetisierten Aufstellung zu bilden. Dabei sollten sie die reichsstädtische Vergangenheit ebenso wie deren Reichtum signalisieren. Auf der österreichischen Burg Feistritz wurden die Zeuge dagegen in eine besuchbare Privatsammlung eingegliedert, die abseits der Objektprovenienzen keine Bezüge zu Nürnberg aufwies, aber den individuellen Wohlstand des Barons zum Ausdruck brachte. Hier wurden sie in eine malerische Form eingebettet, die wie im frühen GNM romantisierte Stimmungsbilder in den Schauräumen zu verdichteten Szenen rahmte. In beiden Fällen ist zu erkennen, wie die Waffe weniger als Gewaltmittel als durch ihre Medialität hervortrat, durch die pittoreske Geschichtsbilder aufgerufen werden und sich das Patriziat, die Reichsstadt und der Privatsammler vor einem Publikum darstellen konnten. Dabei schlossen sich die Zeuge in der Helmschau, beim Gestech, im Zeughaus und in Feistritz zu For-

103 1923 veräußerte Rittmeister Maximilian Mautner, der neue Burgbesitzer, die letzten Waffenbestände auf einer Auktion, um auf der Burg Feistritz seine eigene Sammlung auszustellen (vgl. Anonymus 1923). Selbst dann wurde noch festgestellt, „daß schon seit langem keine Waffenauktion war, die eine solche Reichhaltigkeit an guten Objekten aufwies, wie diese und daß auch nicht so bald wieder eine solche kommen wird“ (List 1923: 7).

men zusammen. Diese Formen wirkten auf das museale Dispositiv zurück – sie hinterließen Spuren am Medium, die im GNM aktualisiert werden würden. Die Geschichte der Stechzeuge kann deshalb – wenngleich es keine Militaria im engeren Sinne sind – als Geschichte der Musealisierung der Waffe erzählt werden, indem nach und nach Potenziale erschlossen wurden, die über den physischen Gebrauch im Kampf hinausreichten. Erschlossen wurde aber auch das Medium der Waffe selbst, dem in den verschiedenen Formen des Exponierens spezifische Bezüge und Bedeutungen abgerungen wurden. Der Unterbau für die museale Exponierung der Turnierzeuge war damit errichtet.

5.3 Die Form des Turniers

5.3.1 Die Erwerbung der Sulkowskischen Sammlung

In Nürnberg war Essenwein bereits seit einer Weile Hinweisen auf die verschwundenen Zeughauswaffen nachgegangen, als er Ende der 1890er Jahre durch Quirin von Leitner, Mitglied des GNM-Verwaltungsrats, von der Burg Feistritz erfuhr (vgl. Essenwein 1889: 218f.). Zu dieser Zeit war Johann N. Graf Wilczek, ein Briefkorrespondent und Vertrauter Essenweins, aufgrund einer psychischen Erkrankung Fürst Josef von Sulkowski als Vormund zugeteilt worden. Die geschäftliche Handlungsunfähigkeit des Fürsten ausnutzend überzeugte sich Essenwein im April 1889 vor Ort von der Qualität der Exponate, um anschließend den Ankauf in die Wege zu leiten.[104] Über die Transaktion der Sulkowskischen Sammlung durch das GNM im August ist vielfach berichtet worden (vgl. Anonymus 1889b; Essenwein 1889: 218–222; Dotzauer 1904: 177; Willers 1978: 840–842). Interessant ist aber, welches Echo Essenweins Erfolg in der städtischen und nationalen Presse auslöste: Ein anonymer Beitrag über Joseph von Dietrich im *Fränkischen Kurier*, dessen Schluss Essenweins Artikel über die Sulkowskische Sammlung im Anzeiger vom Juli und August 1889 entspricht, sinnierte über „die herrlichen Schätze des Zeughauses der Reichshauptstadt Nürnberg“, „ihrer Väter Werk und Stolz“ (Anonymus 1889a: 1). Wenige Tage zuvor schätzte die gleiche Zeitung, wieder anonym und von Essenwein jetzt in der dritten Person sprechend,

104 Trotz des geringeren Kaufpreises wegen der persönlichen Umstände des Vorbesitzers verpflichtete sich das GNM zwölf Jahre lang zur Abbezahlung eines Kredits (vgl. Jahresbericht für 1889: 1).

die Bedeutung des Kaufs für das GNM wie folgt ein: „Der Ankauf der Sulkowski'schen Sammlung, die größte Erwerbung seit der Gewinnung der aufseßschen Sammlung, ist einer der wichtigsten Schritte, welche das Museum je gethan […].“ (Anonymus 1889b: 2) Schließlich schrieb der stellvertretende GNM-Direktor Hans Bösch ebenfalls im *Fränkischen Kurier*:

> […] daß Nürnberg seine altererbten köstlichen Schätze zurückbekommt, muthet uns wie ein Märchen längst entschwundener Zeiten an. Gleich dem Dornröschen sind die wichtigen und seltenen Denkmäler der Ritterzeit nach langem Schlafe aus ihrem abgelegenen Schlosse zu neuem Leben erstanden, um wie vor Jahrhunderten die Zierde und der Stolz der Stadt zu sein, deren Mauern den schönsten Rahmen der Anstalt bilden, die berufen ist, den jetzigen und künftigen Generationen die großartige Vergangenheit unseres Landes und Volkes, die alte Macht und Herrlichkeit desselben vor Augen zu führen. (Bösch 1889: 3)

Über Nürnberg hinaus wurden Artikel zur Sulkowskischen Sammlung unter anderem in der *Allgemeinen Zeitung* (wohl von Essenwein verfasst), in *Der Sammler*, *Didaskalia*, der *Frankfurter Zeitung*, der *Kölnischen Zeitung*, der *National-Zeitung* und im *Neuen Wiener-Tagblatt* abgedruckt, wobei die Turnierzeuge stets als bedeutendster Zugang angeführt wurden (vgl. GNM-Akten 98.1). Aus diesen Texten spricht die Projektion der reichsstädtischen Vergangenheit auf das GNM, welchem nun als ‚zeitgenössischem Zeughaus' die Verantwortung über die Waffen zukam. Mit der Rückführung der Bestände nahm die Relevanz der Waffensammlung drastisch zu. Das GNM sah die Sammlung

> […] auf eine Höhe gehoben […], daß ihr nunmehr an wissenschaftlicher Bedeutung wenige andere in Deutschland mehr gleichstehen oder gar überlegen sind. Wol [sic!] ist da und dort, wo die Sammlung aus den Beständen eines alten Zeughauses gebildet ist, die Anzahl gleicher oder ähnlicher Stücke größer, oder es ist, wo eine fürstliche Rüstkammer, wie in Dresden und Wien, die kostbaren Prunkwaffen aufbewahrt hatte, die nicht als feldmäßige Waffen, sondern als Kunstwerke zu bewundern sind, an solchen weit mehr enthalten, als bei uns gesammelt werden konnte, so daß an einen Vergleich in dieser Beziehung gar nicht gedacht werden kann. Aber an Stücken, welche die Geschichte des Waffenwesens erläutern, darf sich jetzt unsere Waffensammlung zu den vollständigsten und reichhaltigsten rech-

> nen. Was einen großen Vorzug der neuen Erwerbung bildet, ist der Umstand, daß sie nicht beliebig zusammengetragen ist, was die Kontrolle der Herkunft sehr erschweren würde, sondern daß es unzweifelhaft feststeht, daß alle wichtigeren Stücke aus dem Nürnberger Zeughause stammen, und so selbst Waffen, die italienisch erscheinen würden, sich als gut deutsch kundgeben. (Jahresbericht für 1889: 2)

Bemerkenswert sind hieran mehrere Aspekte. Nach ihrer Musealisierung ging die Sulkowskische Sammlung zunächst in die waffenkundliche Form ein, welche von den „beliebig zusammengetragen[en]" Kollektionen – man denke an Essenweins Kritik der Privatsammlungen – abgegrenzt wurde. Diese Form wurde mit einer nationalen Tragweite versehen, indem die Waffen als „gut deutsch" deklariert wurden. Die Skizzierung der Waffengeschichte erfolgte daher im Gewand einer Geschichte deutscher Waffen und wurde nicht anhand von Prunkwaffen, sondern durch „feldmäßige Waffen" erzählt.[105] Dafür erbrachte das GNM die wissenschaftliche Erfassung der Waffen nach objektiven Kriterien, um den militärischen Kern dieser Objekte freizulegen. Bis hierhin schien die Sulkowskische Sammlung nahtlos in der waffenkundlichen Form aufzugehen. Immerhin etablierten sich mit dem Zuwachs die Turnierwaffen als Feld innerhalb der Waffensammlung, was auch allgemeiner Konsens war (vgl. GNM-Akten 98.1): Boeheim schrieb, dass „namentlich die Sammlung von Turnierwaffen wesentlich gewann" (Boeheim 1890: 631); Essenwein rühmte die „elf Turnierharnische, in denen sich das ganze Turnierwesen zeigt" (Essenwein 1889: 219); und der Jahresbericht resümierte: „Die wichtigsten [Stücke; F.K.] sind vielleicht elf Turnierzeuge mit den Marken der berühmtesten Nürnberger Plattner und teilweise der Jahreszahl 1498; sie gehören also zu den ältesten datierten." (Jahresbericht für 1889: 2f.) Boeheim zählte die Turnierwaffen des GNM nun sogar zu den beeindruckendsten weltweit (vgl. Boeheim 1890: 633). Indessen konnte Essenwein einen den Turnierwaffen gewidmeten Teilkatalog seiner Erkrankung wegen nicht mehr realisieren (vgl. Essenwein 1892: 26). Brachten diese Objekte also nur neue Typen in die waffenkundliche Form ein? Das obige

105 Prunkwaffen eigneten sich hierzu einerseits wegen des hohen Preises und andererseits deshalb nicht, weil fragile Exemplare unter ihnen selbst für Schau- oder Trainingskämpfe untauglich waren. Um kämpferische Auseinandersetzungen zu evozieren, fehlte ihnen daher jegliche Glaubwürdigkeit.

Zitat liefert dazu erste Aufschlüsse, wenn es das Zeughaus als vormusealen Aufbewahrungsort von Waffen benennt.[106] Wie beim Kleinen Nürnberger Zeughaus wurde auch hier ein Ausstellungskontext der Objekte referenziert, der nicht unmittelbar im militärischen oder Turnierdispositiv behaftet war. Daraus ergab sich eine Fluchtlinie, die mit der Provenienz der Objekte ihren Anfang nahm und die waffenkundliche Form modifizierte. Wie genau sich diese Linie abzeichnete, verrät die Ausstellung der Turnierwaffen.

5.3.2 Die Kress-Kapelle im Augustinerbau 1890–1902

Um dem öffentlichen Interesse an der Sulkowskischen Sammlung entgegenzukommen, wurden ihre Stücke anfänglich isoliert. Der Verwaltungsrat bat das GNM wohl darum, sie „eine Zeit lang gesondert für sich aufzustellen, so daß die Bedeutung des Zuwachses erkennbar werde" (Jahresbericht für 1889: 3). 1890 gesellten sich die neuen Stücke dann zu den anderen Waffen, was die Ausstellungsfläche erweiterte. Trotz eigener Räume für die Artilleriewaffen und die Kriegsmodelle war der Standesherrensaal längst zu klein für ein Panorama der Typen und Serien geworden. Für ungefähr zwölf Jahre rochierten daher die mittelalterlichen Waffen ein Stockwerk tiefer in drei Erdgeschosssäle des Augustinerbaus, die vormals die Modellsammlung aufgenommen hatten. Im Standesherrensaal wurden nur noch Stücke ab dem 16. Jahrhundert gezeigt. Zwar endeten einige Serien immer noch mit der Gegenwart, die gewünschte Reihung nach Alter und Typ der Exponate ließ sich jedoch nicht immer herstellen. Indes nahmen nach dem Standesherrensaal auch die Erdgeschossräume auf Adel und Patriziat Bezug. Alle drei Säle enthielten von fränkischen Adelsfamilien gestiftete Fenster mit dargestellten Wappen, wobei die Kress-Kapelle auf Kosten dieser freiherrlichen Familie[107] ausgemalt worden war (vgl. Jahresbericht für 1874: 1; Wegweiser 1893: 46f). Damit ähnelten sich die beiden Stockwerke des Augustinerbaus stilistisch, wobei die Einbettung von

106 So schreibt Essenwein unter den „kostbaren Rüstungen" (Bösch 1892: 73) der Sulkowskischen Sammlung von zwei geätzten Halbharnischen als „besondere[n] Zierden des Zeughauses" (Essenwein 1891: 57).

107 Nach Essenweins Erkrankung wurde Justizrat Georg Freiherr von Kress der Vorsitzende des Lokal- und Verwaltungsausschusses im GNM (vgl. Hampe 1902a: 127; Deneke/Kahsnitz 1978: 1050).

Wappen zwei Vorzüge mit sich brachte. Erstens ließen sich dadurch finanzielle Mittel von den bestehenden Adelsfamilien einwerben, die sich im Museum repräsentieren wollten. Zweitens ergab sich eine Synergie zwischen den patrizischen (Turnier-)Waffen und dem Raumdekor.

Die ersten beiden Säle enthielten aus dem Standesherrensaal herausgelöste, bereits bekannte Serien der waffenkundlichen Form. Ein Saal widmete sich Schutzwaffen wie Rüstungen und Schilden, darunter auch Turnierschilden. Hier stand auch der erwähnte Helmschrank (s. Kap. 4.2.5). Dagegen enthielt ein zweiter Saal, betitelt mit „Waffen des XVI. Jahrhunderts" (Albrecht/Stegmann 1896: 11), die Bewaffnung im 15. und 16. Jahrhundert unter Kaiser Maximilian I., den der Wegweiser entsprechend als letzten Landsknecht auswies (vgl. Wegweiser 1893: 50). Die Maximiliansharnische waren an der rechten Schmalseite hinter einer Absperrung aufgereiht (mit W1340 im Zentrum), die Handvoll Stangenwaffen auf einem Gestell in der Saalmitte (Abb. 35). Im Kreuzgang vor den Sälen wurden die Distanzwaffen nach ihrem Alter und ihrer Größe geschieden. Ein didaktisches Element zeigte eine Dresdener Büchse, neben der das Holzmodell des Rohres in Originalgröße platziert war – hier wurden Essenweins maßstabsgetreue Baupläne in die Dreidimensionalität gehoben (vgl. Wegweiser 1893: 52). Damit folgte die Aufstellung der beiden Säle der üblichen Typologie.

Der dritte Saal, die Kress-Kapelle, war einzig den Turnierwaffen vorbehalten: „Die Kapelle enthält hauptsächlich den [sic!] im germanischen Museum wie kaum anderswo reich vertretenen Turnierzeug." (Wegweiser 1896: 110) Als Herzstück sollten die elf Turnierzeuge die Vielfalt der Ritterspiele demonstrieren, die es am „Schlusse des Mittelalters unter Maximilian, dem letzten Ritter" (Wegweiser 1893: 49) gegeben hatte. Einen Einblick in die Kapelle gibt eine Photographie von Rudolf Albrecht (Abb. 36). Darauf sind drei Stechzeuge und eine Reiterfigur in leichtem Harnisch mit Lanze und Pferderüstung abgebildet. Vor diesen Objekten zeigten zum Teil beschriftete Holzgestelle Rossstirnen und Sättel, darunter den Paulsdorfer Hohenzeugsattel.[108]

108 Der Sattel ist auf der Photographie nicht zu sehen, dürfte sich aber links neben den anderen Sätteln befunden haben.

Abb. 35: Rudolf Albrecht, Stangenwaffen und Maximiliansharnische im Augustinerbau, 1896

Das durch die großen Fenster einfallende Licht brachte die polierte Oberfläche der Turnierrüstungen zum Schimmern und erzeugte im Verbund mit der Kapellenarchitektur eine sakrale Atmosphäre. Vor den Exponaten verlief eine Stange, um unerwünschten Körperkontakt mit ihnen zu verhindern. Symmetrisch dazu, gewissermaßen die Duelle der Gesellenstechen sowie antike Vorbilder antagonistischer Gruppen

Abb. 36: Rudolf Albrecht, Rüstung für Reiter und Pferd, Sättel und Stechzeuge in der Kress-Kapelle, 1896

imitierend (vgl. Stewart 2001), waren mindestens drei der vier anderen Stechzeuge auf der gegenüberliegenden Raumseite aufgestellt, wie eine Aufnahme aus dem Saal der Schutzwaffen belegt (Abb. 37). Dort dürften sich auch die vier Rennzeuge befunden haben. Komplettiert wurden die Rüstungen von einem Stechhelm, Armzeugen und unterhalb der Zeuge liegenden Brechscheiben, kleinen Rundschilden als Handschutz an den Stechstangen. Um die Turnierbewaffnung anzuzeigen, führte eines der Stechzeuge in der Hentze – dem Panzerhandschuh – eine Lanze mit Brechscheibe, ein zweites eine Stechtartsche und ein drittes eine Lanze mit Krönlein. Die restlichen Stechtartschen waren über dem Kapelleneingang angebracht. Alle Stechzeuge schienen in die gemalten Spitzbögen hinter ihnen einzugehen und wurden von einem Wappen mit Stechhelm über ihnen gerahmt; oberhalb davon würdigte ein schmaler Schriftzug entlang der Wand die Familie Kress: Die kompetitive Bedeutung der Zeuge verband sich auch im Museum mit ihrer Stellvertreterfunktion für das Stadtpatriziat.

Die Ausstellung beabsichtigte, spätmittelalterliche Turniermodi wie das Stechen und Rennen durch die Exponate zu repräsentieren.

Abb. 37: Tartschen und Schwerter mit den Stechzeugen in der Kress-Kapelle im Hintergrund, 1891/1900

Dabei verschränkten die Wegweiser die Funktionalität der Waffen mit der Spezifik der Modi. So wurde auf die Verschraubung der Komponenten bei den Stech- und Rennzeugen hingewiesen, damit der Träger bei einem Treffer der gegnerischen Lanze von der starren Rüstung gestoppt und, falls die Lanze nicht zersplitterte, durch eine rückwärtige Drehung vergleichsweise sanft auf den Boden geschoben wurde. Erklärt wurde zudem, dass ein Gitterhelm als Vertreter des Kolbenturniers gemeinsam mit einer wattierten Kopfbedeckung getragen wurde, um die bei diesem Turniermodus drohenden Erschütterungen durch Kolben und Holzschwerter abzumildern (vgl. Wegweiser 1893: 49f.). Auch die Rolle der Turnierschilde am Eingang zur Kapelle im Nebenraum wurde gewürdigt: „Wieder anders war der ritterliche Kampf zu Fuße, bei welchem man sich der großen, bereits erwähnten Schilde bediente. Überhaupt bieten die Turnierschilde Interesse.“ (Wegweiser 1893: 50) Schließlich repräsentierten ein Rundschild und die Pappzielscheibe frühneuzeitliche Ringelrennen (vgl. Wegweiser 1896: 110–112).

Befolgte das GNM mit der Kress-Kapelle Boeheims Empfehlung, Turnierwaffen „immer von den Feldwaffen und womöglich räumlich zu trennen“ (Boeheim 1890: 584)? Lieferten die Turnierwaffen der waffenkundlichen Form lediglich einen Annex? Ja und nein – wenngleich auch die Turnierbewaffnung ansatzweise typisiert wurde, richtete das GNM die Waffen mit der Sulkowskischen Sammlung nach neuen Koordinaten aus. Die Engführung auf die Zeit unter Maximilian I. erlaubte es, durch dessen doppelte Vereinnahmung als Landsknecht und (Turnier-)Ritter die einzelnen Säle und Waffentypen zu verflechten. Die Sakralarchitektur der Kress-Kapelle, welche die neue Form des Turniers beherbergte, verband sich mit dem chevaleresken Dekor und den Verweisen auf turnierfähige Adelsfamilien zu einem neugotischen Raum wie im Rittersaal zu Erbach. Doch anders als dort wurden die Waffen nicht einzelnen prominenten Vorbesitzern zugeschrieben, sondern den Turniermodi und dem Stadtpatriziat im Allgemeinen. Zum einen fehlte die Assemblage aus dem Turnierzeug, Wappen, Zimier und dem Turnierkämpfer, und zum anderen ging die Bezugnahme auf Individuen als Träger der Zeuge verloren. Wie im Zeughaus entfielen individuelle Zuschreibungen zugunsten einer lokalgeschichtlichen Aufladung. Adressiert wurde dafür eine patrizische Familie, die tatsächlich bei den Gesellenstechen angetreten war. Somit spiegelten die Zeuge in der Kapelle den ursprünglichen assimilierenden Zweck mittels der Anonymität des Körperschutzes wider. Im musealen Dispositiv verwiesen sie auf das Dispositiv des Turniers, das Patriziat und die Geschichte der Reichsstadt. Dabei betonte das GNM auch ihre distinguierende Funktion, zumal sich die Assimilation auf die Bewaffnung des Patriziats beschränkte. Die Turnierwaffen galten schließlich nur der vornehmen Bürgerschaft und dem Adel. Obwohl sich die Gleichwertigkeit der Zeuge mit der Gleichstellung der Massen durch Feldwaffen zu decken schien, wurde der soziale Unterschied des gemeinen Soldaten zum Patriziat inszenatorisch hervorgehoben, denn die Kress-Kapelle enthielt keine Feldwaffen. Im übertragenen Sinne entsprachen dem Fries der Standesherren der genealogische Schriftzug und die patrizischen Wappen. Daher wurden die Turnierwaffen nicht völlig in die waffenkundliche Form eingepasst, sondern unterhielten eine eigene Form. Diese übernahm die Ästhetisierung der malerischen Form, ohne die historische Perspektive der waffenkundlichen abzustreifen. Damit bildete die Kress-Kapelle die Trophäenkammer der Sulkowskischen Sammlung. Das Dispositiv des Turniers wurde als Einsatzgebiet der

Waffen vorgestellt, ohne es waffengeschichtlich bis ins letzte Detail durchdringen zu wollen.[109] Stattdessen wurde die Herkunft der Objekte aus dem Turnier und dem Zeughaus zur Repräsentation des Patriziats und der Reichsstadt genutzt. Während die museale Bedeutung der Turnierzeuge zunächst auf einen lokalen Raum beschränkt blieb, wurde sie bald darauf national ausgeweitet. Die große öffentliche Reaktion auf den Kauf der Sulkowskischen Sammlung hatte dem GNM die Strahlkraft dieser Waffen vor Augen geführt. Die nationale Tragweite erlangten die Waffen jedoch nicht mehr im Augustinerbau, sondern im neuen Südwestbau.

5.3.3 Die große Waffenhalle im Südwestbau 1903–1921

Analog zum Architekten Karl F. Schinkel, der das Berliner Zeughaus als militärische Angliederung des Alten Museums zu gestalten suchte, wollte Essenwein den Waffen einen Platz in einem weiteren Gebäude verschaffen. Doch konnte er seiner Krankheit wegen das Vorhaben, in der Südwestecke des Museumsareals einen Erweiterungsbau mitsamt einer großen Halle für die Waffen zu errichten, nicht mehr selbst realisieren. Persönlich weniger der Waffenabteilung zugetan, führte der im Jahr 1894 ernannte Direktor Gustav von Bezold die Linie seines Vorgängers fort, ohne den Sammlungsausbau weiter voranzutreiben. Dafür ließ Bezold den Südwestbau von 1897 bis 1902 nach Essenweins früherem Entwurf errichten (Abb. 38) (vgl. Hampe 1902a: 131; Bahns 1978: 451–465). Eine weitläufige neugotische Erdgeschosshalle nahm die meisten Waffen aus dem Augustinerbau auf. Zum ersten Mal wurden die Turnierwaffen mit den Feldwaffen in einem Saal zusammengeführt, der die sakrale Stimmung des Kleinen Kreuzganges, der Augustinus-

109 Dass die Stechzeuge bei den Turnieren beschädigt wurden und der Reparatur bedurften, blieb zum Beispiel unausgesprochen. 1921 wurden Stechzeugteile in einem Tausch an die gräflichen Sammlungen in Erbach abgegeben, um dort anachronistische Komponenten des Erbacher Stechzeuges zu ersetzen (vgl. ZR 1921/93–96). Im Gegenzug erhielt das GNM eine Falknertasche (W2783), zwei wertvolle Radschlosspistolen (W2784, W2785) und einen Turnierhelm (W2786) (vgl. GNM 1982: 123; GNM 1997: 89). Karcheski zufolge fand der Tausch bereits 1904 und ohne die Tasche statt, was das Zugangsregister und die zugeteilten Inventarnummern jedoch widerlegen (vgl. Karcheski 1993: 187, 205).

Abb. 38: Südwestbau und Geschützhalle des GNM
von Südwesten, um 1935

und der Kress-Kapelle auf die Spitze trieb: Der durch eine altarähnliche Plattform abgeschlossene dreischiffige Aufbau der Waffenhalle, ihr buntbemalte Gewölbe, 21 Maßwerkfenster, 20 Säulen aus Naturstein mit Kapitälen und Stuckreliefs an den Wänden verliehen der Halle eine geistliche, allem Militärischen entledigte Atmosphäre (vgl. Willers 1978: 847). Jedoch referenzierte die Waffenhalle mit den drei Schiffen und den Säulenreihen auch das Innere alter Zeughäuser wie des Königlichen Zeughauses Berlin, was die These vom GNM als modernem Zeughaus weiter stützte (Abb. 39) (vgl. Neumann 1992b: 34f., 200). Damit imitierte die Waffenhalle einen Raumtypus, in dem die Zeughauswaffen tatsächlich exponiert worden waren, und schuf einen direkten Bezug zu ihrer Provenienz. Die Kirche und das Zeughaus als architektonische Eckpunkte rückten die Waffenhalle wieder näher an die malerische Form, hatte doch Franz I. Graf zu Erbach-Erbach bereits 1805 bemerkt:

Uid mirum, innumeros BRENNONICA SCEPTRA *Triumphos*
Jactare, & partis vario tot ab hoſte Tropæis
Impleſſe immenſi vaſtiſſima Climata Mundi?

Quid, inquam, hoc mirum? exclamavit ARCHÆOPHILVS, ad DULODORUM redux, cum tamen infinitam, non armorum tantum, ſed & ſtupendarum machinarum ſegetem Potentiſſima Domus poſſideat. Tormenta & Mortaria millenis faucibus hiant, Spectatoribusque etiam muta terrori ſunt. Globorum ferreorum ingentes acervi, Thoracum & Caſſidum vaſtiſſimi ordines, Gladiorum & Haſtarum, reliquæque Supellectilis Militaris integri campi, non generum tantum diverſitate ſe commendant, ſed & ſplendore undique illuſtriſſimo coruſcant. Quid Equorum, Equitumque imagines memorem? Quid Auri, Gemmarumque ornatum? Quid Phaleras, variarumque Gentium armaturas? Pugnarum Victoriarumque locupletiſſimos teſtes, quibus ex variis terrarum Populis, infidelibus etiam, & Turcis, & Tartaris, BRANDENBURGICUS HEROS ſibi Tropæa ſtruxit? Tanta apparatuum Martiorum farrago eſt, ut *Domubus duabus*, quamvis ampliſſimis, contineri non potuerint. Elegantiora ſeligere, *tertiamque* iis implere neceſſe fuit, & hæc judice me, & jure merito ARMAMENTARIUM CURIOSVM inſcriberetur.

Rite ſentis, inquit DULODORVS; ſed omnino conſiderandum, non tantum his AQUILAM BRANDENBURGICAM armari, ſed majora adhuc in Munimentis Provincialibus aſſervari. Plures Exercitus inſtrueres ex ſingulis. Et niſi hæc præſto forent, quomodo *Gloria Legionum Brennonicarum*, victorioſis auſibus quatuor Mundi Regiones ſimul pervadere potuiſſet? quomodo *Primas* ELECTORI NOSTRO *Cæſaris Inſula Lauros* porrigere? Quomodo *Victoriæ bonæ felici* Orbis Teutonicus aſſurgere? Non vetuſta loquor. FRIDERICI III. hæc merita ſunt, ab ipſo Imperii primordio, tam Bellonæ viribus, quam ſapientiæ Radiis Terrarum felicitati glorioſe operantis. Et procul dubio FRIDERICI WILHELMI MAGNI Gloria innotuit: Quo ardore, & quoties hoſtium Exercitus disjecerit: Quo conatu munimenta Urbium inimicarum fregerit: Quo auſu congelatos Marium campos Equitum peditumque Exercitu

Uuu 3 tran-

Abb. 39: Lorenz Beger,
Dreischiffige Halle im Königlichen Zeughaus Berlin, um 1696

> Mit nicht unbeträchtlichen Kosten werden oft alte gemahlte [sic!] Glasfenster, so einst einmal die alten Kirchen verdunkelten, verkauft, um die Fenster eines neuen Gothischen Gebäudes damit zu zieren, auch Harnische werden theuer gekauft und darinn aufgestellt, um auch dadurch sich der Zeit, die man die Ritterzeit nennt, [...] zu nähern. [...] Denn man sieht neu erbaute Burgen, an denen Verzierungen angebracht und verwendet sind, die in der Vorzeit an Kirchen allein angebracht waren; man findet in denselben erst [...] mit gemaltem Glase verzierte Fenster, wie dieses in alten Schlößern, wo höchstens nur Wappen in den Fenstern der Rittersaele angebracht waren, nie gebräuchlich war, und [...] ein neues Gothisches Gebäude das Aeußere [...] einer Kirche, während innenwendig Rittersaele angebracht sind, in denen Harnische und Waffen aufgestellt sind, die in der Vorzeit weder in Kirchen noch in Rittersaelen, sondern in Zeughäusern und Rüstungskammern allein aufbewahrt wurden. [...] Die Simplicitaet der alten Burgen wollte wahrscheinlich nicht allein gefallen, man musste also Verzierungen entlehnen, die den Kirchen allein eigen waren; und so mussten im Gegentheile die Burgen und Schlößer ihre innern Einrichtungen herleihen, um die Gemächlichkeiten und Abwechßelungen, die man in den neuen Gebäuden, denen man im Durchschnitte dennoch meistens das Äußere einer Kirche gibt, bezweckte, anbringen zu können, die aber der innere Bau der Kirchen nicht gestattete. (zit. nach Glüber 2006: 50f.)

Auch wenn es sich beim Südwestbau nicht um ein kirchliches Bauwerk handelte, bot er den Waffen eine sakral-festliche Bühne, um „eine Ruhmeshalle deutscher Waffen zu schaffen“ (Willers 1982: 433). Das Medium der Waffe wurde auf dieser Bühne ästhetisch und symbolisch aufgewertet. Die Verklärung von Waffen resultierte auch aus dem zeitgenössischen Helden- und Waffenkult, der sich nach dem Regierungsantritt Kaiser Wilhelms II. in Deutschland ausgebreitet hatte. Die Exponierung wurde damit zu einer Zelebrierung der Waffen, weswegen am 15. und 16. Juni 1902 die Fünfzigjahresfeier des Museums in der – damals noch leeren – Waffenhalle stattfand. Zu den prominentesten Gästen zählten neben Wilhelm II. und seiner Gattin Auguste Viktoria auch Prinzregent Luitpold von Bayern, der König von Württemberg und der Großherzog von Baden. Die soeben fertiggestellte Halle im „imposante[n] Neubau“ (Hampe 1902a: 131) erschien als angemessener Ort dieser „allgemeinen vaterländischen Feier“ (Schulz 1927: 7), auch weil sie kurz darauf die Waffen beheimaten würde. Dabei drückte der

Südwestbau als Ganzes den nationalen Bezug dieser Objekte aus, denn über den Waffen befanden sich im ersten Stock Bauernstuben und im zweiten Stock Volkstrachten; die Feldwaffen der Massen, aber nun auch die patrizischen Waffen, fungierten als Basis eines geeinten Volkes, als Protektorat der Bauern und kleineren Regionen (vgl. Hampe 1902a: 131). Ende 1902 wurden die Waffen in die Halle überführt, 1903 ihre Ausstellung vollendet. Im Augustinerbau verblieben nur die Handfeuerwaffen, während die schweren Geschütze 1910 aus den Sälen und Höfen in eine neue Geschützhalle südlich der Stadtmauer gelangten (Abb. 38). Damit waren die Waffen wie in den alten Arsenalen großer Städte aufgeteilt: Das Zeughaus – die Waffenhalle und der Augustinerbau – enthielt Schutz-, Distanz- und Blankwaffen, das nahegelegene Blidenhaus – die Geschützhalle – die Artilleriewaffen.[110]

Die Turnierzeuge wurden in der Waffenhalle auf der Plattform und der Treppe oberhalb der übrigen Waffen aufgestellt (Abb. 40). In

Abb. 40: Ansicht der großen Waffenhalle im Südwestbau, 1906

110 Zwischenzeitlich hatte das Museum sogar geplant, auch die Artilleriestücke in der großen Waffenhalle unterzubringen, um alle Waffen in einem Saal zu vereinen (vgl. Hampe 1902b: 901).

Abb. 41: Hermann Großberger,
Ansicht der großen Waffenhalle im Südwestbau, 1919

Mittel- und Seitenschiffen standen die Zeuge mittig auf den Treppenstufen links und rechts der Säulen; nordseitig die Rennzeuge und südseitig die Stechzeuge, die beiden äußeren mit Lanzen und Krönlein. Die Turnierzeuge bildeten also keine Fachgruppe mit den Schutzwaffen, sondern waren buchstäblich auf ein Podest gehoben. Zwischen den anderen Harnischen und den Zeugen bestand nicht nur der Unterschied, dass jene um die Säulen und diese auf der Plattform positioniert waren, wie Hermann Großbergers Aufnahmen zeigen (Abb. 41). Denn wo die duellbereite Ausrichtung der Turnierzeuge die Lanzenführung nachahmte, wirkte die Gestik der Vollharnische mit angewinkelten Armzeugen und leicht versetzten Panzerschuhen reservierter. Dies erklärt sich aus der starren Konstruktion der Turnierzeuge und wird im geharnischten Reiter links auf der Abbildung gespiegelt, der ebenfalls eine Lanze führt.[111] Zum einen erfüllte die Ausstellung die waffen-

111 Noch heute wird die Kampfbereitschaft der Turnierzeuge durch hölzerne Lanzenschäfte in den Hentzen angedeutet.

Abb. 42: Hermann Großberger,
Ansicht der großen Waffenhalle im Südwestbau, 1919

kundlichen Anforderungen, die Exponate nicht atypisch oder anachronistisch zu kompilieren und in Stellung zu bringen, zumal die Direktion der Turnierstange durch den Reiter auch textlich erläutert wurde (vgl. Boeheim 1890: 582–585; Wegweiser 1904: 119). Zum anderen zeigt das Beispiel, wie die Waffenhalle mit den Harnischen um die Säulen die Exponierungsweise von Waffen in Rittersälen nachahmte. Die übrigen Turnierwaffen befanden sich abermals in kurzer Distanz zu den Zeugen – die Tartschen zum Teil wieder direkt an den Zeugen und der Hohenzeugsattel in der nächsten Fensternische.

Dahingegen hatte das Museum die meisten Feldwaffen ein Stück weit vom Ensemble der Turnierwaffen entfernt. Die Feldwaffen verteilten sich auf ganze zwölf Reihen, 21 Schränke und 22 Kästen und waren streng nach der waffenkundlichen Form geordnet, die in dem großen Raum zumindest für das Mittelalter zusammengeführt werden konnte (vgl. Anonymus 1905: Tafel 69). Seitdem die Feuerwaffen im Augustinerbau zurückgeblieben waren, konnte der Zeitstrahl in die Gegenwart nicht mehr in einem Raum verfolgt werden. Wie sich die

Abb. 43: Große Waffenhalle im Südwestbau
mit Harnischen, Stechzeugen und dem berittenen Krako, 1903/1921

Feldwaffen perspektivisch von den Zeugen unterschieden, demonstrieren die Blickachsen einer Photographie (Abb. 42). Im rechten Seitenschiff überwachten die beiden Stechzeuge die von ihnen seitlich gerahmten Stangenwaffen wie einst im Zeughaus. Blendet man den Gebrauchskontext der Turnierwaffen aus, ließen sich darin militärische Formationen erkennen – wenige Adelige, die die Ordonnanzen der Infanterie im Gefecht anleiten. Neben dem Verhältnis Adel-Infanterie, welches bereits der Standesherrensaal ausbuchstabiert hatte, teilten die Exponate die reichsstädtische Herkunft. Denn gut sichtbar inmitten der Plattform stand die als älteste Rüstung der Waffensammlung geltende Blechfigur des heiligen Georg aus dem Pilatushaus von Hans Grünewald zwischen zwei Plattenharnischen des späten 15. Jahrhunderts (W2160, W2161) (Abb. 43). Zwar hob der Wegweiser daran lediglich die Schiftung hervor, das heißt das Geschiebe einzelner Platten zur

Abb. 44: Hermann Großberger,
Rückseitige Ansicht mit dem Mittelschiff der großen Waffenhalle, 1919

Wahrung der Bewegungsfreiheit (vgl. Wegweiser 1904: 117f.). Doch war es kein Zufall, dass die so auffällig auf der Plattform in Szene gesetzten Stechzeuge, die Blechfigur und einer der Harnische aus Nürnberg stammten. Als Herkunftsort vieler Waffen sowie als ehemalige Reichsstadt bot Nürnberg einen zugleich lokalen und nationalen Referenzpunkt, an dem sich die Exponate ausrichten konnten. Wie im Augustinerbau wurde dieser Bezug mit ritterlichen Aspekten verflochten: Vis-à-vis der Plattform, gewissermaßen als Kontrapunkt zu Grünewalds geharnischtem Georg, erhob sich auf einem Podest die nachgebildete bronzene Reiterfigur des Heiligen Georg, im Original von Martin und Georg Clussenbach gegossen und auf dem Hradschin zu Prag (Abb. 44). Zwischen der Georgsfigur als Patron der Ritterschaft und der Blechfigur gegenüber entwickelte sich ein Arrangement der Paarung, wie es Hürlimann beschrieben hatte (s. Kap. 2.3.4). Georgs Kampf gegen den Drachen wurde dadurch in eine Beziehung zum realen Harnisch gesetzt, seine Bedeutung – als Schutzherr Maximilians I. – auf das gesamte Reich ausgeweitet.

Dazu wurde der mythische Zweikampf, diesmal innerhalb des Turnierdispositivs, direkt über den Turnierzeugen an den Bogenfeldern der östlichen Stirnwand aufgegriffen: Dort prangten drei bemalte Gipsabgüsse „des bekannten Turniers zwischen dem Hans Dollinger mit dem Ungarn Krako in Anwesenheit Kaiser Heinrichs I. aus dem Dollingerhause in Regensburg" (Wegweiser 1917–18: 114) (Abb. 45). Lebensgroß in Stuckreliefs abgeformt, erinnern die drei Reiterfiguren bis heute – die große Waffenhalle hatte nur wenige Kriegsschäden davongetragen – an eine mittelalterliche Stadtsage in Regensburg.[112] Der Sage nach bedrohte der Hunne Krako die Bürgerschaft Regensburgs, deren Ritter ihm den Zweikampf versagten. Als alle Hoffnung verloren schien, trat aus den königlichen Reihen – nicht den kaiserlichen, wie im Wegweiser angegeben – Hans Dollinger vor, um sich mit Krako auf dem Haidplatz, einem Turnierareal, zu duellieren (vgl. Gratzmeier 1889: 248). In den ersten beiden Anritten scheiterte Dollinger zunächst an seinem heidnischen Widersacher. Erst mithilfe eines christlichen Priesters konnte er im dritten Versuch Krako töten und die Stadt von der Unterdrückung befreien. Im Zuge ihrer Verbreitung wurde die Sage von der Romantik rezipiert, so zum Beispiel im *Dollingerlied* aus Achim von Arnims und Clemens Brentanos Sammlung *Des Knaben Wunderhorn* (vgl. Arnim/Brentano 1806: 36f.; Göller/Wurster 1980: 11-16, 37-54). Ritterliche und christliche Tugenden beschwörend und das Mittelalter verklärend verschmolz die Sage lokale und nationale Symboliken miteinander. Ursprünglich auf Regensburg begrenzt, ließ sie sich auf Reichsebene erweitern – statt als Hunne wurde Krako auch als einfallender Ungar oder Türke beschrieben oder seine Tjost gegen

112 Die Originale stammten aus dem 13. Jahrhundert und waren bis zur ihrer Abtragung 1889 in einem Saal des entsprechend benannten Dollingerhauses am Regensburger Rathausplatz zu sehen, wo sich heute ihre Gipsabgüsse befinden (vgl. Neumann 1862; Göller/Wurster 1980: 23; Schultes 2004: 403).

Abb. 45: Anselm Goudin, Dollingersaal in Regensburg mit den Plastiken von Heinrich I., Dollinger und Krako, 1729

Dollinger zum Sinnbild des Deutsch-Französischen Krieges erhoben (vgl. Neumann 1862: 15f.; Göller/Wurster 1980: 51). Auf die schriftliche Auseinandersetzung mit der Sage folgte gegen 1900 eine bildliche, als sich abgeformte Plastiken von Dollinger, Krako und König Heinrich I. jeweils zu Pferd in ganz Deutschland verbreiteten. Sie fanden sich in der westpreußischen Marienburg ebenso wie im BNM (vgl. Reitzenstein 1972: 40; Göller/Wurster 1980: 52). Dort imitierte die Architektur der Waffenhalle von 1900 sogar den kurz zuvor abgebrochenen Dollingersaal in Regensburg (vgl. Bassermann-Jordan 1902: 285; Seelig 2000: 160–163). Im GNM stellte die Dollinger-Turniergruppe keinen waffenkundlichen Bezug zu den Turnierobjekten her, indem sie etwa einen Turniermodus näher beschrieben hätte. Stattdessen stand sie in ästhetischer und symbolischer Beziehung zu den Exponaten. Nicht von ungefähr wurden die Turnierzeuge zu Füßen der Plastiken gestellt, die jeweils am Kopfende der Schiffe angebracht waren (Abb. 43). Wie die Regensburger Stadtsage und der Kampf des Heiligen Georg referenzierten die Turnierzeuge in der großen Waffenhalle nicht nur die Reichsstadt Nürnberg, sondern das gesamte Deutsche Reich. Damit wurde die waffenkundliche Form um Verweise auf die Reichsstadt, das Rittertum und die Nation bereichert, während die Turnierwaffen eine Form innerhalb der Form erzeugten. Diese verschachtelte Form verteilte ihre Elemente nicht nach Typus und Alter, sondern setzte sie in Beziehung zu patrizischen, städtischen und nationalen Aspekten. Dabei löste sich der Gegenwartsbezug der waffenkundlichen Form, die fortan stärker auf das Mittelalter fokussierte. Die Aufweichung der Form war vom Medium selbst vorbereitet worden, als dessen Provenienz als Potenzial erkannt worden war – das vormuseale Dispositiv des Turniers sowie die Formen im Zeughaus und auf Burg Feistritz.

5.3.4 Provenienz als Potenzial

Beim Rückblick auf die Stellung der Turnierwaffen, insbesondere der Zeuge, im Dispositiv des GNM ist zweierlei festzuhalten. Erstens changierten die Objekte zwischen verschiedenen Arten des Zugriffs. Als sie an das GNM gelangten, wurden in der Kress-Kapelle zunächst ihre städtische Vergangenheit und die Verbindung zu den spätmittelalterlichen Turniermodi ausgelotet. Damit integrierten sie sich in die waffenkundliche Form, fügten dieser jedoch das Turnierdispositiv als Einsatzort von Waffen hinzu. Denn die museale Relevanz der Turnierwaffen lag weniger in typologischen und chronologischen Aspekten als vielmehr in der Provenienz, den früheren Ausstellungskontexten und der Erinnerungsleistung. Diese konnte das GNM als Zeitdispositiv aufzeigen, indem es die Formen und Linien des Turniers aufgriff. Es erwies sich damit einmal mehr als reflexives Dispositiv, das frühere Dispositive sichtbar machen konnte. Dabei blieb es nicht bei der Veranschaulichung – vielmehr machte sich das GNM die Potenziale des Mediums im alten Dispositiv zunutze, indem es die visuell ansprechenden Waffen durch die Form ins beste Licht rückte. So blickte noch in den 1930er Jahren ein Besucher auf „phantasieerregende Säle voller Ritter und Kostüme“ seiner Kindheit (Jahresbericht für 1939: 63) zurück. Wo die Elemente der waffenkundlichen Form ihre Bestimmung aus dieser selbst gewannen, brachten die Turnierwaffen ein eigenes Erbe mit sich. In der großen Waffenhalle des Südwestbaus wurden sie daher als national bedeutsame Waffen deklariert, ohne sie als Stellvertreter historischer Turnierformate aufzugeben. In einer Inszenierung, die waffenkundliche, patrizische, ritterliche, christliche und Zeughausaspekte vermengte, beanspruchten die Turnierzeuge landesweite Tragweite.

Hatte die waffenkundliche Form die Gewalt des Krieges als unabdingbare, technologisch förderliche Erscheinung begriffen, wurde die Gewalt durch die neue Form unter Bezug auf das Turnierdispositiv kultiviert. Dollinger kämpfte nicht nur für das eigene Überleben, sondern stellvertretend für das des Königs, der Regensburger Bürger:innen und des gesamten Reiches. Die von ihm zugefügte Gewalt legitimierte sich durch die Verteidigung der herrschenden Ordnung. Auch Georg befriedete mit dem Erschlagen des Drachen das Land. Zudem war die tödliche Gewalt bei beiden Rittern moralisch fundiert: Während der Drache ein Monstrum darstellt, das a priori jeglicher Humanität absent ist, so gilt auch der heidnische Krako als böse an sich, solange er nicht konvertiert. Seine übernatürliche Körperkraft wird deshalb auf schwarze Magie zurückgeführt, die nur durch ein christliches Ritual überwunden werden kann. Die Bekämpfung des Drachen und Krakos erweist sich daher als christliche Pflicht, die durch den Priester bei Dollinger und die Volkstaufe nach dem Sieg gegen den Drachen bei Georg unterstrichen wird. Dagegen fand die Gewalt bei den Gesellenstechen in einer kulturellen Form statt, die durch Waffen wie die Stechzeuge eingehegt wurde. Die paritätische Beziehung der Patrizier drückte sich in der gleichen Ausrüstung der Teilnehmer aus. Dollingers Duell fand in einem Kontext statt, der den Tod als möglichen Ausgang beinhaltete. Zu Tode kamen die spätmittelalterlichen Turnierkämpfer zwar selten, aber auch sie wetteiferten – innerhalb eines zivilen und regelhaften Rahmens – nach dem Recht des Stärkeren. Daraus entsprang eine kontrollierte, zeichenhafte Gewalt, die die bestehende Ordnung nicht untergraben oder wiederherstellen, sondern im Gegenteil bestätigen sollte. Auch im GNM wurde die Waffengewalt verklärt, indem ihre regelhafte Anwendung im Turnier durch die Skulptur, die Plastiken und die Turnierzeuge als moralisch vertretbar und kulturell gewachsen präsentiert wurde.

Im Museum wurden die Turnierwaffen wie auf dem Turnierplatz, im Zeughaus und auf Burg Feistritz in eine spektatorische Form eingebettet. Obwohl die Ausstellung in der großen Waffenhalle von den früheren Schauanordnungen abstach, wiederholte sich die Realisierung bestimmter Potenziale. So spiegelten die Turnierensembles die Repräsentation einer städtischen Oligarchie, was durch das Dekor und die

Ausgestaltung des Schauraumes unterstützt wurde. Essenweins früherer Abneigung zum Trotz zogen damit Anleihen einer aus Privatsammlungen bekannten Ästhetik in die Schauräume ein. Die Exponate fungierten als Fluchtlinie, indem sie durch die Turnierbezüge die waffenkundliche Form aufweichten, die fortan auf das Mittelalter fokussierte. Vor allem aber ergab sich eine neue Form, welche ihre Elemente nicht mehr nach einem Typus oder einem spezifischen Zeitraum verortete. Stattdessen rückte die Provenienz einzelner – und nichtmilitärischer – Waffen in den Vordergrund. Damit trat das Dispositiv des Turniers als Herkunftsort der Waffen den Übergang von einer militärisch-zweckhaften zu einer künstlerisch-ästhetischen Betrachtungsweise von Waffen in Gang. Konkretisiert wurde diese Betrachtungsweise jedoch erst an einem anderen Waffenspiel, der höfischen Jagd. Wie als Zeichen fiel ihr Entstehen mit der Auflösung der großen Waffenhalle zusammen.

6 Jagdgeräte. Die Form der Jagd

6.1 Die Auswirkungen des Ersten Weltkrieges

Wenngleich die Kriegsmodelle und die Turnierwaffen eine provenienzorientierte Weise des Exponierens erschlossen hatten, verquickten sie sich doch in Ansätzen mit der waffenkundlichen Form. So wurde aufgezeigt, wie die Turnierwaffen die Abteilung um eine zusätzliche Form bereichert und dabei auch die waffenkundliche Form modifiziert hatten. In der Folge wurden die bestehenden Formen lediglich ausdifferenziert, was allerdings auch an den ausbleibenden Erwerbungen nach der Sulkowskischen Sammlung lag. Die wenigen Neuzugänge, welche die Waffensammlung in den ersten beiden Jahrzehnten des 20. Jahrhunderts verzeichnete, passten dabei überwiegend in das von Essenwein vorgegebene Profil.[113] Erst die politische Lage veränderte die Gegebenheiten, denn zum Ende des Ersten Weltkrieges erfolgte ein markanter Einschnitt in die bisherige Exponierung von Waffen. Die verheerende Niederlage des Deutschen Reiches beendete jegliche Kriegseuphorie und rüttelte an den Konzepten der Nation und *patria*. Auch auf die Waffensammlung hatte sie unmittelbare Auswirkungen: 1920 musste durch den Artikel 245 des Versailler Vertrages die Kriegsbeute aus dem Deutsch-Französischen Krieg an Frankreich zurückgegeben werden. Dies betraf 56 Stücke, darunter sieben Geschütze, eine Mitrailleuse, Handfeuerwaffen, Blankwaffen und Militaria, die als Geschenke des Kaisers und von Reichsfürsten ans GNM gekommen waren. Anders als versprochen wurde dem GNM keine staatliche Entschädigungssumme ausbezahlt, um die Abgänge zu ersetzen (vgl. Willers 1978: 850). Daher war es nicht mehr möglich, die Chronologie

113 Erwähnenswert unter Direktor Bezold sind lediglich ein Dublettentausch mit dem Berliner Zeughaus, der Erhalt des Nachlasses von Kommerzienrat Johann Kahlbaum, der Erwerb eines wertvollen italienischen Löwenkopf-Renaissancehelms aus dem 15. Jahrhundert und die Akquise von Waffen aus dem Altbestand der Dresdener Waffensammlung (vgl. Schulz 1914: 46f.; Rothenfelder 1935: 8f.; Willers 1978: 848).

der (Feuer-)Waffen bis ins mittlere 19. Jahrhundert zu strecken, da die erbeuteten Handfeuerwaffen und Artilleriegeschütze wichtige Feldwaffentypen abgedeckt hatten. Weil unter Bezold die Waffen der Jahrhundertwende und die Bewaffnung des Ersten Weltkrieges weder angekauft noch ausgestellt wurden, klaffte eine Lücke zwischen den Objekten und der Gegenwart. Folglich legte die Realgeschichte die didaktische Methode der Vergegenwärtigung von Waffen ad acta. Auch die Beschäftigung mit Militärwaffen trug davon Spuren. Anstatt sich weiter um Feldwaffen zu bemühen, verkaufte das Museum sogar einzelne Stücke, um Erwerbungen für andere Abteilungen zu finanzieren. Dabei machte es nicht einmal vor äußerst seltenen Prunkwaffen halt.[114] Außer den Sammlungsabgängen veränderte sich aber vor allem die Wahrnehmung der vorhandenen Objekte.

6.1.1 Die nationale Bedeutung von Waffen

Auf den Krieg folgte ein „Jahrzehnt weltweiter Neuorientierung", eine „Scharnierperiode zwischen den Jahrhunderten" (Osterhammel 2010: 1300). Politische Umwälzungen und ökonomische Krisen wie die Große Depression warfen ihre langen Schatten auch auf die tägliche Museumsarbeit. Gleichzeitig bekam das über Jahrzehnte gezeichnete Selbstbild der virilen Großmacht Deutschland Risse, und die Vorstellung eines unabhängigen und unbezwingbaren Nationalstaates geriet in Zweifel. Im Gegenzug hatte die Ablehnung der Konditionen der Versailler Friedensverträge Deutschtümelei und einen Nationalismus zur Folge, der sich nicht nur um das Wohlergehen des eigenen Landes sorgte, sondern vor allem gegen andere Staaten gerichtet war. Mithin wandelte sich die Bedeutung des GNM als Nationalmuseum. In seiner Festschrift zum fünfundsiebzigjährigen Museumsjubiläum fasste der Hauptkonservator Fritz T. Schulz dies in Worte:

> War das Germanische Museum nach dem Kriege 1870/71 als lebendiger Ausdruck der wiedergewonnenen Einheit der deutschen Volksstämme betrachtet worden, so erblickte man in ihm nach Beendigung des großen Weltkrieges 1914/18, wo es um die Existenz

114 So wurde der 1914 erworbene Löwenkopf-Helm Anfang der 1920er Jahre an einen Privatsammler zur Finanzierung einer Madonna verkauft. Heute befindet sich der kostbare Helm im New Yorker Metropolitan Museum of Art (vgl. Willers 1978: 851).

> deutscher Kultur ging, wo viele unserer Volksgenossen, durch den Gewaltspruch von Versailles vom Organismus des Reichskörpers abgesplittert, unter fremder Herrschaft zu leben verurteilt waren, ein Symbol der Wesenseinheit aller Deutschsprechenden und Deutschempfindenden, was naturgemäß eine Steigerung seines Wertes für das Volksganze zur Folge hatte. (Schulz 1927: 67)

Wie es das Zitat dramatisch umschreibt, stand somit das Überleben der deutschen Kultur – nicht nur der deutschen Nation – auf dem Spiel. Dies betraf nicht allein die Topographie als Grundlage des Landes, seine zusammengefassten Regionen und Ortschaften. Stattdessen wurde die Kultur selbst als gemeinschaftsstiftend angesehen. Im Gegensatz zur geographischen Einheit Deutschlands 1871 rief das Museum nun eine innerliche, geistige Verbindung aller aus, die sich als Deutsche identifizierten. Dies prägte einerseits den musealen Blick auf nationalgeschichtliche Großereignisse, andererseits die Perspektive auf so konkrete Entitäten wie die historischen Waffen. Zunächst wurde das Medium weniger der Souveränität des Staates und dessen Verteidigung zugeschlagen. Immerhin hatte das Deutsche Kaiserreich den Krieg verloren, obwohl es sich mit dem Angriff auf Frankreich nicht in einer defensiven Position befunden hatte. Aufseß' Staatsschutz, Essenweins Stabilisierungs- und Innovationseffekte durch die Waffen und die politisch-symbolische Stilisierung der moralisch gerechten Verteidigung in der großen Waffenhalle erschienen der Lage nicht mehr angemessen. Neben der Funktion der Waffen musste auch deren Geschichte überdacht werden. Denn die Zersplitterung des Bildes vom unbezwingbaren Reich zog eine Zerstreuung der repräsentativen Waffengeschichte nach sich. Dies trübte die positive Grundhaltung gegenüber den Waffen empfindlich, deren Verehrung in der wilhelminischen Ära plötzlich als unzeitgemäß erschien. Was vormals als Erfolgsgeschichte der Einigung infolge militärischer Intervention und Hochrüstung dargestellt worden war, bedurfte der Revision. Die Reevaluierung der eigenen Geschichtsschreibung beinhaltete zuvorderst eine Abwertung des Historismus, welcher das GNM mit seinen Erweiterungsbauten vor allem äußerlich mitgestaltet hatte. Vor allem aber verschob sich das Verhältnis der Waffen zur Nation. Statt die eigene National- und Kulturgeschichte als teleologische Serie militärischer Typen abzubilden, abstrahierte sich die Beziehung zwischen den Musealien und der Nation, der sie zugerechnet wurden. So waren bereits im späten 19. Jahrhundert Objekte angeschafft worden, die weder deutschen noch mitteleuropäischen Ursprungs waren, sich jedoch genealogisch und durch die Reziprozität von Angriffs- und Verteidigungswaffen in die waffenkundliche Form inkludieren ließen (vgl. ZR 1887/9265–9294). Mit der zunehmenden Vernachlässigung der essenweinschen Prinzipien transformierte sich die Relation der Objekte zum Ganzen, das heißt die Kopplung des Mediums innerhalb der Formen. Zwar fungierten Waffen weiterhin als nationale Insignien, nun aber dadurch, dass sie als kostbares Eigentum betrachtet wurden. Selbst wenn die Provenienz und Gebrauchsgeschichte einer Waffe keinerlei nationale Bezüge aufwies, demonstrierte sie den kulturellen Reichtum der ‚deutschen Kulturnation' durch das Besitztum des GNM als deren Vertreter. Mithin war es der Status als Musealie im Dispositiv des GNM, der den Wert für die Nation sicherstellte. Aus den Objekten sollte das hervorgehen, was Schulz als „Symbol der Wesenseinheit aller Deutschsprechenden und Deutschempfindenden" (Schulz 1927: 67) bezeichnete.

Untereinander einte die Waffen ihre Zugehörigkeit zu den Formen der Sammlung und Ausstellung, wie auch das Museum durch die Formierung der Abteilungen die deutsche Einheit abbilden sollte. Waren die aus Feistritz zurückgeführten Zeughauswaffen zunächst als Schatz Nürnbergs und erst in zweiter Linie als reichsstädtisches, das heißt national bedeutsames, Kulturgut gefeiert worden, bedurfte der Nationalbezug nun keiner Begründung mehr. Vom Zugang kostbarer Waffen profitierte insofern die Nation, als die Neuzugänge als Reichseigentum präsentiert werden konnten.[115] Auf diese Weise rühmten die musealen Waffen das kulturelle Vermögen der Nation gegenüber anderen Staaten:

> Je größer das Museum, desto reichhaltiger und vielseitiger ist die Waffenabteilung, und Sammlungen, wie die des Germanischen Museums in Nürnberg […], haben deshalb über ihren nationalen Rahmen hinaus Bedeutung als Waffenmuseen […]. (Homburger 1924: 27)

115 Mit den Bronzegeschützrohren aus Rhodos, die dem Johanniterorden gehört hatten, und den Nürnberger Zeughauswaffen hatte dies zuvor Objekte betroffen, die als deutsch betrachtet wurden, weshalb bei ihnen von einer Rückholung ins Reich gesprochen wurde.

Demgegenüber relativierte sich die Bedeutung im Kampf, da dem militärischen Dispositiv weniger Aufmerksamkeit zuteilwurde. Nach dem Ersten Weltkrieg wurden Uniformen und jüngere Militaria zunächst von den übrigen Waffen getrennt, um alsbald völlig aus den Schauräumen zu verschwinden (vgl. Wegweiser 1922–23: 57f.). Was die verbliebenen Exponate an funktioneller Bedeutung im Militärwesen einbüßten, glich ihre kulturell und kunsthandwerklich bedeutsame Anschaulichkeit aus. Wo Essenwein militärisch-taktische Merkmale honoriert hatte, zählten jetzt ästhetische Vorzüge. Statt Holz und Metall waren es Gold, Silber und Juwelen, deren Materialität faszinierte. Jedoch behinderte die finanzielle Schieflage des Museums die Umdeutung der Waffen. Obwohl nach Kriegsende große Mengen historischer Waffen auf die Auktionstische des Kunstmarktes und des Antiquitätenhandels gerieten, musste das GNM wie viele andere deutsche Museen zunächst von üppigen Einkäufen absehen. Stattdessen wurden bedeutende Kontingente mittelalterlicher und frühneuzeitlicher Waffen von begüterten Sammlern wie William R. Hearst, Clarence Mackay und Bashford Dean ins Ausland überführt, vor allem in die USA und nach Großbritannien (vgl. Schedelmann 1973: 25–41). Dies bewirkte zwar ein allmähliches Umdenken an den hiesigen Museen, wobei dem GNM noch zugutekam, dass es seine Sammlungsziele bereits im späten 19. Jahrhundert erfüllt hatte. Trotzdem sprach Schulz zum Jubiläum von einer „Krisis nach dem Kriege“ und vom „Nachlassen und Hemmungen“ (Schulz 1927: 48) im Vergleich mit der früheren Sammeltätigkeit.

6.1.2 Die Auflösung der großen Waffenhalle

In den Jahren nach den Ersten Weltkrieg galt es unter dem neuen Direktor Ernst H. Zimmermann, sich auf die vorhandenen Stücke zu fokussieren und die etablierten Formen zu überdenken. Bereits zuvor war die Betreuung der Abteilung in neue Hände gelegt worden: 1904 wurde Johann Roder zum Leiter der Schlosser- und Schmiedewerkstatt berufen (vgl. Jahresbericht für 1948–49: 98), 1911 dann August Neuhaus zum ersten Kurator der Waffensammlung. Bis zum Ende des Zweiten Weltkriegs verantwortete Roder die Pflege der Waffen, während Neuhaus deren Beforschung und Katalogisierung vorantrieb (vgl. Jahresbericht für 1951–54: 52). Da Letzterer jedoch zwischen 1916 und 1918 als Soldat eingezogen wurde, konnte er erst nach dem Kriegsdienst tiefgreifende Umstrukturierungen vornehmen. Fortan oblag Neuhaus, der im August 1921 zum dritten Hauptkonservator des Museums befördert wurde (vgl. Jahresbericht für 1921: 7), die „Umgruppierung der Sammlungen" als „Hauptaufgabe der nächsten Jahre" (Jahresbericht für 1920: 2). Im Einzelnen bedeutete dies die „Ordnung und Sichtung sämtlicher Bestände, klarere Hervorhebung des Bedeutsamen schon durch die Aufstellung, Ausscheidung des Überflüssigen [sic!] Störenden, Minderwertigen" (Hampe 1920: 12). Der Wunsch nach einer Revision der bisherigen Verhältnisse war nicht nur intern zu vernehmen, wurde doch zur selben Zeit von außen Kritik am GNM laut (vgl. Anonymus 1920: 1). Nachdem sich mehrere Zeitungen abschätzig über die Meriten des scheidenden Direktors Bezold geäußert hatten, richtete der Kunsthistoriker Rudolf Oldenbourg 1919 in der *Kunstchronik* seine Bedenken an das Dispositiv des GNM im Allgemeinen. Wie später Schulz identifizierte auch Oldenbourg eine „allgemeine schwere Krisis, die das Germanische Museum gegenwärtig durchmacht" (Oldenbourg 1919: 131) und konkretisierte diese an zwei Faktoren, der Museumsarchitektur und den Ausstellungsobjekten:

> Die düstere, winkelige Romantik des Museums, das Essenwein in und um das ehemalige Karthäuserkloster errichtet hat, entspricht in keiner Weise mehr den Anforderungen, die wir an ein zu wirkungsvoller und gedeihlicher Aufbewahrung alter Kunstwerke bestimmtes Gebäude stellen. Fast durchweg schlecht belichtet, völlig unübersichtlich, ohne inneren Zusammenhang und gedrängt in der Überfülle, reihen sich unschätzbare Kunstwerke an Gipsabgüsse, alte Bauteile an schnöde Nachäffungen moderner Anbauten, kulturgeschichtliche Sammlungen an künstlerische Erzeugnisse höchsten Ranges. Selbst der eingehende, verständnisvolle Besucher nimmt letzten Endes nicht mehr als den Eindruck eines wunderlichen, verwirrenden Sammelsuriums mit nach Hause, das wohl vielfach anregt, nirgends aber klare, systematische Vorstellungen zu übermitteln fähig ist. (Oldenbourg 1919: 131f.)

Das waren schwerwiegende Vorwürfe gegen Systematisierungsversuche wie die waffenkundliche Form, die doch auf eine leicht verständliche Vermittlung der Entwicklungen abzielte. Die Polemik liest sich als zeitgenössische Absage an den Historismus des späten 19. Jahrhunderts, welcher in Gestalt des Architekten Essenwein das „melancholische[] Gewinkel" (Oldenbourg 1919: 132) der Anschlussbauten ins

Werk gesetzt hatte. Darüber hinaus nahm sie das unzureichende Arrangement der Ausstellungen und die Vermengung originaler Kunstwerke mit Nachbildungen und kulturgeschichtlichen Exponaten ins Visier. Essenweins nach strengen Regeln gebildete Form wurde insofern als formlos empfunden, als ihre Serien die Überfrachtung der Schauräume zu verantworten hatten. Ferner bekrittelte Oldenbourg den inszenatorischen Versuch, „durch malerische Vermischung [...] kulturgeschichtliche ‚Stimmungsbilder' heraufzubeschwören, den alten, fragwürdigen Zauber also, von dem man in jüngster Zeit das Bayerische Nationalmuseum mit Mühe zu säubern unternommen hat" (Oldenbourg 1919: 134): Oldenbourg empfand Essenweins Gesamtbilder so, wie dieser die Stimmungsbilder unter Aufseß aufgenommen hatte. In diesem Zusammenhang erstaunt es, dass Oldenbourg den „nüchterne[n] und zweckentsprechende[n]" (Oldenbourg 1919: 132) Südwestbau[116] mit der Waffenhalle als einziges Bauwerk von der Kritik ausnahm. Wie festgestellt wurde, wurden die Waffen gerade in diesem Gebäude einer Verklärung unterzogen – äußerlich mit den historistischen Anleihen des Gebäudes, innerlich durch die Referenzen auf Sakralbauten, Zeughäuser und Rittermythen. Immerhin wirkte die Halle durch ihre enormen Ausmaße nicht so gedrängt wie kleinere Ausstellungsräume, in denen die Exponate noch dichter aufeinander folgten.[117]

Obwohl sie Oldenbourg von seinem Rundumschlag teilweise ausnahm, erschienen die Waffensäle dem GNM nicht mehr tragbar. 1921 bezeichnete Neuhaus im Anzeiger die Erdgeschosssäle des Augustinerbaus als dunkle und unübersichtliche, „gänzlich untaugliche[] Räume", angehäuft mit „durchaus unwesentlichem Material" (Neuhaus 1921a: 23). Deswegen wurden die Handfeuerwaffen in den früheren

---

116 Der Bau wurde von Oldenbourg irrtümlich als „Nordtrakt" (Oldenbourg 1919: 132) bezeichnet.

117 Im Jahr darauf, kurz vor seinem Abschied vom GNM, reagierte Bezold in zwei Repliken in der *Kunstchronik* und im *Fränkischen Kurier* auf die seiner Ansicht nach irreführenden Vorwürfe: Anstelle einer Spezialisierung sei es eines der Verdienste des GNM, die Sammlungsbereiche zu vernetzen, was sich auch in den konservatorischen Betreuungsaufgaben niederschlage. Hinzu kämen die intensive Beschäftigung mit den täglichen Informationsdiensten des Museums, zum Beispiel der fachgemäßen Klärung externer Anfragen, und das Fehlen vieler Beamt:innen in den Kriegsjahren (vgl. Bezold 1920a; Bezold 1920b). Dazu muss angemerkt werden, dass Bezolds Vorgänger Essenwein noch für eine Separierung der Abteilungen geworben hatte.

Keramikraum im Refektorium gebracht, wo sie die technische Entwicklung bis zur Perkussionszündung veranschaulichten. Dadurch wurde zwar das chronologische Ordnungsprinzip beibehalten, der abgebildete Zeitstrahl endete jedoch im beginnenden 19. Jahrhundert. Noch pessimistischer als seine Einschätzung der Feuerwaffen fiel Neuhaus' Beurteilung der großen Waffenhalle im Südwestbau aus:

> Unhaltbare Zustände hatten sich in der großen Waffenhalle herausgebildet. Die freie Aufstellung der Rüstungen, so wirkungsvoll für das Auge sie sein mochte, hat sich nicht bewährt. Die Rüstungen litten stark unter dem Einfluß der in Nürnberg besonders schlechten Luftverhältnisse, der Staubansammlung und der ständigen Berührung durch die Besucher. Die Verschmutzung der wertvollen Stücke nahm noch bedeutend zu, seitdem mit der steigenden Kohlennot die Heizung abgestellt werden mußte. Es blieb nichts anderes übrig, als die Rüstungen in einen heizbaren Raum unter Glas zu bringen. Die Beschaffung geeigneter Schränke scheiterte jedoch an den riesigen Kosten. Es mußten deshalb die in der Waffenhalle vorhandenen Schränke für die Armbrüste, Helme und Schwerter herangezogen werden. Für die Renn- und Stechzeuge waren diese Schränke allerdings viel zu klein. Für diese Rüstungen mußte deshalb eine andere Aufstellungsweise gesucht werden, durch die sie wenigstens vor der Berührung durch die Besucher geschützt sind. (Neuhaus 1921a: 24f.)

Dementsprechend erfolgte „die völlige Ausräumung der großen Waffenhalle" (Neuhaus 1921a: 25). Obwohl Neuhaus auf die visuelle Imposanz der Ausstellung verwies, erschien sie nicht mehr angemessen. Begründet wurde dies zunächst mit den schädlichen Bedingungen wie Feuchtigkeit, Staub, Kälte und unerwünschten Berührungen. Vergleichbare Zustände herrschten zwar auch in anderen Schauräumen, doch rückblickend überrascht dieses Szenario deshalb, weil die adäquate Konservierung von Waffen bereits vor der Errichtung des Südwestbaus diskutiert worden war. Zum Beispiel nahm sich ein Unterkapitel in Boeheims einflussreichem *Handbuch der Waffenkunde* unter anderem genau den schadhaften Auswirkungen von Klima und Fremdberührung an (vgl. Boeheim 1890: 585-590). Neuhaus nahm bei der Umgruppierung der Waffen auch „eine scharfe Musterung" vor, um „die minderwertigen und die zusammengestoppelten Rüstungen", „Fälschungen und Nachbildungen" unter den Helmen sowie „die schlecht erhaltenen Stücke" (Neuhaus 1921a: 25) aus dem Ausstellungsbetrieb zu entfernen. Erstmals rückte man von dem Bestreben ab, die Waffensammlung möglichst vollständig zu exponieren. Von der Serialisierung der Waffen, welche die Aufstellung mehrerer Exemplare ein und desselben Typs zuließ, ging das GNM zu einer Selektion und damit einem kuratierten Zugriff auf die Sammlungskapazitäten über. Praktisch bedeutete dies eine Gliederung der Waffen nach Fachgruppen, welche auf verschiedene Säle und Gebäudetrakte verteilt wurden (vgl. Schulz 1923: 28; Schulz 1927: 79). Damit wurde der Gesamtüberblick, welchen die Besuchenden im Augustinerbau und für das Mittelalter im Südwestbau gewinnen konnten, aufgegeben. Die meisten Rüstungen wurden in einen dunkelblau gestrichenen Saal mit hellen Verglasungen am Wasserhof gebracht, in dessen Nebenraum Säbel, Schilde und Turnierzeuge nur durch eine Eisenstange von den Besuchenden abgeschrankt wurden. 1922 richtete das Museum eine Halle östlich des Wasserhofes mit Blankwaffen, Harnischen und frühgeschichtlichen Waffen nach chronologischer Ordnung ein. Mit ihrem Umzug wurden einzelne Waffensegmente auch reorganisiert. Die Isolierung der Fachgruppen zerstückelte die waffenkundliche Form, sodass nicht einmal mehr über die mittelalterlichen Waffen ein kohärenter Überblick geboten wurde.

6.2 Die Form der Jagd

Im Anzeiger schlossen an Neuhaus' Bericht über die Ausräumung der großen Waffenhalle zwei weitere Artikel des Kurators an (vgl. Neuhaus 1921b; Neuhaus 1921c). Darin informierte er über einige Neuzugänge der Waffensammlung: Neben einem Radsporn und einem Schwert behandelte der erste Artikel einen Fußturnierharnisch, den Stechhelm und die beiden Faustrohre mit reichen Einlagen aus Schloss Erbach, getauscht gegen Stechzeugteile, dazu ein Patronenbandelier, einen Ladestock und das Eisenrohr einer Wallbüchse. Dagegen diskutierte der zweite Beitrag die „Neuerwerbungen für die Jagdgeräte-Sammlung" (Neuhaus 1921b: 31): zehn Jagdlappen, ein Hasenjagdklapper, ein Waidblatt, zwei Hifthörner und eine hirschlederne Jagdtasche; alles kunstfertig gearbeitete Prunkstücke. Erscheinen die beiden Texte auf den ersten Blick wie nüchterne Objektbeschreibungen, so zeichneten sich an ihnen die massiven Veränderungen der Form ab.

6.2.1 Das Dispositiv der Jagd

Was Neuhaus im Modus der Objektvorstellung ausbreitete, umfasst drei Phänomene. Zunächst resultierten die vorgestellten Erwerbungen aus einer neuen Sammlungsstrategie. Seit den 1920er Jahren gelangten wenige, dafür aber seltene und wertvolle Stücke in die Sammlung. Dabei folgte das GNM einem museologischen Credo, demzufolge in einer Ausstellung die Reduktion auf wenige Meisterwerke der Zurschaustellung sämtlichen, auch insignifikanten Materials vorzuziehen wäre. Schon unter Bezold, in Abgrenzung zum Sammeln unter Aufseß und Essenwein, hatte das Motto „Sammele Wenig, doch nur Qualität!" (Schulz 1927: 64) gelautet – verständlicherweise, war die Waffensammlung doch wie kaum eine andere Abteilung vergrößert worden. Zwar nahm der Sammelbetrieb unter Zimmermann wieder zu, fokussierte sich aber auf Prunkstücke statt auf Feldwaffen. Abgesehen von der Privatsammlung Georg Rhaus, die Ende 1928 als Leihgabe ans Haus kam, wurden fast ausschließlich Einzelstücke erstanden, geliehen oder geschenkt.[118] Neben Turnierwaffen[119] betraf dies Objekte aus dem Feld der Jagd, dem die Mehrzahl der Neuzugänge angehörte (vgl. ZR 1921/91–93; ZR 1932/56-57; Saalmann 2019: 56f.). Statt einer repräsentativen Auswahl von Typen oder Zeiträumen zählte der kunsthandwerkliche und ästhetische Wert der Objekte. Die Abkehr von Essenweins Feldwaffen wurde auch sprachlich vollzogen, denn die Rede war regelmäßig außer von Waffen auch von ‚Geräten', zum Beispiel Jagdgeräten. Zuvor wurden Pulverbeutel, Ladestöcke und ähnliche Utensilien als Zubehör subsumiert und eher unscheinbar in Schränken verstaut. Nun bezeichnete das ‚Gerät', dass es Objekte gab, deren Funktion weder im Verletzen noch im Schützen menschlicher – und tierlicher – Körper bestand. Dies schwächte wiederum die frühere Funktionalisierung der Objekte als Feldwaffen ab. Statt die Stücke militärisch zu

118 Außer Schwertern, Säbeln, Degen, Helmbarten und Pistolen enthielt die Leihgabe auch kostbare Jagdschwerter und -flinten (vgl. ZR 1928/98). Ein Jahrzehnt später schenkte Rhau dem GNM äußerst wertvolle Waffen wie einen Prunkdolch mit Achatgefäß (W3149) und ein geätztes Schulterstück (vgl. ZR 1939/93; Jahresbericht für 1939: 23). Auch hiermit kamen Prunkstücke in die Sammlung.

119 So fand Neuhaus einen seltenen Topfhelm der Rieter von Kornburg (W2801) bei einem Totenschild in einer Kirche bei Kleinschwarzenlohe, mit dem die Nachbildung des Prankher Helmes in der Ausstellung obsolet wurde. Der Helm ging daraufhin in die Form der Turnierwaffen ein (vgl. Neuhaus 1925: 91).

lesen, wurden sie in einem künstlerischen Sinne betrachtet. In besonderem Maße zeigte sich diese Betrachtung an den höfischen Jagdgegenständen der Sammlung.

Das zweite Phänomen bestand in der Ablösung der Jagdgeräte von den übrigen Waffen. Zwar gehörten beide nach wie vor derselben Sammlung an, doch wurden die Jagdgeräte jetzt als eigenständige Kategorie aufgefasst (vgl. Fries 1922: 190).[120] Dies resultierte in einer räumlichen Isolierung der Jagdgeräte von den anderen Waffen, wie sie zum Beispiel im Schloss zu Erbach vor langer Zeit durchgeführt worden war (vgl. List 1903: 147). Im GNM wurde der Jagd 1921 ein Saal im Norden des Refektoriums zugesprochen, wo vormals die Porzellane ausgestellt worden waren. Ab 1929 wurden dann zwei Schauräume nördlich des Rolandshofes jeweils von den Jagdgeräten und -waffen besetzt. 1937 verlieh das GNM sogar einige Objekte an die Internationale Jagdausstellung in Berlin (vgl. Jahresbericht für 1937: 9). Außer in den Ausstellungen wurde das Feld der Jagd auch in der Forschungsarbeit sichtbar, denn 1935 erschien Neuhaus' Schrift *Deutsche Jagd-Altertümer* – ein thematischer Katalog zu den Jagdgegenständen der GNM-Sammlungen. Damit nahm sich der erste abgeschlossene Waffenkatalog – Essenweins Schrift zu den Helmen blieb ein Fragment – nicht den Feldwaffen an, sondern sammlungsübergreifend den Jagdobjekten des Hauses: Neben Jagdwaffen im engeren Sinne behandelte die Publikation Waidbestecke, Pulverflaschen, Falkenhauben, Jagdtaschen und ein Hundehalsband, aber auch Gemälde, Musikinstrumente, eine Tischdecke, ein Glas und eine Bronzefigur. Die gemeinsame kulturhistorische Rahmung durch das Jagddispositiv egalisierte die Jagdwaffen mit anderen künstlerischen Erzeugnissen und Objektgattungen.

Das dritte Phänomen bezog sich auf die Rede von den Objekten selbst. Im späten 19. Jahrhundert waren Waffen in Abhandlungen für gewöhnlich einer Kategorie, einem Typus oder einer Zeitschicht zugeordnet worden. Paradigmatisch zeigen dies Essenweins Beiträge im Anzeiger und in den Mitteilungen, zum Beispiel zu den Trabantenwaffen, den Feuerwaffen oder der mittelalterlichen Bewaffnung. Texte wie *Ein Eisenhut des 13. Jahrhunderts*, *Eine Gabelbüchse des 15. Jahrhun-*

---

120 Noch heute spiegeln sich die beiden Kategorien in den Sammlungsbezeichnungen ‚Historische Waffen und Jagdaltertümer', ‚Waffen/Jagdkultur' bzw. ‚Wissenschaftliche Instrumente, Waffen- und Jagdkultur'. In der Dauerausstellung von 1975 ist den Jagdgeräten eine eigene Vitrine gewidmet.

derts und *Springdolch vom 16. Jahrhundert* (vgl. Essenwein 1886d; Essenwein 1886f; Essenwein 1886i) lösten genau das ein, was ihr schmuckloser Titel versprach: Sie isolierten bruchstückhaft ein Objekt oder eine Serie aus der Sammlung, um diese typo- und chronologisch in das waffengeschichtliche Panorama einzupassen (vgl. Essenwein 1886a-1886l). Zwar waren Waffengattung und Entstehungsdatum aus objekttaxonomischer Sicht nach wie vor unabdingbar. Doch das individuelle Exemplar stand von nun an über dem durch es repräsentierten Typus. Die Beschreibung des Objekts verdichtete sich zudem, denn außer den taktischen Vorzügen wurden vermehrt die ästhetischen Qualitäten der Waffe gewürdigt. Hinzu kamen Kurzbiographien der Waffenhersteller als *Künstler*, zum Beispiel der Geschützgießer Oswald Baldner und Endres Pegnitzer (vgl. Neuhaus 1933a; Neuhaus 1933b), sowie ausführliche Beschreibungen kunsthandwerklicher Techniken. Das Plattnerwesen als solches, vor allem aber Vorgänge wie das Ätzen, Vergolden, Gravieren, Tauschieren und Färben, gerieten in diesem Zusammenhang in den Fokus (vgl. Neuhaus 1938: 177; Neuhaus 1939: 393-396). Abseits des militärischen Dispositivs wandte sich das GNM den kunsthandwerklichen Aspekten von Waffen zu. Zudem erweiterte sich deren Diskursivierung, die zuvor hauptsächlich von Essenwein und Bösch ausgegangen war. Zur Jahrhundertwende publizierten Mitarbeiter wie Theodor Hampe und dem GNM nahestehende Forscher wie Robert Forrer im waffenkundlichen Leitorgan, der *Zeitschrift für historische Waffenkunde*. In der Folge wurden die Sammlungsbereiche und Zugehörigkeiten am GNM stärker vernetzt. Statt auf der Expertise eines Einzelnen zu beruhen, wurden die Waffen von Personen mit unterschiedlichen Fachkenntnissen untersucht, woraus sich zwangsläufig kultur- und kunsthistorische Synergien ergaben.

6.2.2 Waffen als Kunstwerke

Alle drei Phänomene – die Konzentration auf wenige kostbare Stücke, die museale Entdeckung des Jagddispositivs und die sprachliche Erschließung der Waffe als Kunstobjekt – mündeten in einen Paradigmenwechsel des Sammelns und Ausstellens von historischen Waffen. Diese wurden jetzt nicht mehr als quintessenzielle militärische Gebrauchsobjekte, sondern gleichermaßen als kunsthandwerkliche Objekte, wenn nicht als *Kunstwerke* angesehen. Damit folgte das Museum einem Weg, der mit der Behandlung des Turnierdispositivs eingeschlagen worden war. Dieses hatte ein ziviles Einsatzfeld von Waffen aufgedeckt, wo die Waffe in einer vormusealen Exponierungsform in zeichenhafte, repräsentative und gar symbolische Beziehungen getreten war. Nun offenbarte das Dispositiv der höfischen Jagd eine ästhetische Seite der Waffen, indem es diese in der Sphäre der Kunst verortete – vorgängig jeglicher malerischen Inszenierung im Museum. So seien die „zum weitaus größten Teil fürstlichem oder feudalem Besitz" (Neuhaus 1935: 3) entsprungenen Jagdgeräte laut Neuhaus

> [...] fast durchweg Prunkstücke, in deren künstlerischer Ausstattung die Wandlungen des Kunstgeschmacks im Laufe der Jahrhunderte deutlich ausgeprägt sind. Die reine sach- und fachgemäße Form tritt, wenn sie auch nicht ganz vernachlässigt wird, in der Jagdsammlung des Germanischen Museums, hinter die künstlerisch durchgebildete zurück. Es entspricht dies auch der Gesamtaufgabe des Museums, das vornehmlich Spitzenleistungen auf allen Gebieten der Kunst und Kultur der deutschen Vergangenheit aufnehmen soll. (Neuhaus 1935: 3)

Die „reine sach- und fachgemäße Form" meinte im Grunde die waffenkundliche Form als Zusammenführung äußerlicher und zweckhafter Aspekte einer Waffe. Früher hatte dies bedeutet, die Gebrauchsweise von Militaria aus der Gestalt, der äußeren Form, abzuleiten. Diese war – so die Annahme – aus der Pragmatik und jahrhundertelangen Erfahrung im militärischen Dispositiv hervorgegangen. Die Waffe und ihre Einzelteile hatten demnach einen praktischen Nutzen, der auf Prinzipien wie Effektivität und Effizienz fußte. Komponenten einer Waffe, zum Beispiel ein Parierbügel an einem Degen oder ein Dorn an einer Helmbarte, wurden an taktische Nutzweisen geklammert, die im Gefecht mit und gegen Waffen Wirksamkeit erlangten. Aus der Summierung und Zusammenführung solcher Beispiele ergab sich die Waffengeschichte. Gewissermaßen wurde sie als Geschichte morphologischer Formen gesehen, in denen sich konkrete Erscheinungen als Typen kristallisierten. Zwar enthielten auch Feldwaffen taktisch-funktional obsolete oder gar widersinnige Komponenten wie ungewöhnliche Knaufformen, aufwendige Degenkörbe, barocke Schnecken, Ornamente und Verzierungen. Innerhalb der waffenkundlichen Form waren diese jedoch nachrangig gewesen. Nun aber erschienen Waffen nicht nur in militärischen oder allgemeiner in kulturgeschichtlichen

Kontexten. Sie gingen ebenfalls in kunstgeschichtliche Sachzusammenhänge ein, wie Neuhaus mit dem Verweis auf das Feld der Kunst hervorhob (vgl. Willers 1978: 848).[121] Mit der Formulierung, „Spitzenleistungen auf allen Gebieten der Kunst und Kultur" (Neuhaus 1935: 3) zu sammeln, setzte der Kurator diese beiden Bereiche gleich. Dies war ein Bruch mit der vorher üblichen Derivation der Jagdobjekte aus dem Kriegswesen:

> Der Spiess, das Schwert, der Bogen, die Armbrust, ein einfaches Messer, das gleicherweise für den Genickfang wie für das Aufbrechen und Zerwirken des Wildes diente, darin bestand das gesammte Waffeninventar; nur das letztere könnte ausschließlich als Jagdwaffe gelten, alle anderen unterscheiden sich nur durch ihre decorative Ausstattung von den Kriegswaffen. (Boeheim 1884: 129)

Wie hier bei Boeheim wurden die meisten Jagdwaffen morphologisch und funktional auf die Feldwaffen zurückgeführt, weshalb ihm lediglich das Waidmesser als genuine Jagdwaffe galt. Doch auch er bemerkte die Kunstfertigkeit vieler Jagdwaffen: „In der decorativen Ausstattung ist auch auf diesem Gebiete der grossartige Aufschwung der Künste auf jedem einzelnen Stücke deutlich ausgeprägt." (Boeheim 1884: 131) Denn Einflüsse verschiedener Kunststile ließen sich am ehesten an Jagd- und Prunkwaffen nachweisen. Selbst Essenwein hatte für die beiden Photographien im Bildband *Kunstwerke aus dem Germanischen Nationalmuseum zu Nürnberg* von der Waffensammlung ausschließlich Jagdgeräte gewählt – fünf reichverzierte Jagdgewehre und vier Pulverhörner (Abb. 46). Die künstlerische Betrachtung dieser Waffen folgte anderen Differenzierungen als die militärische. Ohne nach Angriff und Verteidigung – ein bei den Jagdgeräten hinfälliger Unterschied – getrennt zu werden, wurden die Objekte als Kunstwerke nach „den Codierungen des Kunstsystems [...]: seien es téchne/physis, ars/natura oder schön/hässlich" (Brauns 2007: 93; vgl. Schmitt 2015: 25) beurteilt. Indes stechen die Abbildungen als Photographien von

121 Mithin wurden in den Wegweisern, insbesondere bei den Jagdgeräten, häufiger die Hersteller der Objekte genannt, um ihre künstlerische Urheberschaft zu referenzieren. Freilich lag dies auch an den verfügbaren Informationen über den Ursprung eines Objekts. Für eine schmucklose Feldwaffe waren diese ungleich schwieriger zu beschaffen als für eine Jagdwaffe aus Adelsbesitz.

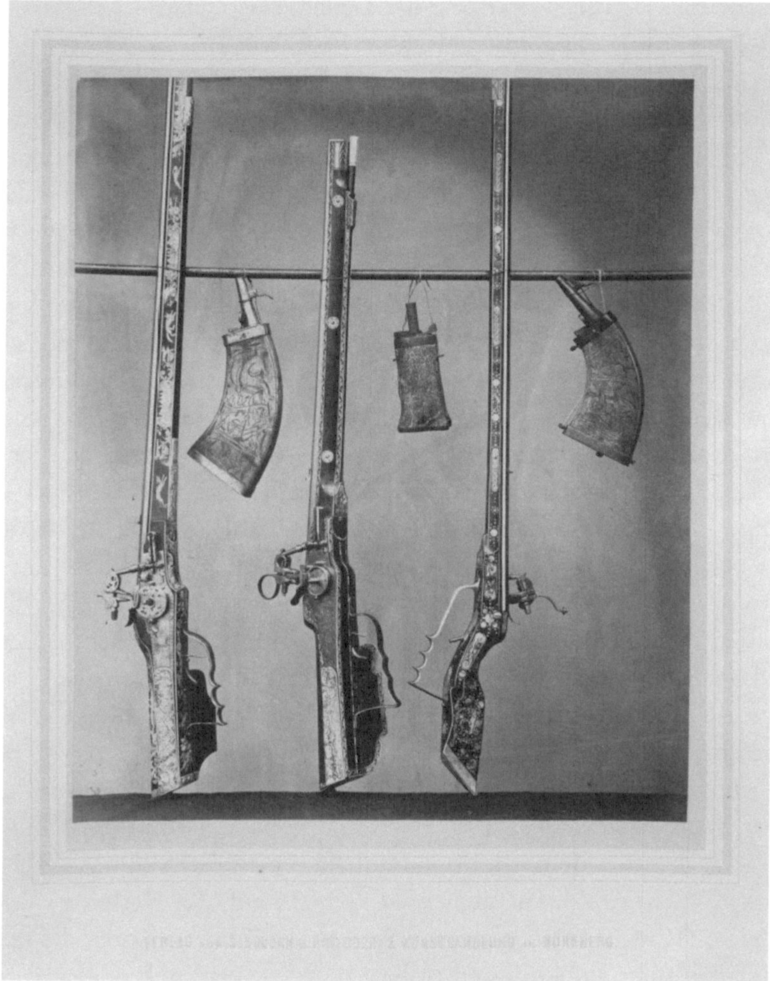

Abb. 46: Jagdgewehre und Pulverhörner, 1873

Essenweins üblichen technischen Zeichnungen ab. Auch dies begünstigte eine Betrachtung von Waffen unter künstlerischen Gesichtspunkten, da im beginnenden 20. Jahrhundert Aufnahmen von Waffen immer öfter in Büchern und Zeitschriften abgedruckt wurden. Dies machte die mühselige Abzeichnung von künstlerischen Darstellungen, zum Beispiel aufwendigen Ätzungen und Ziselierungen, obsolet. Für einen Forschungsartikel ließen sich diese einfach im Detail photographisch reproduzieren (vgl. GNM 1930: 185, 189). Abseits des Mediums der

Waffe wurde die Neubewertung der Objekte also auch durch das Medium der Photographie unterstützt.

Die künstlerische Neubewertung betraf nicht nur die Jagdgeräte, sondern die Waffensammlung im Ganzen. Essenwein hatte die Waffengeschichte durch die Sammlung komplettieren wollen. Nun regierte diametral dazu der Fokus auf bemerkenswerte Einzelobjekte. Dies bedingte die Form: Statt durch die Abfolge der Serien wurde die Geschichte durch kunsthandwerkliche und kulturelle Zenite repräsentiert. Diese Höhepunkte bestanden nicht mehr in seriellen Ensembles vieler Waffen, sondern in ausgesuchten Meisterwerken. Ergänzend dazu bedingten auch die *physischen* Konditionen des Ausstellens einen veränderten Blick auf die Objekte. Denn die Zustände, denen die Exponate in der großen Waffenhalle ausgesetzt gewesen waren, riefen den Status der Exponate als schutzbedürftige Musealien ins Gedächtnis (vgl. Hampe 1920: 12f.). In dem Moment, als eine Waffe von Schmutz oder Rost befallen war, Staub- und Ölschichten auftrug, oxidierte, korrodierte oder faulte, wurde sie als individuelles Exemplar auffällig. Eine Helmbarte aus einer Serie von fünf Exemplaren konnte einen anderen Grad an Zuwendung benötigen als die übrigen vier, auch wenn sich ihre waffengeschichtliche Bedeutung deckte. Die Gefährdung der Musealien beim Ausstellen und ihre sachgemäße Aufbewahrung in Depoträumen erzwangen eine Neubewertung aus der Perspektive jeder einzelnen Waffe.

Trotzdem wurde die waffenkundliche Form nicht gänzlich verabschiedet, auch weil die neue Sichtweise nicht auf alle Waffen zu übertragen war. Vielmehr koexistierten Serien mit Einzelobjekten, die meist in Vitrinen oder auf Podesten isoliert wurden. Dadurch entstand eine neue Form um wenige kunsthandwerklich gearbeitete Waffen herum. Der verlorene Erste Weltkrieg und die museologischen, direktorialen, kuratorischen und konservatorischen Ansichten erschütterten die waffenkundliche Form und ließen mit der Jagd zugleich eine weitere gleichberechtigte Form nach den Turnierwaffen emergieren. Insofern erscheint es nur konsequent, dass der in den Wegweisern bereits als Ritter und Landsknecht vereinnahmte Kaiser Maximilian I. jetzt auch

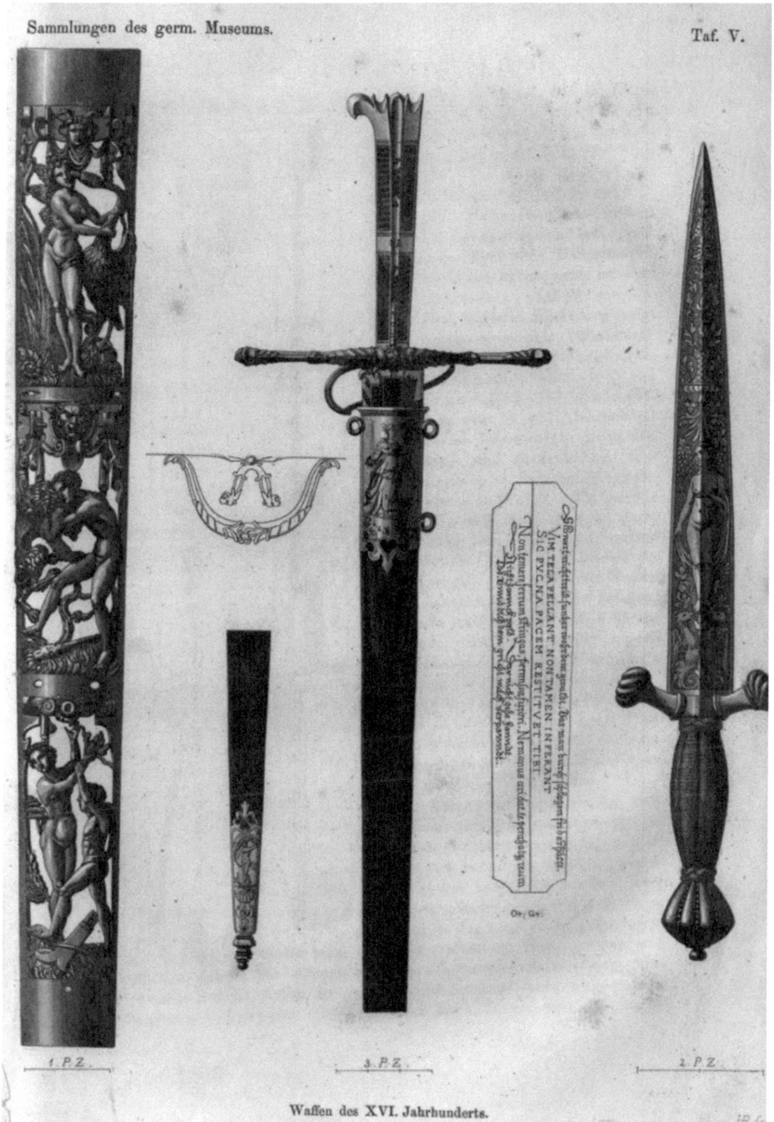

Abb. 47: Dolchscheide, Jagdschwert und Dolch im Wegweiser, 1868

Waffen einstweilig den Vorraum zur Frauenhalle in der malerischen Form geziert hatten. Auch das Jagdkabinett sollte in erster Linie ästhetische Eindrücke liefern: „Einen Überblick über die Kulturgeschichte der Jagd zu geben, ist nicht beabsichtigt.“ (Neuhaus 1921a: 24) Dem Kurator zufolge reichten die vorhandenen Exponate für eine lücken-

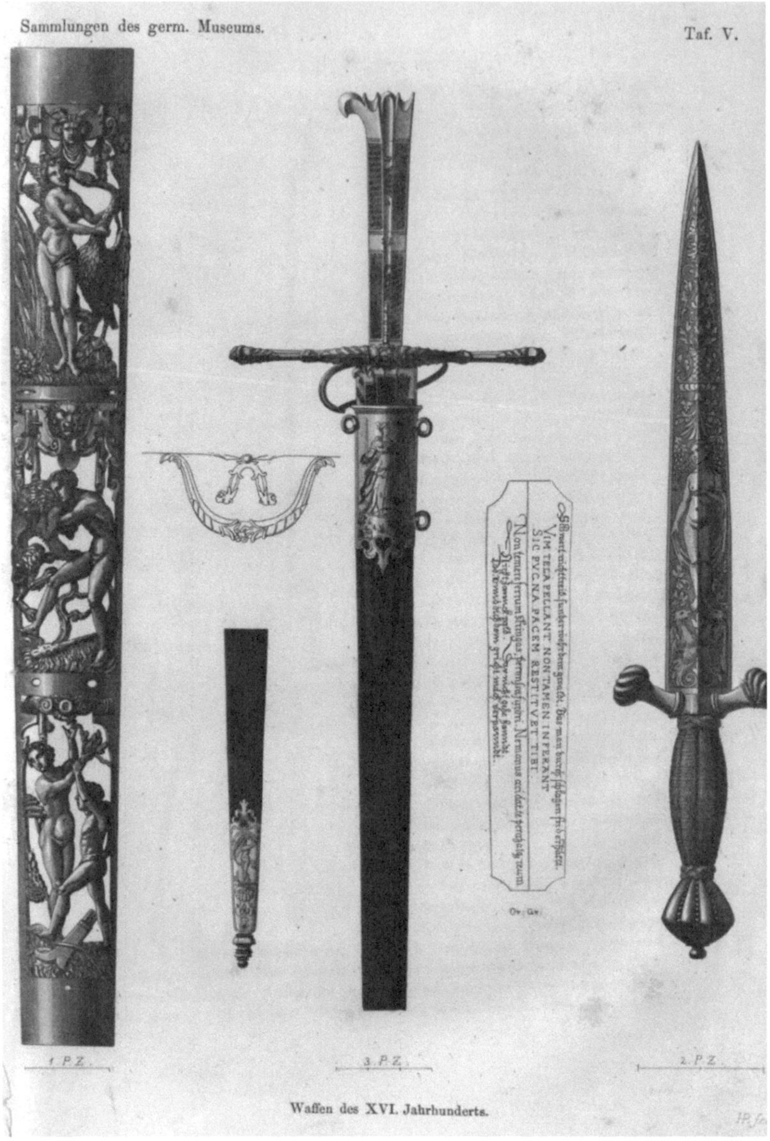

Abb. 47: Dolchscheide, Jagdschwert und Dolch im Wegweiser, 1868

Waffen einstweilig den Vorraum zur Frauenhalle in der malerischen Form geziert hatten. Auch das Jagdkabinett sollte in erster Linie ästhetische Eindrücke liefern: „Einen Überblick über die Kulturgeschichte der Jagd zu geben, ist nicht beabsichtigt." (Neuhaus 1921a: 24) Dem Kurator zufolge reichten die vorhandenen Exponate für eine lückenlose Darstellung der Jagdgeschichte nicht aus. Damit das Jagdkabinett seinem Namen gerecht werden konnte, wurden die Wände mit zehn Jagdlappen (W2775) des 18. Jahrhunderts geschmückt. 1921 als Geschenk des Großherzogs von Hessen ans GNM gekommen, waren diese Leinentücher aus dem Jagdzeughaus in Kranichstein mit roten und schwarzen Löwen bedruckt, was dem angestrebten Aussehen des Schauraumes zugutekam. Die neue Form beinhaltete auch Kunstobjekte im engeren Sinne; denn im Saal befanden sich Ölgemälde, darunter zwei niederländische Stillleben von Cornelius Biltius (Gm1349) und Johannes Leemans (Gm1361). Beide Bilder überführten Jagdgeräte und Wildbret in eine ästhetische Form, so wie es das Jagdkabinett für die realen Exponate tat. Später kamen zwei weitere Gemälde von Christoffel Pierson hinzu (Gm1269, Gm1348) (vgl. Wegweiser 1935: 70). Die neue Auffassung von der Waffe als Kunstwerk erlaubte ihre uneingeschränkte Kombinierung mit der Malerei. Zudem standen die Gemälde stellvertretend für den Kunstgeschmack, der auch auf die Jagdgeräte eingewirkt hatte.

Dabei zeigte sich die zeichenhafte und künstlerische Seite der Exponate insbesondere an denjenigen Jagdgeräten, bei denen streng genommen nicht von Waffen zu sprechen war. Als ein Hauptstück der Ausstellung befand sich das Hifthorn des Herzogs Julius von Braunschweig (W2771) in einer Vitrine inmitten des Raumes (vgl. Neuhaus 1921b: 31f; Wegweiser 1922–23: 31). Der Wegweiser beschrieb, wie sich das Jagdhorn ab dem 16. Jahrhundert von einem waidmännischen Instrument mehr und mehr zu einem Insigne entwickelt hatte. Wie zum Vergleich standen neben dem Horn zwei Balusterpokale mit Jagdszenen. Dagegen enthielt ein Wandschrank zwei große Falknertaschen: die obere aus schwarzem Leder vom 16. Jahrhundert (W1612), die prunkvolle untere mit Gravierungen am Bügel und grüner Seide mit der Jahreszahl 1728 (W1556; im Wegweiser wird fälschlicherweise 1724 angegeben). Während Erstere einen einfachen Gebrauchsgegenstand darstellte, repräsentierte Letztere die spätere ausdifferenzierte Jagdkultur zu Hofe:

> Bleiben wir in der Nähe, so werden sehr bald die beiden großen Falknertaschen in dem Wandschrank zur Rechten unsere Aufmerksamkeit auf sich lenken. Die obere, derb gearbeitete, aus schwarzem Leder gehört noch dem 16. Jahrhundert an, während die untere, mit den feinen Gravierungen am Bügel und dem grünseidenen, längsge-

> fältelten Sack die Jahreszahl 1724 trägt. Dort das einfache, rein sachliche Gebrauchsgerät, hier schon das Produkt einer verfeinerten Jagdkultur. (Wegweiser 1922–23: 32)

Der Abgleich beider Exponate brachte eine zeitliche Differenz hervor, nach der die Funktionalität der älteren Tasche der Ästhetik der jüngeren Platz machte. Somit thematisierte die Paarung weniger den funktionellen als vielmehr den ästhetischen Wandel der Taschen. Auf gleiche Weise wurden fünf Falkenhauben (W2584, W2585, W2588, W2589, W2636) aus derselben Zeit, ebenfalls schmuckloser als jüngere Exemplare, präsentiert. Mit der Falkenjagd stimmten sie zugleich die Taschen thematisch ab (vgl. Hess 2018).

Im Jagdkabinett wurden auch die Akteure des neuen Dispositivs als Nutzer:innen der Geräte erschlossen: Bei einem Fenster hing das Rokokogemälde einer zunächst als junge Frau identifizierten Person (Gm1035), die im Jagdgewand mit Flinte und Hirschfänger posierte:

> An der linken Seite den Hirschfänger, die Linke mit den zarten Fingern über dem Leibgurt an der Hüfte ruhend, den rechten Arm über den Büchsenlauf nach vorn gelegt, blickt die reizende kleine Person dem Beschauer mit naiver Unbefangenheit entgegen. (Wegweiser 1922–23: 31)[124]

Das Zitat beschreibt die Bewaffnung der porträtierten Figur, um diese anhand der Finger, Körpergröße und Mimik mit der Physiognomie zu kontrastieren. Als später aus der porträtierten Dame ein männlicher Jäger wurde, verschwanden solche Details. Dafür zeigte links daneben ein anderes Gemälde eine Dame bei einer Falkenjagdgruppe (vgl. Wegweiser 1930: 168). Das Wechselspiel der Geschlechter fiel mit der Entkopplung der Jagdwaffen von militärischen und kriegerischen Zusammenhängen zusammen. Diese hatte sich bereits bei den Turnierwaffen angebahnt, wo der kriegerische Ernst dem ritterlichen Spiel gewichen und die Gewalt domestiziert und symbolisch aufgeladen worden

124 Ob das Ölbild tatsächlich eine junge Frau oder einen Knaben zeigt, konnten frühere Kuratoren nicht mit Sicherheit feststellen, sodass die Ununterscheidbarkeit der Figur bis in die Wegweiser hinein Verwirrung stiftete. So wurde aus der „jungen Nürnberger Patrizierin“ (Wegweiser 1924–25: 101) später ein „jugendliche[r] Jäger“ (Wegweiser 1930: 168). Heute geht das Museum bei der porträtierten Figur von einem jagenden Knaben aus. Vielen Dank an Adelheid Rasche, Benno Baumbauer und Benjamin Rudolph für ihre freundlichen Auskünfte.

war. Kurzum verließen die Waffen ein weiteres Mal das militärische Dispositiv, um Potenziale zu entfalten, die sich nicht im Waffengang realisiert hatten. Taktischer Wägbarkeiten des Angriffs und der Verteidigung entledigt wurde die Waffe als kulturelles und kunsthandwerkliches Erzeugnis angesehen, das in zivile Areale vordringen konnte:

> Sehr bald bemächtigt sich der geschickte Kunsthandwerker des Jagdgewehres. Es wird die Zielscheibe reichster ornamentaler Kunst, die sich auf Lauf, Schloß, Schaft und Kolben erstreckt und schließlich aus dem Gebrauchsstück ein Prunkgerät ersten Ranges macht. (Wegweiser 1924–25: 105)

Wo sich das Medium der Literatur in Ritterromanen und Sagen mit den Turnierwaffen beschäftigte, wurden Jagdgeräte mit Vorliebe auf Gemälden dargestellt, was die Stillleben bezeugen. Zudem büßten sie mit der Bindung an das militärische Dispositiv auch die Bindung an das männliche Geschlecht ein: Außer dem Bildnis der vermeintlichen Jägerin enthielt das Jagdkabinett eine Vitrine mit einem zeitweilig als Damenjagdkostüm identifizierten Jagdanzug aus rotem Stoff mit Gold- und schwarzem Samtbesatz (T1694, T1695).[125] Zudem trug eine Falkenhaube die Inschrift ‚Maria', wobei unklar ist, ob der Name derjenige des Falken, seiner Besitzerin oder christlichen Ursprungs war (vgl. Wegweiser 1922–23: 32). Zwar wurde die Weiblichkeit der Jagd ansonsten nicht weiter betont. Entscheidend ist aber, dass sich die Waffen durch die Subjekte im Jagddispositiv von einer reinen Männlichkeit lösten. Im GNM war diese Männlichkeit nicht näher benannt worden, hing jedoch implizit mit der Führung der Waffe und ihrer militärischen Nutzung beim Exerzieren und Kämpfen zusammen. Sowohl das Militärwesen als auch das Turnier organisierten sich um männliche Akteure, wobei das Turnier immerhin Frauen als Teil des übergeordneten Zeremoniells und des Publikums zuließ. Die genauso von Frauen ausgeübte höfische Jagd erweiterte den Kreis der Akteure auch im Museum (vgl. Rösener 2004: 193–197, 310–314). Dadurch öffnete sich das Verständnis der Waffen als zivile, kulturell und künstlerisch vielfältige

125 In der ersten Hälfte der 1920er wurde dieses Objekt irrtümlich als Damenjagdanzug referenziert (vgl. Neuhaus 1921a: 24; Wegweiser 1924–25: 101). Dabei war es beim Erwerb 1871 als Herrenanzug registriert worden – dafür ohne Jagdkontext (vgl. ZR 1871/6182a). Später fiel die Verwechslung auf und die Geschlechtszugehörigkeit wurde erneut ausgetauscht.

Objekte, obwohl die Turnier- und die Jagdwaffen in ihren historischen Dispositiven – ungeachtet des Geschlechtes – einer kleinen sozialen Elite vorbehalten gewesen waren. Und wo das Turnier auf sozialer Abgrenzung beruhte, die Frauen aber noch zu Statistinnen machte, nivellierte die höfische Jagd aufseiten der Teilnehmenden die geschlechtliche Differenz, da dort auch Frauen die Waffen führten.

Außer Jagdgeräten fanden sich im Jagdkabinett auch Waffenensembles. Eine Vitrine enthielt zwei Schweinsschwerter, einen Hirschfänger und das herzogliche Jagdschwert, ein nahes Gestell dagegen Saufedern. Die waffenkundliche Form hatte diese Exponate einem militärischen Typus zugeordnet, die Saufedern etwa den Stangenwaffen. Jetzt wurden sie über ihre Verbindung zum Jagdispositiv bestimmt. Dabei wurden Jagdgeräte und -waffen miteinander kombiniert: Ein Wandschrank enthielt mit dem Waldhorn von Wolf W. Haas (MI179) nicht nur ein Musikinstrument sowie als „ein weiteres Prunkstück der Sammlung“ (Wegweiser 1922–23: 33) eine Jagdtasche mit der Darstellung einer Hirschjagd, sondern auch einen Eibenbogen (W741) und die älteste Jagdarmbrust der Sammlung aus dem späten 15. Jahrhundert. Weitere Armbrüste wie Stein- oder Tonkugeln verschießende Balläster und Schnepper folgten in chronologischer Reihung, bevor ‚Gaisfüße‘ und Winden als Spannvorrichtungen sowie Köcher, Pfeile und Bolzen den Abschluss bildeten. Die Haupttypen der Jagdfeuerwaffen befanden sich in den Wandschränken unter dem Friesbrett mit den Wappen der Nürnberger Patriziergeschlechter. „Die Sammlung ist nicht reich, hat dafür aber an Kostbarkeiten keinen Mangel“ (Wegweiser 1922–23: 34), wie prunkvolle Jagdbüchsen in zwei Schränken demonstrierten. Schließlich zeigte ein Pultkasten eine Auslese von Jagdbestecken, Waid-, Tranchier- und Vorlegmessern, darunter ein Kurfürst Johann G.I. von Sachsen zugeschriebenes Jagdbesteck (W2777) und ein Besteck mit vergoldetem Beschlag und geätztem Waidblatt (W2964) (vgl. Wegweiser 1922–23: 30–39; Wegweiser 1924–25: 97–105).

Insgesamt vertraten die Exponate des Jagdkabinetts eine Anzahl höfischer Jagdarten: Die Lappen sollten bei der Lappjagd, einer Spielart der Treibjagd, Beutetiere vom Verlassen des Jagdreviers abschrecken. Die Parforcejagd als Unterart der Hetzjagd wurde durch eine Peitsche (W2557) und durch die Darstellung auf einem Gemälde repräsentiert, während die Falknertaschen und Falkenhauben der Falkenjagd als Unterart der Beizjagd zugehörten und Hundehalsbänder die Wolfs-

und Bärenjagd vertraten. Wie das Gestech und das Rennen wurden die höfischen Jagdarten ausschließlich von einer privilegierten Adelsschicht ausgeübt. Dagegen wurde die Jagd als Profession, vertreten durch Berufsjäger und Waidfrauen, in der Ausstellung weitestgehend ausgespart. Dies führte auf einen Weg, der erstmals mit den Turnierwaffen beschritten worden war: Gegenüber der Volksbewaffnung und der Bewaffnung der Massen beschrieben die neuen Formen des Turniers und der Jagd lediglich patrizische, adelige und herrschaftliche Nutzweisen von Waffen. Die Betonung der Gestalt von Waffen, der kostbaren Materialien und der geschmackvollen Verzierungen zielte in dieselbe Richtung. Doch obwohl sich die aufgezeigten Potenziale der Waffen erweiterten, bestanden diese hauptsächlich in der Außendarstellung einer Elite (vgl. Willers 1991: 99). Dadurch entwickelte sich eine neue Assemblage, welche die Jagdwaffe mit dem Körper des Adels als *parts* zusammenbrachte. Die Handlungsoptionen, die sich von dieser Assemblage und den Objektpotenzialen ableiteten, beinhalteten nicht nur den physischen Einsatz der Jagdgeräte, sondern vor allem repräsentative Anliegen: Der Adel inszenierte sich bei der höfischen Jagd durch diese Objekte, und das GNM inszenierte wiederum diese Verbindung. Dadurch rückte diese Assemblage in die Nähe der Privatsammlungen, wo die Waffen ebenfalls den Körper des Eigentümers repräsentiert hatten, zumal auch die vormusealen Jagdwaffen individuellen Besitzer:innen zugeordnet waren. Zugleich veranschaulichten sie aber den Adel als solchen, indem sie dessen Vorrecht der höfischen Jagd nach außen anzeigten. Die Jagd-Assemblage enthielt jedoch noch ein weiteres Körperbild – das der Beute. Zwar wurde der animalische Körper in den Schausälen nur indirekt durch die hölzernen Tierköpfe statt durch Jagdtrophäen toter Tiere – die das GNM ebenfalls besitzt – dargestellt.[126] Doch anders als im militärischen Dispositiv richteten sich die Waffen bei der Jagd eben nicht gegen Menschen, was die beim Jagen angerichtete Gewalt relativierte. Die Assemblage beinhaltete die Verletzung und Tötung von Tieren, die aber wie die Gewalt bei den Turnieren als adeliger Zeitvertreib legitimiert wurde. Trotzdem wurde so

126 Dabei konnte eine leibhaftige Bärin auf dem Museumsgelände in einem Zwinger, dem sogenannten Bärenhof, besichtigt werden. 1872 hatte der Herzog von Sachsen-Coburg und Gotha sie dem GNM geschenkt, wo sie bis zu ihrem Tod 1904 lebte (vgl. Hampe 1902b: 896; Veit 1978: 36).

zum ersten Mal ein Körper adressiert, *gegen* den die Waffen eingesetzt wurden.[127]

6.2.5 Die Jagdsäle am Rolandshof 1929–1939

Eine Neugliederung brachte eine „erlesene Sammlung alter Jagdgeräte und Jagdwaffen" (Schwemmer 1939: 70) im Jahr 1929 in zwei Räume nördlich des Rolandshofes, welcher im östlichen Teil des Museumsareals lag (Abb. 48) (vgl. Jahresbericht für 1929: 3). Damit rückten die Jagdwaffen wieder in die Nähe der übrigen Waffen, wurden von diesen jedoch durch den Saal der Jagdgeräte abgegrenzt. Der Raum der Jagdwaffen wurde durch den Jagdgerätesaal von den übrigen Waffen abgetrennt – wohl um ihre kategoriale Unterscheidung von den Kriegswaffen zu unterstreichen, die schon Boeheim betont hatte (vgl. Boeheim 1890: 584; Willers 1978: 850). Anders als im Refektorium hat sich eine zwischen 1937 und 1939 entstandene Photographie erhalten (Abb. 49). Diese zeigt den Jagdwaffensaal von Süden her mit einem Ausschnitt der Jagdgeräte im Saal dahinter. Die Wände waren in einem schmucklosen Weiß gehalten, wie es Zimmermann und sein Nachfolger Heinrich Kohlhaußen für die Schauräume bevorzugten. Kontrastiert durch den hellen Farbton der Wände hingen die Exponate auf Kopfhöhe oder lagen in Schränken. Dadurch waren sie nicht mehr auf das Dekor des Schausaales abgestimmt, sondern stachen vom Hintergrund ab. Die Schränke und Vitrinen enthielten nur selektierte Stücke, wie die Aufnahme anhand der sieben reich geschmückten Jagdgewehre und des Jagdanzugs zeigt. Somit ergab sich eine Form vereinzelter wertvoller Exponate, die gelegentlich zu ästhetisch ansprechenden Ensembles gruppiert wurden. Auch in diesem Jagdsaal entstand die Verbindung der Formelemente aus der Kopplung mit dem Jagddispositiv. Dieses stiftete die Gemeinsamkeit der Exponate, aus der sich die Form ergab. Die Materialität des Mediums stellte die feudale Herkunft

---

127 Die Assemblage des Militärdispositivs im GNM hatte die Angriffswaffen nicht den durch sie getöteten Soldaten, sondern deren Verteidigungswaffen gegenübergestellt. Gewalt an Menschen durch Feldwaffen war durch Schrammen und Löcher auf Schutzwaffen nur indirekt angedeutet worden. Demgegenüber dienten Tiere, insbesondere Pferde, im Krieg – genau wie beim Turnier und eben auch bei der Jagd – als Mittel menschlicher Gewaltausübung.

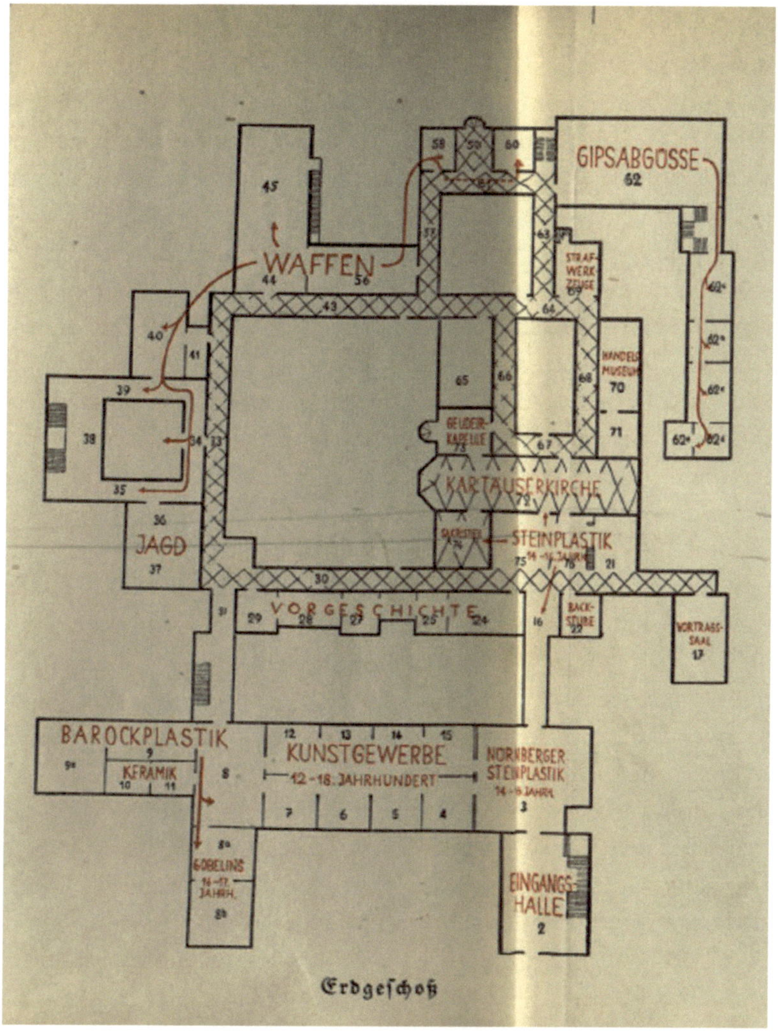

Abb. 48: Raumplan mit den Jagdgeräten und Waffen um den Rolandshof, 1935

der Jagdobjekte unter Beweis: Exquisite Werkstoffe, graphische Darstellungen und kunsthandwerkliche Ausschmückungen ermöglichten die Aufwertung des Körpers durch das Medium. Dadurch ähnelte die Assemblage, auf der die Anwendungsweisen der Jagdgeräte basierten, derjenigen im Turnier, wo eine ähnliche Aufwertung stattgefunden hatte. Bei der Jagd zeigte allein die Rarität der Objekte die Stellung der

Besitzer:innen[128] an. Hinzu kamen zeichenhafte Bezüge mittels Wappen und Farben, Initialen, Proverbien und göttlichen Verweisen, zum Beispiel auf die römische Jagdgöttin Diana. Statt von der Demokratisierung der Nutzer:innen ist von einer Egalisierung der Gattungen durch eine soziale Elite zu sprechen, die als *part* der Assemblage mit dem Medium in Austausch trat. Je mehr die Waffen sich nichtmilitärischen Zwecken öffneten und zusätzliche Potenziale offenbarten, desto mehr blieben sie einer privilegierten Minorität vorbehalten, deren Mitglieder sich voneinander, vor allem aber vom Rest der Bevölkerung abgrenzten.

Im GNM wurden diese Funktionen ebenfalls gewürdigt und auf die Akteure bezogen. Die resultierende Form ist dabei nicht mit der malerischen Form zu verwechseln. Denn die malerische Form brachte ihre Elemente in einer ästhetischen Komposition zusammen, die nicht allein auf der Ästhetik einzelner Objekte fußte. Dagegen konzentrierte sich die neue Form der Jagdwaffen und -geräte auf die ästhetischen Potenziale des Mediums. Die Waffen wurden einer konkreten Spielart der höfischen Jagd zugeschrieben und als Träger einer Bildhaftigkeit thematisiert, die sich ästhetisch etwa durch Darstellungen von Jagden, Rankenwerk und Beutetieren auszeichnete. Als das Museum die Assemblage im historischen Jagddispositiv sichtbar machte, stellte es sie seinem Publikum gegenüber. Einerseits verwies das Museum auf die in den verschiedenen historischen Dispositiven realisierten Potenziale. Andererseits wollte es die repräsentativen Funktionen der Waffen auf die deutsche Nation umlenken, indem es sie als deren kulturelle und künstlerische Grundlage beschrieb. Waffen beanspruchten in diesem Zusammenhang denselben Stellenwert wie andere Objekte. Ein auf der Photographie des Jagdwaffensaales erkennbares Gemälde zeigte diese Egalisierung der Gattungen. Dabei handelt es sich um die 1933 angekaufte *Parforcejagd an der Dianaburg bei Darmstadt* von Georg A. Eger (ehemals Gm1303). Während die Besuchenden daran über die Parforcejagd als eine der vornehmsten Jagdarten bei Hofe unterrichtet wurden, exemplifizierte das Gemälde bei den Jagdwaffen das paritäti-

128 Wie zuvor im Refektorium wurde auch im neuen Jagdsaal das Weibliche adressiert. So schrieb der Wegweiser die Beizjagd mit dem Falken der „ritterlichen Frauenwelt“ (Wegweiser 1930: 166) bzw. „der Jägerin“ (Wegweiser 1930: 167) zu.

Abb. 49: Jagdsaal mit Gewehrschrank sowie Tierköpfen und Kostümschrank im Hintergrund, 1937/1939

sche Verhältnis der Objektgattungen innerhalb der Form der Jagd. Zugleich kultivierte es die Gewalt bei der Jagd als höfischen Zeitvertreib, der keiner Rechtfertigung bedurfte. Dem Museum kam dies zupass, da sich die Ausstellung somit in einem ungebrochen positiven Licht rezipieren ließ. Der gemeine Soldat als Vertreter des Militärdispositivs, wie er durch die waffenkundliche Form aufgerufen worden war, befand sich stets in einer Freund-Feind-Dichotomie, deren Pole geographisch und politisch markiert und begründet werden mussten.

Dagegen versammelte das Turnierdispositiv einander ebenbürtige Wettstreiter oder, bei den Turniermythen, gerechte Kämpfer gegen das Böse. Die höfische Jagd verabschiedete die gegen Menschen gerichtete Gewalt fast gänzlich, weshalb sich ihre Behandlung im GNM aufdrängte. Die Gewalt dort musste nicht erst expliziert oder relativiert werden. Stattdessen waren an den Saalwänden bemalte holzgeschnitzte Tierköpfe von Hirschen, Rehen, Steinböcken und Rentieren angebracht. Diese teils stilisierten Repräsentationen der Jagdbeute waren zum Teil Anfang der 1930er Jahre erworben worden (vgl. Jahresbericht für 1930: 5; Jahresbericht für 1932: 6). Sie betonten die Zivilität der höfischen Jagd, bei der Tiere von dazu berechtigten Akteuren erlegt und ihr Körper anschließend als kostbare Trophäe zu einem Ausstellungsstück umfunktioniert wurde. Obwohl die hölzernen Köpfe selbst keine Trophäen darstellten, waren sie den Körpern der Beutetiere nachempfunden und repräsentierten diese. Die erbeuteten Waffen aus dem Deutsch-Französischen Krieg wurden vom Museum durch die Tierbeute ersetzt, deren Trophäenstatus nicht von politischen, sondern von kulturellen und sozialen Bedingungen abhing. Damit wurde die Gewalt bei der Jagd eingehegt und positiv gewendet, während Wildattacken und Reitunfälle, wie der von Maximilians erster Gattin Herzogin Maria von Burgund, unerwähnt blieben.

Der Versuch, die Waffen – nun nicht militärisch, sondern ästhetisch – in einem günstigen Licht erscheinen zu lassen, wurde gegen Ende der 1930er Jahre noch weiter intensiviert. Dafür erschien der modernste Teil des Museums, der Galeriebau, besonders geeignet. Dem Leitsatz folgend, nur das Beste und Wertvollste auszustellen, trieb das GNM die Formen dort auf die Spitze.

6.3 Die Zusammenführung der Formen im Galeriebau

Auch das Turnier wurde über den Ersten Weltkrieg hinaus als Einsatzort von Waffen aufrechterhalten. Dabei setzte sich die bewährte Form aus Stech- und Rennzeugen, Brechscheiben, Krönleinlanzen, Tartschen und dem Hohenzeugsattel fort (vgl. Wegweiser 1922–23: 42f.). Darüber hinaus wurde sie um einen prunkvollen Fußturnierharnisch des Plattners Anton Peffenhauser aus einer Reihe von sechs Exemplaren für Kurfürst Christian I. von Sachsen ergänzt. Die nationale Aufladung der Turnierwaffen kulminierte 1936 in der Erwerbung eines zweiten Prunkturnierharnischs (W3065) (vgl. Ebert 2019). Dieser ebenfalls von

Peffenhauser gefertigte Harnisch für Ross und Reiter geriet zu einem landesweiten Politikum: Als ihn ein Händler nach Amerika verkaufen wollte, intervenierte das Reichsinnenministerium und setzte ihn, „vermutlich auf Betreiben Zimmermanns" (Willers 1978: 852), auf eine Liste national bedeutender Kunstgegenstände, wodurch er ins Reich zurückgeführt werden musste. Damit das GNM den Harnisch erstehen konnte, sicherten der Reichskanzler Adolf Hitler, der Reichsinnenminister, der Reichsminister für Wirtschaft, Erziehung und Volksbildung, die bayerische Staatsregierung und der Nürnberger Oberbürgermeister ihre Beteiligung an den Kosten zu (vgl. Neuhaus 1937: 2). Um den Harnisch noch eindrucksvoller erscheinen zu lassen, wurde er auf einem eigens entworfenen Holzpferd platziert. Zusätzlich wurde eine 1934 erworbene, früher auf Schloss Hohenaschau befindliche Turnierdecke über den Sattel gehängt (vgl. Jahresbericht für 1934: 6; Neuhaus 1937: 15). Als Zeichen des Triumphs stellte man die Assemblage des geharnischten und gesattelten Reiters in die Ehrenhalle des GNM, wo sie zum Reichsparteitag 1936 besichtigt werden konnte (Abb. 50). Das Turnier als ursprünglich lokalgeschichtliches Ereignis wurde zu einem nationalen Kulturgut, und der Harnisch zum politischen Symbol der nationalsozialistischen Inszenierung.[129]

In der Zeit zwischen dem Vorkriegsjahr 1938 und den kriegsbedingten Deponierungen erreichte die künstlerische Betrachtung der Waffen unter Kohlhaußen ihren vorläufigen Zenit. Dies ist den Jahresberichten zu entnehmen, in denen sich der neue Direktor in aller Ausführlichkeit äußerte. Der Devise Zimmermanns folgend beschied Kohlhaußen, dass „das Germanische Nationalmuseum nicht den falschen Anspruch erhebt, den großen Spezialsammlungen auf dem Gebiete des Waffen- und Rüstungswesens nachzueifern" (Jahresbericht für 1937: 7). Stattdessen wolle man „im Rahmen deutscher Gesamtkultur und im Einklang mit geist- und formverwandten Werken der Zeit wesentliche Leistungen der deutschen Waffenkunst jedermann nahebringen" (Jahresbericht für 1937: 7). Damit wandte sich auch dieser Direktor von der Spezialisierung einzelner Abteilungen ab. Zudem

129 Jedoch wurde in Nürnberg auf Ritterturniere verzichtet, wie sie zur selben Zeit am Dresdener Stadtschloss mit originalen Turnierharnischen, Musealien des Historischen Museums Dresden, abgehalten wurden (vgl. Salzmann 1937: 25; Walz 2012: 19f.).

Abb. 50: August Peffenhausers Turnierharnisch in der Ehrenhalle anlässlich des Reichsparteitages, 1936

bestätigte sich erneut, dass das GNM die an privilegierte Akteure geknüpften Potenziale der Waffen nun national für das gesamte Volk geltend machen wollte. Der Verweis auf die Kunst statt auf die Waffenkunde tat sein Übriges. In den Schauräumen bevorzugte Kohlhaußen eine „dynamische Aufstellung" gegenüber der „absatzlos gereihte[n] Fülle" (Jahresbericht für 1938: 9) und stellte sich somit endgültig gegen die Serien. Denn die Ausstellung solle „alle, auch den Unvorbereiteten,

[…] an die Hauptwerke heranführen, aber nicht an ihnen vorbeiführen“ (Jahresbericht für 1938: 9). Essenweins früheres Argument drehte der neue Direktor kurzerhand um: Durch die Reihung werde ein Exponat nicht aufgewertet, sondern im Gegenteil übergangen.

Die verbliebenen Exponate sollten durch ihren kulturellen und künstlerischen Wert bestechen. Es etablierte sich eine Hierarchie, der zufolge seltenen, schönen und bemerkenswerten Stücken im Museum mehr Aufmerksamkeit zukommen sollte. Schließlich könne

> […] nur das Beste gut genug sein. Das Beste aber ist immer der Feind des Guten, vor allem des weniger Guten. Werke geringeren Gehaltes, schlechter Erhaltung, Doppelstücke oder Wiederholungen wandern deshalb in die Magazine. (Jahresbericht für 1938: 9f.)

Was als „das Beste“ galt, setzte sich aus verschiedenen Faktoren zusammen. Zum einen war der Kunstcharakter einer Waffe von Belang, zum anderen der Verweis auf das Dispositiv, dem eine Waffe entstammte. Beide Aspekte vereinte der „formgewordene[] Wehrwillen unserer Vorfahren“ (Jahresbericht für 1939: 9), bei dem jede Waffe als

> […] Einzelstück, ob Dolch, Spatha oder Zweihänder, ob Turnierharnisch oder Hellebarde, Kanone oder Gewehr, ein Geschöpf und deshalb Kunstwerk und Gesinnungsträger seiner Entstehungszeit ist. (Jahresbericht für 1939: 9)

Dieses Zitat ist auf mehreren Ebenen aussagekräftig. Zunächst wurde eine gemeinsame Form der Waffen etabliert, die sich aber selektiv aus wenigen Exponaten konstituierte. Jede Waffe musste für sich als Ausstellungsstück überzeugen können. Wenn mehrere Zweihänder präsentiert wurden, sollte jedes dieser Schwerter durch individuelle ästhetische und kulturelle Qualitäten überzeugen. Es genügte nicht mehr, einem bestimmten Typus oder Zeitraum zu entsprechen, um einen Platz in der Ausstellung zu beanspruchen. Die so wichtige Einzigartigkeit der Waffen, welche die Turnierwaffen und Jagdgeräte exemplifiziert hatten, zeigte sich darüber hinaus in der Bezeichnung der Stücke als „Geschöpf“. Wie Zimmermann im Turnierharnisch sah Kohlhaußen alle Waffen als Symbol nationaler Wehrhaftigkeit (vgl. Jahresbericht für 1936: 2; Jahresbericht für 1938: 7). Dadurch wurden sie ein weiteres Mal als Zeichen begriffen: Einerseits vergegenwärtigten die Waffen kulturelle und künstlerische Großtaten, andererseits designierten sie die nationale Stärke. Die Freilegung der Potenziale des Mediums fand also nur bis zu einem gewissen Grad statt, um die Realisierung in der Form im Vorfeld zu regulieren. So berief sich das GNM bei den patrizischen und adelsstämmigen Exponaten auf familiäre Implikationen, um daraus ein positiv besetztes Familienideal zu konstruieren. Des Weiteren titulierte Kohlhaußens Jahresbericht die Waffen als Kunstwerke, doch stünden sie als „Gesinnungsträger" zugleich in einer politischen Bringschuld. Hier verdichtete sich die neue Form, indem sie die drei distinkten Dispositive – Militär, Turnier, höfische Jagd – anzapfte. Dabei ging es nicht um eine historische Einordnung der Stücke, sondern um die Ableitung bestimmter Konzepte und Gesinnungen. So sollten die Exponate abstrakte Vorstellungen von Nation, Familie, Kampfgeist, Zusammenhalt und Stolz versinnbildlichen. Objekte, die in einem Dispositiv spezifische Bedeutungen innegehabt hatten, sollten diese im musealen Dispositiv universalisieren und auf die deutsche Kunst- und Kulturnation applizieren. Die beiden Hauptlinien, der Wille zum Kampf und das familiäre Band, speisten sich daher aus den Dispositiven des Militärs, des Turniers und der Jagd.

Wie dies in der Ausstellungspraxis umgesetzt wurde, lässt sich im Galeriebau beobachten. Dort wurden die Formen 1937 in zwei Schauräumen zusammengeführt. Abermals nahmen die Turnierwaffen unter den spätmittelalterlichen Waffen einen wichtigen Stellenwert ein. So wurden einige Stech- und Rennzeuge in patrizische Ensembles integriert, um mit anderen Exponaten gattungsübergreifend kulturelle und künstlerische Meisterleistungen zu präsentieren (vgl. Jahresbericht für 1937: 25). Wie bei der höfischen Jagd stand dabei ihre Zugehörigkeit zu einer sozialen Elite im Vordergrund, wobei in erster Linie der visuelle Eindruck zählte, weniger die Vermittlung historischen Wissens durch die Ausstellung. Denn Kohlhaußen sah die Aufgabe des GNM darin, in der Begegnung mit den „wahren und unvergänglichen Güter[n] der Nation […] den Besucher aus der Zerstreuung des Alltags zur erhebenden ‚Sammlung' zu bringen" (Jahresbericht für 1937: 2). Zwar bildeten die Galerieräume eine Art Kette, sollten sie doch zeitlich und thematisch linear aufeinanderfolgen. Aber die Koordinaten dieser Linie beschrieben keinen waffengeschichtlichen Verlauf mehr. Abgebildet wurde die Geburt des Deutschen aus dem Germanischen, die „Wandlung vom Germanischen zum Deutschen" (Jahresbericht für 1937: 5). Die Linearität der waffenkundlichen Form hatte im Abschreiten der typologischen und chronologischen Serien bestanden. Jetzt vollzog sich die im Jahresbericht erwähnte Wandlung am heraufbeschworenen Nationalgeist, der im Übergang der germanischen Stämme zum deutschen Nationalstaat entdeckt werden sollte. Gemeint waren jedoch keine bestimmten historischen Stämme, sondern ein geistiges Prinzip, wie es Schulz nach dem Ersten Weltkrieg umrissen hatte. Das Germanische und das Deutsche bildeten Empfindungen im übertragenen Sinne, die durch die Waffenexponate charakterisiert werden sollten, ohne sich in Einzelheiten zu konkretisieren.

Zur kuratierten Auswahl kostbarer Raritäten, welche die meisterhaften Spitzen der Wandlungslinie repräsentieren sollten, zählten auch ritterliche und patrizische Waffen. Das Ziel der Ausstellung war es, „das zusammenhanglose Nebeneinander verschiedener Fachsammlungen in ein sinnvolles Nacheinander oder Zueinander zu bringen" (Jahresbericht für 1937: 4). Auch dies bedeutete keine Rückkehr zur malerischen Form. Zwar ähnelte ihr die neue Form in der freien Positionierung der Exponate, aber die Zielsetzung war eine gänzlich andere. Schließlich bot die Waffenästhetik keine eskapistischen Einblicke in eine romantisierte Vergangenheit. Stattdessen wurde sie für politische Zwecke instrumentalisiert, indem sie die Rede von der deutschen Wesenseinheit ideologisch unterfüttern sollte.[130]

Zwei Photographien im Jahresbericht zeigen die Form im Galeriesaal (Abb. 51). Im weißgetünchten Saal füllten von links erst die vier Rennzeuge, dann die sieben Stechzeuge die gesamte Längswand. Leicht nach hinten versetzt waren sie auf dünnen Gestellen angebracht. Über den Helmen hing ein schmaler gotischer Bildteppich, über dem acht Totenschilde fixiert waren. Die Wand rechts schmückte ein großer Teppich mit einem Schild darüber und drei gotischen Vollharnischen darunter. Die zweite Aufnahme zeigt die gegensätzliche Ansicht (Abb. 52): Harnische und Sättel, darunter der Paulsdorfer Turniersattel,

---

130 Während die Serien mehrheitlich verabschiedet wurden, griff das Museum zumindest das Prinzip der Reziprozität noch einmal auf, indem es die spätmittelalterlichen Schilde mit Distanzwaffen wie Bögen und Armbrüsten als „den gotischen Angriffswaffen, denen sie standhalten sollten" (Jahresbericht für 1937: 12), kombinierte. Durch das Verhältnis dieser Angriffs- und Verteidigungswaffen sollte der militärische Kampfgeist dargestellt und metaphorisch auf die Nation übertragen werden.

Abb. 51: Stechzeuge, Teppiche und Totenschilde im Galeriebau, 1938/1939

Abb. 52: Stechzeuge, Harnische, Helme und andere Waffen im Galeriebau, 1938/1939

Totenschilde, eine Grabfigur und eine Vitrine mit Helmen, Bruststücken und Pferdezeug. Die Intention hinter diesem Arrangement begründete sich wie folgt:

> Die heraldische Kraft der gold- und silberornamentierten, großfigurigen Wappenschilde und die starke Farbigkeit der strengen Bildbehänge bindet sich mit den vollkommenen Formen der Helme und Harnische zum Symbol von den volkerhaltenden Kräften des Wehrwillens und Familiensinnes. (Jahresbericht für 1937: 7)

Durch solche Zuschreibungen sollte bei den Besuchenden ein Heimatsgefühl entstehen: „Stolz auf seine Herkunft […]. Er sieht sich und seine Vorfahren eingebettet in den großen vielfältigen und einzigen Raum deutscher Gesamtkultur" (Jahresbericht für 1938: 6). Als Teil einer gattungsübergreifenden Form sollten die Waffen Heimat-, Wehr- und Familiengedanken auslösen. Ihre ehemaligen Bedeutungen und Funktionen – auch militärische – und ihre zeitliche Ausdifferenzierung wurden dabei vernachlässigt. Welch zentrale Rolle die Turnierzeuge spielten, wurde auch aus einer Abbildung des Gesellenstechens von 1446 und dem Blatt eines Turnierkämpfers im Stechzeug ersichtlich (vgl. Jahresbericht für 1937: 24). Dabei griff der Text gegenüber der Ausstellung die Medialität des Turniergeräts auf, das neben der Persönlichkeit auch dem Stand seines Trägers durch dessen Wappen Ausdruck verliehen hatte (vgl. Jahresbericht für 1937: 27).

Die Form im Galeriebau sollte über das museale Dispositiv hinaus in die Gesellschaft ragen, weshalb der Schauraum – zumindest bildhaft – in den öffentlichen Raum ausgelagert wurde: Im Herbst 1937 gestaltete das GNM eine Werbetafel in einem Schaufenster am Nürnberger Hauptbahnhof (Abb. 53). Darauf war unter einer Wegbeschreibung die Photographie der „ersten Rüstungshalle" zu sehen. Adressiert war die Tafel an jeden „Volksgenosse[n]", der bei seinem Besuch „einen Überblick großdeutscher Kultur" (Jahresbericht für 1938: 54), repräsentiert durch Waffen, vorfinden sollte. Die Waffenexponate bildeten das Zeichen, mit dem das Narrativ des Wehrwillens und Familiensinns im Einklang mit der patrizischen Geschichte Nürnbergs in die Öffentlichkeit getragen wurde. Schließlich wurde nach dem Beginn des Zweiten Weltkrieges im Dezember 1939 das Erdgeschoss des Galeriebaus mit „unsere[n] schönsten alten Waffen von der Karolingerzeit bis zum Dreißigjährigen Krieg" (Jahresbericht für 1939: 9) zusammen mit anderen Objektgattungen für das Publikum geöffnet. Die Attribuierung als schön zeigt, nach welchem Kriterium die Stücke ausgewählt worden waren. Bezeichnend ist die zeitliche Spanne bis

Abb. 53: Werbetafel am Hauptbahnhof für das GNM
mit Ansicht der ‚ersten Rüstungshalle', 1938

zum Dreißigjährigen Krieg, die derjenigen des frühen GNM unter Aufseß entsprach. Nicht zufällig erinnerte Kohlhaußen kurz darauf an die frühesten Schausäle im Tiergärtnertorturm, „deren Anblick für uns etwas Rührendes hat“ (Jahresbericht für 1941: 5). Damit wurden die exponierten Waffen noch stärker von der Gegenwart entkoppelt. Nach und nach wurden die Aspekte, welche Essenwein in die Abteilung eingeführt hatte, wieder aufgegeben, bis die Waffen zum Kriegsanfang nicht einmal mehr in der waffenkundlichen Form organisiert wurden.

Als Zwischenstand lässt sich festhalten, dass die Waffen über Jahrzehnte verschiedene Formen ausbildeten, welche Schritt für Schritt mediale Potenziale abseits militärischer Gebrauchsweisen realisierten. Diese Formen waren von den Gegebenheiten im und um das Museum geprägt, ohne auf eine externe Form, zum Beispiel eine andere Ausstellung, zu rekurrieren. Dies war auch der herausgehobenen Position geschuldet, welche die Waffen im GNM besetzten. Auf diese Weise fungierte das Museum als Stichwortgeber der deutschsprachigen Waffenkunde. Dagegen zeigt sich im Vergleich mit einer anderen Museumsabteilung, wie zeitgenössische Formen auf die Form im GNM einwirkten. Denn im Folgenden ist von der Alten Gerichtsbarkeit die Rede, die ihre ganz eigenen Objekte – und Formen – der Gewalt in das museale Tagesgeschäft einbrachte.

7 Rechtsgeräte.
Die Alte Gerichtsbarkeit und die sensationalistische Form

7.1 Das Verhältnis von Alter Gerichtsbarkeit und Waffensammlung

Während die Waffen im Verlauf der Museumsgeschichte bis zum Zweiten Weltkrieg verschiedene Formen hervorbrachten, koexistierten sie innerhalb des GNM mit einer Form, deren Medium ebenfalls von Menschen gegen andere Menschen eingesetzt worden war. Obwohl dieser Form im Vergleich mit den prestigeträchtigen Waffen weniger Beachtung geschenkt wurde, fügte auch sie sich ins Dispositiv des GNM ein. Deshalb wird im Folgenden eine weitere Museumsabteilung untersucht: die Alte Gerichtsbarkeit, die sich zu großen Teilen aus Folter- und Strafgeräten zusammensetzt.[131] Wie bei den Waffen stammen die meisten Objekte der Alten Gerichtsbarkeit aus der Frühen Neuzeit, und wie die Waffensammlung geht die Alte Gerichtsbarkeit auf Hans von Aufseß' Privatsammlung zurück. Der Museumsgründer wies die Rechtsgeräte im *System* und im *Organismus* – ebenfalls wie die Waffen – der Kategorie des Staatsschutzes zu, welcher neben dem bekannten Waffenschutz auch in den Rechtsschutz zerfiel (Abb. 7) (vgl. Aufseß

131 Wenn im Folgenden von dieser Abteilung, der Sammlung und der Ausstellung gesprochen wird, werden dafür die heutige Bezeichnung ‚Alte Gerichtsbarkeit' sowie nach der Mehrzahl der Objekte die Formulierungen ‚Folter- und Strafgeräte' oder ‚Rechtsgeräte' verwendet. Abweichende Titulierungen wie ‚Folterkammer', ‚Folter- und Strafgerätesammlung', ‚Denkmäler der Rechtspflege' oder ‚Sammlung der Rechtsaltertümer' fallen nur dort, wo sie auch historisch, zum Beispiel in Jahresberichten, Wegweisern und Zeitungsartikeln, gewählt wurden. Ein oberflächlicher Abgleich der Selbstzuschreibungen lässt darauf schließen, dass vom Foltern und Strafen dort gesprochen wurde, wo das Exponieren der Geräte sensationalistischen und ökonomischen Interessen zugrunde lag, während wissenschaftlich angelegte Sammlungen neutral von Rechtsdenkmälern und -altertümern sprachen. Bei genauerem Hinsehen finden sich jedoch etliche Beispiele gegen eine solche These.

1853: 17).[132] Außer den eigentlichen Objekten zählte Aufseß dazu juristische Räume wie Gerichtsstätten und Ratsstuben. Weil diese aber im GNM nur schwerlich ausstellbar seien, berücksichtigte er für die Kategorie auch piktoriale Darstellungen wie Zeichnungen und Kupferstiche. Die Folter- und Strafgeräte fungierten innerhalb des Rechtsschutzes als materielle Ausführung der Gerichtsbarkeit, das heißt der im Gerichtsverfahren und im Strafrecht greifenden Rechtsnormen, die wiederum die Anwendung solcher Objekte vorsahen. So standen die Geräte zwar laut dem GNM den wissenschaftlichen Denkmälern nahe, unterschieden sich aber durch ihren Zweck, „weil sie nur auf die Vollziehung, nicht auf die Feststellung des Urtheils Bezug haben“ (Wegweiser 1868: 70). Stattdessen rückten sie in die Nähe der Waffen, deren Gebrauch sich gleichfalls am Körper abspielte. Wo aber die Waffen als staatsschützende Instrumente nach außen zum Einsatz kamen, wirkten die Folter- und Strafgeräte nach innen, indem sie die herrschende Ordnung repräsentierten und vollstreckten. Dies erinnert an die Introzeption bzw. Introjektion bei Deleuze und Guattari, weshalb die Folter- und Strafgeräte auch als Werkzeuge oder Instrumente bezeichnet werden (s. Kap. 2.2.1). Dem systemischen Gegensatz der Waffen und Rechtsgeräte folgte ein ausstellungspraktischer, denn den Exponaten der Alten Gerichtsbarkeit war fast ein Jahrhundert lang derselbe Ausstellungsbereich gewidmet. Während die Waffen in unregelmäßigen Abständen durch die Schausäle und Museumstrakte rotierten, trafen Besuchende die „Folterkammer“ (Hampe 1902b: 902), wie die Ausstellung zwischenzeitlich genannt wurde, stets am selben Platz an (Abb. 54). Auch die Inszenierung blieb unter den wechselnden Direktoren und Umstrukturierungen in ihren Grundzügen unberührt. Im untersuchten Zeitraum hatte die Alte Gerichtsbarkeit keine kuratorische Beaufsichtigung, während sie heute der Leitung des Historischen Archivs untersteht. Nach August von Eye, der sie augenscheinlich bis um 1875 betreute, ist keine verantwortliche Personalie belegt. Daher folgten auch die seltenen Erwerbungen keinem erkennbaren Muster.

132 Die Wesensähnlichkeit von Waffen und Strafaltertümern wurde noch 70 Jahre später vom Kunsthistoriker Otto Homburger betont, der Museen zu ihrer räumlichen Annäherung riet (vgl. Homburger 1924: 16).

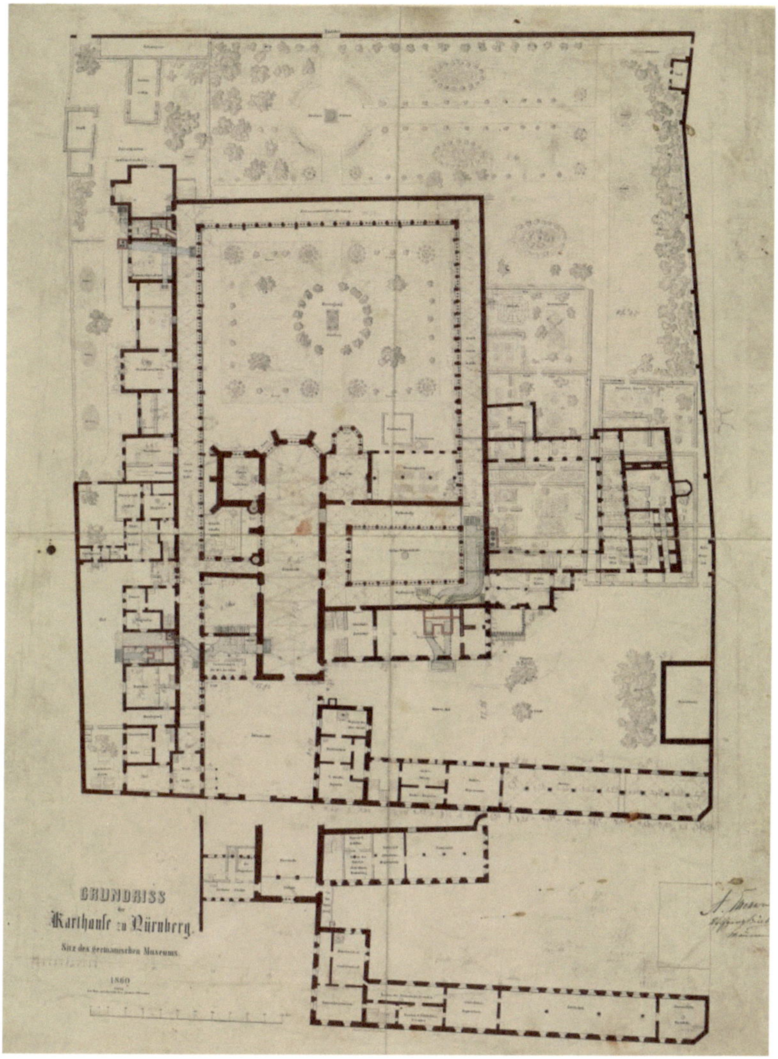

Abb. 54: Grundriss der Kartause, 1860

Alle diese Aspekte führten zu einem nur geringfügig modifizierten Ausstellungsarrangement. Die wenigen Veränderungen illustriert ein Vergleich diverser Ausstellungsphotographien, deren erste von Rudolf Albrecht aus den 1890er Jahren stammt (Abb. 55). Darauf sind Schilder zu sehen, die jegliche Berührung der GNM-Objekte untersagen. Die zweite Photographie wurde 1933 unter Zimmermann aufgenommen (Abb. 56). Die Exponate links waren nun statt auf einer Tafel direkt an

Abb. 55: Rudolf Albrecht, *Halle mit Geräthen der Justizpflege*, um 1895

der Wand angebracht, wo sie übersichtlicher und weniger gedrängt erschienen – sonst gab es keine gravierenden Abweichungen. Erklären lässt sich das Ausbleiben weiter gehender Eingriffe damit, dass die beim Publikum äußerst beliebte Abteilung keiner tiefgehenden wissenschaftlichen oder konservatorischen Betreuung bedurfte. So bemerkte Essenwein über sie: „Die Denkmäler der Strafrechtspflege verlangen nur ein bescheidenes Lokal, das sie auch gefunden und ferner innehaben können." (Essenwein 1870a: 21) Derart wortkarg war die Waffenabteilung nicht beschrieben worden: Jahrzehntelang das Tafelsilber des

Abb. 56: Folter- und Strafwerkzeuge, 1933

Museums, waren die Waffen stets mit dem Gesamtprogramm des GNM verflochten gewesen. Dagegen ließen sich die Folter- und Strafgeräte nie zur Gänze in einen größeren Zusammenhang integrieren. Das geringe museale Interesse an ihnen ergab sich aus dem Sujet: Martern, Hinrichtungen und die unvermeidlichen Assoziationen der Gewalt und des Todes galten dem GNM keineswegs als Pfund, mit dem sich wuchern ließe. Ganz im Gegenteil widersprachen diese Konnotationen der glanzvollen nationalen und regionalen Geschichte, wie sie bei den Waffen an den Dispositiven des Krieges, des Turniers und der Jagd, aber auch in den anderen Museumsabteilungen aufgezeigt worden war. Denn die Hochzeiten des Turniers und der höfischen Jagd waren im 19. Jahrhundert längst verblasst. Dagegen war die Alte Gerichtsbarkeit durch eine *neue* ersetzt worden, in der immer noch gefoltert und exekutiert wurde – wenn auch mit veränderten Methoden und Objekten. Deswegen war es dem GNM vermutlich zu heikel, die Dauerausstellung der Alten Gerichtsbarkeit zu sehr zu modifizieren und dadurch ungewollte Aufmerksamkeit auf sie zu ziehen.

Dabei einte die Waffen und Rechtsgeräte derselbe Musealisierungsprozess: In dem Augenblick, als sie nicht mehr auf dem Schlachtfeld, dem Turnierplatz, bei der Jagd, im Verhörzimmer, im Gerichtssaal und auf der Richtstätte zur Anwendung kamen, wurden sie zu sammelwürdigen Objekten in der Sphäre privater Altertumssammlungen, öffentlicher Museen und Antiquitätenmärkte (Abb. 57). Ferner gingen sie als beschreibbare Gegenstände in die zeitgenössische Literatur des 19. Jahrhunderts ein. Wo historische und fiktive Waffen als positiv konnotierte Zeichenträger in Märchen und Sagen fungierten, zählten die Folter- und Strafinstrumente bald zum Inventar von Schauergeschichten. Dabei verwischte sich ihre funktionale Distinktion, indem eigentliche Strafinstrumente als Foltergeräte gekennzeichnet, umgekehrt aber für das peinliche Verhör bestimmte Objekte als Exekutionswaffen eingestuft wurden. In der Folge wurden die Bestimmungswörter ‚Folter' und ‚Strafe' zuweilen synonym gebraucht, ohne die Trennlinie zwischen den juristischen Bereichen zu beachten.

Zudem besteht eine theoretische Gemeinsamkeit von Waffen, Folter- und Strafgeräten darin, dass sie auf Körper einwirken. Sie verweisen auf den (menschlichen) Körper, der in einer Doppelfunktion Ausgangspunkt und Ziel darstellt. So sind die Waffen ihrer Gestalt nach an die menschlichen Extremitäten angepasst, um effektiv geführt werden zu können; das Gleiche gilt für viele Objekte der Alten Gerichtsbarkeit, zum Beispiel durch Lederriemen und hölzerne Handhaben. Umgekehrt treffen Waffen, Folter- und Strafinstrumente auf den Körper als Ziel, markieren, verletzen, verstümmeln oder vernichten ihn. Daher ergibt sich folgende Binärformel: Menschen führen mit und an ihrem Körper Waffen, und Folter- und Strafgeräte wirken auf menschliche

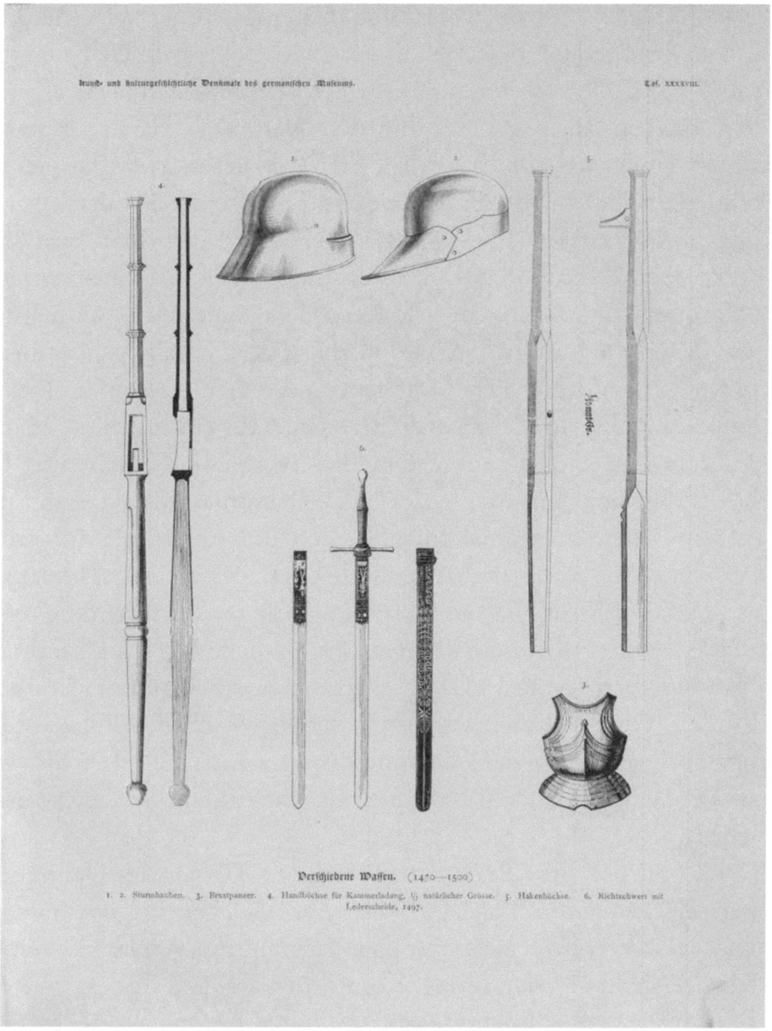

Abb. 57: August von Essenwein,
Richtschwert unter verschiedenen GNM-Waffen, 1877

Körper ein. Neben graduellen Unterscheidungen über die Auswirkungen sind die Ziele zu unterscheiden, weil animalische Körper Jagdwaffen ausgesetzt sind, wo Folter- und Strafgeräte dem Menschen gelten. Dadurch fallen materiell und dem Äußeren nach sehr ähnliche Objekte wie eine Parforcejagdpeitsche (W2557) und eine Folterpeitsche (StR34) in unterschiedliche Kategorien. Dasselbe gilt für Stangenwaffen mit Haken und Gabeln, bei denen je nach Gebrauch zwischen einer

Kriegswaffe, dem polizeilichen Menschenfänger oder Häschereisen sowie dem Jagdgerät Fangeisen differenziert wird (vgl. Schwietering 1917: 140–143). Des Weiteren weichen ehrbeschneidende Strafgeräte von den übrigen Rechtsgeräten und den Waffen ab, da der Bestrafte selbst zum Träger des Objekts wird. Er führt dieses, zum Beispiel bei Schandmasken und -mänteln, Ketten und Fesseln, als pönales Zeichen am eigenen Körper (vgl. Funk 1938: 11f.). Weil es Informationen über den derzeitigen Zustand des Trägers preisgibt – wie bei einem ritterlichen Harnisch, den Stechzeugen oder den Jagdgeräten –, aktualisiert sich das Medium innerhalb einer Form. Dazu ergeben sich kleine Assemblagen: ein Entehrter, bestehend aus einer Person und einer Schandmaske, oder ein Gefangener, bestehend aus einer Person, Hand- und Fußschellen. Zugleich geschieht dies nicht ohne eine dritte, beobachtende Instanz. Ein Mann, der eine Schandmaske trägt, kann nur darum sein Ansehen schmälern, weil sich die Entehrung öffentlich sichtbar vollzieht – an einer Prangerstätte oder auf einem Marktplatz.[133] Würde er die Maske unbeobachtet tragen, gelänge der Ehrentzug nicht. Auch Hand- oder Fußfesseln können eine ähnliche Wirkung hervorrufen, etwa wenn es sich beim Gefesselten um eine bekannte Persönlichkeit handelt. Grundsätzlich vermitteln sie aber – ob der Polizei, dem Gefängnispersonal oder dem Gericht – die Information, dass der Träger ein Verdächtiger oder Gefangener ist, der durch das Objekt arretiert wurde.

Daher wurden die Objekte historisch am Körper des Delinquenten eingesetzt, wo sie im Falle der Folter der Wahrheitsfindung dienten. Je nach der Schwere der Bestrafung zeichneten und verstümmelten sie den Körper sichtbar oder vernichteten ihn bei einem Todesurteil gar, um die Wirkkraft des Rechtsverfahrens unter Beweis zu stellen (vgl. Foucault 1994: 56–58). Der gemarterte und bestrafte Körper wurde bei der Durchführung der Folter und Strafe einem politischen Körper gegenübergestellt – dem Körper des Souveräns, das heißt des Königs oder des Staates (vgl. Foucault 1994: 40). Der Körper des Souveräns, der durch das vorgefallene Verbrechen beeinträchtigt worden war, wurde einerseits durch den Rechts- und Bestrafungsprozess rehabili-

133 Durch eine um den Hals gehängte oder am Pranger befestigte Tafel, wie sie auch das GNM besaß, konnte sogar der vorausgegangene Rechtsverstoß des Delinquenten mitgeteilt werden (vgl. Stegmann 1898: 20).

tiert. Andererseits ging von ihm die Gewalt aus, die dadurch legitimiert und durch den individuellen Körper des Henkers im Auftrag der Obrigkeit zugefügt wurde. Die historischen Folter- und Strafobjekte entsprachen dieser Gewalt, denn sie waren auf sie zugeschnitten und auf spezifische Foltergrade und Strafen abgestimmt. Beim Foltern und Bestrafen repräsentierten diese Geräte das Rechtssystem, von dem sie eingesetzt wurden: Sie waren das Medium, das bestimmte Potenziale anbot, die im Dispositiv durch wiederkehrende Formen realisiert wurden. Daher zog ihre Benutzung die Exponierung vor den Zeugen und Protokollanten der Marter sowie den Zusehenden bei öffentlichen Bestrafungen nach sich (vgl. Chodowiecki 1774: Tafel XXXIV). Die Zurschaustellung coram publico teilten öffentliche Gerichtstermine und Bestrafungen mit der Helmschau bei Turnieren und dem Jagdschirm, wo sich die höfische Jagdgesellschaft versammelte. Sie alle ereigneten sich in ihren ehemaligen Dispositiven als Formen, bei denen durch Körper getragene Objekte von einem Publikum angesehen werden konnten, noch bevor diese Objekte im Museum ausgestellt wurden.

Das museale Dispositiv übernahm die grundsätzliche Konstellation eines exponierten Objekts vor einer Gruppe von Zusehenden, schloss aber den Körper aus, der es führte und einsetzte. Die so entstandene Lücke füllten die Formen der Sammlung und Ausstellung durch das Potenzial der Objekte, Bezüge herzustellen. Ferner ist am GNM für die Waffen und die Alte Gerichtsbarkeit von einer Juxtaposition der Konstellation zu sprechen. Während der menschliche Körper als Ziel einer Waffe in der waffenkundlichen Form nur indirekt über seinen Schutz durch Harnische, Helme und Schilde thematisiert wurde, gestaltete sich dies bei den Folter- und Strafgeräten genau umgekehrt. Vice versa blieb dort die Handhabung der Objekte *durch* Körper mit Ausnahme des Henkers weitestgehend unberücksichtigt, wohingegen die Auswirkungen *auf* Körper zumindest unterschwellig angedeutet wurden. Mit den Leibzeichen war sogar ein spezifischer Körpertypus vorhanden, das Opfer eines Verbrechens oder Unglücks. Dennoch ist für das GNM von einer doppelten Abwesenheit oder auch Unsichtbarkeit des Körpers zu sprechen: Ohne einen Körper, der sie einsetzte oder vorführte, wurden die Objekte exponiert, und der Körper, auf den sie einwirkten, fehlte. Dabei stand bei den historischen Ausstellungen von Folter- und Strafgeräten eine andere Komponente des Dispositivs im Mittelpunkt: das Publikum, vor dem solche Objekte seit dem 19. Jahrhundert exponiert wurden. Denn im Zuschnitt der Inszenierung auf das Publikum unterschieden sich die Ausstellungsformen maßgeblich. Dafür muss zuallererst das zeitgenössische Sammeln und Ausstellen von historischen Rechtsgeräten skizziert werden, aus dessen Kontext auch die GNM-Sammlung hervorging.

7.2 Das Sammeln und Ausstellen von Folter- und Strafgeräten im 19. Jahrhundert

Im 18. Jahrhundert waren Folter- und Strafgeräte vielerorts nach wie vor in Gebrauch, wobei ihre Benutzung in Justizordnungen wie der *Reformirten Brandenburgischen Peinlichen Hals-Gerichts-Ordnung* von 1726 und der *Constitutio Criminalis Theresiana* der österreichischen Erzherzogin Maria Theresia von 1769 minutiös beschrieben wurde. Darin wurden das peinliche Verfahren der Delinquentenbefragung und die auf festgestellte Delikte folgenden Strafen klassifiziert und damit Folter- und Strafgeräte gleichermaßen behandelt. Darstellungen von Geräten wie Daumenschrauben, Folterleitern und Aufzugsmaschinen veranschaulichten die zweckmäßige Anwendung der Instrumente beim Verhör (vgl. Schweser 1768: 595–605; Schild 1989: 252–257). Durch verschiedene Reformen wurde die Folter in den europäischen Staaten vom mittleren 18. bis zum frühen 19. Jahrhundert Schritt für Schritt abgeschafft (vgl. Baldauf 2004: 179–215; Zagolla 2006: 85–102; Kesper-Biermann 2019: 201). Zwar wurden Hinrichtungen weiterhin durchgeführt, aber seltener in aller Öffentlichkeit (vgl. Van Dülmen 1984: 203). Jedoch wurden neue Methoden des Folterns und Strafens ersonnen, welche die Anwendung der älteren Geräte nicht mehr vorsahen. Deshalb fristeten viele Folter- und Strafgeräte bis zur Jahrhundertmitte als Überbleibsel einer atavistischen Justizform ein Schattendasein in städtischen und regionalen Amtsregistraturen (vgl. Schmid 1908: 1). Anders als bei den historischen Waffen war nicht einmal ihr Materialwert von Belang, da die Instrumente oftmals aus grob gezimmertem Holz, verzogenen Eisenspitzen oder kleinteiligen Lederstücken bestanden. Allerdings endete der Diskurs um Folter- und Strafgeräte nicht mit ihrer juristischen Bedeutungslosigkeit, sondern setzte sich „in literarischen Beschreibungen, historischen Forschungen, Bildern, in der Medienberichterstattung und in politischen Debatten sowie nicht zuletzt in Ausstellungen und Museen“ (Kesper-

Biermann 2019: 201) fort. Wie bei den Waffen regte sich eine abgründige Faszination für Folter- und Strafgeräte also nur kurze Zeit, nachdem sie ihren eigentlichen Dienst verrichtet hatten (vgl. Zagolla 2006: 103). Befeuert durch die Schwarze Romantik[134] umgab sie bald eine geheimnisvolle Aura, die ihre Exponierung profitabel gestaltete (vgl. Krämer 2012; Harrington 2014: 331–334; Prechsl 2019: 43). Finstere Verliese, modrige Keller und verlassene Türme wurden zu Schauplätzen der Marter, Inhaftierung und Bestrafung stilisiert, ganz gleich, ob dort Folterungen und Hinrichtungen faktisch stattgefunden hatten (vgl. Burger 2009: 221f.). So hatte die Kriminalistisch-Kulturhistorische Sammlung, in Nürnberg wie die GNM-Ausstellung als ‚Folterkammer' bekannt und eine der weltweit berühmtesten Kollektionen, keine historische Verbindung zu ihrem Ausstellungsort:

> Die Folterkammer ist nämlich Privateigentum. Sie gehört einem in München lebenden Nürnberger. Und die Einrichtungsgegenstände, die in der Mehrzahl aus Folterwerkzeugen bestehen, haben zur Nürnberger Burg nicht die geringste innere Verbundenheit. Vielleicht nicht einmal zu Nürnberg. Denn sie sind aus aller Welt zusammengetragen worden, verdanken ihr Hiersein also lediglich einem Zufall, weil sich die Räume im fünfeckigen Turm vortrefflich zur Aufbewahrung eignen und weil sie damals eben zur Vermietung gerade frei waren. Das festzustellen ist gar nicht so unwichtig. Denn die Zehntausend fremder Besucher, die zur Hauptreisezeit monatlich aus der ganzen Welt die Nürnberger Folterkammer betreten, sind fast ausnahmslos der Meinung, daß diese furchtbaren Folterwerkzeuge in früherer Zeit in Nürnberg selbst zur Anwendung gekommen seien. Das trifft aber nur auf ein geringes Maß zu. (Sieghardt 1930: 5.)

Aber auch an historischen Stätten wie dem Londoner Tower, die tatsächlich als Verliese gedient hatten, wurden den Besuchenden zu ihrer Belustigung reale wie erfundene Schrecken älterer Justizsysteme vorgeführt (vgl. Melman 2006: 144f.). Dazu stieg das wissenschaftliche Inte-

134 Die zeitgenössischen Inszenierungen von Folter- und Strafgeräten erwiesen sich damit als Gegenstück zu den malerischen Formen, die zur selben Zeit die Waffenausstellungen dominierten. Während dort große Erzählungen wie mittelalterliche Heldenepen und höfische Romane den Bezugspunkt bildeten, waren es hier die Kleinformen der Gerüchte, Schauergeschichten und Sagen von heimlichen Gerichten, grausamen Verbrechen und Henkern.

resse an Folter- und Strafgeräten: Geschichts- und Altertumsvereine begannen mit dem Sammeln, zum Beispiel der ehemals in Ansbach ansässige Historische Verein für Mittelfranken, welcher „Rechts- und Staatsaltertümer" (Anonymus 1904: 17), wie ein Richtschwert, Daumenschrauben, Halsgeigen und Schandmasken, zur Schau stellte.[135] Schließlich nahmen kulturhistorische Museen Rechtsaltertümer als eigenständige Abteilung auf (vgl. Ubell 1933: 242). Aus dem Dispositiv der Strafgerichtsbarkeit, wo sie physisch zum Einsatz gekommen waren, glitten die Objekte allmählich in das museale Dispositiv über. Ihre Anschaulichkeit bereitete als ausschlaggebendes Potenzial nun den Boden für ihre Exponierung.

Obwohl sie nicht im selben Ausmaß akquiriert wurden wie die Waffen, waren die Folter- und Strafgeräte im 19. Jahrhundert im Sortiment von Antiquitätenhandlungen und im Repertoire von Altertumssammlungen gleichermaßen zu finden. Öffentlich präsentierten Städte und Burgen Stücke aus ihren Registraturen, Gerichtsstuben und Ämtern in Wohnungen und Burgzimmern (vgl. Burger 2009: 232f.). Um den angestiegenen Bedarf zu decken, entstanden trotz niedriger Verkaufspreise viele Fälschungen (vgl. Eye 1867: 206; Funk 1938: 72). Dies lag daran, dass die Originale gemeinhin weder besonders alt waren noch Authentizitätsmerkmale, wie Wappen, Prägungen oder Insignien, aufwiesen. Außer Nachbildungen wurden dabei Neuanfertigungen konstruiert, die es so niemals gegeben hatte. Wie Eye es ausdrückte, wurde „sogar unseren Altvordern, die sich nicht mehr vertheidigen können, das Unrecht angethan, daß man ihnen Dinge und Erfindungen aufgebürdet hat, an welche sie selbst niemals gedacht haben" (Eye 1867: 206). Exemplarisch zeigen das die Eisernen Jungfrauen, welche weder als Folter- noch als Strafinstrument existiert hatten. Weil die Originale meist nur aus Holz und Metall bestanden, ließen sich Fälschungen und Reproduktionen leicht herstellen. Ein marodes, wurmstichiges Stück Holz oder eine beschmierte und beschädigte Eisenspitze konnten als authentisch fehlinterpretiert werden – insbesondere dann, wenn sich daran Zeichen vergangener Marter zu zeigen schienen. So trug im GNM ein Rollholz für die Anwendung auf der Folterbank

135 Übrigens wurde dort mit dem Privilegienschwert zur Zollfreiheit der Reichsstadt Nürnberg (StR131) auch ein späteres GNM-Objekt exponiert (vgl. Anonymus 1872: XXIVf.).

„noch deutliche Spuren daran heruntergelaufenen Blutes"[136] (Wegweiser 1872: 16), und der Boden einer Pechpfanne bezeugte deren häufige Erhitzung (vgl. Eye 1867: 204). Außer den Objekten sollten die Örtlichkeiten, in denen jene ausgestellt wurden, den Besuchenden ebenfalls als unverfälscht gelten. Gewählt wurden Türme, Verliese und Kammern in Burgen, Schlössern und Städten mit mittelalterlichem Kern, etwa eine Kammer am Burgtor für die „hochintressante [sic!] Sammlung von Folterwerkzeugen und Gegenständen der hochnotpeinlichen Gerichtsbarkeit" (Albrecht 1900: o.S.) in Rothenburg ob der Tauber.

In der öffentlichen Wahrnehmung nivellierte sich der juristische Unterschied zwischen Folter- und Strafgeräten, indem sich im Diskurs eine neue Binarität entfaltete. Diese betonte nicht die Differenz zwischen dem Verhör eines Verdächtigen und der Bestrafung eines Verbrechers, sondern die Kluft zwischen der mittelalterlichen Vergangenheit, die als barbarisch und grausam beschrieben wurde, und der aufgeklärten, zivilisierten Gegenwart (vgl. Richard 1861: 307f.). Wie bei der malerischen Form der Waffen sollten die Objekte den Einblick in eine (schwarz-)romantische Vergangenheit ermöglichen. Jüngere Folter- und Strafgeräte wurden deshalb auf vor- und frühmittelalterliche Ursprünge zurückgeführt oder durch Fehldatierungen direkt der mittelalterlichen Rechtsprechung zugeschrieben (vgl. Shengya 1998: 395). So sah Eye die Rechtsaltertümer als Auswuchs heidnischen Aberglaubens. Dieser sei nach der Christianisierung noch latent wirksam, aber weiche, je näher er an die Gegenwart heranrücke, gesitteter Milde (vgl. Eye 1867: 204f.). Zwar wurde längst die These zurückgewiesen, dass die Folter einerseits aus der germanischen Rechtsprechung hervorgegangen sei und andererseits Christentum und Aufklärung humanere Strafen nach sich gezogen hätten (vgl. Van Dülmen 1984: 207; Van Dülmen 1985: 29; Harrington 2014: 336–340).[137] Doch wurde diese Auffassung in der Regel als allgemeiner Konsens vorausgesetzt, sodass die Binarität von finsterem Mittelalter und progressiver Aufklärung bisweilen bis

---

136 Diese Formulierung deutet auf Eye, der sich fünf Jahre zuvor in einer Zeitschrift im fast gleichen Wortlaut geäußert hatte, als Verfasser der Passage im Wegweiser hin (vgl. Eye 1867: 204).

137 Abgesehen davon stellen Folterungen bis heute ein probates Mittel totalitärer Regimes dar, um den eigenen Machtanspruch zu sichern und Widersacher auszuschalten, wobei sie oft nicht als offizieller Bestandteil der gerichtlichen Inquisitio, sondern klandestin stattfinden.

heute suggeriert wird. Ausgeblendet wird dabei, dass die meisten überlieferten Folter- und Strafgeräte sowie die betreffenden Gesetzestexte und Reglements der Frühen Neuzeit entstammen, also der Zeitspanne, die nicht nur mentalitätsgeschichtlich vom Mittelalter unterschieden wird.[138]

7.2.1 *Dark tourism*: Furcht und Ekel

Wie oben angedeutet fand das Ausstellen von Folter- und Strafwerkzeugen außer unter wissenschaftlichen auch unter ökonomischen Vorzeichen statt. Lokale ‚Schauerorte' setzten Anreize für Reisende, und historische Städte konnten ihre abgründigen und verborgenen Winkel gewinnbringend präsentieren. Der Enthusiasmus für solche Phänomene lässt sich mit dem in den 1990er Jahren entwickelten kulturgeographischen Konzept des *dark tourism* beschreiben (vgl. Wolf/Matzner 2012: 89). Obgleich keine einheitliche Definition existiert – „die Bandbreite reicht dabei von einem Oberbegriff für alle Formen einer touristischen Nutzung von ‚dunklen' Orten bis hin zu einer Reduzierung auf die ethisch-moralisch verwerflichen Arten eines Vergnügens am Leid anderer Menschen" (Quack/Steinecke 2012: 4) –, liegen allen begrifflichen Herleitungen des *dark tourism* gemeinsame Merkmale zugrunde. Der Begriff adressiert historische oder pseudohistorische, mit Gewalt, Leid, Tod oder Unrecht konnotierte Schauplätze, die aus bestimmten Beweggründen touristisch besichtigt werden. Folterkammern und Gerichtsstätten fallen nach einer Unterscheidung von Antje Wolf und Claudia Matzner in den Teilbereich des *prison tourism*, der Gefängnisse und Kerker umfasst (vgl. Wolf/Matzner 2012: 89-91). Auch frühe Museen und Ausstellungen zur Folter lassen sich hier verorten, die wichtige „Reiseziele im Europa des 19. Jahrhunderts" (Kesper-Biermann 2019: 199f.) darstellten. Obwohl dort unterschiedliche Atmosphären kreiert und rezipiert wurden, wird bei der Taxierung von Orten und Besuchsmotivationen oft unterschlagen, welchen Beitrag Exponate zum Erlebnis lieferten. Schließlich qualifizierten sich Folter- und Gerichtsstätten vor allem durch ausgestellte Objekte als Stätten des *dark*

---

138 Foucault zufolge hatten die neueren Strafen eine andere Funktion inne. Statt wie früher die öffentliche Ordnung wiederherzustellen und die Macht des Souveräns am Körper des Delinquenten zu visualisieren, dienten sie dazu, den Körper zu kontrollieren und gefügig zu machen (vgl. Foucault 1994: 140).

tourism. Dies betrifft insbesondere diejenigen Schauplätze, deren früherer Zweck nicht mit dem Ausstellungsinhalt übereinstimmte, also ein Gros der Foltermuseen und Gruselkabinette. Erst nach der Ausstattung mit Exponaten stellte sich dort der gewünschte Effekt ein. Wenn sich das Medium zu einer Form organisierte, entstand auch die passende Stimmung:

> Ein besetzter Raum läßt Atmosphäre entstehen. Bezogen auf die Einzeldinge, die die Raumstellen besetzen, ist Atmosphäre jeweils das, was sie nicht sind, nämlich die andere Seite ihrer Form; also auch das, was mitverschwinden würde, wenn sie verschwänden. (Luhmann 2015: 181)

Die Bestückung mit Objekten ließ den Schauraum als Folterkammer oder Verlies erscheinen, und umgekehrt beglaubigte der Ort die Objekte als historische Folter- und Strafgeräte. In DeLandas Worten: „[...] the properties of a whole are produced by the ongoing interactions between its parts, while the whole, once it is stabilised, reacts back on its parts." (DeLanda 2016: 83)

Auch die Kriminalistisch-Kulturhistorische Sammlung auf der Nürnberger Burg und die historischen Ausstellungen der Alten Gerichtsbarkeit lassen sich als Phänomene des *dark tourism* identifizieren. Dabei wurden die Folter- und Strafgeräte im GNM in atmosphärisch aufgeladene Stimmungsräume eingebettet. Jedoch war die angepeilte Affektion des Publikums verschieden. Affekte werden im *dark tourism* nicht nur als Begleiterscheinung zugelassen, sondern sind die eigentliche Intention des Ausstellungsbesuchs. Dies galt zwar auch für Museen; manche Ausstellungen hatten den Kunstgenuss und die ästhetische Überwältigung der Besuchenden im Sinn, wie es bei den Waffen die malerische Form beabsichtigte. Für viele Folter- und Strafausstellungen geriet das emotionale Erlebnis aber zur unabdingbaren Voraussetzung. Damit trat neben die wissenschaftliche und didaktische Zielsetzung kulturhistorischer Museen – erinnert sei an Essenweins Absicht, die Sammlungen „zu einer wissenschaftlich bedeutsamen, dem Volke lehrreichen Einheit" (Jahresbericht für 1883: 2) zu bündeln – eine emotionale. Statt eine analytische Distanz zwischen Beobachtenden und Beobachtetem zu errichten, sollten jene sich in die Opfer der Gerichtswerkzeuge einfühlen und Lust dabei empfinden, sich die Qualen leibhaftig vorzustellen, ohne sie selbst zu erleiden. Regelmäßig sprachen Besuchsberichte von Furcht und Ekel bei der Betrachtung der Folter- und Strafgeräte und der Imagination vergangener Rechtspraktiken (vgl. Sieghardt 1930: 5; Kesper-Biermann 2019: 221f.). Abscheu wurde von der Faszination „am Verbotenen, an der Überschreitung gerade auch moralischer Grenzen oder des Schmerztabus“ (Kesper-Biermann 2019: 222) begleitet. Eine Art kontrollierter Grusel folgte der Erleichterung, die Martern und Bestrafungen nicht tatsächlich zu erdulden. Die Besuchenden ähneln hierbei Patient:innen, die sich über das Ausbleiben ihrer Schmerzen gerade deshalb freuen, weil deren Empfindung ihnen zuvor ein vermeintliches Gebrechen suggeriert hatte (vgl. Pender 2009: 491). Im *dark tourism* ist die emotionale Erfahrung maßgeblich und der Erlangung historischen Wissens vorgelagert, auch weil sie die Inklusion des Gerüchts und der Sage zulässt und hyperbolische Inszenierungen begünstigt. Wo die Turnierzeuge nostalgische Gefühle für das spätmittelalterliche Nürnberg und sein reich gefülltes Zeughaus weckten, riefen die Rechtsgeräte eine finstere, aber emotional erkundbare Vorzeit ins Gedächtnis. Das Exponat wurde zum Medium, in das die Affekte hineinlegt werden konnten, und als Form zu einer Projektionsfläche, die mit Vorstellungen der Marter und Pein beschienen werden konnte.

Doch würde es zu kurz greifen, den Ausstellungsbesuch allein der Verletzung moralischer Prinzipien zuzuschreiben. Denn in den Berichten, aber auch in fiktionalen Erzählungen, in denen Ausstellungen von Folter- und Strafgeräten erwähnt werden, blitzen immer wieder humoristische Beobachtungen auf. Diese beruhen auf einer komischen Distanz des Publikums zum Gesehenen. Für die Kriminalistisch-Kulturhistorische Sammlung finden sich solche Einlassungen beispielsweise bei den Schriftstellern Carl A. Dempwolff, Bram Stoker und Samuel Beckett. Nüchtern bemerkend, er habe die Ausstellung „tausendmal schon gesehen“ (Dempwolff 1865: 307), setzte sich Dempwolff bei seinem Besuch mit der Schauspielerin Marie Seebach auf eine Folterbank, „auf der gewiß einstens viele arme Teufel mit ganz andern Gefühlen gesessen waren“ (Dempwolff 1865: 307). Die Zweckentfremdung eines Folterstuhls, jedoch mit glücklichem Ausgang, schildert die Erzählerstimme in Stokers Kurzgeschichte *The Squaw*:

> Amelia grew quite pale with the horror of the things, but fortunately did not faint, for being a little overcome she sat down on a torture chair, but jumped up again with a shriek, all tendency to faint gone.

> We both pretended that it was the injury done to her dress by the dust of the chair, and the rusty spikes which had upset her, and Mr. Hutcheson acquiesced in acccepting [sic!] the explanation with a kind-hearted laugh. (Stoker 1914: 55)

Außer Stoker widmete sich noch ein anderer irischer Schriftsteller der Nürnberger Ausstellung. Während seiner Deutschlandreise kam Samuel Beckett im April 1931 nach Nürnberg. Neben einem Bordellbesuch stand auch das „Folterzimmer“ (Nixon 2011: 14) auf dem Programm, wo Beckett sich über das herrschende Rauchverbot mokierte und die Absurdität der Vorschrift in Anbetracht der ausgestellten Grausamkeiten hervorhob.[139] Auch andernorts wurde im Umgang mit Folter- und Strafwerkzeugen eher auf „humoristische Haltung“ (Bechstein 1845: 74) und „Unterhaltung, als auf wissenschaftliche Belehrung“ (Bechstein 1845: 75) gesetzt. Selbst das Exponat der Eisernen Jungfrau blieb davor nicht gefeit: „Wenn sie geschlossen war und einen verblutenden Menschen umklammerte, dann grinste sie mit ihrer starren Maske, wie nur das Mittelalter grinsen kann. Und alles das in Gottes Namen.“ (Fendrich 1907: o.S.) Hierzu wurde sogar eine aufklappbare Ansichtskarte mit der Eisernen Jungfrau gestaltet (Abb. 58). Begleitet wurde solcher Humor von Lokalkolorit, indem auf die Ausstellungsvisite eine traditionelle Nürnberger Speise folgte – die Bratwurst. Dempwolff wies bereits im ironischen Titel „Folterkammer und Bratwurstglöckle“ auf ein nahegelegenes Wirtshaus hin (vgl. Dempwolff 1865; Baethcke 1907: 2; Schiedlausky 1970: 143, 145), ein chinesischer Student verspeiste bei seinem Aufenthalt „sieben, acht Nürnberger Würstchen“ (Shengya 1998: 397), und August Sieghardt bemerkte zur Folterkammer, ihre „Besichtigung ist für die Fremden in Nürnberg anscheinend ebenso wichtig als der Genuß unserer weltberühmten Bratwürste und Lebkuchen“ (Sieghardt 1930: 5). Diese banal erscheinenden Einlässe stellen das Empfinden von Abscheu und Ekel als alleinige Publikumsmotivation infrage. Denn der Ausstellungsbesuch fügte sich in touristische Tagesprogramme ein, sodass sich die Folter-

---

139 Beckett verarbeitete diese Assoziationen ein Jahr darauf in seinem Debütroman *Dream of Fair to Middling Women*. Sieben Jahre später notierte er während seines zweiten Aufenthalts in Nürnberg zufrieden in sein Tagebuch, dass das Verbotsschild noch immer am selben Platz angebracht war (vgl. Nixon 2011: 14–18).

Abb. 58: Klappkarte mit Eiserner Jungfrau und Fünfeckturm, 1900

Abb. 59: Carl Teufel, Besuchende vor der Kriminalistisch-Kulturhistorischen Sammlung im Fünfeckigen Turm, 1896/1914

kammer ebenso leicht verdauen ließ wie der Jahrmarktsbesuch oder eben eine Rostbratwurst. Selbst für Kinder schien ein Treffen mit der Eisernen Jungfrau bekömmlich zu sein (Abb. 59).

Aufseiten der Veranstaltenden lag der primäre Zweck der Ausstellung nach Auffassung kritischer Zeitgenossen in der „Befriedigung der Sensation […], mit der ja bekanntlich beim Publikum noch immer das beste Geschäft zu machen ist“ (Sieghardt 1930: 5). Das Sammeln von historischen Rechtsgeräten, die touristische Erschließung düsterer Stätten und die Emotionalisierung des Publikums liefen in einer Form zusammen, die sich *sensationalistisch* nennen lässt. Dieser Begriff impliziert keine Wertung, sondern beschreibt die Ordnung der Elemente nach ihrem visuellen Anreiz und spektakulären Potenzial, welches die Form auszuloten und emotional dem Publikum zu übermitteln versuchte, ohne die Objekte an das historische Strafgerichtsbarkeitsdispositiv zu koppeln. Das Medium, die Folter- und Strafgeräte, definierte sich in dieser Form weniger durch das, was es historisch aussagte, als über das, was sich mit ihm inszenatorisch aussagen ließ.

7.2.2 Rechtsgeräte im musealen Dispositiv

Wie innerhalb des musealen Dispositivs Folter- und Strafgeräte gesammelt und ausgestellt wurden, zeigen zwei Beispiele in anderen Teilen Bayerns. Fast zur selben Zeit wie das GNM nahm das BNM 1856 unter Direktor Freiherr Karl M. von Aretin den Erwerb von Rechtsgeräten auf. Diese bezog das Museum aus den umliegenden Landgerichten und Archiven, wo es für sie keine Verwendung mehr gab, 1860 etwa aus dem Nürnberger Kreisarchiv (vgl. Anonymus 1887: 142; Bauer 2002: 8–12). Wer als erstes bei diesen Instituten vorstellig wurde, konnte die Objekte meist vorbehaltlos erwerben. 1863 konkurrierten BNM und GNM sogar um eine „vollständig eingerichtete mittelalterliche Folterkammer" (Erwerbungsakten 1863/64). Eigentlich sollte das Eichstätter Bezirksgericht diese an das GNM abgeben, weshalb Aretin persönlich in einem Schreiben an das Kultusministerium intervenierte:

> Da vor mehreren Jahren die sämtlichen beim hiesigen Stadtgerichte vorhandenen Folter-Werkzeuge, ohne daß der Unterzeichnete davon Kenntniß erhielt, unter der Hand veräußert wurden, und sich jetzt im Germanischen Museum befinden, so wird die gehorsamste Bitte gestellt, an das Bezirks Gericht zu Eichstätt die Weisung ergehen zu lassen, daß die sämtlichen dort vorhandenen Folter- und Strafwerkzeuge an das bayer. National Museum abzugeben sind. (Erwerbungsakten 1863/64)

Aretin berief sich auf im Stillen vom GNM erworbene Objekte des Münchener Stadtgerichts, die sich jedoch weder im Zugangsregister des

GNM noch in den Wegweisern nachweisen lassen.[140] In den folgenden Jahrzehnten wurden die Sammlungsobjekte wissenschaftlich untersucht und in eine Ausstellungsform überführt, die der im GNM in vielerlei Hinsicht ähnelte (vgl. Anonymus 1868b: 35f.; Anonymus 1908: 349–351; Schmid 1908). So ordnete sie die Objekte zunächst nach Folter- und Strafwerkzeugen und ergänzte diese später um sogenannte Tatbestandszeichen wie Messer, Zettel und Leibzeichen. Ungewöhnlich waren hingegen die Bußwerkzeuge, da sie zwar außer zur Geißelung auch zur Bestrafung eingesetzt worden waren, jedoch nicht auf ein gerichtliches Urteil hin (vgl. Bierdimpfl 1882: 49–51). Das BNM wollte daher weniger das historische Dispositiv der Strafgerichtsbarkeit erforschen als vielmehr Objekte zusammenbringen, welche die Funktionen des Folterns und Strafens in einem breiteren Sinne erfüllt hatten.

Wo Aretin mit dem Erwerb der Folterkammer lediglich deren Ausstattung, nicht aber die Translozierung der Kammer beabsichtigte, galt im Regensburger Alten Rathaus der Lokalbezug im doppelten Sinne als wichtigstes Kriterium.[141] Mit der sogenannten Fragstatt ist der ehemalige Verhör- und Folterraum des Stadtgerichts dort noch heute zugänglich: „Im Gegensatz zu anderen historischen Folterkammern sind hier die Geräte nicht nachträglich zusammengetragen, sondern befinden sich an ihrem originalen Verwendungsort.“ (Angerer/Färber/Paulus 1995: 51)[142] Ein Abgleich historischer Aufnahmen lässt – wie im GNM – auf ein kaum verändertes Ausstellungsarrangement schließen (vgl. Dirnberger 1870: Tafel b; Dransfeld 1913: 5, 14; Merz 1927: 11). Neben dem Eingang stand eine Bank, auf der die Besuchenden wie ehemals die Verdächtigen Platz nehmen konnten. Zur Abschreckung gab eine Öffnung in der Wand den Blick auf die Folterwerkzeuge in der Kammer frei (vgl. Zerzog 1858: 13). Während das Münchener BNM Objekte verschiedener Herkunft in einem Schausaal zusammen-

140 Allerdings wurde das Zugangsregister in den ersten Jahren nach der Gründung nicht sehr sorgfältig geführt. Letztlich erwarb das BNM zwar die Einrichtung in Eichstätt ebenso wie eine weitere in Berchtesgaden, in beiden Fällen gelangten aber nicht alle Objekte nach München (vgl. Schmid 1908: 1).

141 Anders als bei den Waffen wurden die lokalen Koordinaten bei den Rechtsgeräten üblicherweise nicht ausgeweitet, weil die Folter- und Strafgeräte nur wenig zur Reputation des Deutschen Reiches beitragen konnten.

142 Dass die Fragstatt originalgetreu ausgestattet ist, wird jedoch auch bezweifelt (vgl. Zagolla 2006: 116).

stellte, überkreuzte die Regensburger Fragstatt das frühere Dispositiv mit dem musealen. Die Assemblage aus Delinquent:in, Folterknecht und dem Foltergerät wurde durch die Assemblage aus Besucher:in, Exponat und der inszenierten Kammer gespiegelt. Dadurch reflektierte die Schauanordnung in der Fragstatt den ersten Foltergrad, welcher noch keinen Gebrauch eines Geräts am Körper vorsah, sondern dessen bloßes Vorzeigen:

> Man wendete gegen sie [die Verhörten; F.K.] die sogenannte Territion an, d.h. der Scharfrichter musste vortreten, sie wurden zur Folter zurechtgemacht, die Folterwerkzeuge wurden ihnen vorgezeigt, erklärt, selbst einzelne ihnen angelegt; gestanden sie nun: so war es immer noch ein freiwilliges Geständniss, ein Bekenntniss in Güte! (Wächter 1845: 322)

Territion wird dieser Vorgang genannt, weil er den Delinquenten in Schrecken versetzen sollte. Er lässt sich ferner in eine territio verbalis, bei welcher Drohungen ausgesprochen wurden, und eine territio realis, bei der die Foltergeräte am Körper angelegt wurden, unterteilen (vgl. Schild 1989: 248; Schild 2015: 59f.). Tatsächlich reichte dieser Schritt für gewöhnlich aus, um ein Geständnis zu erpressen (vgl. Van Dülmen 1985: 32; Zagolla 2006: 115f.). Parallel dazu hing das ausgewählte Strafgerät beim öffentlichen Strafvollzug von der Schwere der Schuld und dem sozialen Stand des Verurteilten ab. Im Falle einer spiegelnden Strafe zeigte es gar das Verbrechen selbst an. Wie bei der Territion wurde das Strafgerät für den Verurteilten, gleichfalls aber für die restlichen Anwesenden und Zuschauenden, sichtbar drapiert und vorgezeigt, um die Wiederherstellung der Ordnung zu symbolisieren (vgl. Van Dülmen 1984: 224–232). Obwohl die Exponate im GNM im Gegensatz zur Fragstatt erst nachträglich zusammengestellt wurden, ließ sich die Territion in verflüchtigter Form auch dort entdecken – abgesehen von den sensationalistischen Formen in als historische Folter- und Gerichtsstätten inszenierten Schauräumen. Daher übertrug sich die Sichtbarkeit der Folter- und Strafgeräte aus ihrem ursprünglichen Dispositiv in die Museen und Ausstellungen, wo das Publikum die Exponate in Augenschein nehmen konnte, ohne selbst körperliche Folgen befürchten zu müssen. Damit glichen die Besuchenden dem Verhörten, welcher der Territion hautnah, aber mit einer – nun fiktionalisierten – Furcht beiwohnte.

7.3 Die Form der Alten Gerichtsbarkeit

Wann die ersten Rechtsgeräte den Weg in die aufseßsche Privatsammlung fanden, lässt sich schwerlich abschätzen.[143] Jedenfalls führte der *Organismus* kurz nach der Museumsgründung 13 Nummern für diese Abteilung auf (vgl. Aufseß 1856b: 369f.). Deren erste, das eingangs erwähnte Richtschwert mit der Jahreszahl 1497 (StR28) und einer Lederscheide[144], wurde auch unter den Blankwaffen im Tiergärtnertorturm ausgestellt (vgl. Wegweiser 1853: 4) (s. Kap. 3.3.1). Vier weitere Instrumente, ein eiserner ‚Strafhut' bzw. eine Schandmaske (StR30), eine spanische Wade (StR39), eine Daumenschraube (StR40) und eine als ‚gespickter Hase' bekannte hölzerne Stachelrolle (StR42), stammten aus dem Besitz des Hennebergischen altertumsforschenden Vereins. Dieser war 1832 vom Schriftsteller und Archivar Ludwig Bechstein, bis zu seinem Tod Mitglied des GNM-Gelehrtenausschusses (vgl. Jahresbericht für 1860: 1), in Meiningen gegründet worden (vgl. Mötsch 2015: 1). 1845 widmete sich ein Artikel Bechsteins im Sammelband des Vereins mehreren von einer Fallmeisterei, einer Abdecker- oder Scharfrichterwohnung, für das Vereinsantiquarium angekauften Rechtsgeräten (vgl. Bechstein 1845: 90). Darunter befanden sich die vier genannten Instrumente, von denen die Daumenschraube, die Stachelrolle und der Strafhut sogar abgezeichnet wurden (vgl. Brückner 1845: Tafel I). Aufseß muss kurz darauf durch den Verein in den Besitz dieser Objekte gekommen sein. Seine übrigen Folter- und Strafgeräte – eine Maske zum Verschließen des Mundes (StR32), eine Zange (StR37), eine Brandmarke (StR38), eine weitere Daumenschraube (StR41), die Kopie eines Fangeisens für Häscher (StR44), eine Halsgeige (StR45) und Fußschellen (StR53) – stammten wahrscheinlich von hiesigen Antiquaren und dem Nürnberger Trödelmarkt. Über die Ausstellungsweise dieser Geräte ist wenig herauszufinden. Zwar führte der erste Wegweiser von 1853 für den Tiergärtnertorturm noch keine Rechtsgeräte an. Doch wurden sie später im zweiten Turmgeschoss gezeigt: „Ein zweiter Erker ist mit Folterwerkzeugen angefüllt." (Eye/Falke 1868: 69) Ob-

143 In Aufseß' Unterlagen lassen sich diesbezüglich keine Angaben ermitteln. Vielen Dank an Sarah Fetzer für den freundlichen Hinweis.

144 Später stellte sich heraus, dass die Scheide nicht zum Richtschwert, sondern zu einem jüngeren Schwert gehörte; nur einer der Irrtümer über die Objekte der Alten Gerichtsbarkeit in der Museumsgeschichte.

wohl die Exponate nicht näher beschrieben wurden, dürfte es sich um Aufseß' Objekte gehandelt haben, zumal Eye und Falke einige davon in ihrer Schrift *Kunst und Leben der Vorzeit* behandelten (vgl. Eye/ Falke 1868: 70). Indes spricht ihre nachträgliche Platzierung im Erker für einen untergeordneten Stellenwert gegenüber den anderen Altertümern. Erst im Kartäuserkloster wurden sie zu einer Form gekoppelt, die bestimmte Bedeutungen ein- und ausschließen sollte.

Sich einer nüchternen, wissenschaftlichen Präsentationsweise verschreibend, lehnte das GNM die sensationalistische Form ab. Dennoch öffneten textliche Ungenauigkeiten und Anspielungen bei der Beschreibung der Folter- und Strafgeräte einer emotionalen Ausstellungsrezeption das Tor. So führte der zweite Wegweiser die „Folterwerkzeuge"[145] (Wegweiser 1860: 27) folgendermaßen ein: „Die Thür führt zu einer Sammlung von Gegenständen, die zwar aus christlicher Zeit stammen, doch theilweise dem Heidenthum ihren Ursprung zu danken haben, und die wir auch jetzt den Heiden überlassen wollen." (Wegweiser 1860: 26) Daraufhin wurde von „grauenhaftem Humor und Erfindungsgabe unserer Vordern" und von „wenig erquicklichen Räume[n] der Marter und des Todes" (Wegweiser 1860: 27) gesprochen. Verglichen mit den Rechtsgeräten war von der Frauenhalle als von „einer anziehenderen Seite unserer Vergangenheit" (Wegweiser 1865: 31) die Rede. Auch Essenwein stellte in zwei Berichten fest:

> Wenn auch dieser Theil des öffentlichen Lebens [die Strafrechtspflege; F.K.] nicht gerade den wohlthuendsten Eindruck auf das besuchende Publikum macht, so interessiert doch diese Abtheilung die Besucher in der Regel ganz besonders. (Essenwein 1870a: 20; Essenwein 1884a: 44f.)

Der Wegweiser empfahl, „nach Besichtigung dieser grausen Werkzeuge" (Wegweiser 1884: 65) in den angrenzenden Gärten und Höfen Erholung zu finden. Schließlich würden die Exponate „naturgemäß nicht lediglich angenehme Empfindungen" (Hampe 1902b: 901) hervorrufen. Selbst im Dispositiv des GNM, das sich fern der sensationalistischen Form wissenschaftlichen Idealen verpflichtet hatte, schien das Publikum wie beim Besuch einschlägiger Privatausstellungen zu rea-

145 Obwohl der Wegweiser anschließend ein Richtschwert beschrieb, unterschlug er die Gruppe der Strafgeräte und verwischte damit ebenfalls den Gattungsunterschied (vgl. Wegweiser 1860: 27).

gieren. Dabei aktualisierte das Museum das Medium der Folter- und Strafgeräte in einer anderen Form, die erst durch eine umfangreiche Leihgabe möglich wurde.

7.3.1 Die Cadolzburger Leihgabe

Als das GNM 1857 die Ruine des Kartäuserklosters bezog, waren die Folter- und Strafgeräte Eye und Falke zufolge noch im Tiergärtnertorturm. Nach der *Illustrirten Zeitung* müssen sie sich aber spätestens im März 1858 bei den Waffen, Kriegsmodellen, vor- und frühgeschichtlichen Objekten im Kleinen Kreuzgang befunden haben (vgl. Anonymus 1858: 154). Gemeinsame Arrangements aus Waffen und Rechtsgeräten waren seinerzeit nicht ungewöhnlich und zum Beispiel im ostpreußischen Schloss zu Tüngen zu besichtigen (vgl. Essenwein 1876: 355). Im Dezember 1858 vermerkte der Anzeiger dann eine Leihgabe, die das Profil der Alten Gerichtsbarkeit wie kein anderer Zugang prägen sollte: „Die Gemeinde Cadolzburg überließ dem Museum, unter Vorbehalt des Eigenthumsrechts, zur Aufstellung eine Parthie interessanter Folterwerkzeuge." (Anzeiger 1858: 426) Das waren nicht weniger als 27 Objekte: eine Folterwiege, ein Steingewicht, ein Pechtiegel, eine Folterbank, ein Rollholz, ein Eisenring, zehn Hand- und Fußschellen, vier Strafgeigen und sieben Blöcke.[146] Zusammen bildeten sie die Inventarnummern StR1–StR27 und damit den symbolischen Grundstock der Sammlung, obwohl dieser bereits Aufseß' Mitbringsel angehörten. Die Cadolzburger Leihgabe vergrößerte aber nicht nur die Sammlung, sondern auch das inhaltliche Spektrum. Denn die hinzugekommenen Objekte entsprachen drei Hauptfeldern der historischen Gerichtsbarkeit: dem peinlichen Verhör durch Folterinstrumente, der Gefangennahme durch Ketten und Fesseln sowie der Pönale durch Strafgeräte. Dazu entstammten alle Neuzugänge mit der Cadolzburg nahe Fürth demselben Ort. Dies traf auf die vereinzelten Schenkungen und Leihgaben von 1858 bis 1865 durch Lehrer, Schlossermeister, Freiherrn und Juweliere nicht zu (vgl. ZR 1858–1865). Die Authentizität der geliehenen Stücke beruhte daher nicht auf den mündlichen Versicherungen der Vorbesitzer, sondern war durch ihre Cadolzburger Herkunft verbrieft. An diesem Amtssitz im Fürstentum Ansbach

146 Im Zugangsregister ist von elf Hand- und Fußschellen die Rede, dafür fehlt allerdings der Pechtiegel (vgl. ZR 1858/2644).

waren die Objekte einst in Gebrauch gewesen (vgl. Burger 2005: 162–166). So berichtete der Schriftsteller Johann G. Köppel von seiner Reise nach Cadolzburg im Juli 1793, bei der er die namensgebende Burggrafenresidenz in Augenschein nahm. Dort zeigte sich Köppel von einer Kammer besonders angetan:

> So kann man hier z.B. noch die Folterkammer sehen, ein hohes und festes Gewölbe, bewohnt von einem widrigen Dunkel. In der Mitte desselben ist ein tiefes ausgemauertes Loch, gleich einem Radbrunnen mit einer gegitterten eisernen Fallthüre, in welches mittelst eines großen Haspels die Missethäter an einem Seile hinabgelassen wurden. Unter andern erinnere ich mich folgende zur Marter der Menschheit erdacht gewesene Folterwerkzeuge gesehen zu haben, deren zum Theil frivole Benennungen noch von der unseligen Gleichgültigkeit zeugen, mit der man Menschen zu entmenschen gewohnt war [...]. (Köppel 1795: 5)

Seit dem 16. Jahrhundert wurde die Kammer im entsprechend benannten Folterturm der Burg vom Cadolzburger Gericht zum Foltern genutzt (vgl. Burger 2017: 139).[147] Aus seiner Erinnerung zählte Köppel die in der Kammer befindlichen Instrumente auf – es sind die später ans GNM verliehenen, die auf der Cadolzburg längst nicht mehr in Benutzung waren:

> Diese Werkzeuge sind – dank sei es der Menschheit! dank den mildesten Beherrschern! seit 1734 nicht mehr gebraucht worden. Sie sind nun eben so unter die Ruinen, unter die Vergangenheiten, unter die heutiges Tages ganz entbehrlichen Dinge zu zählen, wie die ehehin so gefährlichen Raubschlösser, von denen nichts als ihre unschädlichen Reste zum Andenken voriger Zeiten übrig geblieben sind. (Köppel 1795: 6f.)

Auch Köppel billigte den sonst funktionslosen Geräten noch eine Erinnerungsleistung zu. Vor einigen Jahren glich der Historiker Daniel Burger die Leihgaben im GNM mit Köppels Schilderung und einem

---

147 Nach Verleihung der Originale ans GNM stellte die Burgverwaltung Nachbildungen in der Unterkapelle auf, welche jedoch im Zweiten Weltkrieg verbrannten. Auf diese Weise fungierte die Cadolzburg auch weiterhin als Schauplatz atavistischer Gerichtsbarkeit, wenngleich mit Kopien in einem anderen Raum (vgl. Burger 2005: 167f.). Der Folterturm widmet sich in der Ausstellung noch heute der Thematik der Folter (vgl. Bauer 2017: 167).

Burginventar von 1789 ab (vgl. Burger 2005: 167–169). Dabei machte er den Folterturm als tatsächlichen Amtsort der peinlichen Befragung im Rahmen der Inquisitio in der frühneuzeitlichen Rechtspraxis aus – im Gegensatz zu nachträglich benannten Folterkammern und Martertürmen, die gänzlich andere Aufgaben erfüllten (vgl. Burger 2005: 166). Viele der bei Köppel und im Inventar aufgezählten Geräte gelangten aus dem Turm ans GNM, wenngleich sich nicht alle erhalten haben.[148] Wie in der Regensburger Fragstatt wurden die Folter- und Strafgeräte, nachdem sie ihre eigentliche Funktion verloren hatten, zunächst vor Ort exponiert, um Besuchenden diese frühere Funktion sichtbar zu machen. In dem Moment, als die Folterkammer ihre juristischen Zwecke zugunsten einer Schauanordnung ablegte, repräsentierten die Objekte nicht mehr geltendes Recht, sondern vergangenes Unrecht. Köppels erleichterte Ausrufe belegen, welche Emotionen dies wenige Jahrzehnte nach Abschaffung der Folter auslöste. Jedoch verwies die Folterkammer weniger auf die Folter als auf die Geschichte der Cadolzburg; gegeben wurde lediglich ein burggeschichtliches Detail, kein historischer Überblick. Erst im Museum, wo die Exponate ihrem früheren Bedeutungszusammenhang entnommen waren, ließ sich eine Reflexion über das Foltern selbst anstoßen. Hier konnten die Objekte mit Essenwein als typische Vertreter ihrer Gattung fungieren und mit Eye einen Kontrapunkt zu den voyeuristischen Formen setzen. Damit ermöglichte die Cadolzburger Leihgabe die Entstehung einer genuinen Form der Alten Gerichtsbarkeit, die auf der *Authentizität* des Mediums basierte. Die Originalität der Objekte wurde mit ihrem Alter und anhand der erwiesenen Tatsache belegt, dass sie zur Marter eingesetzt worden waren. Diese Form entwickelte sich wiederum in Opposition zur sensationalistischen Form zeitgenössischer Ausstellungen. Auch dort war das Authentische – die Wahrnehmung der Objekte als historischer Überrest – ein essenzieller Faktor. Wie sich zeigt, wurde es jedoch nicht in der Provenienz der Objekte lokalisiert, sondern erst im Modus des Ausstellens hervorgebracht (vgl. Sabrow/Saupe 2022: 11). Auch im GNM gab sich die Form am deutlichsten in der über acht Dekaden hinweg bestehenden Dauerausstellung zu erkennen.

---

148 Beispielsweise sind die heute im GNM verwahrten Steingewichte, die Burger eher der Abteilung *Zunft und Handwerk* zurechnet, nicht mit Köppels halbkugelförmigen Steinblöcken identisch (vgl. Schild 1985: 225; Burger 2005: 168).

7.3.2 Die Dauerausstellung der Folter- und Strafgeräte

Mit der Sanierung des Kleinen Kreuzgangs war an der Südwestecke für die Rechtsgeräte ein kleiner Saal mit einem am Boden beginnenden Kreuzgewölbe frei geworden. 1857 noch als Remise inmitten von „Ruinen“ (Jahresbericht für 1857: 41) bezeichnet, handelte es sich bei dem Schausaal um das ehemalige Küchengebäude des Kartäuserklosters (vgl. Bahns 1978: 378). Zwischenzeitlich hatte die Remise wohl als Magazin für Baumaterial gedient, bis das Gebäude 1858 als eines der letzten dem GNM vermacht wurde (vgl. Bahns 1978: 366). Im selben Jahr – die Ruinen waren inzwischen einer Gartenanlage gewichen – wurden auf einem Grundriss erstmals „Alterthümer“ (Jahresbericht für 1858: 49) dort eingetragen. Wieder ein Jahr später erschien als Teil der Altertümer zum ersten Mal ein kleines Rechteck mit der Abbreviation „Folt. Kam.“ (Jahresbericht für 1859: 53) (Abb. 60): Die Küchenruine war zur Folterkammer geworden.

Von der Kirche kommende Besuchende konnten den Kreuzgang längs durchschreiten und durch eine Tür das Antiquarium betreten. Dieses enthielt römische und germanische, als heidnisch bezeichnete Altertümer wie Schmuck, Werkzeuge, Waffen und sogenannte Totenbäume – zwei Holzsärge. Die Särge führten zu einer weiteren Tür, die ein Viertel des Antiquariums vom Rest abgrenzte. Hier befanden sich die Folter- und Strafwerkzeuge (vgl. Wegweiser 1860: 25f.). Die zuvor beschriebene Binarität ist wohl der Grund dafür, dass die Rechtsgeräte bei den vorchristlichen, ‚heidnischen‘ Exponaten platziert wurden. So sprach der Wegweiser von einem „räumlichen Zusammenhange“ (Wegweiser 1868: 69) zwischen Antiquarium und Folterkammer. Verglichen mit den opulenten Waffensälen nahm sich das Abteil der Folter- und Strafgeräte äußerst bescheiden aus (Abb. 61). Zwei Wegweiser enthalten eine Übersicht mit den ungefähren Positionen der Exponate (vgl. Wegweiser 1860: 24; Wegweiser 1861: 22): Bei der Eingangstür befand sich die leinene Amtstasche eines Rothenburger Gerichtsboten (StR29), ein Präsent vom Museumsvorstand Freiherr Karl Roth von Schreckenstein. Im Uhrzeigersinn folgte die stachelbewehrte Cadolzburger Folterwiege – laut Wegweiser auch wegen des Gebrauchs beim ‚Wippen‘ in der Hexenverfolgung mit den Strafmasken das interessanteste Exponat (vgl. Wegweiser 1861: 24; Knapp 1907b: 527f.). Gegenüber dem Eingang zeigte die Rückwand des Saales eine breite Palette an

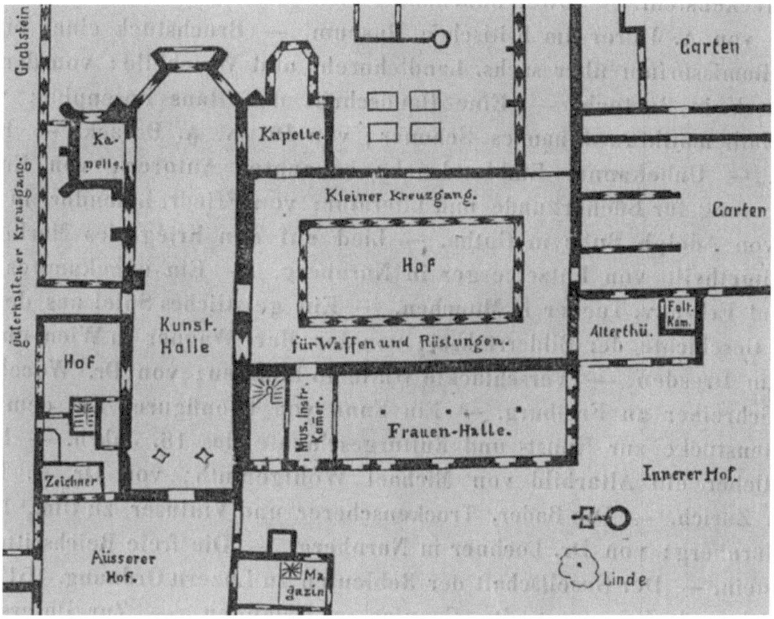

Abb. 60: Detail des Grundrisses der Kartause
mit erstmaliger Erwähnung der ‚Folterkammer', 1860

Objekten; Hand- und Fußschellen, Bein- und Daumenschrauben, Strafmasken, die Pechpfanne, Rollhölzer (neben StR5 auch der gespickte Hase), das Häschereisen, die Zange und das Steingewicht. Die Ausstellung schloss mit den Schandgeigen, dem Richtschwert, Blöcken und der Folterbank ab. 1871 weitete sich dieses Arrangement in geringfügig veränderter Form auf das gesamte Antiquarium aus, das kurz darauf mit dem Kreuzgangsflügel des Augustinerbaus über eine Treppe verbunden wurde.[149]

Nach einem Artikel Eyes zur Alten Gerichtsbarkeit im Anzeiger sollte die Inszenierung den „Gang[] des alten Rechtsverfahrens selbst" (Eye 1871: 330) bzw. „den Verlauf des gerichtlichen Verfahrens" (Eye 1871: 331) mittels authentischer Objekte abbilden. Reihum spiegelten

149 Vorläufig teilten sich die Folter- und Strafgeräte den Saal mit Zunftobjekten und ab 1872 mit Handfeuerwaffen, bis diese in den neuen Standesherrensaal gebracht wurden (vgl. Jahresbericht für 1871: 1; Wegweiser 1872: 17).

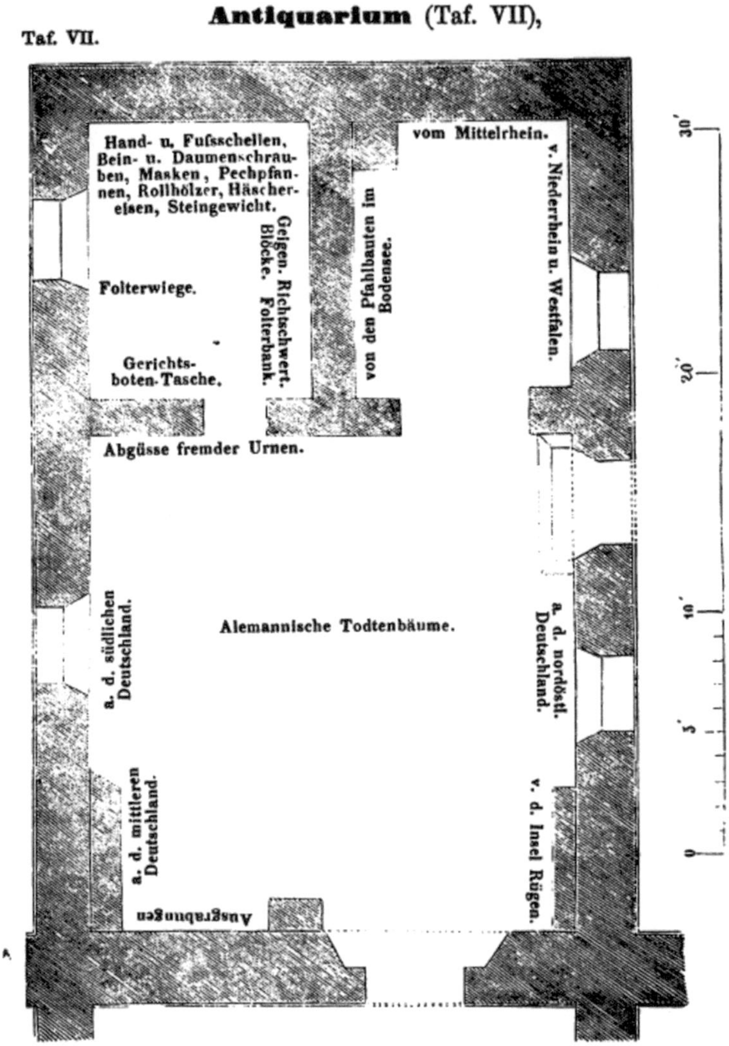

Abb. 61: Übersicht des Antiquariums, 1861

diese den Besuchenden die aufeinanderfolgenden Rechtsakte: Nach dem Vergehen, aber vor dem eigentlichen Prozessakt musste der potenzielle Straftäter zunächst ergriffen werden. Daher stand als exekutiver Akt zuvorderst die Festsetzung des Verdächtigen. Mit dem Fangeisen ließ sich ein Verdächtiger gewaltsam festhalten und vom Fluchtversuch physisch abschrecken. Wollte er sich befreien, so wurde durch die Konstruktion des Stachelrings automatisch die zu erwartende Strafe am Hals vollstreckt, was Eye lapidar auf die „urgermanische Neigung, für jeden Unterdrückten Partei zu nehmen" (Eye 1871: 331) zurückführte. Auch an dieser Stelle leitete man den Nutzen des Geräts aus der vorchristlichen Zeit ab. Die nächste Rechtshandlung, die gerichtlichen Beschlüsse und Weisungen, wurde anhand der Aktentasche des Amtsboten dargestellt. Anschließend veranschaulichte ein reichhaltiges Folterinstrumentarium das peinliche Verhör zur Erzwingung eines Geständnisses. Hierunter fielen die meisten Exponate: Daumen- und Beinschrauben, die Folterbank und die Rollhölzer, der Pechtiegel, das halbkugelförmige Steingewicht, die Stachelwiege und die eiserne, den Kopf umschließende Knebelmaske. Letztere sollte den Gefolterten in eine Gemütslage zwingen, in der er gestehen würde. Als finalen Rechtsakt zeigten die Strafwerkzeuge in variierenden Graden die Bestrafung an: Der Block für Hände und Füße, die Schandgeigen und die Strafmasken repräsentierten die ehrverletzenden und leichteren körperlichen Strafen (vgl. Furrer 1981: 127). Als Utensilien der Kerkerhaft fungierten ein Vorhängeschloss, mehrere kleinere Blöcke sowie die Hand- und Fußschellen. Den Abschluss bildeten die Vertreter schwerer Strafgrade: Das Brandmarken wurde am Brandeisen in Erinnerung gerufen, die Todesstrafe durch das Richtschwert, die Zange stand für die Verstümmelung vor der Hinrichtung. Andere Exekutionsarten, wie Ertränken, Vierteilen und Pfählen, blieben unerwähnt, da sie sich durch Gegenstände nicht oder – wegen deren Vernichtung – nicht mehr repräsentieren ließen (vgl. Eye 1871: 330–336).[150]

Insgesamt leistete die Ausstellung eine Darstellung der exekutiven und judikativen Stationen vom Ergreifen des Delinquenten bis zu seiner Bestrafung. Statt Schaulust zu erwecken, wurden die Exponate mit ihren juristischen Zwecken zusammengeführt, die sich im Dispositiv der Strafgerichtsbarkeit ausdifferenziert hatten. Durch die so entstandene Form wurde wiederum das Medium erkenn- und verstehbar (vgl. Luhmann 2015: 168). Denn sie wies jedem Exponat einen klar festgelegten Platz zu, um die frühere Rechtspraxis an einer Abfolge von Akten sichtbar zu machen. Doch nicht nur dadurch hob sie sich von der

150 Eye nannte Galgen und Rad als noch fehlende Objekte. Diese Lücke wurde nach seiner Amtszeit durch ein Richtrad und ansatzweise durch eine Guillotine geschlossen. Das Pfählen behandelte lediglich ein kurzer Artikel im Anzeiger (vgl. Blaas 1883: 88).

sensationalistischen Form ab. Wie Eye befand, beruhte ihr Alleinstellungsmerkmal auf der wissenschaftlichen Redlichkeit des Inhalts ebenso wie auf der Originalität der Objekte – gerade im Lichte der „Liebhaberei“ (Eye 1871: 329) von Folter- und Strafgeräten:

> Folter- und Strafwerkzeuge bilden heutzutage einen Hauptgegenstand des Sammlungseifers, und da der Vorrath wirklich alter nicht ausreicht, fabriciert man neue – was zur Warnung für unkundige Besucher solcher Sammlungen hier bemerkt werden möge – […] und bürdet unsern Altvordern, die sich nicht mehr rechtfertigen können, Ungeheuerlichkeiten auf, daß es wirklich Aufgabe der Wissenschaft wird, diese Thatsache einmal zu constatieren, umsomehr, da solche größten Theils aus unechten Stücken zusammengesetzte Sammlungen wiederholt in unserer Unterhaltungsliteratur Beschreibungen gefunden haben, als hätte man nur mit alten Originalen zu thun. (Eye 1871: 329)[151]

Eye verweist auf drei bereits ausgeführte Entwicklungen: das Sammeln von Folter- und Strafgeräten, die Anfertigung von Falsifikaten und die verzerrende Darstellung der Objekte in der zeitgenössischen Literatur. Demgegenüber versicherte das GNM, dass die Alte Gerichtsbarkeit nur aus wissenschaftlichem Interesse und redlichen Absichten entstanden sei. Dies gelang in erster Linie durch die Cadolzburger Leihgabe. So bestehe die Sammlung „nur aus nachweislich echten Stücken, die meist aus den Gerichtsstätten der alten Burggrafen von Nürnberg zu Cadolzburg und aus dem Rathhause einer ehemaligen Reichsstadt stammen“ (Eye 1871: 329). Auch der Wegweiser führte mit Verweis auf die Cadolzburg an, dass die „kleine Sammlung des germanischen Museums […] nur Echtes enthält“ (Wegweiser 1865: 30). Im gleichen Jahr wie Eyes Artikel im Anzeiger schrieb ein Autor mit dem Kürzel „v.E.“ (Anonymus 1871: 623) in der *Gartenlaube* über die Cadolzburg:

> Von einem dunklen Thorgang aus und über eine niedrige Steintreppe gelangt man in die unterirdischen Räume des Schlosses […]. Eine genaue Untersuchung innerhalb der kleinen und dunklen Räume des linken Schloßflügels aber ergiebt bald, daß hier Schloßcapelle, Küche und Gerichtsstube in traulicher Nähe beisammenlagen. […] In Bezug auf die Gerichtsstube sei bemerkt, daß die zu deren ehemaligem

151 Teile dieser Formulierung hatte Eye in leicht veränderter Wortwahl aus einem früheren Aufsatz übernommen (vgl. Eye 1867: 206).

> Inventar gehörigen Folter- und Strafwerkzeuge gegenwärtig im Germanischen Museum zu Nürnberg aufbewahrt werden und den Kern einer Sammlung von echten Denkmälern dieses Gebietes bilden, welche die Aufgabe hat, gegenüber vielen dem Publicum gebotenen Fälschungen die Wissenschaft von dieser Seite zu unterstützen. (Anonymus 1871: 622)

Autorenkürzel, Sprachstil und Inhalt legen Eye als Verfasser des Aufsatzes nahe, der die Sammlungsvision des GNM mit einer Kritik am Zeitgeist verwob. Während Folter- und Strafgeräte zunehmend in ökonomisch-touristischen Kontexten erschienen, suchte sich das Museum von fachlich unsauberen Exponierungen zu distanzieren.[152] Es wollte die Potenziale und Deutungsmöglichkeiten des Mediums, die andernorts formal ausgelotet wurden, auf eine geschichtliche Dimension beschränken, die es in eine Beziehung zu historisch geltenden Praktiken setzte. Zu diesem Zweck verwies der Wegweiser auf Handschriften wie alte Malefiz- und Henkertagebücher in der Museumsbibliothek (vgl. Wegweiser 1868: 70). Die Exponate sollten eng mit der früheren Gerichtsbarkeit verschränkt werden, wo sie einem spezifischen Zweck gedient hatten, den sie nun ausstellten. Wie in der waffenkundlichen Form wurden sie auf ihre historische Funktion begrenzt. Im Gegenzug sollten die Konnotationen, welche das Strafgerichtsbarkeitsdispositiv aufrief, anders als beim Turnier und der Jagd entfallen. Demgegenüber wollte die sensationalistische Form den Exponaten einen Grad an Vagheit belassen, um das über deren frühere Verwendungsweise unkundige Publikum zu affizieren. Dass die Unsicherheit über Folter- und Strafgeräte eher die Norm als die Ausnahme darstellte, deutete der zuständige Konservator am BNM an. Er empfahl erklärende Abbildungen der Geräte im Stile Essenweins – „aus der häufigen Beobachtung heraus, daß aus der bloßen Beschreibung des Gegenstandes seine Verwendung nicht immer erkannt werden kann“ (Schmid 1908: 1). Auch am GNM ist ab den 1930er Jahren die Photographie einer Frau, wohl einer Mitarbeiterin, mit einer um Hals und Hände gelegten Schandgeige

152 Diesbezüglich wurde das GNM zum Vorbild für Häuser wie das Museum für Lübeckische Kunst und Kulturgeschichte. Dessen Direktor Theodor Hach hatte am GNM gearbeitet und verfolgte um 1900 in Lübeck eine ähnliche Ausstellungsstrategie für die historischen Rechtsgeräte (vgl. Hach 1903).

Abb. 62: Frau mit angelegter Schandgeige, 1930/1965

belegt (Abb. 62). Ungewöhnlich ist diese Ausnahme deshalb, weil die Sammlungsphotographien üblicherweise nur das Objekt zeigen, ganz gleich, wie skurril dieses auch wirken mag. Offenbar war es dem Museum ein Anliegen, keine falschen Rückschlüsse über die Exponate entstehen zu lassen, indem es deren ‚korrekten' Gebrauch demonstrierte. Kurzum wollte das GNM die *capacities* seiner Exponate beschränken, wohingegen die sensationalistische Form die Vieldeutigkeit ausnutzte. In beiden Fällen determinierte die Form die Bedeutung der Exponate; „the whole promoting the exercise of some of its parts' capacities, while inhibiting others" (DeLanda 2016: 83). Außerhalb des Museums war die Kopplung der Elemente loser – denn im *dark tourism* und in der Schwarzen Romantik ließ die Form das Medium im übertragenen Sinne zirkulieren, um dem Publikum Deutungsfreiheit zu gewähren (vgl. Luhmann 2018: 199).

Zwar sind keine detaillierten Schilderungen von Besuchenden über die Alte Gerichtsbarkeit bekannt. Ob die wissenschaftliche Mission der Inszenierung dem Publikum immer erfolgreich kommuniziert wurde, ist allerdings anzuzweifeln. So schrieb Eye selbst: „‚Dem Himmel sei Dank, daß wir diese Zeiten der Barbarei und des Aberglaubens überwunden haben.' So lautet gewöhnlich der letzte Ausruf der Besucher in dieser Abtheilung der Museumssammlungen.“ (Eye 1867: 204) Wie schon bei der Zuordnung der Geräte zu den paganen Altertümern scheint sich zwischen der Vergangenheit, der „Barbarei des Mittelalters“ (Bechstein 1845: 76; vgl. Bechstein 1845: 75), und der Gegenwart ein Abgrund aufgetan zu haben, dessen Überquerung als eigentlicher Sinn und Genuss der Ausstellung betrachtet wurde. Obwohl Unwahrheiten widerlegt, Gerüchte und Anekdoten relativiert wurden, war die Begeisterung für die ‚Folterkammer‘ ähnlich motiviert wie die sensationalistische Form – auch dann noch, als Direktor Essenwein seinen szientifischen Museumsentwurf vorantrieb. Überhaupt hatten Essensweins Ideen nur geringen Einfluss. Zwar fungierten die Exponate als Typen der Rechtsakte und Strafgrade. Doch wurden sie nicht chronologisch geordnet, auch weil exakte Datierungen schwierig waren.[153]

Trotzdem diente die Ausstellung auch Fachleuten als Recherchefundus. Denn mit Verzögerung zur Waffenkunde entstand ein Forschungsdiskurs um historische Rechtsgeräte, der maßgeblich durch Karl von Amira, den Begründer der Rechtsarchäologie, angetrieben wurde. Dieser beschäftigte sich intensiv mit rechtsgeschichtlichen Realien. Hierzu hinterließ er über 100 Mappen, die gemeinsam als ‚Sammlung Amira‘ bezeichnet werden (vgl. Schmoeckel 1997: 73–80). Vier Photographien aus der Mappe ‚Richtschwerter, Richtrad, Fallbeil (Richtbeil)‘ zeigen verschiedene Richtinstrumente und ein Henkerporträt in der Ausstellung des GNM (Abb. 63).[154] Damit wurden die Exponate tatsächlich als Quelle der historischen Gerichtsbarkeit begriffen, wie es das Museum beabsichtigt hatte. Die Anlage der Form wurde von einem kleinen Teil des Publikums immerhin wie gewünscht aufgenommen.

---

153 Dabei verwundert es, dass eine Abteilung, die so sehr mit Vorurteilen und Fehlannahmen seitens des Publikums zu kämpfen hatte, nicht ebenso durch einordnende Abbildungen gestützt wurde wie zum Beispiel die Waffen.

154 Das Entstehungsdatum dieser Aufnahmen lässt sich anhand der Saalnummern und -bezeichnungen auf die 1910er oder 20er Jahre eingrenzen. Übrigens hatte Amira Material des GNM und BNM, der Fragstatt und der Kriminalistisch-Kulturhistorischen Sammlung gleichermaßen gesammelt, bei Letzterer jedoch die geringen Kenntnisse der Führungsaufsichten und die mangelhafte Katalogisierung moniert – die wissenschaftliche Ungenauigkeit erwies sich als Malus der sensationalistischen Form (vgl. Amira 1918: 3).

Abb. 63: Karl von Amira,
Richtrad in der Ausstellung der Rechtsgeräte, 1896/1923

7.4 Die sensationalistische Form. Die Kriminalistisch-Kulturhistorische Sammlung

Die Form der Alten Gerichtsbarkeit koexistierte nicht nur mit der sensationalistischen Form, sondern lässt sich als präzise Reaktion auf diese und den *dark tourism* in Nürnberg beschreiben. Denn gleichzeitig mit der GNM-Abteilung entstand wenige Kilometer entfernt eine Form, die in den folgenden Jahrzehnten zu einer städtischen Attraktion reifte, bis ihre Exponate im Zweiten Weltkrieg bei einem Bombenangriff fast vollständig verbrannten: die Kriminalistisch-Kulturhistorische Sammlung des Nürnberger Antiquars Georg F. Geuder. 1857 erhielt der gelernte Kupferstecher Geuder, angeblich „älteste[r] Kunstkenner“ (Anonymus 1897: 3) Nürnbergs und nicht mit der gleichnamigen Patrizierfamilie aus Heroldsberg verwandt, die Erlaubnis zum antiquarischen Handel mit Altertümern wie Waffen, häuslichen und kunsthandwerklichen Gegenständen.[155] Neben seiner Geschäftstätigkeit sammelte Geuder privat seit Längerem Folter- und Strafgeräte (vgl. Thiele 1971: 74–76). Als das GNM 1857 das Klostergelände bezog, stellte der Antiquar seine Altertümer im Fröschturm aus, einem östlich der Kaiserburg am Maxtor gelegenen Stadtmauerturm (Abb. 64).[156] Dort konnten die beiden Sammlungsabteilungen der ‚Folterkammer' und des ‚Heimlichen Gerichts' inklusive einer Eisernen

Abb. 64: Ferdinand Schmidt, Fröschturm am Maxtor, um 1865

155 Sein Antiquariat wurde auch vom GNM frequentiert. So verkaufte Geuder 1870 eine Reihe von Waffen an das Museum, mit dessen Direktoren Aufseß und Essenwein er freundschaftlich verbunden war (vgl. ZR 1868-1876; Stadler 2007: 467; Feist 2018: 11).

156 Bisweilen als Waffenlager genutzt, diente der Fröschturm unter anderem als Gefängnis (vgl. Mummenhoff 1899a: 275; Gürtler 2014: 2). Anders als in den bis ins 19. Jahrhundert betriebenen und anschließend öffentlich zugänglichen Lochgefängnissen war dort allerdings nie gefoltert worden (vgl. Osterhausen/Wilder 1819: 59; Knapp 1907a; Funk 1940: 93; Prechsl 2019: 37).

Jungfrau als Herzstück besichtigt werden (vgl. Schild 1998: 32). Kurz darauf galt Geuders Kollektion als eine der sehenswertesten Privatsammlungen Nürnbergs (vgl. Anonymus 1868a: 43); der Antiquar hatte mit Erfolg auf den Ruf gebaut, der historischen Rechtsgeräten seinerzeit anhaftete. Durch die Zweiteilung der Sammlung konnten Folter und Strafe ebenbürtig bespielt werden. Dabei verriet die Benennung der Abteilungen das inszenatorische Konzept: Die ‚Folterkammer' griff einen etablierten Raumtypus auf, während das ‚Heimliche Gericht' auf Hinrichtungen im Verborgenen beruhte und damit eine unsichtbare, aber umso grausamere Seite des Strafgerichtsdispositivs aufdecken sollte. Diese Betitelungen – ein untrügliches Merkmal der sensationalistischen Form – spielten geschickt mit den Erwartungen der Besuchenden.

Weil der Fröschturm mit dem Maxtor abgerissen werden sollte und der Ausstellungsbereich ohnehin nicht genügte, gelangte die ‚Folterkammer' durch einen Vertrag mit der Stadt um 1868[157] in die Burgamtmannswohnung auf der Kaiserburg. Der vorläufige Umzug zwang Geuder, „eine Unzahl verschiedenartiger Gegenstände auf begrenztem Raum unterzubringen, wodurch die Wände vom Boden bis zur Decke gefüllt werden mußten, was dem allgemeinen Eindruck nicht gerade förderlich gewesen sein kann" (Thiele 1971: 68). Im Nachhinein befand der GNM-Konservator Kurt Pilz: „Daß der Eindruck ästhetisch befriedigend war, läßt sich nicht behaupten." (Pilz 1934: 4) Eine um 1870[158] nach einer Vorlage von Johann F. Perlberg entstandene Lithographie bildet die Überfülle in der Wohnung ab (Abb. 65). Die Bildunterschrift erinnert an Eyes Abgrenzung von der sensationalistischen Form:

157 In den meisten Quellen ist das Vertragsdatum mit 1870 angegeben. Jedoch berichtete ein Stadtführer bereits zwei Jahre vorher: „Ebenfalls auf der Burg, am nördlichen Eingang rechts, befindet sich die interessante Sammlung von Marter- und Gerichtswerkzeugen (Rechtsalterthümer) des Herrn Antiquar Geuder." (Anonymus 1868a: 43)

158 Andere Quellen geben dieses Datum fälschlicherweise mit 1864 an, was aber vor dem Umzug in die Burg liegt und damit nicht zutreffen kann.

Abb. 65: J.F. Herr, Teile der Kriminalistisch-Kulturhistorischen Sammlung auf der Burg zu Nürnberg, um 1870

Möge man diese längst und rühmlichst als vollkommenste Sammlung ihrer Art bekannt durchaus nicht mit ähnlichen, aber miserabel nachgefälschten Sachen, wie solche durchaus in herumziehenden Schaubuden und anderorts existiren, verwechseln. (StadtAN A 7/II Nr. 493)[159]

159 Rückblickend überrascht der hier erhobene Anspruch, weil auch Geuders Sammlung nicht nur aus Originalen bestand. Aber weil Folter- und Strafgeräte unter dem Generalverdacht der Fälschung standen, musste die Sammlung vorausschickend jegliche Zweifel von sich weisen.

Abb. 66: Eugen Adam, Gewölbe mit Folter- und Strafinstrumenten auf der Burg, um 1870

Abb. 67: Robert Stieler,
Gewölbe mit Folter- und Strafinstrumenten, 1880/1906

Auf Perlbergs Graphik hängen die Exponate unübersichtlich an den Wänden, der Decke und der Eingangstür oder liegen verstreut auf dem Fußboden. Eine wissenschaftliche Systematik wie im GNM war dieser Anordnung nicht zu entnehmen.[160] Dafür hätten die vielen Duplikate entfernt und nur besonders typische oder ungewöhnliche Objekte

Abb. 68: Symmetrische Komposition von Folter- und Strafgeräten der Kriminalistisch-Kulturhistorischen Sammlung, um 1870

160 Ähnliche Ansichten liefern eine Zeichnung in der Graphischen Sammlung des GNM und ein Holzstich im Stadtarchiv Nürnberg (Abb. 66 und 67). Darauf ist die Kammer ebenfalls mit den Exponaten vollgestellt. Der Wölbung, der Treppe und dem Fenster nach befand sich die Kammer im Keller des Burgamtmannshauses.

gezeigt werden müssen. Zudem wurden die Bereiche Folter und Strafe weder voneinander noch untereinander sorgfältig nach Region, Land, Zeitraum oder Grad unterschieden; so lehnte das in Großbritannien zur Hinrichtung verwendete Beil nur wenige Meter von hiesigen Richtschwertern entfernt. Auch Standesunterschiede der Gerichteten, zum Beispiel bei der Todesstrafe, wurden nicht berücksichtigt. Wie ungenau die Objekte zugeordnet wurden, geht aus neun Zeichnungen von unter fragwürdigen Oberbegriffen wie „Prügelbock", „Gefängniß-Eisen" und „Fehm-Gerichts-Werkzeuge" zusammengestellten Ensembles hervor (Abb. 68). Richtschwerter wurden neben Daumen- und Beinschrauben platziert, ein Steingewicht kursierte unter der Gruppe der „Henkerswerkzeuge" und ein Halsring war bei den „Schandmasken" abgebildet. Dem Effekt der sensationalistischen Form tat dies keinen Abbruch; im Gegenteil ließ die unübersichtliche Anhäufung der Geräte dem Publikum keinen Raum, das Gesehene zu verarbeiten. Wie im Nürnberger Zeughaus wurden anekdotische Bezüge in die sensationalistische Form eingearbeitet. So besichtigten der Schriftsteller Dempwolff und die Schauspielerin Marie Seebach 1865 die Ausstellung:[161]

> Aber nicht allein Folterwerkzeuge sind in dem kleinen, dunkeln, steinernen Verließ, welches ganz und gar die Physiognomie einer Folterkammer hat, zu sehen, sondern auch eine achtungswerthe Sammlung von Richtschwertern, Richtbeilen, Hängestricken, sogar auch das interessante Rad, das einstens die schön gewachsenen Glieder des bayerischen Hiesel zerschmetterte, kann man betrachten. (Dempwolff 1865: 307)

Einmal mehr verwoben sich historische und fiktionale Aspekte, denn die Ausstellung arbeitete wie in Feistritz mit Anspielungen auf Figuren wie den Hiesel, einen in die romantische Literatur eingegangenen Räuber. Außer dem Beschriebenen stieß insbesondere eine kleine „Scharfrichterbibliothek" (Dempwolff 1865: 307) mit Halsgerichtsordnungen, öffentlichen Dekreten, Kriminal- und Rechtsliteratur auf das Interesse

---

161 Seebach war für eine Aufführung der *Maria Stuart* am Nürnberger Theater angereist. Ihrer Rolle wegen hatte sie sich mit Dempwolff über Hinrichtungen ausgetauscht, was den Besuch motiviert hatte (vgl. Dempwolff 1865: 307). Die Kriminalistisch-Kulturhistorische Sammlung kam Dempwolff dabei wenig überraschend als erste Sehenswürdigkeit in den Sinn.

der Besuchenden. Als bemerkenswerteste Stücke erwiesen sich darin alte Zellenbriefe von zum Tode Verurteilten, „besäet mit Flecken, die nicht Tintenflecken waren, sondern von Thränen herrührten, die längst vertrocknet, doch noch ihre Spuren zurückgelassen haben“ (Dempwolff 1865: 307). Wie zuvor das Blut, waren es hier die Tränen, welche die Authentizität der Exponate verbürgen und die Besuchenden affektieren sollten. Gleichzeitig wurde die emotionale Bandbreite der sensationalistischen Form komplettiert: Nach unbehaglichen Schauern und Ekel wurde dem Publikum nahegelegt, Mitleid für die Verurteilten zu empfinden. Durch die Tränen wurde deren Körper präsent, weil das Weinen Spuren auf den Briefen hinterlassen hatte. Dadurch entstand ein Kontrast zwischen den menschlichen Regungen der Verurteilten und den unpersönlichen, abscheulichen Instrumenten.

Dass die inszenatorischen Kniffe der sensationalistischen Form nicht immer als solche entlarvt wurden, beweist eine 1870 erschienene Publikation mit dem Titel *Die Foltergewölbe und Hochgerichte der Vorzeit* (vgl. Anonymus 1870). Diese behandelte historische Rechtspraktiken wie Foltergrade, Leibes- und Todesstrafen gleichermaßen an den Stücken der Alten Gerichtsbarkeit und der Kriminalistisch-Kulturhistorischen Sammlung.[162] Entgegen der Absicht Eyes wurde das GNM also mit den einschlägigeren Ausstellungen vermengt. Jegliche Sachkenntnis fehlte allerdings, wenn die Geräte mit mangelhafter Erziehung, Unbildung, Rachsucht und Aberglauben begründet wurden (vgl. Anonymus 1870: 3–5). Das theoretische und historische Verhältnis der beiden Formen zeigte sich am besten an Geuders Eiserner Jungfrau, die vom unbekannten Autor als „Strafmaschine“ (Anonymus 1870: 24) fehlgedeutet wurde. Sie kann dabei als einzigartige Assemblage innerhalb der sensationalistischen Form verstanden werden.

162 Diese Monographie wurde ein knappes Jahrhundert später mit Perlbergs Ansicht neu aufgelegt (vgl. Pawlas 1963). Auch im 20. Jahrhundert zog Wilhelm Funk Exponate beider Sammlungen als Beispiele historischer Rechtspraxis heran, wobei diesmal die fragwürdige Provenienz der Kriminalistisch-Kulturhistorischen Sammlung konstatiert wurde (vgl. Funk 1938: 96–99; Funk 1940: 93f.).

7.4.1 Die Eiserne Jungfrau

Obwohl die Eiserne Jungfrau aus einem Schandmantel als Korpus und französischen Bajonettspitzen, also originalen Zutaten, konstruiert wurde, ergab die Assemblierung ihrer Komponenten eine doppelte Fälschung.[163] Denn zum einen gab es Eiserne Jungfrauen als Folter- oder Strafgerät weder im Mittelalter noch in der Frühen Neuzeit, auch wenn dies noch immer beteuert wird (vgl. Villeneuve 1988: 229). Zum anderen beraubte die Assemblage die Komponenten ihrer ursprünglichen Funktion, da die *parts* – Mantel und Spitzen – gemeinsam zu einem Exekutions- oder Folterinstrument gerieten, das sie einzeln nie gewesen waren. Darüber hinaus wurden sie in der sensationalistischen Form nicht mehr als *part* identifiziert, da ihre eigentliche Bestimmung verschwiegen wurde. Damit war die Nürnberger Eiserne Jungfrau zwar das Symptom der sensationalistischen Form.[164] Doch im Gegensatz zu den Feldwaffen, Turnierzeugen und Jagdgeräten, die tatsächlich aus historischen Dispositiven hervorgegangen waren, wurde sie der Strafgerichtsbarkeit fälschlicherweise zugeschrieben. Im 20. Jahrhundert vom Leiter der städtischen Kunstsammlungen und ehemaligen GNM-Konservator Schulz zu einer der „größten Berühmtheiten der Welt" (Schulz 1932: 5) erklärt, war die Eiserne Jungfrau jedoch nicht nur die rentable Attraktion eines erfinderischen Antiquars. Vielmehr exemplifizierte sie, wie Sagen und Gerüchte einem Exponat im Verbund mit dem Ausstellungsort eine Quasi-Authentizität verleihen konnten. So zitierte der Rechtsprofessor Johann C. Siebenkees in seinen *Materialien zur Nürnbergischen Geschichte* aus einer Chronik:

> ‚A. 1533. ist die eiserne Jungfer für die Maleficanten an der Fröschthurm Mauer gegen den 7 Zeilen aufgerichtet worden, so man öffentlich zu iustificiren angestanden, und das heißt man die armen Sünder nach Fischen schicken, denn darinnen ein eisern Bildnis 7 Schuh hoch, welches beede Arm gegen den Malefikanten ausbreitet.

---

163 Im Folgenden geht es vor allem um das Diskursfeld, das um die Eiserne Jungfrau herum emergierte. Untersuchungen der Jungfrau selbst, ihrer Bestandteile und Provenienz wurden bereits an anderer Stelle geleistet (vgl. Mummenhoff 1931; Schulz 1932; Schild 1998).

164 Nach den beiden Exemplaren in Nürnberg und Feistritz wurden weitere Jungfrauen auch in Schwerin (vgl. Lisch 1841), Berlin (vgl. Rabe 1847), Würzburg (vgl. Niedermayer 1864: 336f.), London, Wien (vgl. Körnig 1906) und Georgenthal (vgl. Baethcke 1907) ausfindig gemacht (vgl. Maisel 1992: 144f.; Zagolla 2006: 119).

> So bald der Henker den Tritt davon berührt, so haut es mit breiten Hand-Säbeln ihn zu kleinen Stücken, welche Stück die Fisch in verborgenen Wassern verschlucken.‘ (Siebenkees 1792: 753)

Zwar schickte Siebenkees beschwichtigend hinterher, er hätte noch nie von einem derartigen Gerät gelesen: „Sollte vielleicht die ganze Sache eine Legende seyn?“ (Siebenkees 1792: 753) Aber spätere Nürnberger Autoren überprüften das Gerücht vom heimlichen Gericht im Fröschturm nicht immer auf seine Glaubwürdigkeit.[165] Der englische Rechtsanwalt Robert L. Pearsall suchte auf Siebenkees’ Notiz hin 1832 in Nürnberg nach der Eisernen Jungfrau – nicht ohne den Spott der Zeitgenossen:

> Lange kriecht er in allen Kellern und unterirdischen Bürgergefängnissen umher – vergebens; […] keine eiserne Jungfrau erscheint, nichts findet er als ein, schauerlich genug abconterfeites Gewölbe mit wunderlichen Blöcken, Instrumenten u. dgl. (Anonymus 1839: 319)[166]

Obwohl Pearsall bei seiner ‚Jungfernfahrt‘ erst in Österreich – auf Joseph von Dietrichs Burg Feistritz[167] – fündig wurde, entfachte er bis in den ersten Anzeiger hinein eine Neugier an der Eisernen Jungfrau, wo die Nürnberger Herkunft des von Dietrich „aus der linken Hand“ (E. 1834: 70) erstandenen Exponats betont wurde.[168] Die Sage um die

---

165 Christian C. Nopitsch und Johann F. Roth zitierten das Gerücht unbefangen, während Friedrich W. Ghillany auf klandestine Hinrichtungen im Fröschturm verwies (vgl. Nopitsch 1801: 45f.; Roth 1812: 208; Roth 1813: 10; Ghillany 1868: 103f.). Dagegen verorteten Heinrich Pfister und Ernst Mummenhoff das Gerücht im Bereich des Sagenhaften (vgl. Pfister 1833: 58; Mummenhoff 1899a).

166 Seinem Reisebericht nach besichtigte Pearsall nicht den „Frosch-Thurm“ (Pearsall 1838: 238), sondern das sogenannte Bannerhaus, das wieder anderen Gerüchten zufolge die Jungfrau beherbergt hatte (vgl. Niedermayer 1864: 336f.). Dort vermutete er in einer Kammer den tatsächlichen Standort: „It was here that the Virgin received her prey.“ (Pearsall 1838: 241)

167 Dort hatte Dietrich seiner Eisernen Jungfrau im Burgverlies eine Verhörstube eingerichtet (vgl. Krickel 1846: 573) (s. Kap. 5.2.6). Die Besuchenden nahmen an, dass es sich bei ihr um die Jungfrau aus dem Fröschturm handelte (vgl. Puff 1845: 539; Leber 1856: 59–61).

168 Das Interesse an der Eisernen Jungfrau trieb Blüten wie im *Nordböhmischen Gebirgsboten*, wo ein Feuilletonist Pearsalls Suche mit einer Schauergeschichte der als ‚Blutgräfin‘ bekannten ungarischen Gräfin Elisabeth Báthory verband (vgl.

Eiserne Jungfrau blieb auch Geuder nicht verborgen, der ihr Potenzial als einträgliches Ausstellungsstück witterte (vgl. Pilz 1934: 3). Wie Dietrich seine Eiserne Jungfrau hatte auch Geuder den Schandmantel bereits in der ersten Jahrhunderthälfte erworben, allerdings nicht in Nürnberg, sondern wohl um 1820 in Eisenstadt (vgl. Schulz 1932: 33–35; Schild 1998: 36). Um 1857 ließ er von einem Nürnberger Schlosser nach dem Vorbild von Dietrichs Jungfrau sein eigenes Exemplar herstellen, das deshalb zeitweilig für das Feistritzer gehalten wurde (vgl. StadtAN A 25 Nr. 546/2; Anonymus 1862: 678; Baethcke 1907: 3; Schild 1998: 34).

Doch Geuder ließ sein Exponat nicht nur assemblieren – er brachte es an den Ort aus Siebenkees' Chronik, wo es Pearsall zwei Dekaden zuvor erfolglos gesucht hatte: den Fröschturm. In einer unterirdischen Kammer konnte die Eiserne Jungfrau in Augenschein genommen werden: „Die entsetzliche Maschine befindet sich genau auf derselben Stelle, auf welcher sie ehedem ihre furchtbaren Dienste leistete." (Anonymus 1862: 679) Trotz einiger Unstimmigkeiten[169] dankte das begeisterte Publikum Geuder dafür, „ein selten gewordenes Ueberbleibsel der Nachwelt zu erhalten und es seinem ursprünglichen Standorte wiederzugeben" (Anonymus 1862: 680). Durch ihre Exponierung verschmolz die geudersche Eiserne Jungfrau mit der fiktiven aus dem Gerücht: 1863 erschien ein Bilderbogen von Friedrich Perlberg mit dem Titel *Das heimliche Gericht mit der eisernen Jungfrau zu Nürnberg 1533*, auf dem ein gefesselter Delinquent mit Augenbinde von fünf zum Teil maskierten Gestalten der Eisernen Jungfrau preisgegeben wird (Abb. 69). Siebenkees' Jahreszahl war auf dem Bilderbogen bereits zum historischen Faktum geworden, wobei sich die Darstellung der Jungfrau an Geuders Schaustück orientierte. Auf diese Weise wurde die sagenumwobene Eiserne Jungfrau im Nachhinein mit dem gefälschten Exponat in eins gesetzt. In Kontrast zu den historischen Cadolzburger Foltergeräten im GNM wurde die Evidenz durch eine

---

Anonymus 1867). Siebenkees' kolportiertes Gerücht hatte zu diesem Zeitpunkt mehr und mehr fiktionale Züge angenommen.

169 So waren die Spitzen aus einem anderen Eisen als der Überzug, die Bodenklappe und der unterirdische Kanal erschienen für die Entsorgung des Leichnams ungeeignet, und ein Besucher erkannte in der Jungfrau „kein Tödtungs-, sondern nur ein Peinigungswerkzeug" (Anonymus 1862: 679).

Abb. 69: Friedrich Perlberg,
Heimliches Gericht mit Eiserner Jungfrau zu Nürnberg, 1863

authentisierende Methode erzeugt, indem die Existenz der Jungfrau durch „typische Erzählmuster und Narrative, Zeitzeugenberichte, Traditionen, Rituale und Aufführungen“ (Sabrow/Saupe 2022: 11) zertifiziert wurde (s. Kap. 2.1.5). Damit stand sie quer zur Authentizität der Cadolzburger Foltergeräte, die durch deren Provenienz beweisbar war.

Wieder einmal erwies sich die Literatur als das Feld, auf dem solche authentisierenden Muster angelegt und verbreitet wurden. So finden sich deutliche literarische Verweise auf die Jungfrau in Bram Stokers 1893 erschienener Schauergeschichte *The Squaw*. Darin erkundet der britische Erzähler auf Hochzeitsreise mit seiner Frau und einem amerikanischen Reisenden den „Torture Tower, which was, and is, perhaps, the most interesting place in the city“ (Stoker 1914: 46f.).[170] Das eigentliche Ziel ihres Besuchs ist die Eiserne Jungfrau, eine jahr-

170 Deutschland als Handlungsort war für britische und irische Schauergeschichten ein typischer Topos, galt es im Vergleich mit dem United Kingdom doch als vorindustriell und rückständig. Dabei stellte oftmals Nürnberg den Prototyp einer mittelalterlichen Stadt dar.

hundertealte „instance of the horrors of cruelty of which man is capable“ (Stoker 1914: 47). Nicht nur machte Stoker die Eiserne Jungfrau zur Grundlage seiner Geschichte, er zog in seiner Erzählung eine direkte Linie von den älteren Sagen zum Fünfeckigen Turm. Durch die Einflechtung historischer Tatsachen stellte er Fakt und Fiktion auf dieselbe Stufe (vgl. Stoker 1914: 53). Im Verlauf der kurzen Erzählung steigen die drei Figuren in das zweite Turmgeschoss auf:

> Round the chamber, placed in all sorts of irregular ways, were many implements of torture which made one's heart ache to see – chairs full of spikes which gave instant and excruciating pain; chairs and couches with dull knobs whose torture was seemingly less, but which, though slower, were equally efficacious; racks, belts, boots, gloves, collars, all made for compressing at will; steel baskets in which the head could be slowly crushed into a pulp if necessary; watchmen's hooks with long handle and knife that cut at resistance – this a specialty of the old Nurnberg police system; and many, many other devices for man's injury to man. (Stoker 1914: 54f.)

Aus der Vorstellung der einzelnen Exponate geht hervor, wie gut Stoker mit Geuders Ausstellung vertraut war. Nach der Form der Gruselgeschichte kommt es unweigerlich zum Unglück: Die Erzählung endet mit der Erschlagung einer Katze, welche die Eiserne Jungfrau mit tödlicher Folge in Gang gesetzt hatte, durch ein Richtschwert (vgl. Stoker 1914: 62) – ebenfalls eine Umfunktionierung des Strafgeräts, bei dem die unsichtbare Grenze zwischen dem Publikum und der Musealie übertreten wird. Hier entspringt die makabre Komik der Aktualisierung der aus zeitgenössischer Sicht so skurril anmutenden Instrumente, indem die Katze für ihr Vergehen durch das Schwert bestraft wird. Das Ausstellungsprinzip durchschauend, vermischt die Erzählung tatsächliche Gegebenheiten mit sagenhaften Einsprengseln. Die schillernde Darstellung der so grausamen wie grotesken Exponate persifliert dabei die sensationalistische Form und die zeitgenössische Ausstellungskultur. So erwähnt der Erzähler in ironischem Tonfall, dass sein späterer Sohn ein Geburtsmal davontrug, weil die schwangere Mutter durch die Eiserne Jungfrau erschreckt worden war (vgl. Stoker 1914: 56).

Die neue städtische Sehenswürdigkeit blieb auch dem GNM nicht verborgen, das auf das konkurrierende Exponat spöttisch reagierte. Eye überführte die Jungfrau anhand der Halskrause sogleich als Falsifikat:

> […] der Umstand, daß eine angeblich vor kurzem wieder aufgefundene ‚eiserne Jungfrau' mit der Kröse, wie sie gegen Ausgang des 16. Jahrhunderts in die Mode trat, angethan erscheint, bezeugt allein hinreichend, daß diese Figur zu einer der vielen gegenwärtig den Alterthumsmarkt bereichernden Fälschungen gehört. (Eye 1867: 206)

Später kritisierten vom GNM auch Essenwein, Bösch und Pilz Geuders Eiserne Jungfrau (vgl. StadtAN A 25 Nr. 546/129; Gärtner 1925: 50; Pilz 1934: 3, 22–24). Damit stimmte das Museum in den Chor einiger Nürnberger Altertumskundler ein, welche die Eisernen Jungfrauen als Fälschungen und Attrappen zu entlarven versuchten. Neben Schulz und Sieghardt waren das Ernst Mummenhoff, Hermann Knapp und Georg Gärtner (vgl. StadtAN A 25 Nr. 546 / 129; Knapp 1907a: 32f.; Gärtner 1925: 50; Schulz 1932). Sie alle versuchten, die authentisierenden Strategien um die Jungfrau aufzudecken und dadurch das Konstrukt ihrer Authentizität einzureißen – vergeblich, gemessen am Erfolg des Stücks. Denn die Unterstellung einer Fälschung von der wissenschaftlichen Warte aus, um dem Exponat die Authentizität abzusprechen (vgl. Eser 2022: 152), reichte nicht so weit wie die Diskurslinien des *dark tourism*. Dabei bot sich dem GNM 1889 mit dem Erwerb der Sulkowskischen Sammlung selbst die Möglichkeit, die Eiserne Jungfrau aus dem Feistritzer ‚Verhörzimmer' günstig zu erstehen. Doch Essenwein stellte im Anzeiger unmissverständlich fest:

> Aber auch der Hinweis darauf, daß sich in der Sammlung so mancherlei kuriose Geschichten finden, berührt uns nicht. Wir haben nur einen Teil der Sammlung gekauft, den beide Teile auf seinen Wert gründlich geprüft haben. Unter diesem befindet sich aber weder das Vehmgericht mit den vermummten Schöffen, noch die eiserne Jungfrau […]. Wenn also nicht die Schloßverwaltung in Feistritz es für nötig hält, künftig dem Publikum den Anblick der Curiosa zu entziehen, so können die Besucher des Schlosses nach wie vor ihr Gruseln ebenso empfinden, wenn sie sehen, daß beim Vehmgerichte der zu Verurteilende, aus dem unteren Gemache emporgewunden, gerade seinen Kopf durch die Mitte der Tischplatte erhebt, um welche die Richter sitzen, als wenn sie ihn der eisernen Jungfrau zum Opfer werden sehen, die ja auch aus Nürnberg stammt und von Dietrich dahin gebracht worden sein soll, der sie schon ein halbes Jahrhundert vorher aufstellte und als ‚ächte Nürnberger eiserne Jungfrau' zeigte, bevor ein hiesiger findiger Geschäftsmann [Geuder; F.K.] auch die

> ‚ächte', die er in England gekauft zu haben erklärte, hierher brachte und ebenfalls hier aufstellte. Im germanischen Museum wird man sie nicht zu suchen haben. (Essenwein 1889: 221)

Man verzichtete darauf, die Eiserne Jungfrau mit wissenschaftlichen Mitteln öffentlich zu disassemblieren und dadurch der Kriminalistisch-Kulturhistorischen Sammlung einen Schlag zu versetzen. Dennoch stellte sich das Museum mit der Verwehrung gegen die Jungfrau auch gegen die sensationalistische Form und begründete diese Entscheidung mit der Affizierung des Publikums durch das „Gruseln". Die Verwendung des Konjunktivs und die Doppelung der „ächte[n]" Jungfrau zeigen die Verachtung an, die das GNM der Exponierung entgegenbrachte. Am Zitatende ist es der Verweis auf das museale Dispositiv, welcher die wissenschaftliche Form legitimierte und dadurch von der sensationalistischen Form trennte, der eine faktenbasierte Grundlage abging. Nicht zuletzt erinnert dies an die Unterscheidung der waffenkundlichen Form von der malerischen Form der Privatsammlungen, weshalb Essenwein auch Dietrich und die Feistritzer Burgverwaltung verantwortlich machte. Denn der Anspruch der waffenkundlichen wie der authentischen und wissenschaftlichen Form der Alten Gerichtsbarkeit lautete, jedes Exponat auf seinen historischen Ursprung und damit das ehemalige Dispositiv zurückzuführen, dem es entstammte und seinen Zweck verdankte. Dagegen realisierte die sensationalistische Form das mediale Potenzial zum Erlebnis der Besuchenden, ohne den geschichtlichen Kontext zu berücksichtigen, der bei der Eisernen Jungfrau ohnehin fehlte. Dies wirkte sich auch auf den Umgang mit der Gewalt aus. Über die sensationalistische Form wurde eine maßlose Gewalt ausgestellt, die den Potenzialen der Objekte entstammt haben *könnte*. Dabei wurde mit Leerstellen und falschen Bezügen gearbeitet, wodurch das Publikum selbst zur Interpretation angeregt wurde und die Lücken imaginativ auffüllte. Die Form der Alten Gerichtsbarkeit fundierte die Gewalt beim Foltern und Strafen durch juristische Zwecke wie die Wahrheitsfindung und die Herstellung von Gerechtigkeit. Dabei gab sie enge Bedeutungskorridore vor, um die Wahrscheinlichkeit von Fehldeutungen zu senken. Beiden Formen lag daher eine gegensätzliche Behandlung des Mediums zugrunde. Doch auch die Assemblage der Kriminalistisch-Kulturhistorischen Sammlung war eine andere. Denn der Henker oder Scharfrichter blieb anonym, wie es die Rede vom heimlichen Gericht und die maskierten Figuren auf Perlbergs Bilderbogen belegen. Demgegenüber wurde im GNM mit der steigenden Bekanntheit der Eisernen Jungfrau der Körper des Henkers taxiert.

7.4.2 Der Körper des Henkers

Im Museum wurde die Gewalt seit den 1880er Jahren an den Zweck des Richtens gekoppelt. Die Sammlungsgröße hatte sich in den letzten 15 Jahre auf knapp 100 Objekte verdoppelt. Um sich von der Nomenklatur der sensationalistischen Form zu lösen, wurden die Objekte fortan nüchtern als Geräte und Denkmäler der (Straf-)Rechtspflege adressiert (vgl. Essenwein 1870a: 20; Essenwein 1884b: 97; Wegweiser 1896: 130). Außer zwei Flaschenzügen zur Folter (StR35, StR36), einer Schandsäule, einem Schandstein mit Kette (StR107) und einem Strohzopf (StR64) für verschiedene Ehrenstrafen waren mit vier Richtschwertern und der Bestätigung über eine vollzogene Hinrichtung Exponate hinzugekommen, die sich auf Exekutionen bezogen (vgl. Jahresbericht für 1890: 3). Eine Tafel am Schandpfahl mit der Aufschrift „Wegen Mord verurtheilt zur Todesstrafe / begnadigt zur Kettenstrafe“ zeigte die Nivellierung unter den körperlichen Strafen an und erwähnte ebenfalls die Richtung. Zudem gelangten die beiden Teile eines Richterstabs in die Sammlung, der 1879 über einem Mörder gebrochen worden war (StR62) (vgl. Anonymus 1879: 10). Mit diesen Objekten wurde ein neuer Körpertyp aufseiten der Anwendung der Geräte eingeführt: die Figur des Henkers. Die Richtschwerter, die dem Augsburger Scharfrichter Johann M. Widmann[171] erteilte Bestätigung und der zerbrochene Stab indizierten das Todesurteil. 1891 wurde die Sammlung dann um das Bildnis des Scharfrichters Andreas Bürkh (Gm765) bereichert. Bei den Richtschwertern zeigte es an der Südwand des Schausaales als eines der ältesten Henkerporträts das Mitglied einer Scharfrichterfamilie aus Schwäbisch-Hall. Es hing direkt über den Richtschwertern und der Schandsäule, sodass der porträtierte Bürkh auf einen weiteren Neuzugang – eine Guillotine (StR94) – zu blicken schien (Abb. 70). Statt aber Bürkhs Streben nach gesellschaftlicher Achtung seines Berufsstandes zu thematisieren (vgl. Tacke 1995: 321f.),

171 Dem Zugangsregister nach hatten die beiden Flaschenzüge ebenfalls Widmann gehört (vgl. ZR 1884/8855).

Abb. 70: Guillotine, Bildnis des Andreas Bürkh, Schandstein und Richtschwerter, um 1900

repräsentierte das Gemälde in der Ausstellung den Körper des Henkers. Augenfällig wurde dies durch Bürkhs Pose, der auf dem Bildnis mit der rechten Hand das Richtschwert erhebt. Zugleich fungierte der Henker als Gegengewicht zur Guillotine: Das Fallbeil gegenüber dem Bildnis war aus dem Archivgebäude von Dillenburg, wo es bis 1813 durch ein französisches Justiztribunal in Benutzung gewesen war, ans GNM gelangt (vgl. Peters 2003: 6). Indem den alten Rechtsgeräten ein junges an die Seite gestellt wurde, sollte ein lehrhafter Überblick geliefert werden. Wie beim blutbefleckten Rollholz wurde auf die Abnutzungsspuren auf dem Fallbeil hingewiesen, um die häufige Benutzung zu bekunden. Als Symbol einer nachaufklärerischen Gerichtsbarkeit bildete die Guillotine einen Kontrapunkt zu den übrigen Exponaten, insbesondere dem Henkerporträt und den Richtschwertern. Hatten diese dem Adel einen raschen Tod gewährt, so egalisierte das Fallbeil das Richten, zugleich aber die Gewalt. Denn durch das „mechanisierte[] Töten" wurden die Exekutierten „austauschbar, der individuelle Schmerz wurde versachlicht" (Peters 2003: 7; vgl. Van Dülmen 1984: 224). Während die ältere Gerichtsbarkeit durch den Körper des Henkers – mitunter kontrovers (vgl. Van Dülmen 1984: 216–218) – in Kraft trat, wurde der Scharfrichter später durch das Richtgerät selbst, das Fallbeil, ersetzt. Die Ausstellung zeigte diese Veränderung an und kontextualisierte dadurch die älteren Exponate, deren Anwendung nun auch rechtspraktische Illustrationen zeigten. Eine davon ist auf einer 1906 veröffentlichten Photographie beim Treppenaufgang hinter der Guillotine zu erkennen (Abb. 71). Das fast bis an die Kreuzrippe reichende Fallbeil teilt die vom Kreuzgang her angefertigte Aufnahme in zwei Hälften. In der linken Bildhälfte befinden sich in sorgfältiger Hängung verschiedene Rechtsutensilien an der Wand – Häschereisen, Schandgeigen und -masken, eine Folterzange, Fesseln – sowie unter ihnen der Block für Hände und Füße. Demnach wurde eine ungefähre Trennung der Strafverfolgung und -vollstreckung eingehalten. Die freie Aufstellung der Exponate erlaubte die Betrachtung aus unmittelbarer Nähe, führte jedoch 1894 zum Diebstahl der ledernen Peitsche, wie das Inventarbuch der Alten Gerichtsbarkeit verrät.[172] Während die übrige

---

172 Nach Reinhard Schmitt wurden in den 1930er Jahren Folterwerkzeuge des Kaiser-Friedrich-Museums in Magdeburg – des heutigen Kulturhistorischen Museums Magdeburg – dem GNM übertragen (vgl. Schmitt 2002: 103, 197; Burger 2005: 172). Diese Werkzeuge waren vor 1912 im sogenannten Marterturm der Burg Querfurt aufbewahrt und zeitweise zur Folter gebraucht worden (vgl. Jaeckel 1912; Jaeckel 1939: 18). Hinweise auf ihr Museumsdasein finden sich jedoch weder in den Akten beider Museen noch in den Wegweisern und Führern (vgl. Volbehr 1910; Volbehr 1913). Tatsächlich ließ sich der zuvor am GNM tätige Museumsgründer Theodor Volbehr vom Nürnberger Museum inspirieren (vgl. Kärgling 2006: 106; Schöne 2006: 85), aber die Foltergeräte sind in keinem der beiden Häu-

Abb. 71: Ausstellung der Rechtsgeräte
mit Illustration hinter der Guillotine, 1906

Ausstellung nur in Einzelheiten variierte, verwies die Form mit dem Fallbeil auf den Übergang von der Alten Gerichtsbarkeit zur *neuen*. Zugleich etablierten die Richtobjekte nach dem Delinquenten mit dem Henker einen weiteren Typus. Die letzte große Modifizierung der Form ergab sich nur kurze Zeit nach diesen Neuzugängen.

7.4.3 Die Gruppe der Leibzeichen

1892 untersuchte ein Ansbacher Bezirksarzt namens Rüdel eine kleine Holzkiste mit der Aufschrift „Leibzeichen" in der Registratur des Magistrates Scheinfeld zwischen Würzburg und Nürnberg. Jedes der insgesamt 15 Stücke – „theils abgeschnittene und getrocknete Fingerglieder, theils kleine Stücke der Kleidung der Verstorbenen" (Rüdel 1892:

ser nachweisbar. Ich danke dem Kulturhistorischen Museum Magdeburg und Matthias Nuding für die freundliche Auskunft.

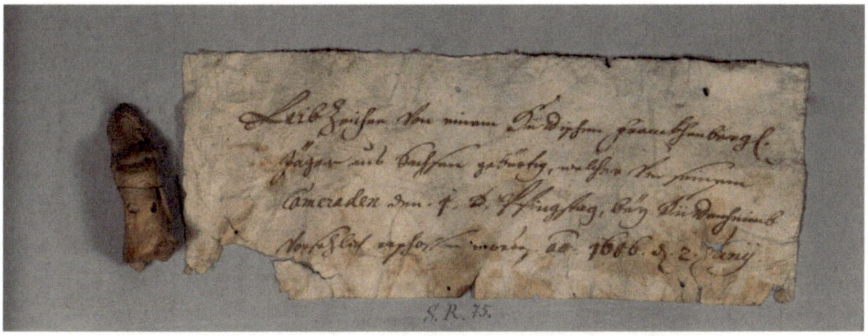

Abb. 72: Daumen eines 1686 von seinen Kameraden erschossenen Jägers mit Todesnotiz, 21. Jahrhundert

81) – war in ein Stück Papier mit einer amtlichen Notiz über den Toten, dem Finger oder Kleidung gehört hatten, eingewickelt (Abb. 72). Rüdel listete die Todesfälle chronologisch von 1669 bis 1731 auf und kopierte die knappen Bemerkungen zu Verbrechen wie Morden, Prügeleien mit Todesfolge sowie letalen Unfällen (vgl. Rüdel 1892: 81–83; Pieper 2012: 593–597). Vier Jahre nach Rüdels Bericht verlieh das Scheinfelder Stadtmagistrat das Kästchen mitsamt dem Inhalt an das GNM, wo es in einer Nische an der Ostwand des Schausaales platziert wurde:

> Nicht schön, aber kulturgeschichtlich merkwürdig ist eine Sammlung von Leibzeichen, ein Depot der Stadt Scheinfeld, mit welcher die Denkmäler des Staats- und Rechtslebens eine wertvolle Bereicherung erhielten. Leibzeichen sind Körperteile, meist Finger, oder Gewandstüche [sic!] von Ermordeten, welche zur Einleitung der Verfolgung des Mörders von Gerichtspersonen dem Ermordeten abgenommen und beim Gericht verwahrt wurden. (Jahresbericht für 1896: 3)

1940 zeigte eine in der bisherigen Forschung unberücksichtigte Photographie von Wilhelm Funk, zugleich die letzte der Ausstellung, als einzige die Gegenseite des Schauraumes zum Kleinen Kreuzgang hin (Abb. 73). Außer der Guillotine, der Cadolzburger Folterwiege, Hand- und Fußschellen ist an einem Fenster das Holzkästchen mit Glasdeckel zu sehen, worin die Leibzeichen aufbewahrt wurden.[173] Um keinen

173 1936 wurden die Scheinfelder Leibzeichen (StR71-StR85) um die Hand und das Hemd (StR124) einer im 16. Jahrhundert ermordeten Frau ergänzt (vgl. Jahresbe-

Voyeurismus zu bedienen, beschrieben die Wegweiser die neuen Exponate nüchtern als „Körperteile oder Kleidungsteile von Ermordeten und Todtaufgefundenen, die von Gerichts wegen den Akten beigelegt" (Wegweiser 1896: 130) und „bei der Verhandlung vorgezeigt werden

Abb. 73: Wilhelm Funk, Kästchen mit Leibzeichen links am Fenster, Guillotine und Folterwiege in der Ausstellung der Rechtsgeräte, um 1940

richt für 1936: 5; Funk 1940: 87, Tafel 59). Wahrscheinlich wurden auch diese Stücke im Kästchen ausgestellt, da abgetrennte Hände ebenfalls als Leibzeichen genutzt wurden (vgl. Heckmann 1996: 186).

mußten“ (Wegweiser 1935: 37). So führte das GNM die Leibzeichen – auch des jüngeren Alters wegen – nicht auf das mittelalterliche Bahrrecht zurück, wie dies andernorts geschah (vgl. Becker 2006: 36). Nach dem Bahrrecht hätten die Leibzeichen nicht nur den bei der (Gerichts-) Versammlung anwesenden Leichnam repräsentiert, sondern durch das Blut auch den Täter indiziert; im hochmittelalterlichen *Nibelungenlied* wurde Hagen von Tronje durch die blutende Wunde an Siegfrieds Leichnam als dessen Mörder identifiziert. Solche religiös verwurzelten Erklärungen legte das GNM beiseite. Dagegen konzentrierte sich die Ausstellung auf das Leibzeichen als Index des Toten, damit die gesetzliche Suche nach seinem Mörder aufgenommen werden konnte (vgl. Hampe 1902b: 901). Statt die Schuld des Mörders anzuzeigen, die erst im Verhandlungsverlauf bewiesen werden musste, beglaubigte das Leibzeichen das verübte Verbrechen, ohne das es nicht als sein Partikel existieren könnte, und repräsentierte als Körperteil das Opfer vor Gericht. Damit ergab sich ein neuer Körper, der vormals bei den Waffen und der Alten Gerichtsbarkeit nur indirekt vorhanden gewesen war, denn über die Leibzeichen wurde der Körper des Opfers von Gewalt in die Form eingebettet. Als Pars pro toto und durch die beigefügte Notiz standen die Leibzeichen sogar für individuelle Körper. Dabei zeigte das GNM zugleich die Ablösung des Zeichens vom Körper, denn im Laufe der Zeit genügten als Leibzeichen die Textilien des Toten (vgl. Grimm 1828: 627; Ersch/Gruber 1848: 135). Hatten blutverklumpte Hemdstücke noch die vorausgegangene Gewalttat durch die Körperflüssigkeit bezeugt, wurde der Tote mit den Stofffetzen und Kleidungsstücken nun durch sein Eigentum repräsentiert. Selten wurden auch Nachbildungen einer Hand aus Wachs oder Holz verwendet (vgl. Strombeck 1860: 186f.). Dadurch entfernten sich die Leibzeichen immer weiter vom tatsächlichen Leib des Toten. Wie die Gliedmaßen stammte das Blut auf den Textilien zwar vom Körper, war aber in Ermangelung einer Blutanalyse entindividualisiert. Wo sich ein abgetrennter Finger problemlos zuordnen ließ, gestaltete sich dies bei einem Blutfleck ungleich komplizierter. Schließlich schufen Textilien und Nachbildungen künstliche Verweise, die als Repräsentanten für den abwesenden Körper standen, aber nicht zu diesem gehört hatten, wobei die Nachbildungen noch die Gestalt der Gliedmaßen imitierten.[174] Diese Sublimierung reduzierte auch die durch abgeschnittene Körperteile unmittelbar präsente Gewalt.

Wie das Fallbeil den Henker, so substituierte das Leibzeichen das Opfer eines Verbrechens, wobei der Körper sukzessive durch das Objekt ersetzt wurde. Das museale Dispositiv glich sich dem Dispositiv der Strafgerichtsbarkeit insofern an, als die musealen Leibzeichen die Praxis der Leibzeichenentnahme, aber auch ihre Rolle im Gerichtsprozess exponierten. Dadurch wurde die juristische Dimension der Leibzeichen um eine dokumentarische Dimension ergänzt. Zugleich ergaben sich aus den beigefügten Todesnotizen neue Fluchtlinien, welche dem Anonymisierungsprozess der Leibzeichen entgegenwirkten. Da die Zettel jedoch nicht aus dem Kästchen genommen werden konnten und manchmal kaum zu entziffern waren, konnten die Besuchenden die individuellen Todesfälle schwerlich näher untersuchen. Dennoch führte die Gruppe der Leibzeichen nach dem Gefangenen, dem Gefolterten, dem Verurteilten und dem Henker das Opfer eines Delikts ein. Aber im Gegenzug zur Kriminalistisch-Kulturhistorischen Sammlung, wo das Opfer des Verbrechens fehlte, sollte dadurch weder Abscheu noch Mitleid erregt werden: Die Leibzeichen zeigten das Verbrechen an, die Foltergeräte den inquisitorischen Prozess und die Strafgeräte die Sanktionierung. Damit konnte der Kreislauf der juristisch-kulturellen Einhegung von Gewalt in der Ausstellung beobachtet werden. Die Form sicherte sich jedoch doppelt ab. Denn nicht nur traf die maßlose Gewalt des Verbrechens auf die maßvolle Gewalt des Rechtssystems, Letztere wurde überdies historisch und moralisch von der Gegenwart geschieden, weil die aufgezeigten Folter- und Richtmethoden längst abgeschafft worden waren. Als Nebeneffekt steigerten die Leibzeichen die Authentizität der Form: Zu Beginn des Kapitels wurde herausgestellt, dass die meisten Rechtsgeräte leicht gefälscht werden konnten, weshalb Folter- und Strafgeräten ein zweifelhafter Ruf anhaftete. Dies traf auf die Leibzeichen kaum zu: Allein ihre Exponierung im Scheinfelder Kästchen bewies die ehemalige Rechtspraxis und das verübte Vergehen, denen sie entsprungen waren. Im GNM waren die Leibzei-

174 Dies erinnert an Bestattungen, bei denen der Leichnam, anstatt balsamiert und ausgestellt zu werden, durch einen artifiziellen Repräsentanten ersetzt wurde (vgl. Ariès 2015: 780f.).

chen daher nicht nur das Medium historischer Gerichtsbarkeit, sondern zugleich deren physisches Resultat.

7.4.4 Der Konflikt der Formen

Etwa zur gleichen Zeit wie die Alte Gerichtsbarkeit veränderte sich auch die Kriminalistisch-Kulturhistorische Sammlung. 1877 mietete Geuder den Fünfeckigen Turm auf der Nürnberger Burg (vgl. Pilz 1934: 4; Thiele 1971: 68). Wie der Fröschturm war der Fünfeckige Turm eine ehemalige Geschützstellung und zudem ein beliebtes Postkartenmotiv, wobei von nun an auch die neue Ausstellung beworben wurde (Abb. 74) (vgl. Mummenhoff 1896a: 14–17; Friedel 2007: 122–125; Kesper-Biermann 2019: 203f.). Mehrere Ansichten, darunter zwölf Aufnahmen von Christof Müller sowie neun Leporellokarten zeigen, wie die Exponate auf fünf Ebenen innerhalb des Turms bis in den Zweiten Weltkrieg hinein ausgestellt wurden (Abb. 75) (vgl. Anonymus 1930; Schwemmer 1976: Tafeln 16–18): Während das Erdgeschoss diverse Strafgeräte und Folterwerkzeuge, aber auch Kupferstiche und Holzschnitte enthielt, stand die Eiserne Jungfrau umgeben von

Abb. 74: Postkarte des Fünfeckigen Turms mit Verweis auf die Kriminalistisch-Kulturhistorische Sammlung, vor 1945

Abb. 75: Christof Müller, Zwölf Ansichten der Kriminalistisch-Kulturhistorischen Sammlung auf der Burg, 1930

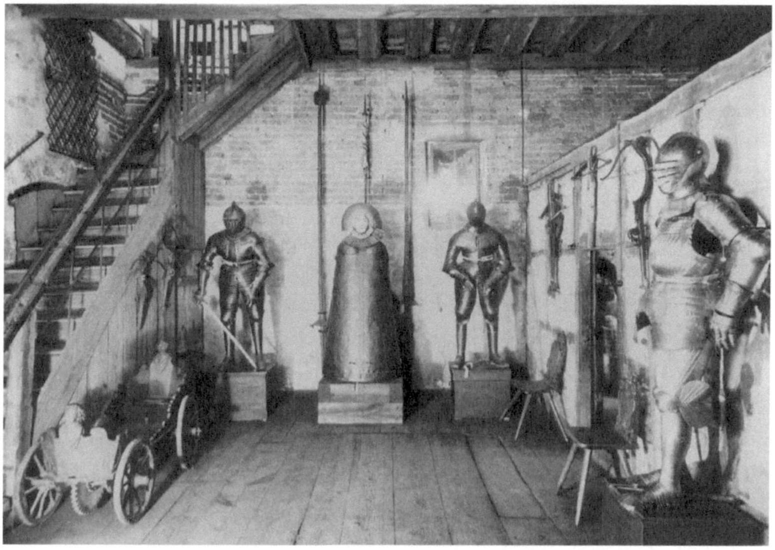

Abb. 76: Kopie der Eisernen Jungfrau mit Waffen im Obergeschoss des Fünfeckigen Turms, 1933

Scharfrichterobjekten ein Stockwerk darüber inmitten der Kammer. „Vor ihr erreicht das Schauergefühl der Besucher, das Grauen und Entsetzen, seinen Höhepunkt." (Sieghardt 1930: 5) Die beiden nächsthöheren Etagen waren als Gefängnis inszeniert, wobei eine Holzfigur des fränkischen ‚Raubritters' Eppelein von Gailingen nach der Jungfrau eine weitere Stadtsage referenzierte. Ganz oben befand sich eine Auswahl an Waffen, häuslichen und kunstgewerblichen Gegenständen (vgl. Anonymus 1910; Pilz 1934).[175] Die Ausstellung war mit ihren bilingualen Führungen bei den Tourist:innen wie den Einheimischen so beliebt, dass ihre jährlichen Besuchszahlen im Bereich zwischen 70000 und 150000 Personen rangierten (vgl. Gärtner 1925: 47; Kesper-Biermann 2019: 204): „Vier-, fünf- und sechshundert Besucher pro Tag sind durchaus keine Seltenheit! Jeder von ihnen zahlt 50 Pfennig Eintritt.

175 In den 1930er Jahren befanden sich die Prangergeräte nicht mehr im Parterre bei den Ehrenstrafen, sondern bei der Eisernen Jungfrau. Dass diese aus einem Schandmantel hervorgegangen war, wurde jedoch verschwiegen. Zeitweise wurde die Jungfrau sogar mit Harnischen, Armbrüsten und Stangenwaffen kombiniert (Abb. 76).

Also kein schlechtes Geschäft.“ (Sieghardt 1930: 5)[176] Indes war die Sammlung nach Geuders Tod 1897 in den Besitz seines Schwiegersohnes Christian Rehlen übergegangen, der sie 1931 in seinem Nachlass der Stadt Nürnberg vermachte (vgl. Schulz 1932: 7). Dazu erinnerte sich der damalige Oberbürgermeister Hermann Luppe:

> Ich beschloß mit Prof. Schulz, diese sehr einträgliche Sammlung, die als ‚Schreckenskammer‘ manche Ablehnung im In- und Ausland erfuhr, als finanziellen Träger des Burgmuseums zu erhalten, sie aber von Fälschungen und Minderwertigem zu befreien und wissenschaftlich aufzubauen. So wurde die ‚Rehlen-Stiftung‘ eine wertvolle Einnahmequelle (20000–25000 Mark im Jahr), die für Betrieb und Ausbau des Burgmuseums nutzbar gemacht werden konnte; sie wurde wissenschaftlich einwandfrei gestaltet und durch alte Abbildungen ergänzt, auch der Andenkentisch wurde beseitigt und die Führung von Legenden gereinigt. Ein Hauptanziehungspunkt war von jeher die ‚Eiserne Jungfrau‘ gewesen; eine Prüfung meinerseits ergab, daß die Figur selbst zwar mittelalterlich war, die Spitzen im Innern aber eingeschraubte Bajonettspitzen, also moderne Zutaten zu einem alten sogenannten Schandmantel waren. Ein zweites Exemplar ganz aus Eisen wurde uns vom Besitzer des Schlosses Feistritz am Wechsel, Bankier Mautner, als Leihgabe überlassen; sie stammt wahrscheinlich aus dem Anfang des 17. Jahrhunderts und ist wohl seinerzeit in Nürnberg im Althandel erworben worden; eine eingehende Studie von Prof. Schulz hat das Problem einwandfrei geklärt. (Luppe 1977: 270)[177]

Luppe und Schulz übersahen, dass die eigentliche Eiserne Jungfrau – Geuders ursprüngliche Konstruktion – bereits im April 1890 nach England gebracht worden war. Der Earl of Shrewsbury hatte sie 1889 mit dem Rest der Sammlung über den Mittelsmann Julius D. Ichenhäuser

176 1938 wurde die ‚Folterkammer‘ mit knapp 180000 Besuchenden von allen Nürnberger Ausstellungen mit Abstand am häufigsten frequentiert; das GNM verzeichnete an zweiter Stelle rund 100000 Personen (vgl. Anonymus 1939: 33; Funk 1940: 93).

177 Dass die Ausstellung tatsächlich von allen Ungenauigkeiten beseitigt wurde, darf bezweifelt werden. Die Fälschungen und Nachbildungen Geuders wurden nicht vollumfänglich entfernt, und die Fiktion der Eisernen Jungfrau wurde nicht aufgedeckt. Dennoch stach die neue Klarheit in den Turmgemächern von der früheren Überfülle ab.

erworben und in britischen Städten zur Schau gestellt.[178] Im Sammlungskatalog mit über 1300 Nummern, davon etwa die Hälfte Folter- und Strafgeräte, betonte Ichenhäuser ihre touristische Bedeutsamkeit: „No journey to Bavaria could be counted completed until the burg had been visited and the ‚Iron Maiden' interviewed." (Ichenhäuser 1893: V) Auch er verwies auf die vermeintliche Originalität der Stücke: „It is the original and only genuine collection of its kind, and what adds to the impressiveness of the exhibition is the fact that every one of the barbarous implements have been in actual use." (Ichenhäuser 1893: 3) Dagegen war die von Luppe und Schulz untersuchte und bis zu ihrer Zerstörung im Januar 1945 im Turm exponierte Eiserne Jungfrau eine Kopie (vgl. Thiele 1971: 74; Schwemmer 1976: Tafel 16; Schild 1998: 36–38): Die Fälschung wurde nochmals gefälscht, um das Herzstück der sensationalistischen Form zu erhalten.[179]

Wie die Waffen wurde auch die Eiserne Jungfrau im Nationalsozialismus politisch instrumentalisiert. Der chinesische Student Liu Shengya war eigentlich zum Reichsparteitag im September 1937 nach Nürnberg gereist, um die NSDAP-Spitzen zu sehen. Doch „bis ins Mark [s]einer Knochen erschüttert" (Shengya 1998: 397) hatte ihn die Kriminalistisch-Kulturhistorische Sammlung samt ihren „Foltereisen, mit denen Knochen gebrochen, die Haut abgezogen, Zähne extrahiert oder die Zunge herausgerissen werden konnten" (Shengya 1998: 398). Den Zenit der Grausamkeit markierte die Eiserne Jungfrau:

> Der Museumsführer teilte uns mit, daß vor nicht allzu langer Zeit ein Schild gehangen hätte, auf dem es hieß: ‚Kommunisten und Demokraten, nehmt Euch in acht!' Doch wegen der Olympischen Spiele sei es dann entfernt worden. (Shengya 1998: 398)

---

178 1890 versteigerte man in Köln einen weiteren Teil der Geuderschen Sammlung, darunter auch knapp 300 Waffennummern (vgl. Anonymus 1890: 468; Heberle 1890).

179 1905 gelangte die ‚originale' Eiserne Jungfrau durch Ichenhäusers Vermittlung an den amerikanischen Sammler Henry Walters, aus dessen Besitz die Walters Art Gallery in Baltimore, Maryland, hervorging. Walters betrachtete den Ankauf der Sammlung kurz darauf als Fehler und verweigerte ihre Ausstellung (vgl. Johnston 1999: 153). Letztlich wurde die Eiserne Jungfrau 1968 auf einer Auktion bei Sotheby's an das Mittelalterliche Kriminalmuseum in Rothenburg ob der Tauber verkauft, wo sie heute besichtigt werden kann (Abb. 77) (vgl. Schild 1998: 36f.; Stadler 2007: 467; Gammon 2018: 298).

Abb. 77: Die ‚originale' Eiserne Jungfrau
im Mittelalterlichen Kriminalmuseum, 2020

Die an der Jungfrau aktualisierte, publikumswirksame Darstellung einer grausamen Vorzeit wurde im Nationalsozialismus auf unliebsame politische Strömungen und Regimekritiker:innen gemünzt, sodass mit der vorgeblichen historischen Richtfunktion des Exponats gedroht und die zeitliche Kluft zum Mittelalter für einen Moment ausgeblendet wurde. Denn die sensationalistische Form stützte sich nicht auf historische Daten, sondern auf das körperlich empfundene Erlebnis, das sie ihrem Publikum vermittelte. Das eigentliche Gegenstück zu Geuders Eiserner Jungfrau ist deshalb nicht Dietrichs Feistritzer Jungfrau, obwohl beide zahlreiche Gemeinsamkeiten aufweisen. Stattdessen war es das Fallbeil im GNM, das die Anonymität des Henkers nicht romantisierte, sondern durch ein Objekt ersetzte, und damit die wissenschaftliche Form der Alten Gerichtsbarkeit von der sensationalistischen Form schied. Obgleich das Museum die Feistritzer Jungfrau verschmäht hatte, konnte es der Nürnberger Jungfrau noch ein weiteres Exponat entgegensetzen:

> Die beiden Jungfrauen, die des unbekannten Meisters, welche jetzt im Germanischen Museum steht, wie die eiserne in der Folterkammer der Burg sind Schöpfungen der gleichen Zeit, der gleichen Kultur, der gleichen Religion. Die zweite hat mich grausam aus dem Schönheitstraum, in den die erste mich gewiegt, geweckt. (Fendrich 1907: o.S.; StadtAN A 25 Nr. 546)

Bei der Jungfrau im GNM handelt es sich um die hölzerne Skulptur der sogenannten Nürnberger Madonna (Pl.O.210), die anders als die Eiserne Jungfrau tatsächlich um 1510 in der Stadt gefertigt wurde. Wo die Eiserne Jungfrau die dunkle Seite Nürnbergs, die sensationalistische Form als Ausprägung des *dark tourism*, darstellte, verkörperte die Skulptur der Madonna als eine der „formvollendetsten und feierlichsten Schöpfungen der Renaissance in Deutschland“ (Hampe 1902b: 901) die helle. Was im Zitat als Januskopf der städtischen Vergangenheit aufgefasst wird, betrifft eigentlich die zutreffende und die fiktive Historiographie Nürnbergs. Deswegen entspricht der dunklen Eisernen Jungfrau vielmehr die helle Guillotine im GNM, weil beide in ihrer jeweiligen Form eine zentrale Stellung einnahmen, einmal als Abbild der finsteren Vorzeit in der sensationalistischen Form, einmal als Einwand gegen die nachaufklärerische Philanthropie in der Form der Alten Gerichtsbarkeit.

7.5 Form und Gewalt

Die Analyse der Alten Gerichtsbarkeit hat gezeigt, dass die Folter- und Strafgeräte wie die Waffen mit dem Verblassen ihres ursprünglichen Dispositivs in das museale Dispositiv übergingen. Dabei wurde die Exponierung des Mediums, die im Strafgerichtsbarkeitsdispositiv funktional noch eine Nebenrolle gespielt hatte, zum Dreh- und Angelpunkt. Die vielfältigen Potenziale der Objekte machten sich das GNM und die Kriminalistisch-Kulturhistorische Sammlung auf verschiedene Weise zunutze, was in der Kopplung des Mediums zu zwei unterschiedlichen Formen mündete. Während Geuders sensationalistische Form den Unterschied zwischen Faktum und Gerücht nivellieren und das emotionale Sensorium der Besuchenden affizieren wollte, band das Museum die Exponate eng an ihre historische Funktionalität, was durch die Cadolzburger Originale ermöglicht wurde. Derweil präsentierten beide ihre Exponate auf ähnliche Weise. Das spatiale Arrangement war im GNM lediglich klarer und übersichtlicher als im Fünfeckturm. Stattdessen war es die Auswahl, die Kommentierung und die Bewerbung der Geräte, welche die beiden Formen unterschied. Das Verhältnis der beiden Sammlungen exemplifiziert dabei die Eiserne Jungfrau, die von Geuder assembliert, vom GNM aber missbilligt und später kritisch beforscht wurde. Dabei war die sensationalistische Form als zeitgenössische Ausprägung des *dark tourism* so wirkmächtig, dass die gewünschte Botschaft des Museums nicht immer zum Publikum durchdringen konnte.

Trotz der Verwandtschaft der Objekte und der zeitweiligen Nachbarschaft im GNM avancierten die Waffen im späten 19. Jahrhundert zum Herzstück des Museums, während die Folter- und Strafgeräte nur bruchstückhaft in das Gesamtkonzept eingepasst wurden. Doch zeigte ihre Ausstellung die Kehrseite der Waffennutzung durch die Adressierung von Gewalt, Leid und Grausamkeit. Diese Themen fanden Einzug durch eine neu entwickelte Form, die ihre Elemente an die historische Verwendungsweise im Strafgerichtsbarkeitsdispositiv klammerte und juristisch legitimierte. Durch die Verquickung mit dem früheren Dispositiv wurden auch die ehemaligen Assemblagen aufgerufen, die die Objekte mit dem Körper zusammengeführt hatten. Selbst der Körper, der in Gestalt des Henkers und der Leibzeichen von der Form adressiert wurde, ließ sich rechtsgeschichtlich einhegen. Dennoch brachten die Leibzeichen den Körper des Opfers von Gewalt ins Spiel, der bei den Waffen gänzlich fehlte. Waren diese jahrzehntelang in der rigiden waffenkundlichen Form organisiert, blieben die Folter- und Strafgeräte in ihren Bedeutungen unberechenbarer und widerspenstiger, was zum Teil der zeitgenössischen Ausstellungskultur geschuldet war. Damit bildete die Alte Gerichtsbarkeit ein abgründiges Addendum zur Systematik Essenweins, zur Ästhetisierung Zimmermanns und zum Nationalstolz Kohlhaußens. Weil die Abteilung von Beginn an fester Bestandteil des GNM war, nur langsam wuchs, kostengünstig verwaltet werden konnte, sich aber großer Beliebtheit erfreute, sah niemand einen Anlass, sie aus dem Schausaal zu entfernen oder einer größeren Sammlung anzugliedern. Denn das Medium war so sensitiv, dass es sich nicht ohne unerwünschte Bedeutungswechsel in eine andere Form hätte pressen lassen. Am Punkt ihrer Auflösung kreuzt die Geschichte der Alten Gerichtsbarkeit erneut die Geschichte der Waffen, waren es fortan doch Geschichten des Verschwindens – eines bei den Folter- und Strafgeräten bis heute andauernden Verschwindens.

8 Der Zweite Weltkrieg und die Nachkriegszeit. Dispersion der Formen

8.1 Der Krieg in den Ausstellungen

Im September 1939 begann mit dem Überfall des Deutschen Reiches auf Polen der Zweite Weltkrieg, der neben verheerenden politischen, sozialen, kulturellen und ökonomischen Folgen auch gravierende Auswirkungen auf das GNM hatte. Während die Alte Gerichtsbarkeit vom Krieg anfangs unberührt blieb, rückte das Zeitgeschehen die Waffen in ein verändertes Licht. Waren sie bereits im Galeriebau als politisches Symbol vereinnahmt worden, setzte man sie nun in eine noch unmittelbarere Beziehung zur deutschen Bevölkerung. Sichtbar wurde dies in der von März bis April 1941 laufenden Ausstellung *Der Krieg in Buch und Bild* in der Fränkischen Galerie zu Nürnberg. Auf Einladung des Artilleriegenerals Friedrich von Cochenhausen, des stellvertretenden Kommandanten des Nürnberger Wehrkreises, war das GNM maßgeblich an der Konzeption beteiligt (vgl. Jahresbericht für 1940: 9). Wie es Cochenhausens Eröffnungsvortrag vorwegnahm, sollte die Ausstellung unter der Schirmherrschaft des bayerischen Reichsstatthalters Franz Ritter von Epp in einem monumentalgeschichtlichen Dreischritt von Mittelalter, Neuzeit und Gegenwart eine Erfolgsgeschichte deutscher Kriegsführung zeichnen (vgl. Cochenhausen 1941: 14-20). Durch diese National- und Kriegspropaganda erhofften sich die Ausstellungsmachenden, den „Wehrwillen wach zu halten und weiter anzuflammen" (Lorenz 1941: 68). Gleichzeitig sollten dem Publikum strategische, taktische und waffentechnische Entwicklungen resümiert werden. Veranschaulicht wurden diese in erster Linie durch GNM-Waffen, die dem auf 1700 ausgedehnten Mittelaltersegment der Ausstellung zugeordnet und von Neuhaus und Konservator Walter Tunk im Ausstellungskatalog vorgestellt wurden (vgl. Jahresbericht für 1940: 9). Die Waffen nahmen zwei Ausstellungsräume zur Ritter-, Söldner- und Landsknechtszeit sowie zum Dreißigjährigen Krieg, zu den Raub- und Türkenkriegen in Beschlag (vgl. Anonymus 1941: 13). Gezeigt wurden vorwiegend Gefechtswaffen als Repräsentanten von Feldzügen und Bewaffnungen, die von Gemälden, Holzschnitten, Kupferstichen und waffenkundlichem Schriftgut flankiert wurden (vgl. Anonymus 1941: 31–40; Lorenz 1941: 66). So demonstrierte das bereits erwähnte Gemälde *Die Schlacht im Walde* ein Kampfgeschehen, bei dem unterschiedlich gerüstete Soldaten aufeinandertrafen (vgl. Neuhaus 1941: 70).

Stärker als noch im Galeriebau wurden die Waffen an das militärische Dispositiv gekoppelt, wobei die waffenkundliche Form sogar in Ansätzen zurückkehrte.[180] Ähnlich wie in den Ausstellungen der späten 1930er Jahre stellten sie sich in den Dienst der zeitgenössischen Geschichtsverklärung. Denn das Abtauchen in die Vergangenheit galt weder der wissenschaftlichen Belehrung des Publikums noch als ästhetischer Wert an sich, wie ihn die malerische Form proklamiert hatte. Stattdessen sollte die Form Kampfeslust und Standhaftigkeit für den Krieg der Gegenwart aktualisieren. Dabei wurde die Waffengewalt ein weiteres Mal – nun noch sichtbarer – positiv gewendet. Im Katalog erklärte Epp ihre Ausübung zur obersten Maxime:

> Krieg bedeutet die Entfesselung aller materiellen, aller geistigen und aller seelischen Kräfte zur Anwendung von Gewalt auf dem Lande, auf dem Meer und in der Luft, um unser Dasein zu behaupten und letzten Endes dem Feinde unseren Willen aufzuzwingen. (zit. nach Anonymus 1941: 5)

Die Gewalt wurde unter dem Deckmantel der Kunst verborgen, wie es schon für den Galeriebau angedacht worden war. So wurden die Waffen zunächst über ihren taktischen Zweck definiert und die Kriegsführung als „Kunst der Künste“ (Anonymus 1941: 59) gepriesen. Genauso wichtig sei jedoch die Kunst, diese Faktoren inszenatorisch abzubilden, das heißt in der Ausstellung propagandistisch aufzubereiten (vgl. Anonymus 1941: 5). Das Exponieren der Waffen sollte die gewünschten zeichenhaften Potenziale der Objekte aufleben lassen, indem es gleichberechtigt mit der Kriegskunde und der Waffenführung als Kunst angesehen wurde. Die Schergen des NS-Regimes hatten begriffen, dass

180 Wie im Deutsch-Französischen Krieg wurden auch im Zweiten Weltkrieg einige Beutewaffen kurzzeitig aus dem besetzten Frankreich ans GNM überführt (vgl. Kohler 2011: 50f.). Diesmal bot sich jedoch keine Gelegenheit, die Stücke auszustellen.

das Medium der Waffe im musealen Dispositiv in eine sichtbare Form gebracht werden konnte, die die eigene Agenda vorantrieb. Zugleich wurde der Krieg als generationenübergreifender Motor von Umwälzungen aufgefasst. Statt um technische Innovationen wie bei Essenwein ging es jedoch um immaterielle Attribute wie „Kraft, Selbstbehauptungswillen, Glück und Segen“ (Anonymus 1941: 7), die der siegreichen Partei zustünden. Die Ausstellung sollte dies historisch belegen, wobei als Identifikationsmittel abermals das Soldatentum aufgerufen wurde. Damit schufen die Exponate eine zwar historisch angelegte Form, die jedoch keinen graduellen Entwicklungsgang rekonstruierte. Stattdessen sollte sie die geistigen Werte, die schon nach dem Ersten Weltkrieg als ‚Wesenseinheit der Deutschen‘ ausgemacht worden waren, von der Vergangenheit in die Gegenwart transportieren.

Während *Der Krieg in Buch und Bild* die propagandistische Linie des Wehrwillens und der standhaften, militarisierten Volksgemeinschaft fortführte, die in den 1930er Jahren vorgezeichnet worden war, bereiteten die realen Kriegswirrungen den entsprechenden Formen bald darauf ein Ende. Denn ebenfalls 1941 setzten die ersten Bergungsmaßnahmen im GNM ein, die von nun an mit dem „Zeigen und […] Darbieten“ (Jahresbericht für 1941: 15) der Stücke zur moralischen Unterstützung der Wehrmacht und der Zivilbevölkerung austariert werden mussten. Der kippende Kriegsverlauf zwang das Museum dazu, seine Schätze zu verstreuen: Zur Begrenzung der Verluste wurden die Waffen im Museumskeller versteckt, aber auch in externen Lokalitäten wie dem Kloster Banz bei Bamberg ausgelagert, während die Jagdgeräte ins Schloss Schwarzenberg bei Scheinfeld verlegt wurden. Als im Jahr 1942 nach dem Kriegseintritt der Vereinigten Staaten auch noch der Deutsch-Sowjetische Krieg zu scheitern drohte, intensivierten sich die Deponierungsarbeiten (vgl. Jahresbericht für 1942: 3). Nachdem das GNM 1943 erstmals im Flächenbombardement getroffen wurde, waren ab März keine Ausstellungen mehr zugänglich (vgl. Jahresbericht für 1943: 4). Die Folgeangriffe auf Nürnberg bis zum April 1945 beschädigten und zerstörten viele frühere Waffenschausäle wie den Augustinerbau, den Rolandshof, Teile des Galerie- und Südwestbaus, die Kartäuserkirche sowie die Kreuzgänge. Zudem brannte das alte Direktionsgebäude aus, wobei die verstauten Waffen im Untergeschoss aber großteils unbeschadet blieben. Jedoch wurde „wie ein Symbol für den absoluten Tiefpunkt in der Entwicklung der Waffensammlung" (Willers 1978: 854) die Blechfigur des Heiligen Georg vernichtet (vgl. Jahresbericht für 1944–46: 17; Veit 1978: 81–86).

Infolge der Deponierung und der Kriegsschäden hatten auch die Folter- und Strafgeräte ihr langjähriges Domizil zwischen Kleinem Kreuzgang und Augustinerbau verloren. Statt eine gemeinsame Form auszubilden, wurden seitdem lediglich vereinzelte Objekte in andere Dauer- und Sonderausstellungen im und um das GNM implementiert, zum Beispiel in die historischen Lochgefängnisse Nürnbergs. Das Fallbeil gelangte später in die Dauerausstellung zum 19. Jahrhundert, wo es mit einem Fahrrad kontrastiert wurde (vgl. Peters 2003: 6). Auch für die Waffen markierte der Zweite Weltkrieg „eine tiefgreifende Zäsur" (Willers 1978: 854). Zunächst löste Ernst Königer als Kurator Neuhaus ab, um sich in den folgenden Jahrzehnten mehr auf die wissenschaftlichen Instrumente zu konzentrieren, die der Waffensammlung angegliedert wurden. Zudem brachte das Kriegsende ein doppeltes Umdenken mit sich. Zum einen betraf dies die Restaurierung und Konservierung der an den Bergungsorten beschädigten Waffen „unter wenigstens als Provisorium verantwortbaren Umständen" (Jahresbericht für 1946-47: 12). Zum anderen veränderte sich die Ausstellungsweise der Waffen, die wie die Rechtsgeräte bis 1975 durch keine Dauerausstellung repräsentiert wurden. Dies war zwar auch dem langwierigen Neubauprogramm der Nachkriegszeit geschuldet. Darüber hinaus hatten die im 19. und frühen 20. Jahrhundert so gefeierten Waffen stark an Ansehen eingebüßt, weshalb sie in der Folge nur als Ensembles in fremde Ausstellungen eingingen, ohne als Form einen ganzen Schausaal zu umspannen.

8.2 Formen nach dem Zweiten Weltkrieg

Exemplarisch zeigte sich die neue Ausstellungsweise von Dezember 1949 bis April 1950 in der GNM-Sonderausstellung *Das Handwerk und seine Meister*. Diese war in mehrere Schausäle aufgeteilt, die sich jeweils einer Handwerksgruppe widmeten. Unter der Überschrift „Die den Stahl und Eisen tractierenden Stände" veranschaulichte ein Ensemble aus zwei geätzten Prunkharnischen (W1359 und W2770) neben einer Wandvitrine mit ausgewählten Stücken die Waffenschmiedekunst (Abb. 78). In der Vitrine waren kostbare Waffenexponate wie Degen, Malchus, Pallasch, Faustrohre, ein Jagdgewehr, Steigbügel und Pulver-

Abb. 78: Ausstellung *Das Handwerk und seine Meister* mit Waffen, 1949/1950

flaschen mit Zunftobjekten und technischen Instrumenten wie einem Siegel, einem Zirkel und Schlüsseln arrangiert. An der Wand daneben befanden sich verschiedene Schlosserarbeiten. Aus dem militärischen Dispositiv herausgelöst, wurden die Waffen der Ägide des (Kunst-) Handwerks zugeschlagen – nicht zufällig handelte es sich bei den exponierten Waffen um Prunkstücke. Analog dazu beschrieb Königer die handwerklichen Fertigkeiten, die bei der Herstellung der Objekte angewendet worden waren:

> Das namentlich in Nürnberg um 1600 blühende Handwerk der Zirkelschmiede, der Vorläufer der heutigen feinmechanischen Industrie, schuf Instrumente von großer Präzision der Ausführung. In den Werkstätten der weltberühmten Nürnberger Plattner entstanden Waffen für ganz Europa, an denen uns die verschiedensten Schmucktechniken begegnen, wie Gravierung, Ziselierung, Ätzung, Vergol-

dung, Tauschierung (Einhämmern von Gold-, Silber [sic!] oder Messingstreifen in den gestichelten oder gerauhten Grund) und Eisenschnitt. (Königer 1950: 11f.)

Statt lokale Aspekte auf die Nation zu beziehen oder charakterliche Werte aus den Waffen abzuleiten, wurde Nürnberg als Produktionsstätte von Weltruhm und Zulieferer für europäische Kunden vorgestellt. Dabei ging es nicht um militärische Fabrikation – die es in großem Stil gegeben hatte –, sondern um „Schmucktechniken". Somit beschränkte das Ensemble die Exponate auf eine kunsthandwerkliche und ornamentale Dimension, ohne Aspekte des Militärs oder der Gewalt einzubeziehen. Damit setzte sich die Betrachtung der Waffe als Kunstgegenstand fort, weshalb auch ihre Genese vor den taktischen Potenzialen betont wurde. Zwar nicht der Fertigungsprozess, gleichwohl aber der ästhetische Schauwert stand auch bei denjenigen Waffen im Mittelpunkt, die 1950 kurzzeitig auf einer Empore über der Ehrenhalle sowie auf Nachfrage der bayerischen Schlösserverwaltung hin mit Möbeln und Wirkteppichen in zwei Sälen der Kaiserburg ausgestellt wurden. Dass im Juni des gleichen Jahres ein geätzter Helm zum ‚Kunstwerk des Monats' – ein von der internationalen Museumslandschaft übernommenes Format (vgl. Jahresbericht für 1947-48: 60) – erhoben wurde, exemplifizierte die „Alibifunktion" (Willers 1978: 856) künstlerischer und kunsthandwerklicher Perspektiven, welche die militärische Betrachtung der Waffen verdrängten.

In den kommenden Jahren wurden unter Direkter Ludwig Grote wieder mehr Waffen und Jagdgeräte exponiert. Auch diesmal schlossen sie sich mit verschiedenen Objektgattungen zu übergreifenden Ensembles zusammen, die sich Epochen (Jagdkultur im Barock und Rokoko), sozialen Schichten (Rittertum und Patriziat) oder handwerklichen Meisterleistungen (der Prunkturnierharnisch in der Ehrenhalle) widmeten. Beispielhaft sind die GNM-Sonderausstellungen *Aufgang der Neuzeit* von 1952 und *Barock in Nürnberg* von 1962, aber auch die Ausstattung des Schlosses Neunhof mit Jagdgeräten im Jahr 1959 zu nennen (vgl. Veit 1978: 99). Bei Ersterer wurden ausgesuchte prunkvolle Helme, Schilde und Blankwaffen in Vitrinen präsentiert, während kostbare Harnische die Wände säumten (Abb. 79). Nicht nur ergaben die Waffen im Ausstellungsbereich keine sammlungsübergreifende Form mehr, sie verflüchtigten sich als Ensembles in andere Formen, die

Abb. 79: Ausstellung *Aufgang der Neuzeit* mit ausgewählten Waffen, 1952

entweder von Rahmungen außerhalb des militärischen Dispositivs vorgegeben wurden oder direkt auf andere Objektgattungen bezogen waren, wie zum Beispiel Barock und Rokoko. Insbesondere die Jagdgeräte erwiesen sich hierbei als anschlussfähig. Der Körper, dem die Waffen zugeschrieben wurden, war – abgesehen vom Jäger – keiner mehr, der die Waffen handhabte und gegen einen Zweiten oder gar gegen Menschen wandte. Im Gegenteil waren es der Schmied und der Ätzmaler, welche die Waffe aus dem Rohmaterial hervorbrachten und bearbeiteten, ohne deren Gewaltpotenzial zu realisieren. Wie die Ausstellungsmachenden formten sie das Medium lediglich für visuelle Zwecke.

Ein Einzelfall belegt dies besonders gut: Eine der ersten Zurschaustellungen von Waffen nach dem Krieg war eine dreistufige Vitrine mit Degen, Helmen, Schmiedeeisen und einem Armzeug (Abb. 80). Den zeitlich weit auseinanderliegenden Stücken war abseits der ästhetischen Wirkung zunächst nichts gemein, da sie keiner nichtmilitärischen Aktivität wie der Jagd oder dem Fechtduell, keiner lokalen oder sozialen Kategorie wie der Stadt oder dem Adel zugeordnet wurden. Ihre Ge-

Abb. 80: Vitrine mit Waffen und Schmiedeeisen, um 1950

Abb. 81: Vitrine mit Jagdgeräten und Gemälde, um 1950

meinsamkeit bestand in der Stofflichkeit, im Material und in dessen Formung selbst. Die Schmiedeeisen als handwerkliche Instrumente verbanden die Waffenstücke und Rüstungsteile miteinander und über den Entstehungszeitraum einzelner Exponate hinweg.[181] Das Schmieden setzte die Waffe physischen Einwirkungen aus, ohne sie selbst in einer konkreten Situation zu nutzen. Als introzeptive Tätigkeit zeigte es das Objekt als fluiden Rohstoff, der sich in die gewünschte Form biegen ließ – wie das Museum, welches das Medium der Waffe im vergangenen Jahrhundert in ganz unterschiedlichen Formen aktualisiert hatte. Wie der Schmied das Metall auf eine bestimmte Gestalt hin traktierte, so brachte das Museum die Waffe in die gewünschte Form. Zudem ließ sich die reduzierte Anzahl der Waffen vom GNM pointiert auf die Ensembles in den Vitrinen abstimmen, was vielen Besuchenden aufgeräumter erschien (vgl. Jahresbericht für 1947–48: 58–60). Durch ihre Ästhetisierung, ihren Herstellungsprozess und ihre kunsthandwerkliche Bearbeitung ließ sich die Waffe in nichtmilitärische und gattungsfremde Formen einbetten, ohne die heiklen Potenziale der Gewalt und der militärischen Nutzung thematisieren zu müssen.

8.2.1 Die Restaurierung der Waffen

Das vertiefte Interesse am Fertigungsprozess und am Äußeren einer Waffe resultierte auch aus den kriegsbedingten Auslagerungen. Zwar verzeichnete die Sammlung bis auf wenige Plünderungen kaum Einbußen. Allerdings hatte das jahrelange Verstecken der Waffen an den Bergungsorten, vor allem auf Schloss Schwarzenberg, zu Feuchtigkeits- und Rostschäden geführt, die der baldigen Pflege bedurften (vgl. Königer 1977: 28). Diese langwierige Aufgabe wurde dem dafür eingestellten Präparator Leonhard Beyer übertragen; für die Behandlung mit Säurebädern wurde die ehemalige Schmiede im April 1947 restauriert und eingedeckt (vgl. Jahresbericht für 1946–47: 29, 62). An diesem Ort wurden die Waffen zwar nicht neu gefertigt, aber immerhin bearbeitet – um beim Körper des Schmiedes zu bleiben. Der Befall betraf in unterschiedlichen Graden von Flugrost bis zu tiefer Verrostung in erster

181 Womöglich befand sich diese Vitrine gegenüber einer Jagdvitrine, was die gleichen Bodenfliesen nahelegen (Abb. 81). In diesem Falle wären das kostbare Material, dessen Bearbeitung und anschließende Exponierung der gemeinsame Nenner der Jagdgeräte und Schmiedeerzeugnisse.

Linie acht Stech- und Rennzeuge, fünf kostbare Harnische, sechzehn Stangenwaffen sowie einige Schwerter (vgl. Jahresbericht für 1947–48: 68; Jahresbericht für 1948–49: 94). In einer Art Werbeartikel für Rostschutz- und Säuberungsmittel schilderte Königer die Folgen der Luftfeuchtigkeit in den meist unterirdischen Bergungsräumen und von Holzwolle als Verpackungsmaterial:

> Auf vielen Stücken hat sich eine starke Schmutzschicht festgesetzt, die sich durch die innige Verbindung von dem durch die Verpackung eingedrungenen Staub mit auf den Stücken befindlichen alten Öl- und Fettschichten gebildet hat. (Königer 1949: 107)[182]

Ferner behandelte der im Jahr der Handwerksausstellung erschienene Artikel kunsthandwerkliche Bearbeitungen von Waffen, wie Tauschierung, Vergoldung und Versilberung, Bläuen, Brünieren und Ätzung, und die jeweilige Restaurierungsmethode (vgl. Königer 1949: 108–110). Kampffunktionen wurden zugunsten der Schutzbedürftigkeit der Waffe als Musealie und Kunstwerk unterschlagen. Dies zeigen die Vorher-Nachher-Aufnahmen im Artikel, zum Beispiel die einer behandelten Partisane (vgl. Königer 1949: 108). Statt um taktische oder kulturhistorische Aspekte ging es allein um die Einwirkung der Rostschutzmittel. Nach der Kunstfertigkeit der Waffen war nun auch deren Konservierung flächendeckend zum Thema geworden. Dabei ging es nicht nur um die Bewahrung, sondern auch um die Wiederherstellung der Waffen und – insbesondere – ihrer kunsthandwerklich gefertigten Teile. Auch dies ist auf den Körper des Schmiedes zurückzuführen, der neben der Herstellung der Waffe auch für ihre Instandhaltung und Reparatur zuständig war. Das Museum zeigte sich nach dem modernen Zeughaus nun als moderne Schmiede, ohne sich mit den lebensweltlichen Auswirkungen von Waffen beschäftigen zu müssen – schließlich stellte es diese nur bereit. Das Dispositiv referenzierte sich selbst, indem es das museale Kerngeschäft des Bewahrens demonstrierte.

182 Ein Teil der Öl- und Fettschichten lässt sich auf die Berührung durch Besuchende zurückführen, als die Stücke im Augustinerbau und in der großen Waffenhalle frei aufgestellt worden waren.

8.2.2 Waffen, Folter- und Strafgeräte als museales Problem

Die Zurschaustellung ausgewählter Waffen in der Kleinform des Ensembles, die Einschlüsse in gattungsfremde Formen, die Hinwendung zur Genese, Konservierung und Restaurierung von Waffen lassen sich nicht nur intern aus dem GNM erklären. Sie können auch extern aus dem gesellschaftlichen Stellenwert der Objekte deduziert werden. Die Waffe, selbst die historische, war durch den Krieg zu einem Zeichen der Gewalt und Vernichtung, des Leids und Unheils geworden. Die Bezüge zum Militärwesen, zu Kriegen und Konflikten, zur gewaltsamen Anwendung gegen Menschen weckten zu intensive Erinnerungen an die Kriegsschrecken, als dass die Waffen eigens ausgestellt werden konnten. Waffen waren als Musealien unbequem geworden: „Mit der psychologisch begreiflichen Ablehnung alles dessen, was nur im entferntesten mit Waffenhandwerk zu tun hat, verfiel leider auch die historische Waffe der Mißachtung." (Königer 1977: 28) Indes leitete sich die museale Problematisierung der Waffe aus den gesellschaftlichen Nachkriegsdebatten um Gewaltfreiheit, Abrüstung und Entmilitarisierung sowie um einen beschränkten Zugriff auf Waffen ab, wie ihn etwa die Friedensbewegung proklamiert hatte (vgl. Wette 2011: 219–225; Neitzel 2020: 344–352). Essenweins Bestreben, mit der Waffengeschichte an die Gegenwart anzuknüpfen, hatte sich aus den Kriegen der 1860er und 70er Jahre gespeist, aus den erbeuteten Waffen und Spenden der Kriegsministerien. Konträr dazu erübrigte sich nach dem Zweiten Weltkrieg jede Frage nach einer Thematisierung des späten 19. oder gar des 20. Jahrhunderts in der Waffensammlung. Da es „in den Jahren nach 1945 ein gewisses Wagnis bedeutete, Dinge auszustellen, die mit Krieg und Waffenwesen zu tun hatten" (Schiedlausky 1978: 288), musste die Bedeutung der Exponate inszenatorisch eindeutig sein. Dies führte zu einer Umkehrung der topographischen Ausweitung, die man zu Anfang des Jahrhunderts vorgenommen hatte: Nationale, landesweite und regionale Bezüge der Militaria vor dem Ersten Weltkrieg – preußische Uniformen und Pickelhauben, sächsische Gewehre, bayerische Geschützmodelle und österreichische Karabiner – verengten sich auf den Bereich um Nürnberg und dessen Patriziat.

Dabei gelangten im ersten Nachkriegsjahrzehnt durch die Auflösung von Privatsammlungen viele historische Waffen auf den Kunstmarkt. Doch waren Neuzugänge am GNM – bis auf die Schenkungen

Abb. 82: Stechzeuge vor der Gruppe des Ungerechten Ritters, um 1955

und Verkäufe der Patrizierfamilien Imhoff und Geuder sowie seltene Deponierungen von Erbstücken – die Ausnahme (vgl. ZR 1947/17–56; ZR 1960/92–93). Dies stand in auffallendem Gegensatz zu den übrigen Sammlungen. Zwar sah sich das Museum nach wie vor mit finanziellen und logistischen Herausforderungen konfrontiert. Dennoch glückten in den 1950er Jahren durch Partnerschaften mit Firmen und Persönlichkeiten wie Theodor Heuss, Herzogin Victoria von Sachsen-Coburg-Gotha und Kronprinz Ruprecht von Bayern aufsehenerregende Erwerbungen wie der Echternacher Codex. Demgegenüber sank die Anzahl der Waffen, weil von Sammlern deponierte Stücke in der Nachkriegszeit wieder abgezogen wurden. Versehentlich verkaufte das GNM 1956 überdies fünf Geschützrohre des 19. Jahrhunderts als Altmetall. Auch der Erwerbsversuch eines spätgotischen Harnischs für Mann und Pferd, unter Essenwein und Neuhaus noch Desiderat, scheiterte im Jahr 1958.[183] Schließlich erfolgte das Verschwinden vieler Waf-

183 Daraufhin ging der Harnisch aus der Sammlung Hearsts an den Londoner Tower (vgl. Mann 1959: 22f.; Königer 1977: 28f.). Nach einem ausgeschlagenen Angebot Abraham Pickerts unter Aufseß war dies die zweite vertane Chance, eine dieser

fen auch aus museologischen Aspekten: Endgültig verabschiedete sich das Museum von der Sichtweise, große Mengen von Exponaten in den Schausälen unterzubringen. Der Siegeszug des *white cube* brachte den Kunstwerken – und damit auch den als solchen betrachteten Waffen – mehr Raum zur Entfaltung. Nicht jede Leerstelle musste nun mit Objekten oder Dekor gefüllt werden. Dies begünstigte besondere Einzelobjekte und Ensembles, wurde aber zum Hindernis für die gleichförmigen Feldwaffen.

Als weiteres Beispiel für die Ausstellungsweise der Nachkriegszeit zeigt eine Photographie aus den 1950er Jahren sechs Stechzeuge mit abgesägten Lanzenschäften und Brechscheiben, die in Duellformation auf Holzgestellen platziert wurden (Abb. 82).[184] Dabei empfand die paarweise Anordnung der Stechzeuge die synchronen Duelle der Gesellenstechen nach, wobei Plaketten die Herkunft aus dem Nürnberger Zeughaus bezeichneten. Die frühere nationale Ausrichtung hatte sich auf einen lokalen Bezugsrahmen verengt: Hinter den Stechzeugen war auf Bauchhöhe eine Ansicht Nürnbergs aufgehängt, deren ostentative Klarstellung „DAS IST NVREMBERCK" keine Zweifel am Kontext der Exponate ließ. Allesamt Nürnberger Ursprungs befanden sich darüber an einem Holzbrett die Skulpturengruppe des Ungerechten Ritters (Pl.O.213–Pl.O.215), links davon der Aufschwörschild des Konrad Kammermeister sowie rechts ein Totenschild, beide patrizischer Provenienz. Damit wurden wenige, aber visuell aussagekräftige Exponate

seltenen Rüstungen zu erstehen. Pickerts Harnisch mit Hohenaschauer Provenienz befindet sich heute in der Wallace Collection in London.

184 Unterhalb des Bildes sind die 1920er oder 30er Jahre eingetragen, wo die Stechzeuge sich jedoch in einem Saal am Wasserhof befanden, während die Gerichtsgruppe im Hintergrund der Stechzeuge damals im Galeriebau ausgestellt war. Die einzigen Säle, die in Betracht kommen, sind die Galeriesäle und Patrizierräume unter Kohlhaußen Ende der 1930er Jahre, von denen aber Photographien existieren (vgl. Jahresbericht für 1937: 25). Es handelt sich um eine Fehldatierung: Die Aufnahme zeigt einen Erdgeschossraum an der Ostseite des Galeriebaus Mitte der 1950er Jahre, wo die Stechzeuge unter Ludwig Grote eine Weile irreführend als „Turnierharnische für das Stechen der Handwerksgesellen" (Wegweiser 1956-57: Raum 8) frei aufgestellt waren, bis die Nähe zum Museumspublikum als störend empfunden wurde (vgl. Willers 1978: 858). In diesem Raum befanden sich der Aufschwörschild und die Gruppe des Ungerechten Ritters. Im Übrigen belegen dies auch die deutlich erkennbaren Schleifspuren und das Vorhandensein der Holzgestelle. Vielen Dank an Isabel Hauenstein für die freundlichen Auskünfte.

vor einem weißen, schmucklosen Hintergrund kombiniert, wobei Waffen abermals auf gattungsfremde Objekte stießen. Inhaltlich wurde außer der Reichsstadt Nürnberg das Patriziat als zum Gestech privilegierte Gruppe thematisiert. Dagegen waren die national ausgedehnten Turniermythen der großen Waffenhalle ausgesondert oder aber lokal und sozial begrenzt worden. Dies setzte sich bis in die 1970er Jahre fort, wo alle elf Turnierzeuge als Hauptstücke der Ausstellung auf der Kaiserburg vor einer großformatigen Photographie des Amman-Gemäldes zum Gesellenstechen 1561 zu sehen waren (Abb. 29) (vgl. Schalkhaußer 1971: 150). Die Versteifung auf den lokalen Einsatzrahmen verengte den Bedeutungskorridor der Zeuge und verkleinerte zugleich den Spielraum für unerwünschte Implikationen bei den Besuchenden. Nach dem Zweiten Weltkrieg beschränkte das Museum die Turnierwaffen samt und sonders auf ihre stadtgeschichtliche und patrizische Provenienz. Als Waffen*spiel* und Vergnügen der städtischen Oligarchen erwiesen sich die Gesellenstechen als friedlicher und kultivierter Anwendungsbereich von Waffen. Somit bildete das Ensemble der Stechzeuge im Kleinen ab, was sich im gesamten Museum beobachten ließ (vgl. Schiedlausky 1978: 288).

8.2.3 Die Abfederung der Gewalt

Im Ergebnis der soeben dargestellten Entwicklungen verschwanden viele Waffen aus dem musealen Sichtbereich. Da wo sie noch exponiert wurden, erfolgte dies ausschließlich in gewaltbefreiten, ästhetischen und kunsthandwerklichen Kontexten wie bei den eingangs beschriebenen Kostümschauen. So enthielt die direktoriale Selektion von GNM-Objekten durch Grote auch Waffen, zeigte sie aber als Kunstwerke. Deswegen erkundeten Detailaufnahmen von einem Malchus (W2819) den mit reichen Schnitzereien verzierten Griff und solche von einem silbertauschierten Degen (W2818) den Korb und das Gefäß (vgl. Grote 1960: 112, 170), während ein Jagdrock mit Dreispitz, Jagdhorn, Pistole und Waidbesteck kombiniert wurde, um die stilbewusste Bekleidung bei der höfischen Jagd zu illustrieren (vgl. Grote 1960: 197). Eine Sammlungsbeschreibung beschäftigte sich ausführlich mit den Waffen, adressierte zunächst aber Turnierwaffen, nur um „wegen ihres künstlerischen Schmuckes" (Grote 1960: 242) und kostbaren Materials ausgewählte Stücke aufzuführen (vgl. Grote 1960: 241–243). Weiterhin von

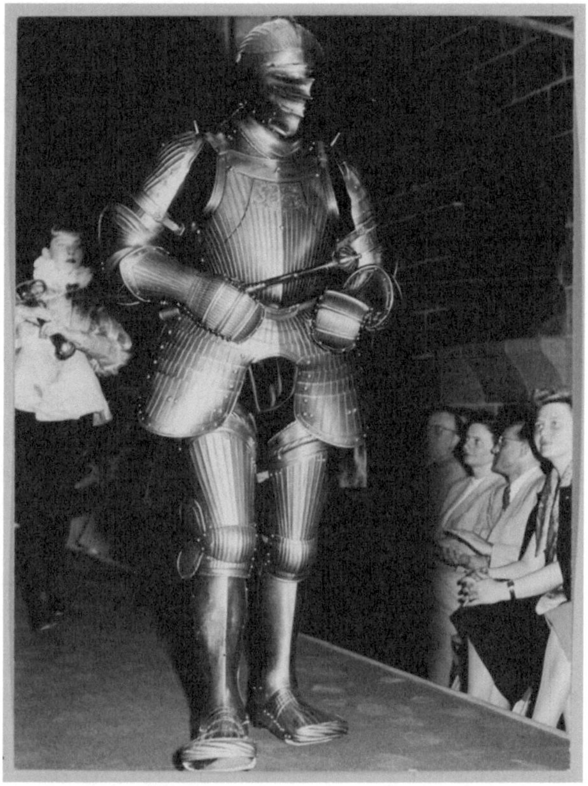

Abb. 83: Modell mit Plattenharnisch und Streitkolben bei der Historischen Modenschau, 1954

den übrigen Waffen getrennt wurden die Jagdaltertümer, bei denen neben der Repräsentation von Jagdarten ebenfalls künstlerische Eigenheiten überwogen. Insgesamt traten die Potenziale der Waffen, in militärischen Konflikten taktische Verwendungsweisen zu offerieren und Gewalt, Krieg und Leid herbeizuführen, zugunsten der Potenziale zurück, als ästhetische Kunstwerke, handwerkliche Erzeugnisse und sozial exklusive Sportgeräte zu fungieren – außer für Gestech und Rennen auch für das Sportschießen (vgl. Willers 1979: 177). Indem der Herstellungsprozess der Objekte hervorgehoben wurde, blendete man Gewaltaspekte aus. Auch die historischen Kostümschauen sind im Geiste einer nach Kunstsinn und Schönheit suchenden Nachkriegsgeneration zu verstehen (Abb. 83). Diese Ereignisse funktionierten als ästhetisierte Rückschau, bei der die Waffen mit Objekten wie der

Tracht, dem Musikinstrument sowie Pokalen, Tischaufsätzen und anderen Preziosen kombiniert wurden, um jegliche Verbindungen zum Militärdispositiv abzustreifen. Dies wurde durch den Körper der Modelle unterstützt: Diese führten die Waffen nicht in kampfbereiter Haltung mit sich, sondern in der gleichen Weise wie die Instrumente, Wappenschilde und Trinkhörner vor. Durch die Schauspielenden und den theatralen Rahmen der Kostümschauen wurden die Waffen zum Requisit innerhalb der Inszenierung, was die Gewaltaspekte übertünchte. Zwar waren die Gewaltpotenziale bei vielen Waffen weithin sichtbar, weil sie sich etwa der Schneide eines Schwertes oder dem massiven Kopfstück eines Hammers entnehmen ließen. Doch im musealen Dispositiv wurden diese Potenziale dadurch abgefedert, dass andere noch klarer hervortraten. Auch dies basierte auf der Medialität der Waffen, die im Prozess des Exponierens auf diverse Anwendungsmöglichkeiten verweisen konnten.

Die Einhegung der Gewalt hatte sich bei den Waffen im musealen Dispositiv auf verschiedene Weise ihren Weg gebahnt. War die Gewalt in der waffenkundlichen Form stets latent anwesend, so wurde sie durch die Turnierwaffen und die Jagdgeräte einerseits legitimiert und aufgewertet, andererseits aber abgelenkt. So wurde sie an historische Dispositive geknüpft, deren aus privilegierten sozialen Schichten stammende Akteure die Waffen für repräsentative Zwecke nutzten. Neben die kriegerischen Gebrauchsweisen einer Waffe im militärischen Dispositiv schoben sich die zivilen Anwendungsfelder beim Turnier und bei der Jagd, die sich mit den visuellen und zeichenhaften Potenzialen des Mediums verbanden. Diese Potenziale wurden im musealen Dispositiv wiederentdeckt, rückblickend an die historischen Dispositive gekoppelt und in gemeinsamen Formen zugänglich gemacht. Etwa ein Jahrhundert nach der malerischen Form wurde mittels Ensembles erneut auf die Ästhetik der Waffen gesetzt, wofür sich Jagdgeräte, Prunkwaffen und kunsthandwerklich bearbeitete Stücke besonders eigneten. Für die Waffen ist nach dem Zweiten Weltkrieg daher eine zweifache Abfederung der Gewalt festzustellen: zum einen durch die Beschränkung auf Themen wie die höfische Jagd und die lokalen Gesellenstechen, zum anderen durch die Fokussierung auf die kunsthandwerkliche (Wieder-)Herstellung von Waffen.

8.2.4 Die Absenz der Gewalt

Die meisten Waffen verblieben in der Nachkriegszeit allerdings im Depot. Wie das Beziehungsgeflecht aus der Musealie, dem Schauraum und den Besuchenden verblassten auch die spezifischen Assemblagen, an welche die Verwendungsweisen der Objekte geknüpft waren. So geriet mit dem Abbau der waffenkundlichen Form und der Ausblendung des militärischen Dispositivs auch der gemeine Soldat in Vergessenheit. Zum einen war das Museum kaum mehr daran interessiert, verschiedene Bewaffnungen im geschichtlichen Verlauf abzubilden oder diese gar in einer übergreifenden Form zu adressieren. Zum anderen hätte eine solche Form die historischen Waffen als Kommentar zu den Weltkriegen erscheinen lassen. Das mnemotechnische Potenzial des Mediums, das im Nachgang der Gesellenstechen noch freimütig ausgeschöpft worden war, wurde den Objekten nun zum Verhängnis. Daher thematisierte man nur solche Zeiträume und Akteure, die über militärische Domänen hinausgingen – das spätmittelalterliche Rittertum, das Stadtpatriziat sowie die höfische Kultur des Barock und Rokoko (vgl. Wegweiser 1956–57). Der Körper des Soldaten als Träger, aber auch als Ziel der Waffen ließ sich nicht reibungslos in dieses Programm einfügen. Doch auch bei den Turnier- und Jagdwaffen ging es nur selten um die konkrete Handhabung, die taktischen Vorzüge und morphologischen Wandlungen. Dadurch verschwanden auch die Assemblagen, die diese Objekte einem Körper zugeführt hatten. Ohne sie wurden die Waffen zu bloßen Anschauungsobjekten, die primär über ihre Visualität funktionierten – rubriziert unter dem Überbegriff der Kunst. Folglich wurden nur Waffen exponiert, die als besonders anschaulich galten. Der Körper, der im GNM auf Abbildungen, durch textliche Verweise oder durch die Musealien zumindest indirekt referenziert worden war, geriet dadurch weiter in den Hintergrund. Mit dem Schmied erschien zwar ein neuer Typus, der aber lediglich die Waffe anfertigte und instand hielt, ohne diese für weitere Zwecke zu gebrauchen. Das GNM übernahm das frühere Aufgabenfeld des Schmieds, indem es die Konservierung des Objekts verantwortete, ohne es darüber hinaus zu nutzen. Außer von einer Absenz bestimmter Waffen wie der Feldwaffen und der zeitgenössischen Waffen ist demnach von einer solchen des Körpers zu sprechen. In der Folge ergab sich keine Assemblage, die mögliche Nutzungen der Objekte vorgab. Dies führte zu einer Ausblendung der Gewalt, die weder in den Ausstellungen noch in den Wegweisern und Programmschriften thematisiert wurde.

Am deutlichsten zeigte sich die Absenz der Gewalt jedoch bei der Alten Gerichtsbarkeit, wo sie mit der Absenz der Folter- und Strafgeräte zusammenfiel. Die Auflösung der Dauerausstellung wurde bereits genannt; auch die Museumsleitung schien kein großes Interesse an den Objekten zu haben. Denn Grote listete die Alte Gerichtsbarkeit in seiner Sammlungsbeschreibung nicht einmal als eigene Einheit auf, sondern ordnete sie kurioserweise dem ‚Hausgerät' zu, um sie dort in drei Sätzen abzuhandeln (vgl. Grote 1960: 239f.). Später wurde die Sammlung ihrer geringen Größe wegen dem Historischen Archiv und damit dem Verfügungsbereich des Archivdirektors zugeschlagen. Dass die Folter- und Strafgeräte in der Nachkriegszeit der Öffentlichkeit nicht mehr zugemutet wurden, lag an mehreren Faktoren.[185] Zum einen wirkten die Objekte nach dem Weltkrieg und den nationalsozialistischen Verbrechen wie aus der Zeit gefallen – selbst als museale Exponate. Der atavistische Strafgerichtsprozess, der zuvor sensationalistisch, humoristisch und ironisch hatte rezipiert werden dürfen, ließ sich nicht mehr beiläufig inszenieren, ohne öffentlich Anstoß zu erregen. Zwar war der Alten Gerichtsbarkeit in dieser Hinsicht weniger Voyeurismus vorzuwerfen als etwa der Kriminalistisch-Kulturhistorischen Sammlung. Aber durch den großen Erfolg der Letzteren drohte auch ihr eine zweifelhafte Reputation. Um nicht in Verruf zu geraten – abgesehen von den moralischen Bedenken bei einer Exponierung –, hätte es einer gut dokumentierten Provenienz der Rechtsgeräte bedurft, die aber nur bei wenigen Exponaten wie den Cadolzburger Foltergeräten und dem Fallbeil gegeben war. Darüber hinaus lag die Absenz der Objekte auch am Medium selbst. Obwohl sich die Waffen einer funktionalen Definition nach primär gegen Körper richteten, boten sie doch andere Gebrauchsweisen an, die in den Ausstellungen hervorgehoben wurden.

185 Erst Jahrzehnte später sollte die Guillotine in der Dauerausstellung zum 19. Jahrhundert „zum Nachdenken über die Dialektik der Aufklärung" (Peters 2003: 6) anregen und damit wie bei den Strafgeräten einen Kontrapunkt liefern. Geliehene Hand- und Fußschellen des GNM verdrängten in den städtischen Lochgefängnissen als Teil einer wissenschaftlichen Form die frühere sensationalistische Form in der Stadt. Schließlich wurden sogar die Cadolzburger Leihgaben zurückgezogen.

Abb. 84: Modell mit Samtmantel und Degen
bei der Historischen Modenschau, 1954

Dies hing zum einen mit dem Material zusammen, zum Beispiel mit dem Gold- und Silberschmuck, der keinen taktischen, sondern einen repräsentativen Zweck hatte. Dagegen waren die Holz- und Eisenteile der Folter- und Strafgeräte weitgehend ungeeignet, diese Objekte als Zierde, als Sammelgut an sich zu designieren. Mehr noch als die Waffe war ein Folter- oder ein Strafgerät daher mit seiner Funktion im Strafgerichtsprozess verbunden, zumal nicht alle Waffen für kriegerische Anliegen hergestellt wurden. Zum anderen konnten die Waffen als aktiv eingesetzte, getragene und geführte Objekte gekennzeichnet werden. Die Folter- und Strafgeräte implizierten die Verwendung gegen einen passiven Körper, der sie erdulden musste. Insofern war es einfacher, die Vorzüge von Waffen für den Träger abzubilden, als den Körper als Ziel der Folter- und Strafgeräte zu verschleiern. Gerade die Leibzeichen verwiesen unmittelbar auf das Opfer eines Verbrechens. Die nichtmilitärischen Gebrauchsweisen der Waffen in Dispositiven wie dem Turnier und der Jagd, aber auch die vormuseale Exponierung hatten als Fluchtlinien das Dispositiv des GNM verändert, indem sie die Form der Ausstellung erneuert hatten. Für die Folter- und Strafgeräte ließ sich eine solche Fluchtlinie nicht konstruieren, zumal das GNM die außermuseale Exponierung dieser Objekte in der sensationalistischen Form scharf kritisiert hatte. Der Entschluss, die Stücke nicht auszustellen, antizipierte letztlich unerwünschte Begleiterscheinungen.

Zum Ende des Untersuchungszeitraumes ist daher eine Formlosigkeit der Waffen, Folter- und Strafgeräte über ihre Sammlungen hinaus zu konstatieren, die von einer Körperlosigkeit begleitet wurde. Statt autonome Ausstellungsformen auszubilden, dockten die Objekte, wenn sie überhaupt exponiert wurden, an gattungsfremde Formen an. Für die Waffen kulminierte diese Entwicklung in den Kostümschauen Mitte der 1950er Jahre, wo sie als Requisiten und als Kostüme verwendet wurden. Dabei wurden sie entweder zum Bestandteil einer fiktiven Gewandung oder aber sie repräsentierten den exklusiven Kleidungsstil einer historischen Figur (Abb. 84). In beiden Fällen ergänzten sie sich mit Objekten anderer Sammlungen zu einer Aufmachung fernab militärischer oder kämpferischer Potenziale. Nur der Schauwert der Waffe – die mediale Voraussetzung für ihre Musealität – verblieb, während die Folter- und Strafgeräte gänzlich aus dem Sichtfeld verschwanden.

9 Schluss

9.1 Waffen, Folter- und Strafgeräte. Reformierungen

Zum Abschluss der Untersuchung können drei Thesen verifiziert werden: Erstens brachten die musealen Formen im Laufe der Zeit mehr und mehr Potenziale des Mediums – der Waffen sowie Folter- und Strafgeräte – zum Vorschein, die in unterschiedlichen Formen zu diversen Zwecken realisiert wurden. Während von einer Zunahme des inhaltlichen Spektrums der Objekte zu sprechen ist, verengte sich – mit Ausnahme einer Sonderausstellung im Zweiten Weltkrieg – der Nutzerkreis auf einen exklusiven Teil der Gesellschaft. Zweitens wurde die Gewalt im Laufe des Jahrhunderts zunächst positiv dargestellt, bis sie – wieder mit Ausnahme des Zweiten Weltkrieges – abgefedert und ausgeblendet wurde. Drittens fiel die Medialität der Waffen, Folter- und Strafgeräte, die in den Formen ausgelotet wurde, am Ende mit ihrer Musealität zusammen, weil die Bewahrung – und die Verwahrung – der Objekte zum obersten Gebot wurde.

Im Rückblick auf den Zeitraum von der Gründung des GNM bis zur Nachkriegszeit der 1950er Jahre können diverse Formen unterschieden werden, welche die Waffen, Folter- und Strafgeräte organisierten. Dabei wurden jeweils verschiedene Potenziale und Aspekte des Mediums realisiert, während andere verdeckt wurden. Die Generalformen bildeten dabei die Sammlung und Ausstellung der Waffen und Rechtsgeräte, die beide auf das museale Dispositiv zurückgehen und dessen Aufgaben des Sammelns und Ausstellens entsprechen.[186] Wie sich gezeigt hat, war es dem GNM ein Anliegen, diese musealen Hauptlinien mit anderen Diskurslinien zusammenzuführen. Feststellen lassen sich Interaktionen und Synergien zwischen den unterschiedlichen Abteilungen, aber auch zwischen den verschiedenen Organen des Museums, wie der Bibliothek und dem Verlag. Das Instrument zur

186 Neben dem Bewahren kommt im GNM als vierte Operation noch das Forschen hinzu, das ebenfalls an den Sammlungsobjekten erfolgte und dessen Resultate in den Ausstellungen sichtbar gemacht wurden.

Verknüpfung aller aufgeworfenen Fäden in einer kleinteiligen Verweisform war zunächst das Generalrepertorium, das die Waffen und Rechtsgeräte ebenfalls formierte. Damit repräsentierten die Musealien nicht nur einen kulturgeschichtlichen Zustand oder einen historischen Aspekt. Sie waren auch ein Knoten innerhalb des Repertoriums, der auf andere Ereignisse, Personen und Objekte verwies, wobei die Gesamtheit der Knoten und Fäden der deutschen Kulturgeschichte entsprechen sollte.

Für das Museumspublikum sichtbar wurde das Medium der Waffen sowie der Folter- und Strafgeräte aber vor allem in den Sammlungen und Schausälen geformt. Deren Erforschung fördert im Untersuchungszeitraum diverse Entwicklungslinien zutage. So brachten die Waffen zunächst die malerische Form hervor. Diese war maßgeblich von den Privatsammlungen des frühen und mittleren 19. Jahrhunderts beeinflusst und wurde vom Privatsammler Aufseß in die Öffentlichkeit des Museums importiert. Die malerische Form bestimmte die Waffen nicht durch ein historisches Dispositiv oder einen waffengeschichtlichen Gesamtzusammenhang. Stattdessen bettete sie sie zusammen mit sammlungs- und gattungsfremden Objekten in ästhetische Kompositionen ein, die als Stimmungsbilder in Augenschein genommen werden konnten. Die Kompositionen waren auf die jeweilige Umgebung abgestimmt, woraus sich die beiden Waffenhallen im Tiergärtnertorturm und im klösterlichen Ambiente des Kleinen Kreuzganges ergaben. Dadurch entstand eine wohltemperierte, den Ausstellungen wie dem Rittersaal in Schloss Erbach nachempfundene Schauanordnung. Ziel war es, einen Einblick in eine romantisierte Vergangenheit zu schaffen, der vom Publikum rezipiert werden konnte. Zugleich fand eine Verschiebung gegenüber den Privatsammlungen statt. Denn die malerische Form basierte auf einer Assemblage, die die Waffen als kostbaren und zeigenswerten Besitz auswies. Damit standen die Waffen nicht allein für zeitgenössische Entwicklungen wie die Hinwendung zum Mittelalter. Überdies wurden sie dem Körper des Sammlers zugeschrieben, der sich die Waffen als Schaustücke aneignete. Im Verbund mit dem Schauraum, der oftmals mit den privaten Gemächern des Sammlers zusammenfiel, veranschaulichten die Waffen den Reichtum und oftmals auch die Nobilität des Eigentümers, beim alten Adel ebenso wie bei gesellschaftlichen Aufsteigern. Als er sich mit den Waffen schmückte, versuchte Aufseß persönlich, diese Assemblage zu reinstallieren. Gleichzeitig löste sich das GNM als nationale Institution vom individuellen Körper des Sammlers. An seiner Stelle wurde die Nation von den Waffen abgeschirmt und geschützt. Obwohl die malerische Form dies weder historisch noch politisch zum Ausdruck brachte, reflektierte sie den Einigungsgedanken auf der Grundlage kultureller Reichtümer, aus dem das Dispositiv des GNM entstanden war.

Gegenüber den Waffen waren die Rechtsinstrumente um die Folter- und Strafgeräte für die Sicherheit und Gesetzestreue im Landesinneren vorgesehen. Wie die Waffen standen auch sie in Bezug zu einer außermusealen Form, hatten sie doch in den vergangenen Jahrzehnten einen ähnlichen Prozess des Exponierens durchlebt. Oftmals auf ökonomisch-touristischer Basis etablierte sich in ganz Deutschland sensationalistische Formen. In Nürnberg zeigte sich dies an der Kriminalistisch-Kulturhistorischen Sammlung des Antiquars Georg F. Geuder. Wie die malerische Form sollte die sensationalistische Form die Besuchenden überwältigen, jedoch nicht durch die Schönheit der Arrangements. Vielmehr ergründete sie die affektiven Potenziale des Mediums, indem sie dieses möglichst unbestimmt ließ. Gefühle wie Abscheu und Ekel sowie die humoristische Distanzierung zum Gesehenen bildeten die Motivationen und Reaktionen des Publikums, das die entsprechenden Ausstellungen erlebnishaft konsumierte. Das GNM stemmte sich gegen diese Form, indem es die Exponate mit dem historischen Strafgerichtsbarkeitsdispositiv verband, um nur spezifische Potenziale des Mediums zu realisieren. Als wirksamste Differenz zur sensationalistischen Form erwies sich mit den Cadolzburger Foltergeräten die Authentizität der Objekte. Diese sollte die Inszenierung verbürgen – die Darstellung der verschiedenen rechtlichen Schritte von der Festnahme eines Verdächtigen über die gerichtliche Untersuchung, die Folter zur Erzwingung eines Geständnisses, die Kerkerhaft bis hin zur Bestrafung des Delinquenten. Dabei fielen der Folter, der Kerkerhaft und der Bestrafung mit Abstand die meisten Exponate zu, die an Körpertypen wie den Gefolterten, den Gefangenen und den Bestraften gekoppelt waren. So wurde die Beteiligung des Mediums an der Konstruktion solcher Typen gezeigt. Außer der sensationalistischen Form lässt sich die Alte Gerichtsbarkeit auch der malerischen Form gegenüberstellen, da sie ihre Elemente in einem historischen Dispositiv verortete und die emotionale Affizierung des Publikums unterband. Dies war dem Medium geschuldet – denn die Folter- und Strafgeräte ließen sich weder ästhetizistisch noch als kulturelle Basis der Nation in Szene setzen. Deshalb ordneten Programmschriften, Objektbeschreibungen und Ausstellungstexte sie einer dunklen, unaufgeklärten und teils vorchristlichen Epoche zu, die sich radikal von der Gegenwartskultur unterschied.

Als das Dispositiv des GNM unter August von Essenwein neu austariert wurde, veränderten sich auch die Formen: Die kleinteilige, unübersichtliche Verweisform des Generalrepertoriums wurde verworfen, da die Verweise nun von den einzelnen Abteilungen übernommen wurden, was die Sammlungen und Ausstellungen stärker aufeinander bezog. Die Anlage der Ausstellung orientierte sich an der entsprechenden Sammlung, um diese bestmöglich zu vertreten. Damit glaubte die Direktion,

> [...] den Hauptschwerpunkt des Museums [...] in dessen kunst- und culturgeschichtliche Sammlung gelegt [zu] haben, die so vollständig und reichhaltig als möglich einen Ueberblick über die Gesammtentwickelung der deutschen Cultur, sowohl im Ganzen als für jeden Einzelzweig, geben sollen. (Essenwein 1872a: 321)

Für die Waffen hieß dies, ein wissenschaftlich fundiertes Geschichtspanorama zu entwerfen, wie es die aufkommende Waffenkunde vorsah. Der Überblick über die Waffen des deutschen und ansatzweise mitteleuropäischen Raumes wurde in einem Gesamtbild gefasst, wobei die bisherige dekorative Dimension durch eine systematische ersetzt wurde. Fortan ging es um die Durchdringung des Sammlungsgegenstandes im geschichtlichen Verlauf. Das Medium wurde nicht mehr als Relikt begriffen, das den Betrachtenden von der Gegenwart wegführte. Stattdessen wurde es im bis in die Gegenwart reichenden militärischen Dispositiv verankert. Jede Waffe, auch die vermeintlich unbedeutende und schmucklose, wurde nach ihrer taktischen Funktion im Handgemenge abgeglichen und mit ähnlichen Waffen als Typus klassifiziert. Die waffenkundliche Erforschung von Feld- und Gefechtswaffen brachte eine Typologie von Angriffs- und Verteidigungswaffen hervor, die sich wechselseitig beeinflussten und in Subtypen verästelten. Der Versuch, die Waffengeschichte chronologisch entlang dieser Typologie aufzufächern, resultierte in der waffenkundlichen Form. Zwischen der Sammlung und der Ausstellung vermittelnd, exponierte die Form die

Sammlungsprinzipien mittels der Serien, die sich nach dem Typus und Alter der Stücke formierten. In Anbetracht des Sammlungszuwachses, der politischen Lage nach der Reichsgründung und der Beutewaffen aus Frankreich war diese Form der Schlüssel, um die techno- und morphologischen Fortschritte der Waffen vom Mittelalter bis zu den modernen Gewehren und Artilleriewaffen aufzuzeigen. Zur vollen Geltung gelangte die Form im Augustinerbau, wo sich die Waffenserien entlang des Standesherrensaales und später in den Erdgeschossräumen erstreckten. Dabei nahm sie Bezug auf das Militärdispositiv und die dortige Assemblage aus der Feldwaffe und dem Körper des gemeinen und anonymen Soldaten. Die Waffe fungierte hierbei nicht als Schmuck des Sammlers oder Regenten, sondern diente der Durchführung offensiver und defensiver Truppenmanöver sowie der Bekämpfung feindlicher Waffen. Das Museum nahm sich das militärische Dispositiv und dessen Assemblage zum Vorbild, um die Waffen nach ihren taktischen, offensiven und defensiven Potenzialen für die gesamte Armee, aber auch den einzelnen Körper des Trägers zu bestimmen. Im musealen Dispositiv wurden diese Potenziale zwar nicht realisiert, da auf Dispositiv und Körper nur verwiesen wurde – dafür jedoch das Potenzial des Mediums, sie im Nachhinein anzuzeigen. So fanden die soldatischen Formationen, insbesondere die gestaffelten Linien, ihr Gegenstück in der Reihung der Exponate in den Schausälen. Zudem wurde die waffenkundliche Form durch die musealen Diskurslinien unterstützt, zum Beispiel durch die in den Anzeigern und Wegweisern publizierten Befunde der Begleitforschung. Dagegen wurde die Alte Gerichtsbarkeit noch enger auf das historische Dispositiv der Strafgerichtsbarkeit bezogen, um den Abstand zur sensationalistischen Form zu vergrößern. Während diese zur Steigerung des Grusels die Ausführung der folternden und richtenden Gewalt anonymisierte, wurde im GNM allmählich die Figur des Henkers zum Thema.

Erst der Ankauf der Sulkowskischen Sammlung führte zu einer weiteren Form. Hatten die Kriegsmodelle um das Kleine Nürnberger erstmals öffentliche Exponierungen der Objekte anhand der Provenienz dokumentiert, so wurde diese Richtung mit den neuen Turnierwaffen noch konsequenter beschritten. Einerseits bezeugten die städtischen Stech- und Rennzeuge mit dem Waffenspiel in Gestalt der spätmittelalterlichen Gesellenstechen und -rennen ein außermilitärisches Einsatzfeld des Mediums. Andererseits wurden sie vor dem

Museum im Nürnberger Zeughaus und in der Privatsammlung Joseph von Dietrichs auf der Burg Feistritz in einer malerischen Form exponiert, von der sich das Museum distanzierte. Dadurch wurden die Waffen in zwei Kontexten außerhalb des Militärkomplexes verortet. Obwohl von den Feldwaffen beeinflusst, übernahmen die Turnierwaffen nichtkriegerische Aufgaben in einem zivilen und regulierten Rahmen. So dienten die Stechzeuge nicht nur als physischer Körperschutz beim sportlichen Wettstreit der Gesellenstechen. Zugleich repräsentierten sie im Verbund mit der übrigen Turnierausrüstung den Träger, seine Herkunft und das reichsstädtische Patriziat. Während der Helmschau, beim Einzug der Turnierkämpfer und beim Duell fungierten die Waffen als Informationsoberfläche – auch diejenigen Komponenten, die keinen unmittelbaren kämpferischen Zweck hatten. Wie später im Museum wurde ein Publikum vorausgesetzt, das die ausgesandten Bezüge verstand. Dieses war auch im städtischen Zeughaus gegeben, wo die Waffen für Besuchende ausgestellt wurden. Zusammen mit ikonographischen Darstellungen auf Gemälden, Zeichnungen, Wappen, Totenschilden und später Ansichtskarten erinnerten die Zeuge an die Turniere und das Patriziat zur Blütezeit Nürnbergs. Somit wurden sie bereits vor dem Eintritt ins Museum als kultureller Schatz – jedoch noch lokalgeschichtlich, nicht national – ausgestellt. Als Körperschutz wie als Exponat repräsentierten sie das Patriziat, bis sie in Dietrichs malerischer Form dem Körper des Sammlers beigesellt wurden und dort ähnliche Funktionen aktualisierten wie in anderen Privatsammlungen. Im Schatten der waffenkundlichen Form entstand im GNM mit diesen Exponaten eine eigene Form, welche die obigen Funktionen wiederum dem Körper des Patriziats zuschrieb. In der Kress-Kapelle und in der großen Waffenhalle des Südwestbaus dehnten sich die Turnierbezüge auf die räumliche Inszenierung aus, indem einzelne Turniermythen darin eingearbeitet wurden. So beanspruchten die Dollingerplastiken und die Skulptur des Heiligen Georg nationale Signifikanz, die durch die erhöht exponierte Gruppe der Turnierzeuge noch gesteigert wurde. Über dem gemeinen Soldaten inszenierte sich der Körper des Patriziats und des Adels durch die Waffen, ohne diese im kriegerischen Handgemenge einsetzen zu müssen. Die Hörigkeit des Soldaten, die zuvor am Fries der Standesherren über den Serien dargestellt worden war, wurde in der großen Waffenhalle fortgeführt. Dabei wurden die Waffen zu einer politischen und nationalgeschichtlichen Insignie, wie die Feier des

Museumsjubiläums vor kaiserlichem und hochadeligem Publikum in der Halle zeigte (vgl. Albrecht 1903: 48). Die Potenziale des Mediums, außermilitärische und repräsentative Nutzweisen anzubieten, wurden nun gezielt ausgeschöpft. Dabei sollte die ursprüngliche Repräsentativität privilegierter Gruppen auf die gesamte Nation umgelenkt werden. Das GNM-Zeitdispositiv knüpfte an die ehemaligen Dispositive des Mediums an, um die Exponate politisch zu instrumentalisieren.

Wo mit dem Adel und dem Patriziat die weltliche Oberschicht berücksichtigt wurde, beschäftigte sich die Alte Gerichtsbarkeit zur gleichen Zeit mit einer gesellschaftlichen Randfigur, dem Henker. Neue Musealien wie das Scharfrichterporträt, die Richtschwerter und das Fallbeil wurden zu einem Ensemble vereint. Dieses reflektierte die historische Präsenz des Henkers und seine spätere Ersetzung durch das Strafgerät selbst. Mit der Konfrontation von alter und neuer Gerichtsbarkeit vollzog sich eine weitere Abgrenzung von der Kriminalistisch-Kulturhistorischen Sammlung. Denn diese hatte zur selben Zeit im Fünfeckigen Turm die Praxis des Exekutierens an der Eisernen Jungfrau demonstriert. Mithilfe diverser Authentisierungsstrategien wurde erfolgreich versucht, die Eiserne Jungfrau als historisches Instrument zu inszenieren. Der Topos des heimlichen Gerichts stellte das Richten als etwas Geheimes und Verborgenes dar – noch dazu am Falsifikat der Jungfrau. Mithin trachtete die sensationalistische Form danach, den Abstand zwischen der grausamen Vorzeit und der zivilisierten Gegenwart effektvoll vorzuführen, während die Alte Gerichtsbarkeit diesen nivellierte. Deshalb verzichtete das GNM darauf, mit der Feistritzer Jungfrau einen Kontrapunkt zur Kriminalistisch-Kulturhistorischen Sammlung zu setzen und die eigene Form sensationalistisch anzureichern. Zudem indizierten die Exponate nach dem verurteilten Straftäter und dem Henker durch die Scheinfelder Leibzeichen auch das Opfer eines Verbrechens. Obwohl diese Stücke physisch und durch die Notizen auf individuelle Körper verwiesen, wurden sie innerhalb der Ausstellung zu Repräsentanten der Leibzeichenentnahme als juristischer Praxis. Statt durch Einzelschicksale zu emotionalisieren, wie es die Kriminalistisch-Kulturhistorische Sammlung durch angebliche Zellenbriefe Verurteilter tat, wurden auch die Leibzeichen nach ihrer Funktion im Strafgerichtsbarkeitsdispositiv definiert.

Mit der Sulkowskischen Sammlung hatte sich eine Assemblage etabliert, welche die visuellen und zeichenhaften Potenziale von Turnierwaffen hervorhob, und eine Form gebildet, die diese Potenziale auf die Ausstellung übertrug. Diese Form bestimmte ihre Elemente durch die historischen Turniermodi sowie durch die Provenienz. Nach dem Soldaten der waffenkundlichen Form wurden das Patriziat und der Adel durch das Turnierdispositiv mit den Waffen assoziiert. Die Provenienz und die ehemaligen Dispositive von Waffen wurden auch in der Folge behandelt. Denn nach dem Ersten Weltkrieg entwickelte sich eine Form um das Feld der höfischen Jagd. Hierbei wurden Jagdgeräte, aber auch Prunkwaffen und kunstvoll gefertigte Waffen exponiert. Dies ging mit einer Reduzierung der waffenkundlichen Form und ähnlicher Formen in anderen Museumsabteilungen einher: „Man darf sogar sagen: hier vor allem wird mit dem alten System, soweit es überhaupt ein System war, und zwar gründlich gebrochen werden müssen." (Hampe 1920: 12) Einerseits wurden weniger Waffen ausgestellt, andererseits wurden die verbliebenen aus den bisherigen Schauräumen auf kleinere Säle verteilt. Dadurch verwischte sich die teleologische Linie des waffengeschichtlichen Entwicklungsverlaufs, auch weil die französischen Beutestücke zurückgefordert wurden. Statt der militärischen Bedeutung der Waffen wurde die Verfügung über die Waffe als Musealie hervorgekehrt. Seltene und wertvolle Waffen wurden als Eigentum eines Museums gelesen, das stellvertretend für die Nation und ihren Reichtum stand. Auf das GNM als nationales Zeughaus folgte das GNM als nationales Schatzhaus (vgl. Pörtner 1982). Diese Wendung wurde durch zwei Faktoren unterstützt: Zum einen sah sich das Museum öffentlicher Kritik ausgesetzt, die speziell die historistische Abstimmung der Schauflächen auf die Exponate monierte. Zum anderen hatte die Lage in der großen Waffenhalle aus konservatorischer Sicht zur Beschädigung der Waffen geführt. Damit wurde die Materialität des Mediums zum Problem. Gelöst wurden diese Aspekte durch die Form der Jagdgeräte, die mit der höfischen Jagd ein weiteres Dispositiv anzeigte und einen kunstbezogenen Ansatz ermöglichte. Mithin führten die Jagdgeräte die medialen Potenziale der Exponierung, der sozialen Distinktion und der Repräsentation fort, welche die Turnierwaffen aufgeworfen hatten. Im Jagdkabinett des Refektoriums und in den beiden Jagdsälen am Rolandshof zeigten die Objekte außer diversen Jagdarten auch Jägerinnen als Protagonist:innen der höfischen Jagd an. Hatte die Form des Turniers eine soziale Unterscheidung eingeführt, so etablierte die Form der Jagd darüber hinaus eine geschlechtliche Binarität aufseiten der Waffenführenden. Es entwickelte sich eine Assemblage um den Körper des Adels, der sich die Jagdwaffen und -geräte aneignete, sich durch sie repräsentierte und zur Anschauung brachte.

Bis hierhin sind zwei ineinander verzahnte Entwicklungen festzustellen. Zum ersten grenzte sich nach der waffenkundlichen Form die Anzahl der Akteure ein, denen Waffen zugeschrieben wurden. Die Armee, die durch den gemeinen, unbekannten Soldaten vertreten wurde und alle sozialen Schichten inkludierte, wurde sukzessive von der kleinen Oberschicht des Stadtpatriziats und Adels verdrängt, genauso wie die Feldwaffenserien kostbaren Einzelexponaten wichen. Zum zweiten geriet die militärische Anwendung der Waffe im selben Maße in den Hintergrund, wie deren zeichenhafte, das heißt repräsentative, ornamentale und ästhetische, Funktionen betont wurden. Mit anderen Worten wurde der Medialität der Waffe durch ihre Musealität entsprochen, weil das Dispositiv des Museums die früheren Dispositive der Waffe reflektierte und auf die ehemalige Verweisfunktion der Waffe aufmerksam machte, um selbst ihre Potenziale in der Ausstellung zu exponieren.

Zum Ende der 1930er Jahre liefen die Formen im Galeriebau in einer Schauanordnung zusammen, die nur ausgesuchte Exponate des Militär-, Turnier- und Jagddispositivs enthielt. Der Anspruch, lediglich besonders zeigenswerte Waffen zu präsentieren, wurde auf die Spitze getrieben und auf die politischen Verhältnisse abgestimmt. Die historischen Waffen wurden dadurch abermals auf die Gegenwart bezogen, aber nicht als Vorläufer der zeitgenössischen Waffen dargestellt, welche dem Museum ohnehin fehlten. Stattdessen fungierte die Waffe in einem übertragenen Sinne als Symbol der nationalen Kampfbereitschaft und des familiären Zusammenhalts, was über das Museumsgelände hinaus in Nürnberg kommuniziert wurde. Während den Besuchenden dort auch militärische Kenntnisse, zum Beispiel waffentechnische und taktische, vermittelt werden sollten, verschrieb sich die Form der Waffen im Galeriebau ritterlichen und patrizischen Bezügen. Dadurch sollten die Waffen als gemeinsames Fundament der Nation im Sinne eines reichen Kulturschatzes gelten. Anstatt sie historisch als militärisches Instrument zur Staatenbildung und -sicherung zu untersuchen, wurde die Waffe durch die Konnotationen der Ritterschaft und des Patriziats dem Schutz des Volkskörpers zugeschrieben. Die politische Vereinnahmung der Waffe, die sich nach der Reichsgründung und der Wilhelminischen

Epoche ein drittes Mal ereignete, gipfelte schließlich in der Sonderausstellung *Der Krieg in Buch und Bild*. Dort wurden die Waffen als Insignien der siegreichen Kriege der Vergangenheit mit dem Zweiten Weltkrieg in unmittelbare Verbindung gebracht. Die an die deutsche Bevölkerung gerichtete Propaganda wurde inszenatorisch durch die Kombination mit sammlungsfremden Exponaten bewerkstelligt, wobei die Kunst des Ausstellungsmachens der Kriegsführung an die Seite gestellt wurde.

Während die Eiserne Jungfrau im Fünfeckigen Turm vom nationalsozialistischen Regime ebenfalls für politische Aussagen in Anspruch genommen wurde, blieb die Alte Gerichtsbarkeit bis zum Zweiten Weltkrieg von Eingriffen verschont. Während des Krieges lösten sich die Formen der Waffen, Folter- und Strafgeräte mitsamt den Ausstellungen auf. Auch in der Nachkriegszeit wurden beide Abteilungen durch keine Dauerausstellung vertreten. Wo einzelne Waffen und Ensembles exponiert wurden, geschah dies in sammlungs- und gattungsfremden Formen oder durch unbelastete Oberthemen wie das Handwerk und die Renaissance. Indem sie kunsthandwerkliche Techniken demonstrierten und künstlerischen Epochen wie dem Barock und Rokoko zugerechnet wurden, befreite das Museum die Waffen noch sorgfältiger als nach dem Ersten Weltkrieg von jeglicher militärischen Dimension. Wo sie nach wie vor die Dispositive der Jagd und des Turniers behandelten, geschah dies in einem lokalgeschichtlichen Rahmen. Dadurch ging die nationale Aufladung des Mediums verloren, die zuvor mithilfe der Formen etabliert worden war. Stattdessen wurden Waffen nur indirekt über ihre Ästhetik, den Konservierungs- und Herstellungsprozess sowie kriegsferne Thematiken exponiert, weshalb von der Dispersion in kleinere Formen bis hin zu deren Verflüchtigung gesprochen werden kann. Das Medium kristallisierte sich nicht, sondern blieb flüssig und flexibel, vielfältige Bindungen einzugehen. Demgegenüber verschwand die Form der Alten Gerichtsbarkeit völlig aus den Schauräumen.

9.2 Gewalt im musealen Dispositiv

Die Entstehung und der Zerfall der Formen im musealen Dispositiv, die realisierten und unterdrückten Potenziale des Mediums sowie die Bezugnahmen von Objekten durch Körper innerhalb der Assemblagen beeinflussten zu einem großen Anteil, ob und wie die Objekte mit

Gewalt assoziiert wurden. Wie diskutiert wurde, lässt sich der Status der Waffen, Folter- und Strafgeräte als Gewaltobjekte nicht von ihrer Medialität trennen (s. Kap. 2.3.6). Zunächst durchliefen die Waffen einerseits, die Folter- und Strafgeräte andererseits vergleichbare Musealisierungsprozesse. In beiden Fällen erfolgte mit der Auflösung der Dispositive eine Stilllegung der Objekte, deren vorherige Funktionen nicht mehr aktualisiert wurden. Lag dies bei den historischen Waffen an der veränderten Kriegsführung und der fortgeschrittenen militärischen Technologie, so führte es bei den Folter- und Strafgeräten eine Neugestaltung des strafgerichtlichen Prozederes herbei. Als Konsequenz verwendete man die Objekte nicht mehr zur Anwendung physischer Gewalt. Gleichzeitig wurden ihre visuellen und zeichenhaften Potenziale sowie ihr kulturhistorischer Wert erkannt und in Privatsammlungen abgeschöpft, wobei nur selten taktische und soldatische Gebrauchsweisen von Waffen behandelt wurden. Stattdessen wirkten diese an der Inszenierung des Sammlers und zuweilen auch seines Stammbaumes mit. Die zuvor an ein Heer, ein Königreich oder einen Staat geknüpfte Verfügungsgewalt über Waffen gebührte nun dem individuellen Körper des Sammlers. Weil sich die Waffen als Sammelobjekte häufig mit anderen Gattungen vermischten, wurden sie eher ästhetisch als militärisch rezipiert. Dagegen rechnete man die Folter- und Strafgeräte den Kuriosa zu.

Mit dem Eintritt ins GNM sollte die politische Komponente der Waffe wiederhergestellt werden, indem sie als staatlicher Schutzmechanismus gegen feindliche Kräfte fungierte. Dagegen wurden die Rechtsgeräte der inneren Sicherheit des Staates zugeschlagen. Beide Museumsabteilungen zeigten daher eine politisch legitimierte Gewalt an, wobei die Rechtsgeräte neben der Judikative auch der Exekutive und die Waffen dem Militärapparat zugeordnet wurden. Die Gewalt begründete sich nach außen als Verteidigung der Landesgrenzen und als Vorstoß zur Eroberung feindlichen Territoriums. Nach innen wurde ihre Ausübung der Obrigkeit als Mittel der Befriedung und der Gesetzesdurchsetzung übertragen. Die musealen Ausstellungen stellten diese Gewalt jedoch in einen anderen Kontext. So wurde die malerische Form nicht auf zeitgenössische politische oder militärische Konflikte projiziert. Stattdessen schuf die Form eine Differenz zwischen dem Jetzt und einer romantisierten Vergangenheit, die weniger historischer denn ästhetischer Natur war. Statt militärische, staatliche und souveräne

Gewaltanwendungen aufzugreifen, wurde die Waffe als kulturelle Keimzelle einer gemeinsamen Vergangenheit betrachtet, die es in den Schauräumen zu rezipieren galt. Auf ähnliche Weise stellte die sensationalistische Form eine als aufgeklärt und zivilisiert beschriebene Gegenwart der barbarischen und maßlosen Gewalt der Vorzeit oder des Mittelalters gegenüber. Obwohl sich das GNM von dieser Form lossagte, blitzte ihre Binarität auch in den Wegweisern und den Sammlungstexten auf.

Doch als die wissenschaftlich angelegten Formen entstanden, wurde die jeweilige Differenz aufgehoben. Die waffenkundliche Form ersetzte die kategoriale Unterscheidung von Gegenwart und Vergangenheit durch eine graduelle Hinführung, indem sie die zeitgenössischen Waffen aus der Abfolge ihrer Vorläufer und der Verwandtschaften der Waffentypen zu erklären suchte. Die zuvor in ein balanciertes Stimmungsbild eingelassene Waffe wurde nun im historischen Militärdispositiv positioniert, wobei ihre Romantisierung großteils aufgegeben wurde. Auf ähnliche Weise vertraten die Folter- und Strafgeräte fortan das ehemalige Strafgerichtsbarkeitsdispositiv. Dadurch wurden die Musealien beider Abteilungen in geschichtlichen Kontexten platziert, wo vorgeschriebene Zwecke und feste Abläufe die Anwendung von Gewalt motivierten. Statt die Gewalt als isolierten Aspekt zu diskutieren, wurde sie weder positiv noch negativ konnotiert, sondern als Folge und als notwendige Begleiterscheinung erachtet. Ohne auf politische und gesellschaftliche Ursachen, ohne auf die Konsequenzen für den Besiegten einzugehen, wurden Kriege als Treiber von Innovationen und technischem Fortschritt gesehen, welche sich in den verschiedenen Waffen manifestierten. Die Foltergeräte wurden an die Foltergrade gekoppelt, mit denen ein Geständnis für die spätere Verurteilung erzwungen werden sollte; die Strafgeräte repräsentierten leichtere und schwerere Strafmaße bis hin zu den Todesstrafen. Durch die eindeutige Zuweisung jedes Objekts sollte eine Öffnung der Potenziale vermieden werden, wie sie die sensationalistische Form gezielt herbeiführte. Die dort zur Schau gestellte und angedeutete Gewalt hatte eine emotionalisierende Funktion auf das Publikum, was das GNM durch die sachliche Herangehensweise unterbinden wollte. Zugleich wurde die Gewalt durch die früheren Dispositive gerechtfertigt, indem sie unter geregelten Operationen und Zwecken verbucht wurde. Somit ließ sich beispielsweise die Folterpraxis als reguliertes historisches Faktum darstellen, das daher nicht exzessiv war. Die dar- und ausgestellte Gewalt der Waffen, Folter- und Strafgeräte hing ebenfalls von den exponierten Körpertypen ab. So fungierte der Körper des Soldaten als Träger und Anwender der Waffen, aber nicht als deren Ziel. Statt auf den feindlichen Soldaten wurden die Effekte der Waffengewalt auf die feindlichen Schutzwaffen – Harnische, Helme und Schilde – untersucht. Dadurch wurde der Körper des Soldaten einseitig als einer präsentiert, von dem Gewalt ausging, der sie aber nicht erleiden musste. Zusammen mit der Betrachtung von Waffen als staatsschützendes Instrument und als Symbol der Wehrhaftigkeit legte dies nahe, dass Waffen außer der Sicherheit eines Einzelnen auch den Schutz einer Armee oder des Staates gewährleisteten. Zusätzlich markierten die Verweise auf die Grenzsicherung die Waffen als notwendiges Defensivmittel.

Nachdem der militärische Waffengebrauch als conditio sine qua non verstanden worden war, setzte von da an eine Abfederung der zugefügten Gewalt ein, die ausgeblendet oder abgelenkt wurde. Denn nach den taktischen Potenzialen im militärischen Dispositiv wurden weitere Vermögen der Waffen beim Turnier und bei der höfischen Jagd erschlossen. Die Waffengewalt ergab sich aus dem Dispositiv – die Turnierwaffen waren an die jeweiligen Modi angepasst, die Jagdwaffen auf die Beute zugeschnitten. Dabei wurde die Gewalt kulturell eingehegt: Bei den Gesellenstechen war ausschließlich eine spezifische Bewaffnung zulässig, die zudem nur innerhalb der Duelle zu festgelegten Aktionen verwendet werden durfte. Der Anfang, der Verlauf und das Ende jedes Duells waren abgesteckt und die Teilnehmer kämpften mit der gleichen Ausrüstung. Der Schutz durch Zeuge und Tartschen richtete sich präzise gegen die Gewaltpotenziale der abgestumpften Lanzen. Der Symmetrie des spätmittelalterlichen Turniers kann das asymmetrische Verhältnis bei der höfischen Jagd gegenübergestellt werden. Hier benutzten die Jagenden diverse Waffen, Hilfsmittel wie Jagdlappen und Fallen sowie Jagdtiere wie Falken und Hunde, um sich einen möglichst großen Vorteil gegenüber den Beutetieren zu verschaffen. Die Gewalt bei der Jagd wurde insofern kultiviert, als die Tötung von Tieren wie Ebern und Hirschen als vornehm galt und großes Ansehen bedeutete. Der Gewalt gegen Angehörige des gleichen Standes durch das Turnierprivileg entsprach das adelige Vorrecht zur Jagd auf Tiere in den eigenen Wäldern. Darüber hinaus wurde die Waffe bei Jagd und Turnier als repräsentatives Zeichen verwendet. Hatten die Wappen und

Farben auf Feldschilden und -harnischen in der Schlacht die Freund-Feind-Identifizierung erlaubt, konnten sich eine adelige Jägerin oder ein patrizischer Turnierkämpfer durch ihre Objekte ausdrücken und von anderen abheben. Dies schloss die Exponierung der Waffen am Körper vor einer dritten Instanz wie der Jagdgesellschaft und dem Turnierpublikum ein. Diese Potenziale der Waffen ließen sich dem Museumspublikum vermitteln, indem das GNM die fraglichen vormusealen Dispositive aufrief. Hierbei wurde die Gewalt als Nebeneffekt des Turniers und der Jagd abgelenkt. Ins Werk setzten dies Formen, die am Medium die repräsentativen und zeichenhaften Potenziale aufriefen und die zivilen, stark reglementierten Anwendungskontexte von Waffen sichtbar machten. Während die Gesellenstechen als stadtgeschichtliche Festivität und sportlicher Wettstreit gefeiert wurden, stellte das Museum die höfische Jagd als elegantes Vergnügen dar – Unfälle, Verletzungen oder gar Todesfälle wurden beiderseits ausgeklammert. Durch die holzgeschnitzten Tierköpfe im Jagdsaal wurde der Körper des Tieres sogar bildlich als Trophäe vorgeführt, ohne die beim Jagen ausgeübte Gewalt näher zu umreißen.

Bei den Folter- und Strafgeräten etablierte sich mit dem Henker ebenfalls ein Körpertypus aufseiten der Anwender der Objekte. Doch wurde damit eine marginalisierte Figur aufgegriffen, die im sozialen Gefüge im Gegensatz zu Patriziat und Adel unter Repressionen gelitten hatte. Am Schandpfahl zeigte die Ausstellung auf, wie mit der Umwandlung des Strafmaßes von der Todes- zur Kettenstrafe eine Verringerung der Gewalt einhergehen konnte. Schließlich wurde der Körper des Opfers eines Verbrechens oder Unglücks durch die Leibzeichen partiell repräsentiert. Dies deckte eine weitere Diskrepanz zwischen den beiden Abteilungen auf: Bei den Waffen wurden die thematisierten Körpertypen im Verlauf der Jahre zwar erweitert, die Waffen verlagerten sich jedoch in Dispositive, wo nur eine geringe Anzahl an Nutzenden über sie verfügte. Dadurch unterstanden die Waffen der Obhut eines kleinen, sozial privilegierten Personenkreises, der zur Anwendung physischer Gewalt – als Turnier- und Jagdrecht – befugt war und die hierarchische Differenz zeichenhaft mithilfe der Waffen stabilisieren konnte. Mit Ausnahme der Sonderausstellung im Zweiten Weltkrieg vernachlässigte das GNM den militärischen Einsatz von Waffen gegen Körper und andere Waffen gegenüber ihren visuellen Funktionen. Bei den Folter- und Strafgeräten stieg die Zahl der repräsentierten Körpertypen im geschichtlichen Verlauf ebenfalls an. Mit dem Typus des Opfers wurde eine Gewalt in die Ausstellung eingebracht, die nicht durch Gesetzesapparate oder zeremonielle Protokolle bestimmt wurde. Diese Gewalt des Verbrechens konnte selbst nicht im Strafgerichtsbarkeitsdispositiv verortet werden, weshalb das Museum lediglich auf die dortige Praxis der Leibzeichenentnahme verwies.

In der Nachkriegszeit trieb man die Abfederung der Gewalt bei den Waffen weiter voran. Zum einen wurden die beim Turnier und bei der Jagd gezeigten Potenziale des Mediums in den musealen Formen realisiert und sogar intensiviert. Zum anderen verblasste die Waffengewalt noch mehr, da die Waffe als kunsthandwerkliches Objekt gerahmt wurde. Daher beinhalteten die neuen Formen, in die Waffen eingingen, Musealien aus verschiedenen Abteilungen. Die Absenz einer genuinen Form der Waffen und der Folter- und Strafgeräte beförderte zugleich eine Absenz der Gewalt. Die Medialität der Objekte, Assoziationen von Gewalt und Leid zu transportieren, konnte weder ignoriert noch vorteilhaft ausgelegt werden, wie es nach dem Deutsch-Französischen Krieg und im Zweiten Weltkrieg geschehen war. Als Folge mussten einzelne Objekte behutsam in kriegs- und gewaltferne Formen eingebettet werden, wie es die Kostümschauen am Körper von Schauspielenden demonstrierten. Somit wurde die Medialität der Waffen, Folter- und Strafgeräte, auf die unterschiedlichsten Felder verweisen zu können, zum entscheidenden Faktor ihrer Musealität. Je mehr diejenigen Potenziale der Objekte exponiert wurden, die nicht der physischen Anwendung zugutekamen, desto mehr kam auch der mediale Status zur Geltung. Indem das Medium in verschiedenen Dispositiven verortet wurde, wo ein Körper es in einer spezifischen Weise nutzbar gemacht hatte, vermehrten sich seine Bedeutungsschichten. Hierbei gerieten nichtmilitärische und nichtkämpferische Anwendungen immer weiter in den Mittelpunkt, während die Gewalt ausgeklammert oder eingehegt wurde. Nur wo die Potenziale des Mediums nicht völlig kontrolliert werden konnten – wie bei den Folter- und Strafgeräten –, konnte sich eine Fluchtlinie entwickeln. Deshalb wurden diese Objekte in der Nachkriegszeit nicht mehr gemeinsam ausgestellt.

9.3 Zeitgenössische Formen. Ein Ausblick

Die im Verlauf der Untersuchung identifizierten Formen standen sich teils diametral gegenüber. So reagierte Essenweins waffenkundliche

Form auf die malerische Form der Privatsammlungen, und die Form der Alten Gerichtsbarkeit entstand in Abgrenzung von der sensationalistischen Form. Nach dem Ersten Weltkrieg wurde die frühere Ausstellungsweise harsch kritisiert, nach dem Zweiten Weltkrieg mit den früheren Formen sogar kategorisch gebrochen. Dabei beanspruchte

Abb. 85: Die sieben Stechzeuge in der Dauerausstellung der Waffen, 2019

jede Form, einen besonders anschaulichen oder präzisen Einblick in eine Thematik zu geben und die medialen Qualitäten endgültig sichtbar zu machen. Die Bandbreite der aktualisierten Vermögen lag auch am Medium selbst, da sich Waffen, Folter- und Strafgeräte als heikle und aufsehenerregende Musealien erwiesen. Nach wie vor gibt es abweichende Überlegungen darüber, wie diese Objekte ausgestellt werden können – oder ob sie überhaupt exponiert werden sollen. Am GNM wurde die Dauerausstellung der Waffen erst im Juli 1975 im neuerrichteten Ostbau eröffnet, als die Waffen zusammen mit Gartenplastiken einen zweigeteilten Schausaal belegten (vgl. Veit 1978: 124). Dabei vereinte das Museum diverse Prinzipien der früheren Formen: Während die Jagdgeräte ein eigenes, nach Epochen aufgeschlüsseltes Ensemble in einer separaten Vitrine bildeten, wurde die waffengeschichtliche Entwicklung in jeweils ein Jahrhundert abdeckenden

Vitrinen durch Angriffs- und Verteidigungswaffen aufgezeigt (vgl. Königer 1977: 33; Willers 1978: 859). Bemerkenswerte Stücke wurden zudem einzeln in Vitrinen platziert (vgl. Wegweiser 1977: 228–244). Als Höhepunkt exponierte man die Stech- und Rennzeuge in einem gemeinsamen Ensemble (Abb. 85).

Auch andernorts setzen Ausstellungen die Prinzipien der zeitlichen Progression, der Aufstellung nach Typen und der kontinuierlichen Reziprozität um, ohne die Serien bis in die Gegenwart münden zu lassen. Deutlich seltener werden Brüche als Organisationsmittel eingesetzt. So können historische Waffen modernen Exemplaren gegenübergestellt werden, um auf gemeinsame Aspekte, aber auch auf die durch den Waffengang verursachte Gewalt in zeitgenössischen Konflikten hinzuweisen. Auf diese Weise werden Waffen nicht als ästhetisch rezipierbare Schaustücke, sondern als Militaria dargestellt, deren Primärzwecke eben nicht im Exponieren lagen und liegen. Denn außer in Armeemuseen bleibt das militärische Dispositiv als Einsatzort von Waffen oft ausgeklammert. Dies birgt jedoch Risiken, zumal das Problem der Übertragung auf die Gegenwart vom GNM zweifach registriert wurde: ein erstes Mal, als sich die Waffen nach dem Deutsch-Französischen Krieg weiterentwickelt hatten, ohne dass das Museum im frühen 20. Jahrhundert diese Ausdifferenzierung abzubilden vermochte; und ein zweites Mal, als die Abstimmung der historistischen Schausäle auf die Waffen und der daraus resultierende Kontrast beklagt wurden. Wenn eine Dauerausstellung auf zeitgenössische Einsatzfelder von Waffen verweist, so muss sie den Verweis, um aktuell und gültig zu bleiben, beständig erneuern. Hinzu kommt, dass Gegensätze in einer auf lange Zeit angelegten Exponierung rasch an Kraft verlieren können (vgl. Schulz 1927: 94). Statt die komplette Dauerausstellung nach einem solchen Prinzip auszurichten, empfiehlt es sich eher, Kontraste punktuell und überraschend einzusetzen. Schließlich beseitigt dies ein Problem der waffenkundlichen Form, nämlich das Ausbleiben von Überraschungsmomenten. Hingegen erregen historische Dispositive wie das mittelalterliche Turnier, Räume wie die Burg und soziale Gruppen wie die Ritterschaft noch immer große Aufmerksamkeit, wobei die malerische Form des 19. Jahrhunderts in Ansätzen überlebt hat und gerne zu Werbezwecken aufgegriffen wird. Die Neugier der oftmals jungen Besuchenden weckend, bilden die Figur des Ritters und das Turnier

Abb. 86: Der Peffenhauser-Turnierharnisch in der Dauerausstellung der Waffen, 2019

nach wie vor beliebte Bezüge der Waffen (Abb. 86). Zuweilen wird die Grenze zwischen Publikum und Objekt überschritten, wenn ausgewählte oder nachgebildete Objekte wie Harnische und Helme den Besuchenden zur Anprobe gegeben werden. Dadurch können Eigenschaften der Waffen wie Gewicht und Härte übermittelt werden, wie es sich Essenwein gewünscht hatte.

Von solchen und ähnlichen Vorteilen kann das Museum profitieren, wenn es die vormusealen Stationen von Waffen einbezieht. So kann es die Provenienz einer ausgiebig erforschten Waffe von der Herstellung bis zur Exponierung im Museum darlegen und dabei die verschiedenen Potenziale des Mediums aufdecken, die in den Formen und Dispositiven hervorgehoben wurden. Auf diese Weise werden die Produktion der Waffen, ihre militärisch-taktische Rolle, ihre Träger, die Herauslösung aus dem militärischen Dispositiv und die späteren Ausstellungsweisen gleichermaßen gewürdigt. Zudem kann die politische, ästhetische und repräsentative Indienstnahme der Waffe nachgezeichnet werden. Dabei können spektatorische Formen und Schauanordnungen in Zeughäusern und anderen Sammlungen eine Reflexionsebene zum musealen Dasein der Objekte einziehen. Aber auch die

Sichtbarmachung historischer Ausstellungen im Museum regt das Publikum dazu an, über die Inszenierung nachzudenken. Museen können in ihren Schauräumen Optionen bereitstellen, um frühere Ausstellungen zu visualisieren. Ohne das Konzept der Dauerausstellung zu beeinträchtigen, liefert dies interessierten Besuchenden einen zusätzlichen Anreiz.

Jedoch berühren die genannten Möglichkeiten noch nicht die Gewaltpotenziale der Stücke. Damit das Medium der Waffe in einem umfassenden Spektrum behandelt wird, müssen militärische Konflikte nicht nur aus der Sicht der siegreichen, sondern auch aus der der unterlegenen Partei dargestellt werden. Einerseits kann gezeigt werden, wie die Waffen zu einem Ausgang des Konflikts beitragen konnten, zum Beispiel indem sie die feindliche Bewaffnung übertrafen. Andererseits müssen auch die leidvollen Folgen des Waffeneinsatzes thematisiert werden – gerade in mittelalterlichen und frühneuzeitlichen Kontexten wird dies oft übergangen, wenn das Handwerk des Krieges als allzu selbstverständlich präsentiert wird. Dagegen werden die verheerenden Konsequenzen des Waffengangs bei modernen Konflikten aufgrund der besseren Quellenlage in der Regel berücksichtigt. Doch sind auch für länger zurückliegende Ereignisse aussagekräftige Berichte bekannt, etwa für den Dreißigjährigen Krieg. Die brutale Realität des Kampfes kann zudem durch Spuren wie Schrammen und Löcher direkt an den Exponaten gezeigt werden. Die Gewalt ist der Schlüssel, um die Medialität von Waffen auszuschöpfen, ohne ihre primären Anwendungsfelder zu übergehen. Sie bringt die historischen Dispositive von Waffen zusammen und ist daher nicht als Begleiterscheinung zu inszenieren. Denn dies würde Kriege als übliches Phänomen und den Einsatz von Waffen als natürliche Angriffs- und Verteidigungsmittel bagatellisieren. Andererseits müssen die Objekte gezeigt, das heißt im Museum exponiert werden, um eine Debatte über die Gewalt anzustoßen. Erst wenn feste Kausalketten und Rückschlüsse zwischen Konflikten, Waffen und den beteiligten Interessensgruppen aufgebrochen werden, können sich die reflexiven Potenziale des Mediums im Museum realisieren. Verständlicherweise gibt es keine Generallösung für die Inszenierung von Waffen; aber dort, wo mit Konventionen gespielt wird, wo frühere, zum Teil immer noch wirksame Formen und Narrative ironisiert, dekonstruiert oder durch gattungsfremde Objekte in neue, unvertraute Bezugsrahmen versetzt werden – dort wird die Waffe selbst problematisiert.[187] Eine Kontextualisierung kann durch Querverbindungen zu anderen Abteilungen erfolgen. Am GNM könnten die Waffen mit medizinischen Utensilien gruppiert werden, um die Folgen der Gewalt in Gestalt von Verletzungen und Krankheiten hervorzuheben. Möglich sind auch Verfremdungseffekte, indem etwa den eisernen Waffen besonders empfindliche und brüchige Objekte an die Seite gestellt werden (vgl. Beuing 2019: 151f.).

Bei den Folter- und Strafgeräten sind sensationalistische Formen beim Publikum weiterhin beliebt. Dabei wirkt die Gewalt in anziehender Weise auf die Betrachtenden – Foltermuseen und sogenannte *dungeons* operieren auf Basis einer Ökonomie des reizvollen Schreckens. Diese Erscheinungsformen des *dark tourism* entsprechen in vielen Hinsichten der Heterotopie des Jahrmarkts (vgl. Foucault 2014: 16f.), weshalb sie sich mit dem Dispositiv von Zirkussen, Kuriositätenkabinetten, Messen und ähnlich kurzweiligen spektatorischen Anordnungen vergleichen lassen. Eine gängige Abweichung von der sensationalistischen Form besteht darin, sie zu zitieren, anschließend aber die gezeigten Klischees zu überführen und zu brechen. Dabei werden die Geräte wie im GNM auf ihre Rolle im Dispositiv zurückgeführt und oftmals von Gesetzestexten, Abbildungen und Vorschriften zu historischer Folter und Richtung begleitet. Führungen durch Verliese, unterirdische Gänge und Tunnel garantieren dem Publikum dennoch einen Nervenkitzel, der durch inszenatorische oder theatrale Details gesteigert werden kann. Somit werden die in der Rezeption der Folter- und Strafgeräte entstandenen Vorurteile als Besuchsmotivation herangezogen, aber in der Ausstellung selbst widerlegt, um den Erlebnischarakter zu erhalten, zugleich aber dem wissenschaftlichen Auftrag zu entsprechen. Diese Methode greift zuweilen auf die Rezeption der Objekte in der nachaufklärerischen Zeit zurück. So erörtert das Mittelalterliche Kriminalmuseum die Provenienz und Ausstellungsgeschichte, aber auch popkulturelle Referenzen der Eisernen Jungfrau. Dadurch werden die Mechanismen der sensationalistischen Form und ihre Bedeutung für die Wahrnehmung von Folter- und Strafgeräten exponiert. An nachweislich gefälschten Stücken kann die Sammelkultur im 19. Jahr-

187 Damit ist keine Herabsetzung oder Verdrängung der musealen Waffe gemeint. Fragwürdig ist diese vielmehr nur dann, wenn sie keinen Denkanstoß bezüglich der Implikationen von Waffen und der diese hervorbringenden Gesellschaft auslöst.

hundert demonstriert und der Begriff der Authentizität hinterfragt werden. Wichtig ist es, nicht bei den juristischen Kontexten haltzumachen, in denen die Geräte zur Anwendung gelangten. Darüber hinaus können historisch belegte Überschreitungen und Exzesse der Gewalt bei Folter und Strafe thematisiert werden, damit die Gewalt nicht gänzlich in der Abstraktion der Rechtssysteme zum Verschwinden gebracht wird. Auch hier kann die historische Folter und Strafe zu heutigen Methoden in Bezug gesetzt werden, indem die psychische Folter der physischen an die Seite gestellt wird. Dies kann ebenfalls an den Exponaten vollzogen werden, denn die physischen Geräte implizierten die psychische Destabilisierung des Delinquenten durch die Territion, die allseits bekannten Strafgrade sowie die Drastik der Geräte und der Strafen. Somit werden die Reaktion des Delinquenten und diejenige des Publikums auf die Geräte in ein Verhältnis gesetzt, ohne Letzteres durch inakkurate Darstellungen zu emotionalisieren.

Je mehr also die Medialität der Objekte zum Vorschein kommt, desto besser können Reflexionsprozesse einsetzen. Auch heute noch sind die Dispositive der Gewalt und ihre Formen – der Krieg, die Jagd, die Folter und die Todesstrafe – weltweit vorzufinden. Daher liegt es an den Museen, geeignete Formen zu finden, um nicht bei der Stellvertreterfunktion der Exponate zu verharren und deren Wirkkraft gar ungewollt zu erhöhen. Nur wenn die museale Assemblage kenntlich gemacht wird, bei der das Publikum auf das Medium trifft, wird auch die Medialität der Objekte sichtbar. Dann kann die historische Verwendung der Exponate über ihre gegenwärtige Immobilität und Passivität kritisch revidiert werden. Die Gewalt von Waffen, Folter- und Strafgeräten auszustellen heißt daher, die Formen der Gewalt im doppelten Sinne zu exponieren.

Bibliographie

Agamben, Giorgio. 2008. *Was ist ein Dispositiv?*. Zürich: Diaphanes.

Ders. 2009. *What is an Apparatus?*. Stanford: University Press.

Albrecht, Rudolf. 1900. *Rothenburg ob der Tauber. Führer durch die Stadt und deren Sehenswürdigkeiten*. 9. Auflage. Rothenburg o.d. Tauber: o.V.

Ders. 1903. *Führer durch Nürnberg*. Nürnberg: Soldan.

Ders., und Hans Stegmann. 1896. *Das Germanische National-Museum zu Nürnberg in seinen Räumen und Gebäulichkeiten*. Nürnberg: Soldan.

Alpers, Svetlana. 1991. „The Museum as a Way of Seeing". In: Ivan Karp und Stephen D. Lavine (Hgg.). *Exhibiting Cultures. The Poetics and Politics of Museum Display*. London/Washington: Smithsonian Institution Press. 25–32.

Altenau, Julius v. 1883. „Ein mittelalterliches Gesellenstechen auf dem Marktplatze zu Nürnberg". In: *Die Gartenlaube* XXXI/4 (1883). 60–63.

Amira, Karl v. 1918. „Die Neubauersche Chronik". In: *Sitzungsberichte der Königlich Bayerischen Akademie der Wissenschaften* XLVIII/9 (1918). 1–51.

Anders, Otto. 1960. „Nürnberg um die Mitte des 15. Jahrhunderts im Spiegel ausländischer Betrachtung". In: *Mitteilungen des Vereins für Geschichte der Stadt Nürnberg* L (1960). 100–112.

Anderson, Natalie M. 2017. *The Tournament and its Role in the Court Culture of Emperor Maximilian I (1459–1519)*. Leeds: University of Leeds.

Andrian-Werburg, Irmtraud v. 2002. *Das Germanische Nationalmuseum. Gründung und Frühzeit*. Nürnberg: Verlag des GNM.

Angerer, Martin, Konrad M. Färber und Helmut-Eberhard Paulus. 1995. *Das Alte Rathaus zu Regensburg. Ein Führer durch die Beratungszimmer des Alten Reichstags mit Reichstagsmuseum und mittelalterlicher Fragstatt*. Regensburg: MZ.

Anonymus. 16. Jahrhundert. *Turnierbuch. Ritterspiele gehalten von Kaiser Friedrich III. und Kaiser Maximilian I. in den Jahren 1489–1511*. Augsburg: o.V.

Anonymus. 1806. *Der Beobachter an der Pegnitz*. Bd. 1. Fürth: Friedrich Korn.

Anonymus. 1808. *Kurze Beschreibung des Rittersaales in dem Schlosse zu Erbach im Odenwalde und der in demselben aufgestellten Rüstungen und Waffen*. Amorbach: H.W. Volkhart.

Anonymus. 1835. „Dietrich, Jos. Freyh. v.“. In; Franz Gräffer und Johann J. Czikann (Hgg.). *Oesterreichische National-Encyklopädie*. Bd. 1. Wien: Friedrich Beck'sche Universitäts-Buchhandlung. 711–713.

Anonymus. 1839. „Der Engländer und die Jungfrau aus Eisen“. In: *Blätter für literarische Unterhaltung* XIV/1 (1839). 319.

Anonymus. 1843. *Wegweiser durch Nürnberg. Handbüchlein für Freunde und Einheimische*. Nürnberg: Winter.

Anonymus. 1854. „Schloß Feistritz“. In: *Österreichische Illustrirte Zeitung* IV/140 (30. Januar 1854). 1116–1117.

Anonymus. 1855a. „Josef Freiherr v. Dietrich“. In: *Laibacher Zeitung* LXXVII/177 (4. August 1855). 765–766.

Anonymus. 1855b. „Wiener Local-Neuigkeiten“. In: *Wiener Conversationsblatt* XLIX/172 (28. Juli 1855). 699.

Anonymus. 1857. „Das germanische Museum in Nürnberg“. In: *Die Grenzboten* XVI (1857). 352–357.

Anonymus. 1858. „Das germanische Museum in der Karthause zu Nürnberg nach seiner neuen Einrichtung“. In: *Illustrierte Zeitung* XXX/766 (6. März 1858). 151–154.

Anonymus. 1862. „Die eiserne Jungfer“. In: *Die Gartenlaube* X/43 (1862). 678–680.

Anonymus. 1864a. *Die Sammlung der Kriminal-Rechtsalterthümer, Schimpf- Folter, Leibes und Lebens Strafwerkzeuge der Folterkammer in Nürnberg*. Nürnberg. o.V.

Anonymus. 1864b. *Katalog der rühmlichst bekannten Sammlungen des verstorbenen Assessors des Handels-Appellationsgerichts zu Nürnberg, Jakob Hertel, welche am 18. Mai und folgende Tage zu Nürnberg im Saale des Augustiner-Klosters gegen baare Zahlung öffentlich versteigert werden*. Auktionskatalog. Nürnberg: Friedrich Korn.

Anonymus. 1867. „Die eiserne Jungfrau in Oesterreich“. In: *Nordböhmischer Gebirgsbote* XI/19–23 (März 1867). 73–74, 77–78, 81–82, 85–86, 89–90.

Anonymus. 1868a. *Das alte und das neue Nürnberg historisch-topographisch beschrieben. Ein praktischer Wegweiser durch die Stadt und deren nächste Umgebung für Einheimische und Fremde*. Nürnberg: C.H. Zeh'sche Buchhandlung.

Anonymus. 1868b. *Das bayerische Nationalmuseum. Mit Abbildungen und Plänen*. München: Verlag des Bayerischen Nationalmuseums.

Anonymus. 1870. *Die Foltergewölbe und Hochgerichte der Vorzeit. Geschichtliche Darstellung und Abbildung der verschiedenen Folterinstrumente, Leibes- und Lebensstrafen der früheren Jahrhunderte, mit vielen Holzschnitten nach den in den Sammlungen des germanischen Museums und des Hrn. Geuder auf der k. Burg in Nürnberg aufbewahrten Originalien*. Würzburg: Bonitas-Bauer.

Anonymus. 1871. „In der Kronen-Schmiede der Hohenzollern“. In: *Die Gartenlaube* XIX/37 (1871). 619–623.

Anonymus. 1872. *Achtunddreißigster Jahresbericht des historischen Vereins für Mittelfranken. 1871 und 1872*. Ansbach: E. Brügel und Sohn.

Anonymus. 1877. *Nürnberg. Zuverlässiger Führer durch die Stadt und ihre Sehenswürdigkeiten*. 4. Auflage. Nürnberg: Hermann Ballhorn.

Anonymus. 1879. „Allgemeine Monatsschau. Aus der ‚Leipziger Ill. Ztg.‘“. In: *Australische Zeitung* V/13 (1. April 1879). 10.

Anonymus. 1887. *Führer durch das Königlich Bayerische Nationalmuseum in München*. München: Straub.

Anonymus. 1889a. „Baron Dietrich“. In: *Fränkischer Kurier* LVI (13. August 1889). 1–2.

Anonymus. 1889b. „Die Sulkowski'sche Sammlung“. In: *Fränkischer Kurier* LVI (9. August 1889). 1–2.

Anonymus. 1889c. „Kleine Mitteilungen“. In: *Fränkischer Kurier* LVI/504 (2. Oktober 1889). o.S.

Anonymus. 1889d. *Katalog der Kunst- und culturhistorischen Sammlungen des verstorbenen Herrn Dr. Carl Heinz Ritter und Edlen Mayer von Mayerfels auf Schloss Meersburg am Bodensee*. Auktionskatalog. Köln: DuMont.

Anonymus. 1890. „Auktionen“. In: *Kunstchronik* I/28 (5. Juni 1890). 468–470.

Anonymus. 1897. „Städtisches“. In: *Fränkischer Kurier* LXIV/99 (23. Februar 1897). 3.

Anonymus. 1904. *Führer durch die Sammlungen des historischen Vereins für Mittelfranken*. Ansbach: C. Brügel & Sohn.

Anonymus. 1905. „Zu den Tafeln 67–69“. In: *Die Architektur des XX. Jahrhunderts* V/3 (1905). 42–43.

Anonymus. 1906. *Sammlung von fotografischen Aufnahmen*. 4 Bde. Nürnberg: Verlag des GNM.

Anonymus. 1908. *Führer durch das Bayerische Nationalmuseum in München*. München: Verlag des Bayerischen Nationalmuseums.

Anonymus. 1910. *Kulturhistorisch-kriminalistische Sammlungen (Folterkammer) wissenschaftlich geordnet und aufgestellt in den gesammten Räumen des fünfeckigen Thurmes auf der kgl. Burg zu Nürnberg*. o.O.: o.V.

Anonymus. 1918. „Wappenkunde und Wappenkunst“. In: *Niederbayerische Monatsschrift* VII (1918). 57–60.

Anonymus. 1920. „Die Zukunft des Germanischen Museums“. In: *Münchner Neueste Nachrichten* LXXIII/15 (13. Januar 1920). 1.

Anonymus. 1923. *Joseph Freiherr von Dietrich'sche Waffensammlung aus Schloss Feistritz*. Auktionskatalog. Wien: Dorotheum.

Anonymus. 1930. *Kultur- u. Kriminal-Historische Sammlung im fünfeckigen Turm auf der Burg zu Nürnberg*. Nürnberg: Nister.

Anonymus. 1939. „Statistischer Jahresbericht“. In. *Nürnberger Schau* I/1 (Januar 1939). 31–35.

Anonymus (Hg.). 1941. *Ausstellung Krieg in Buch und Bild. Veranstaltet vom Wehrkreiskommando XIII in Zusammenarbeit mit der Gaupropagandaleitung Franken und der Stadt der Reichsparteitage Nürnberg vom 1. März – 30. April 1941*. Ausstellungskatalog. Nürnberg: Zerreis.

Anzeiger. 1853–1909. *Anzeiger für Kunde der deutschen Vorzeit und Anzeiger des Germanischen Nationalmuseums*. Nürnberg: Verlag des GNM.

Ariès, Philippe. 2015. *Geschichte des Todes*. 13. Auflage. München: Dtv.

Aristoteles. 2006. *Über die Seele*. 8. Auflage. Berlin: Akademie.

Arnim, Achim v., und Clemens Brentano (Hgg.). 1806. *Des Knaben Wunderhorn. Alte deutsche Lieder*. Bd. 1. Heidelberg: Mohr und Zimmer.

Arx, Christine v. 2012. „Sensationelles Zeug. Museale Präsentationen in eidgenössischen Zeughäusern im 18. und 19. Jahrhundert". In: *Schweizerische Zeitschrift für Geschichte* 62 (2012). 16–48.

Aufseß, Hans v. 1853. *System der deutschen Geschichts- und Alterthumskunde. Entworfen zum Zwecke der Anordnung der Sammlungen des germanischen Museums*. Nürnberg: Verlag des GNM.

Ders. 1856a. *Das Germanische Nationalmuseum – Organismus und Sammlungen. Organismus und literarische Sammlungen*. Bd. 1. Nürnberg/Leipzig: Verlag des GNM.

Ders. 1856b. *Das Germanische Nationalmuseum – Organismus und Sammlungen. Kunst- und Alterthums-Sammlungen*. Bd. 2. Nürnberg/Leipzig: Verlag des GNM.

Baecker, Dirk. 2005. *Form und Formen der Kommunikation*. Frankfurt a.M.: Suhrkamp.

Baedeker, Karl. 1842. *Handbuch für Reisende durch Deutschland und den Oesterreichischen Kaiserstaat*. Koblenz: Selbstverlag.

Baethcke, Paul. 1907. „Die eiserne Jungfrau von Georgenthal". In: *Mitteilungen der Vereinigung für Gothaische Geschichte und Altertumsforschung* VI (1907). 1–13.

Bahns, Jörn. 1977a. „‚Ein vaterländisches Museum'. Das Germanische Nationalmuseum in Nürnberg 1852–1977". In: *Erdkreis* XXVII (1977). 353–361.

Ders. 1977b. „Kunst- und kulturgeschichtliche Museen als Bauaufgabe des späten 19. Jahrhunderts. Das Germanische Nationalmuseum und andere Neubauten seit etwa 1870". In: Bernward Deneke und Rainer Kahsnitz (Hgg.). *Das kunst- und kulturgeschichtliche Museum im 19. Jahrhundert. Vorträge des Symposions im Germanischen Nationalmuseum, Nürnberg*. München: Prestel. 176–192.

Ders. 1978. „Die Museumsbauten von der Übernahme der Kartause im Jahre 1857 bis gegen 1910". In: Bernward Deneke und Rainer Kahsnitz (Hgg.). *Das Germanische Nationalmuseum Nürnberg 1852–1917. Beiträge zu seiner Geschichte*. München: Deutscher Kunstverlag. 357–469.

Baldauf, Dieter. 2004. *Die Folter. Eine deutsche Rechtsgeschichte.* Köln/Weimar/Wien: Böhlau.

Bann, Stephen. 1988. „Poetik des Museums. Lenoir und Du Sommerard“. In: Jörn Rüsen, Wolfgang Ernst und Heinrich T. Grütter (Hgg.). *Geschichte sehen. Beiträge zur Ästhetik historischer Museen.* Pfaffenweiler: Centaurus. 35–49.

Barber, Richard, und Juliet Barker. 2001. *Die Geschichte des Turniers.* Darmstadt: Wbg.

Bassermann-Jordan, Ernst. 1902. „Die Waffensammlung des bayerischen National-Museums in München“. In: *Zeitschrift für historische Waffenkunde* II/8 (1900–02). 283–286.

Baudry, Jean-Louis. 1974. „Ideological Effects of the Basic Cinematographic Apparatus“. In: *Film Quaterly* 28/2 (1974–75). 39–47.

Bauer, Ingolf. 2002. „Rechtsaltertümer im Bayerischen Nationalmuseum“. In: Konrad Ackermann, Alois Schmid und Wilhelm Volkert (Hgg.). *Bayern vom Stamm zum Staat. Festschrift für Andreas Kraus zum 80. Geburtstag.* Bd. 2. München: Beck. 1–25.

Bauer, Jürgen. 2017. „Der Wiederaufbau der Cadolzburg – Zwischen Bewahrung des Baudokuments und aktuellen Nutzungsanforderungen“. In: Sebastian Karnatz und Uta Piereth (Hgg.). *‚herr im hauß‘. Die Cadolzburg als Herrschaftssitz der fränkischen Zollern im Mittelalter.* München: Bayerische Schlösserverwaltung. 160–173.

Baur, Joachim. 2010. *Museumsanalyse. Methoden und Konturen eines neuen Forschungsfeldes.* Bielefeld: Transcript.

Bechstein, Ludwig. 1845. „Deutsche Schimpf-, Straf- und Folterwerkzeuge. Mit Bezug auf mehrere in der Sammlung des Hennebergischen alterthumsforschenden Vereins befindliche“. In: Georg Brückner (Hg.). *Beiträge zur Geschichte deutschen Alterthums.* Bd. 5. Meiningen: Hennebergischer alterthumsforschender Verein. 74–91.

Becker, Hannelore. 2006. „Klage mit der toten Hand. ‚Leibzeichen‘: Forschung zur mittelalterlichen Gerichtspraxis“. In: *Magazin der Heinrich-Heine-Universität Düsseldorf* 3 (2006). 36–37.

Beger, Lorenz. 1696. *Thesauri Electoralis Brandenburgici Continuatio. Sive Numismatum Romanorum.* Berlin/Leipzig: Michael Rüdiger.

Beller, Bernhard. 2010. *Anthropologie und Ethik bei Arnold Gehlen.* München: LMU.

Bergau, Rudolf. 1877. „Das Germanische Museum zu Nürnberg“. In: *Deutsche Bauzeitung* XI/98, 100 (8. und 15. Dezember 1877). 485-487, 495–497.

Beuing, Raphael. 2019. „Zwischen informativer Präsenz und visuellem Effekt. Der Waffensaal des Bayerischen Nationalmuseums“. In: Romana Kaske und Julia Saviello (Hgg.). *Objekte des Krieges. Präsenz & Repräsentation*. Berlin/Boston: De Gruyter. 141–153.

Bezold, Gustav v. 1920a. „Die Kritik an den Verhältnissen im germanischen Museum“. In: *Fränkischer Kurier* LXXXVIII/6 (5. Januar 1920).

Ders. 1920b. „Die Tätigkeit der Beamten des Germanischen Museums“. In: *Kunstchronik* LV/15 (1920). 303–304.

Biedermann, Bernadette. 2016. „The Theory of Museology. Museology as it is – Defined by two Pioneers. Zbyněk Z. Stránský and Friedrich Waidacher“. In: *Museologica Brunensia* V/2 (2016). 51–64.

Bierdimpfl, Karl A. 1882. *Die Sammlung der Folter-, Straf- und Bussinstrumente des baierischen Nationalmuseums*. München: Straub.

Blaas, Carl M. 1883. „Zur Geschichte des Pfählens“. In: *Anzeiger für Kunde der deutschen Vorzeit* (1883). 88.

Boeheim, Wendelin. 1884. „Über einige Jagdwaffen und Jagdgeräthe“. In: *Jahrbuch der kunsthistorischen Sammlungen des Allerhöchsten Kaiserhauses* II (1884). 129–144.

Ders. 1890. *Handbuch der Waffenkunde. Das Waffenwesen in seiner historischen Entwicklung vom Beginn des Mittelalters bis zum Ende des 18. Jahrhunderts*. Leipzig: E.A. Seemann.

Ders. 1897. „Vortrag des II. Vorsitzenden, Custos Wendelin Boeheim, in der Versammlung des Vereins für historische Waffenkunde“. In. *Zeitschrift für historische Waffenkunde* I (1897). 2–6.

Bösch, Hans. 1889. „Wie die Reichsstadt Nürnberg ihr Zeughaus verlor“. In: *Fränkischer Kurier* LVI/417 (16. August 1889). 1–3.

Ders. 1892. „Kgl. Bayer. Geheimrat Dr. August Ottmar v. Essenwein, erster Direktor des germanischen Nationalmuseums“. In: *Anzeiger des Germanischen Nationalmuseums* (1892). 68–78.

Brauns, Jörg. 2002. „Die Metaphysik des Mediums“. In: Ders. (Hg.). *Form und Medium*. Weimar: VDG. 9–20.

Ders. 2007. *Schauplätze. Zur Architektur visueller Medien*. Berlin: Kadmos.

Bredekamp, Horst. 2012. *Antikensehnsucht und Maschinenglauben. Die Geschichte der Kunstkammer und die Zukunft der Kunstgeschichte*. 4. Auflage. Berlin: Wagenbach.

Brenker, Fabian, und Daniel Burger. 2020. „Der verlorene Harnisch vom Haus ‚Zum geharnischten Mann', Obere Schmiedgasse 66, in Nürnberg". In: *Zeitschrift für Waffen- und Kostümkunde* LXII/1 (2020). 31–54.

Bröckling, Ulrich. 1997. *Disziplin. Soziologie und Geschichte militärischer Gehorsamsproduktion*. München: Fink.

Brückner, Georg (Hg.). 1845. *Beiträge zur Geschichte deutschen Alterthums*. 5. Auflage. Meiningen: Hennebergischer alterthumsforschender Verein.

Bub, Gustav. 1930. *Alte Nürnberger Familien. Neue Beiträge zur Kulturgeschichte der Stadt Nürnberg*. Hersbruck: Karl Pfeiffer.

Bumke, Joachim. 2008. *Höfische Kultur. Literatur und Gesellschaft im hohen Mittelalter*. 12. Auflage. München: Dtv.

Burgdorf, Wolfgang. 2021. „1806 – Geschichtsverlust und Flucht in die Geschichte". In: Ingo Wiwjorra und Dietrich Hakelberg (Hgg.). *Archäologie und Nation. Kontexte der Erforschung ‚Vaterländischen Alterthums'. Zur Geschichte der Archäologie in Deutschland, Österreich und der Schweiz, 1800 bis 1860*. Nürnberg: Verlag des GNM. 9–13.

Burger, Daniel. 2005. *Die Cadolzburg. Dynastenburg der Hohenzollern und markgräflicher Amtssitz*. Nürnberg: Verlag des GNM.

Ders. 2009. „‚In den Turm geworfen'. Gefängnisse und Folterkammern auf Burgen im Mittelalter und in der frühen Neuzeit". In: Wartburg-Gesellschaft zur Erforschung von Burgen und Schlössern (Hg.). *Burgenbau im späten Mittelalter* II. Berlin/München: Deutscher Kunstverlag. 221–236.

Ders. 2012. „Waffenkammern und Zeughäuser in Mittelalter und Früher Neuzeit zwischen Funktion und Repräsentation". In: Olaf Wagener (Hg.). *Symbole der Macht?. Aspekte mittelalterlicher und frühneuzeitlicher Architektur*. Frankfurt a.M. u.a.: Peter Lang. 407–428.

Ders. 2017. „Die Cadolzburg 1486 bis 1945 – Bau und Funktion". In: Sebastian Karnatz und Uta Piereth (Hgg.). *‚herr im hauß'. Die Cadolzburg als Herrschaftssitz der fränkischen Zollern im Mittelalter*. München: Bayerische Schlösserverwaltung. 134–159.

Burian, Peter. 1978. „Das Germanische Nationalmuseum und die deutsche Nation“. In: Bernward Deneke und Rainer Kahsnitz (Hgg.). *Das Germanische Nationalmuseum Nürnberg 1852–1917.* Beiträge zu seiner Geschichte. München: Deutscher Kunstverlag. 127–262.

Cameron, Duncan F. 1972. „Problems in the language of museum interpretation“. In: *The museum in the service of man. Today and tomorrow. The papers from the Ninth General Conference of ICOM*. Paris/Oxford: International Council of Museums. 89–99.

Carman, William Y. 1955. *A History of Firearms. From Earliest Times to 1914*. London: Routledge & Kegan Paul Ltd.

Chodowiecki, Daniel. 1774. „Vorstellung einiger öffentlichen Strafen. Das ehrliche Gassenlaufen, und die unehrliche Stäupung“. In: Johann B. Basedow. *Elementarwerk für die Jugend und ihre Freunde*. Leipzig: Crucius. Tafel XXXIV.

Classen, Constance. 2017. *The Museum of the Senses. Experiencing Art and Collections*. London u.a.: Bloomsbury.

Cochenhausen, Friedrich v. 1941. „Unser Wehrschrifttum der Gegenwart“. In: Anonymus (Hg.). *Ausstellung Krieg in Buch und Bild. Veranstaltet vom Wehrkreiskommando XIII in Zusammenarbeit mit der Gaupropagandaleitung Franken und der Stadt der Reichsparteitage Nürnberg vom 1. März – 30. April 1941*. Ausstellungskatalog. Nürnberg: Zerreis. 14–20.

Colditz-Heusl, Silke. 2013. *Paul Ritter und das kulturhistorische Stadtbild Nürnbergs im späten 19. Jahrhundert*. Neustadt a. d. Aisch: Schmidt.

Dies. 2021. „Zwischen Stechstangen, Rössern und Gauklern. Nürnberger Patriziersöhne auf der Stuckdecke“. In: *Museenblog Nürnberg*. 1–6. https://museenblog-nuernberg.de/2021/08/04/gesellenstechen-auf-der-stuckdecke/ [Abruf am 02.07.2024].

Conrad, Lisa, und Timon Beyes. 2018. „Mischverhältnisse. Zur Beziehung von Medien- und Organisationstheorie“. In: *Zeitschrift für Medienwissenschaft* X/1 (2018). 50–58.

Crane, Susan A. 1996. „(Not) Writing History. Rethinking the Intersections of Personal History and Collective Memory with Hans von Aufsess“. In: *History and Memory* VIII/1 (1996). 5–29.

Dies. 2000. *Collecting and Historical Consciousness in Early Nineteenth-Century Germany*. Ithaca/London: Cornell University Press.

Curtius, Andreas. 1999. „Sanierung des kleinen Kreuzgangs“. In: *MonatsAnzeiger* XIX/8 (1999). 9.

Dahn, Felix. 1880. „Das germanische Museum in Nürnberg und dessen Organ (1863)“. In: Ders. (Hg.). *Bausteine. Gesammelte kleine Schriften, Zweite Reihe*. Berlin: Otto Janke. 422–432.

Daston, Lorraine, und Peter Galison. 2007. *Objektivität*. Frankfurt a.M.: Suhrkamp.

Dean, Bashford. 1915. *Handbook of Arms and Armor European and Oriental Including the William H. Riggs Collection*. New York: The Metropolitan Museum of Art.

Decker, Georg. 1954. „Eine Nürnberger Sammlung, die verloren ging. Johann Jacob Hertel hat sie vor 150 Jahren angelegt“. In: *Mitteilungen aus der Stadtbibliothek Nürnberg* II/4 (Januar 1954). 1–8.

DeLanda, Manuel. 1991. *War in the Age of Intelligent Machines*. New York: Zone Books.

Ders. 2006. „Deleuzian Social Ontology and Assemblage Theory“. In: Martin Fuglsang und Bent M. Sørensen (Hgg.). *Deleuze and the Social*. Edinburgh: Edinburgh University Press. 250–266.

Ders. 2010. *Deleuze. History and Science*. New York/Dresden: Atropos Press.

Ders. 2016. *Assemblage Theory*. Edinburgh: Edinburgh University Press.

Deleuze, Gilles. 1991. „Was ist ein Dispositiv?“. In: François Ewald und Bernhard Waldenfels (Hgg.). *Spiele der Wahrheit. Michel Foucaults Denken*. Frankfurt a.M.: Suhrkamp. 153–162.

Ders. 1997. *Das Zeit-Bild. Kino 2*. Frankfurt a.M.: Suhrkamp.

Ders. 2013. *Foucault*. 7. Auflage. Frankfurt a.M.: Suhrkamp.

Ders., und Félix Guattari. 1992. *Tausend Plateaus. Kapitalismus und Schizophrenie*. Berlin: Merve.

Ders., und Claire Parnet. 2019. *Dialoge*. Berlin: August.

Delsenbach, Johann A. 1986. *Nürnbergische Prospecten*. München: Hugendubel.

Demmin, August. 1869. *Die Kriegswaffen in ihrer historischen Entwickelung von der Steinzeit bis zur Erfindung des Zündnadelgewehrs. Ein Handbuch der Waffenkunde*. Leipzig: E.A. Seemann.

Ders. 1893. *Die Kriegswaffen in ihren geschichtlichen Entwickelungen von den ältesten Zeiten bis auf die Gegenwart. Eine Enzyklopädie der Waffenkunde*. 4. Auflage. Leipzig: P. Friesenhahn.

Dempwolff, Carl A. 1865. „Folterkammer und Bratwurstglöckle". In: *Daheim* I (1865). 307–308.

Deneke, Bernward, und Rainer Kahsnitz (Hgg.). 1978. *Das Germanische Nationalmuseum Nürnberg 1852–1917. Beiträge zu seiner Geschichte*. München: Deutscher Kunstverlag.

Dirnberger, Johann (Hg.). 1870. *Erinnerung an Regensburg, seine Denk- und Sehenswürdigkeiten mit einer besonderen Beschreibung des alten und neuen Rathhauses nebst Abbildungen der Folterkammer und Marterwerkzeuge*. Regensburg: Demmler'sche Offizin.

Doepler, Emil d.J. 1902. „Bayerisches National-Museum: Abteilung Waffen". In: *Zeitschrift für historische Waffenkunde* II (1900–02). 320–321.

Doppelmayr, Johann G. 1730. *Historische Nachricht von den nürnbergischen Mathematicis und Künstlern*. Nürnberg: Peter Conrad Monath.

Dotzauer, Alexander v. 1904. „Das Zeughaus der Reichsstadt Nürnberg". In: *Mitteilungen des Vereins für Geschichte der Stadt Nürnberg* XVI (1904). 151–178.

Dransfeld, Caspar. 1913. *Die Folterkammer in Regensburg*. Regensburg: Friedrich Pustet.

Dreger, Max. 1926. *Waffensammlung Dreger. Mit einer Einführung in die Systematik der Waffen*. Berlin/New York: De Gruyter.

Droysen, Johann G. 1868. *Grundriss der Historik*. Leipzig: Veit & Comp.

Dux, Holger A. 1996. „Heinrich Nagelschmidt und das 19. Jahrhundert. Leben und Wirken eines Kölner Privatbaumeisters". In: *Jahrbuch des Kölnischen Geschichtsvereins* LXVII/1 (1996). 105–151.

E., P. 1834. „Bitte". In: *Anzeiger für Kunde des deutschen Mittelalters* III (1834). 69–71.

Ebert, Anja. 2019. „Erwerbungen des Germanischen Nationalmuseums im Kontext des Margraf-Konzerns und seines Inhabers Jakob Oppenheimer". In: Dies. und Timo Saalmann. *Gekauft – Getauscht – Geraubt?. Erwerbungen des Germanischen Nationalmu-*

seums zwischen 1933 und 1945 – Weitere Ergebnisse der Provenienzforschung. Nürnberg: Verlag des GNM. 63–85.

Eckstein, Lisa, und Derya Pektas. 2012. „Der Totenschild des Hieronymus Kress. Eine Nürnberger Gedächtnistafel des 15. Jahrhunderts". In: *KulturGut* IX/1 (2012). 7–11.

Elias, Norbert, und Eric Dunning. 1984. *Sport im Zivilisationsprozess. Studien zur Figurationssoziologie*. Münster: Lit.

Endres, Rudolf. 1982. „Adelige Lebensformen in Franken im Spätmittelalter". In: Heinrich Appelt (Hg.). *Adelige Sachkultur des Spätmittelalters*. Wien: Österreichische Akademie der Wissenschaften. 73–104.

Ders. 1988. „Adel und Patriziat in Oberdeutschland". In: Winfried von Schulze (Hg.). *Ständische Gesellschaft und Soziale Mobilität*. München: R. Oldenbourg Verlag. 221–238.

Ders. 2001. „Turniere und Gesellenstechen in Nürnberg". In: Helmut Bräuer und Elke Schlenkrich (Hgg.). *Die Stadt als Kommunikationsraum. Beiträge zur Stadtgeschichte vom Mittelalter bis ins 20. Jahrhundert*. Leipzig: Leipziger Universitätsverlag. 263–280.

Ernst, Wolfgang. 1988. „Entstellung der Historie?. Museale Spuren(t)sicherung zwischen déjà vu und Wahrnehmungsschock". In: Ders., Jörn Rüsen und Heinrich T. Grütter (Hgg.). *Geschichte sehen. Beiträge zur Ästhetik historischer Museen*. Pfaffenweiler: Centaurus. 21–34.

Ders. 2003. *Im Namen von Geschichte. Sammeln – Speichern – Er/Zählen: Infrastrukturelle Konfigurationen des deutschen Gedächtnisses*. München: Fink.

Ersch, Johann S., und Johann G. Gruber (Hgg.). 1848. *Allgemeine Encyklopädie der Wissenschaften und Künste*. Bd. 47. Leipzig: Brockhaus.

Eser, Thomas. 2022. „Fälschung". In: Martin Sabrow und Achim Saupe (Hgg.). *Handbuch Historische Authentizität*. Göttingen: Wallstein. 152–161.

Ders., und Stephanie Neuner (Hgg.). 2002. *Nürnberg – Wie eine Sonne unter Mond und Sternen. Eine Blütenlese von Zitaten fremder Beobachter aus fünf Jahrhunderten*. Nürnberg: Verlag des GNM.

Ders., Michael Farrenkopf, Dominik Kimmel et al. (Hgg.). 2017. *Authentisierung im Museum. Ein Werkstatt-Bericht*. Mainz: Verlag des Römisch-Germanischen Zentralmuseums.

Esposito, Elena. 2006. „Was man von den unsichtbaren Medien sehen kann“. In: *Soziale Systeme* XII/1 (2006). 54–78.

Essenwein, August v. 1867. „Ueber die Anlage kleiner Museen“. In: *Anzeiger für Kunde der deutschen Vorzeit* (1867). 127–128, 189–190, 222–224, 324–328, 389–392.

Ders. 1868. *Die Sammlungen des germanischen Museums*. Nürnberg: Verlag des GNM.

Ders. 1868-70. „Zur Geschichte der Feuerwaffen“. In: *Anzeiger für Kunde der deutschen Vorzeit* (1868/1870). 225–229, 252–257 / 381–389.

Ders. 1870a. *Das germanische Nationalmuseum zu Nürnberg. Bericht über den gegenwärtigen Stand der Sammlungen und Arbeiten, sowie die nächsten daraus erwachsenden Aufgaben, an den Verwaltungsausschuss erstattet*. Nürnberg: Verlag des GNM.

Ders. 1870b. „Einige Feuerwaffen des 15. Jahrh. im germ. Museum“. In: *Anzeiger für Kunde der deutschen Vorzeit* (1870). 145–152.

Ders. 1872a. „Einige Worte zur Frage über die Aufgaben des german. Museums“. In: *Kunst und Gewerbe* VI/21 (1872). 321–323.

Ders. 1872b. „Stücke zum ‚Geschwindschiessen‘ in der Sammlung des germanischen Museums“. In: *Anzeiger für Kunde der deutschen Vorzeit* (1872). 369–377.

Ders. 1876. „Die Waffensammlung im Schlosse zu Tüngen (Ostpreußen)“. In: *Anzeiger für Kunde der deutschen Vorzeit* (1876). 353–356.

Ders. 1877a. „Einige mittelalterliche Feuerwaffen im germanischen Museum“. In: *Anzeiger für Kunde der deutschen Vorzeit* (1877). 9–13.

Ders. 1877b. *Kunst- und kulturgeschichtliche Denkmale des Germanischen National-Museums. Eine Sammlung von Abbildungen hervorragender Werke aus sämtlichen Gebieten der Kultur*. Leipzig: Drugulin.

Ders. 1877c. *Quellen zur Geschichte der Feuerwaffen. Facsimilierte Nachbildungen alter Originalzeichnungen, Miniaturen, Holzschnitte und Kupferstiche, nebst Aufnahmen alter Originalwaffen und Modelle*. Leipzig: Brockhaus.

Ders. 1880–82. „Beiträge aus dem germanischen Museum zur Geschichte der Bewaffnung im Mittelalter“. In: *Anzeiger für Kunde der deutschen Vorzeit* (1880/1881/1882). 205–208, 236–242, 269–

279, 325-330 / 1–8, 129–140, 225–233, 257–263, 289–295, 321–324, 345–349 / 1–6, 97–100, 101–122, 149–162, 232–238, 257–262.

Ders. 1883a. „Einfache Stangenwaffen des 17. Jahrh. im germanischen Museum“. In: *Anzeiger für Kunde der deutschen Vorzeit* (1883). 331–333.

Ders. 1883b. „Trabantenwaffen des 16–18. Jahrhunderts“. In: *Anzeiger für Kunde der deutschen Vorzeit* (1883). 1–6.

Ders. 1884a. *Das germanische Nationalmuseum, dessen Sammlungen sowie der Bedarf zur programmatischen Abrundung derselben.* Nürnberg: Verlag des GNM.

Ders. 1884b. „Die Sammlungen des Germanischen Nationalmuseums. G. Denkmäler des öffentlichen Lebens“. In: *Anzeiger des Germanischen Nationalmuseums* (1884). 97–101.

Ders. 1884c. *Die Sicherstellung der Zukunft des germanischen Museums. Eine Denkschrift*. Nürnberg: Verlag des GNM.

Ders. 1886a. „Bohr- und Sägewerkzeug zur Zerstörung einer geschlossenen Thüre“. In: *Mitteilungen aus dem Germanischen Nationalmuseum* (1884–86). 46.

Ders. 1886b. „Der Eibenbogen“. In: *Mitteilungen aus dem Germanischen Nationalmuseum* (1884–86). 153–156.

Ders. 1886c. „Der Übergang vom Scramasax zum Dolche des 14. Jahrh.“. In: *Mitteilungen aus dem Germanischen Nationalmuseum* (1884–86). 117–120.

Ders. 1886d. „Ein Eisenhut des 13. Jahrhunderts“. In: *Mitteilungen aus dem Germanischen Nationalmuseum* (1884–86). 23–26.

Ders. 1886e. „Ein Schwert aus der Mitte des 16. Jahrhunderts“. In: *Mitteilungen aus dem Germanischen Nationalmuseum* (1884–86). 193.

Ders. 1886f. „Eine Gabelbüchse des 15. Jahrhunderts“. In: *Mitteilungen aus dem Germanischen Nationalmuseum* (1884–86). 28–29.

Ders. 1886g. „Eine Kammerbüchse des 15. Jahrhunderts“. In: *Mitteilungen aus dem Germanischen Nationalmuseum* (1884–86). 27–28.

Ders. 1886h. „Einschneidiger Dolch vom 13. und Messer vom Ende des 15. Jahrhunderts“. In: *Mitteilungen aus dem Germanischen Nationalmuseum* (1884–86). 258–259.

Ders. 1886i. „Springdolch vom 16. Jahrhundert“. In: *Mitteilungen aus dem Germanischen Nationalmuseum* (1884–86). 40–42.

Ders. 1886j. „Waffen aus dem 4. bis 9. Jahrhunderte“. In: *Mitteilungen aus dem Germanischen Nationalmuseum* (1884–86). 60–68.

Ders. 1886k. „Waffen aus dem 4. bis 9. Jahrhunderte. II“. In: *Mitteilungen aus dem Germanischen Nationalmuseum* (1884–86). 105–109.

Ders. 1886l. „Waffen aus dem 4. bis 9. Jahrhundert. III“. In: *Mitteilungen aus dem Germanischen Nationalmuseum* (1884–86). 176–179.

Ders. 1889. „Die Erwerbung der fürstlich Sulkowskischen Sammlung für das germanische Museum“. In: *Anzeiger des germanischen Nationalmuseums* (1889). 215–222.

Ders. 1890. „Einige Feuerwaffen des 14. und 15. Jahrhunderts“. In: *Mitteilungen aus dem Germanischen Nationalmuseum* (1890). 47–51.

Ders. 1891. „Zwei geätzte Prunkharnische im germanischen Museum“. In: *Mitteilungen aus dem Germanischen Nationalmuseum* (1891). 57–60.

Ders. 1892. „Die Helme aus der Zeit vom 12. bis zum Beginne des 16. Jahrhunderts im germanischen Museum“. In: *Mitteilungen aus dem Germanischen Nationalmuseum* (1892). 25–86.

Ders., und Georg C. Frommann. 1872. *Die Aufgaben und die Mittel des germanischen Museums. Eine Denkschrift*. Nürnberg: Verlag des GNM.

Ders., und Johannes Hahn. 1873. *Kunstwerke aus dem Germanischen Nationalmuseum zu Nürnberg. Original-Photographieen*. Nürnberg: Soldan.

Evert, Urte. 2015. *Die Eisenbraut. Symbolgeschichte der militärischen Waffe von 1700 bis 1945*. Münster/New York: Waxmann.

Eye, August v. 1867. „Skizzen aus dem Germanischen Museum. Die Straf- und Folterwerkzeuge“. In: *Daheim* III/13 (1867). 204–206.

Ders. 1871. „Die Sammlung von Gerichts- und Strafwerkzeugen im germanischen Museum“. In: *Anzeiger für Kunde der deutschen Vorzeit* (1871). 329–336.

Ders., und Jacob v. Falke. 1868. *Kunst und Leben der Vorzeit vom Beginn des Mittelalters bis zu Anfang des 19. Jahrhunderts. Vom Beginn des Mittelalters bis Ende des 15. Jahrhunderts*. Bd. 1. Nürnberg: Bauer & Raspe.

Dies. 1868–69. *Kunst und Leben der Vorzeit vom Beginn des Mittelalters bis zu Anfang des 19. Jahrhunderts.* 3. Auflage. 3 Bde. Nürnberg: Bauer & Raspe.

Falke, Jacob v. 1897. *Lebenserinnerungen.* Leipzig: Georg Heinrich Meyer.

Falke, Johannes. 1856. „Das Germanische Nationalmuseum“. In: *Weimarisches Jahrbuch für deutsche Sprache, Litteratur und Kunst* V (1856). 81–106.

Fehr, Michael. 2010. „Wissenschaftliche und künstlerische Taxonomien. Überlegungen zum Verhältnis von Schausammlung und Schaudepot“. In: Ders., Tobias G. Natter und Bettina Habsburg-Lothringen (Hgg.). *Das Schaudepot. Zwischen offenem Magazin und Inszenierung*. Bielefeld: Transcript. 13–30.

Feist, Marie-Therese. 2018. „‚Schade, dass diese Alraune in neuerer Zeit ihre Wirksamkeit verloren!‘. Zum Umgang mit ‚Abergläubischem‘ in der Frühzeit des Museums“. In: *KulturGut* XV/3 (2018). 9–12.

Fendrich, A. 1907. „Die zwei Jungfrauen von Nürnberg“. In: *Fränkische Tagespost* (1907). o.S.

Fetzer, Sarah. 2023. *‚wo ich im Stillen mit Fleiß sammelte, womit ich später öffentlich hervortrat‘. Hans von Aufseß (1801–1872) und die Wege seiner Sammeltätigkeit.* Heidelberg: arthistoricum.

Fischer, Sebastian. 2009. „Die Medium-Form-Unterscheidung“. https://docplayer.org/30654409-Die-medium-form-unterscheidung.html [Abruf am 02.07.2024].

Fischer-Lichte, Erika. 2014. „Die Wiederverzauberung der Welt“. In: Dies. *Ästhetik des Performativen.* 9. Auflage. Frankfurt a.M.: Suhrkamp. 315–362.

Fleckenstein, Josef (Hg.). 1985. *Das ritterliche Turnier im Mittelalter. Beiträge zu einer vergleichenden Formen- und Verhaltensgeschichte des Rittertums.* Göttingen: Vandenhoeck & Ruprecht.

Foucault, Michel. 1978. „Ein Spiel um die Psychoanalyse. Gespräch mit Angehörigen des Départment de Psychanalyse der Universität Paris VIII in Vincennes“. In: Ders. *Dispositive der Macht. Über Sexualität, Wissen und Wahrheit.* Berlin: Merve. 118–175.

Ders. 1992. „Andere Räume“. In: Karlheinz Barck, Peter Gente, Heidi Paris et al. (Hgg.). *Aisthesis. Wahrnehmung heute oder Perspektiven einer anderen Ästhetik.* Leipzig: Reclam. 34–46.

Ders. 1994. *Überwachen und Strafen. Die Geburt des Gefängnisses.* Frankfurt a.M.: Suhrkamp.

Ders. 2012. *Die Ordnung der Dinge. Eine Archäologie der Humanwissenschaften.* 22. Auflage. Frankfurt a.M.: Suhrkamp.

Ders. 2014. „Die Heterotopien". In: Ders. *Die Heterotopien – Der utopische Körper. Zwei Radiovorträge.* 2. Auflage. Frankfurt a.M.: Suhrkamp. 7–22.

Freytag, Gustav. 1853. „Das germanische Museum und die Veste Coburg". In: *Die Grenzboten* XII/1 (1853). 54–61.

Friedel, Birgit. 2007. *Die Nürnberger Burg. Geschichte, Baugeschichte und Archäologie.* Petersberg: Michael Imhof.

Friedensburg, Walter. 1902. „Nürnberg im Jahre 1547. Ein Bericht Girolamo Faletis". In: *Mitteilungen des Vereins für Geschichte der Stadt Nürnberg* XV (1902). 195–205.

Fries, Walter. 1922. „Der Neubau des Germanischen Nationalmuseums und seine Einrichtung". In: *Museumskunde* 4/XVI (1922). 153–190.

Funk, Wilhelm. 1938. *Deutsche Rechtsdenkmäler mit besonderer Berücksichtigung Frankens.* Erlangen: Palm & Enke.

Ders. 1940. *Alte deutsche Rechtsmale. Sinnbilder und Zeugen deutscher Geschichte.* Bremen/Berlin: Angelsachsen-Verlag.

Furrer, Felicitas. 1981. „Rechtsaltertümer aus St. Gallen". In: Louis Carlen (Hg.). *Forschungen zur Rechtsarchäologie und Rechtlichen Volkskunde.* Bd. 3. Zürich/Basel/Genf: Schulthess. 121–153.

Furttenbach, Joseph d. Ä. 1641. *Architectura Privata.* Augsburg: Johann Schultes.

Gamber, Ortwin. 1985. „Ritterspiele und Turnierrüstung im Spätmittelalter". In: Josef Fleckenstein (Hg.). *Das ritterliche Turnier im Mittelalter. Beiträge zu einer vergleichenden Formen- und Verhaltensgeschichte des Rittertums.* Göttingen: Vandenhoeck & Ruprecht. 513–531.

Gammon, Martin. 2018. *Deaccessioning and Its Discontents. A Critical History.* Cambridge/London: The MIT Press.

Gärtner, Georg. 1925. *Streifzüge durch Alt-Nürnberg. Die Sebalder Stadt.* Bd. 1. Nürnberg: Fränkische Verlagsanstalt.

Ders. 1926. *Streifzüge durch Alt-Nürnberg. Die Lorenzer Stadt.* Bd. 2. Nürnberg: Fränkische Verlagsanstalt.

Gehlen, Arnold. 1962. *Der Mensch. Seine Natur und seine Stellung in der Welt*. 7. Auflage. Frankfurt a.M./Bonn: Athenäum.

Ders. 1964. *Die Seele im technischen Zeitalter. Sozialpsychologische Probleme in der industriellen Gesellschaft*. Hamburg: Rowohlt.

Ders. 1986. *Anthropologische und sozialpsychologische Untersuchungen*. Reinbek b. Hamburg: Rowohlt.

GNM. 1856. „Die Waffensammlung im germanischen Museum". In: *Anzeiger für Kunde der deutschen Vorzeit* (1856). 277–280.

Dass. 1889. „Verzeichnis der aus der Sulkowskischen Sammlung erworbenen Stücke: I. Waffen". In: *Anzeiger des Germanischen Nationalmuseums* (1889). 241–251.

Dass. 1930. *Neuerwerbungen des Germanischen Museums 1925–1929*. Nürnberg: Verlag des GNM.

Dass. (Hg.). 1982. *Schatzkammer der Deutschen. Aus den Sammlungen des Germanischen Nationalmuseums Nürnberg*. Nürnberg: Sebald.

Dass. (Hg.). 1997. *Schätze und Meilensteine deutscher Geschichte aus dem Germanischen Nationalmuseum*. Nürnberg: Verlag des GNM.

Gessler, Eduard A. 1928. *Führer durch die Waffensammlung. Ein Abriß der schweizerischen Waffenkunde*. Zürich: Schweizerisches Landesmuseum.

Ders. 1931. „Der Turniersattel aus Schaffhausen im Schweizerischen Landesmuseum und ähnliche für das ‚Gestech im hohen Zeug' des 15. Jahrhunderts". In: *Anzeiger für schweizerische Altertumskunde* XXXIII/1–2 (1931). 1–46.

Ghillany, Friedrich W. 1868. *Nürnberg historisch und topographisch nach den ältesten vorhandenen Quellen und Urkunden*. München: Georg Franz.

Giedion, Sigfried. 1929. „Lebendiges Museum". In: *Der Cicerone* XXI/4 (1929). 103–106.

Glüber, Wolfgang. 2006. „Franz I. und der Rittersaal im Schloss zu Erbach". In: Hessisches Landesmuseum in Darmstadt (Hg.). *Kunst in Hessen und am Mittelrhein*. Darmstadt/Kassel: Hessisches Landesmuseum. 35–62.

Gnosa, Tanja. 2018. *Im Dispositiv. Zur reziproken Genese von Wissen, Macht und Medien*. Bielefeld: Transcript.

Göller, Karl H., und Herbert W. Wurster. 1980. *Das Regensburger Dollingerlied*. Regensburg: Mittelbayerische Druckerei- und Verlagsgesellschaft.

Gratzmeier, Jacob. 1889. „Das Dollinger-Haus zu Regensburg, in Bau und Geschichte geschildert". In: *Verhandlungen des historischen Vereins von Oberpfalz und Regensburg* XLIII (1889). 241–268.

Grimm, Jacob. 1828. *Deutsche Rechtsalterthümer*. Göttingen: Dieterich.

Groebner, Valentin. 1995. „Der verletzte Körper und die Stadt. Gewalttätigkeit und Gewalt in Nürnberg am Ende des 15. Jahrhunderts". In: Thomas Lindenberger und Alf Lüdtke (Hgg.). *Physische Gewalt. Studien zur Geschichte der Neuzeit*. Frankfurt a.M.: Suhrkamp. 162–189.

Grote, Ludwig. 1960. *Deutsche Kunst und Kultur im Germanischen National-Museum*. 2. Auflage. Nürnberg: Ulrich & Co.

Gürtler, Daniel. 2014. „Das größte Bauwerk der Stadt – die Nürnberger Stadtmauer". In: Geschichte Für Alle e.V. (Hg.). *Geschichtsrundbrief* 48 (Juli 2014). 2–4.

Gurlitt, Cornelius. 1889. *Deutsche Turniere, Rüstungen und Plattner des XVI. Jahrhunderts. Archivalische Forschungen*. Dresden: Gilbers'sche Königl. Hof-Verlagsbuchhandlung.

Haas, Walter. 1992. „Zum Fünfeckturm der Nürnberger Burg". In: *Mitteilungen des Vereins für Geschichte der Stadt Nürnberg* LXXIX (1992). 61–88.

Hach, Theodor. 1903. *Über ehemalige Folter- und Strafwerkzeuge im Museum und ihre ehemalige Anwendung in Lübeck*. Lübeck: Borchers.

Hahn, Hans P. 2015a. „Dinge sind Fragmente und Assemblagen. Kritische Anmerkungen zur Metapher der ‚Objektbiografie'". In: Dietrich Boschung, Patric-Alexander Kreuz und Tobias Kienlin (Hgg.). *Biography of Objects. Aspekte eines kulturhistorischen Konzepts*. Paderborn: Fink. 11–33.

Ders. 2015b. „Wie Archive das Denken beeinflussen. Über Materialsammlungen, fragmentierte Objektinformationen und die Erzeugung von Sinn im musealen Kontext". In: *Archäologische Informationen* XXXVIII (2015). 203–212.

Hakelberg, Dietrich. 2004. „Adliges Herkommen und bürgerliche Nationalgeschichte. Hans von Aufseß und die Vorgeschichte des

Germanischen Nationalmuseums in Nürnberg“. In: Heinrich Beck (Hg.). *Zur Geschichte der Gleichung ‚germanisch-deutsch‘. Sprache und Namen, Geschichte und Institutionen*. Berlin: De Gruyter. 523–576.

Ders. 2021. „Vaterländische Altertumskunde. Sammeln und Bewahren in einer Umbruchszeit“. In: Ders. und Ingo Wiwjorra (Hgg.). *Archäologie und Nation. Kontexte der Erforschung ‚Vaterländischen Alterthums‘. Zur Geschichte der Archäologie in Deutschland, Österreich und der Schweiz, 1800 bis 1860*. Nürnberg: Verlag des GNM. 14–31.

Hampe, Theodor. 1902a. *Das Germanische Nationalmuseum von 1852 bis 1902. Festschrift zur Feier seines fünfzigjährigen Bestehens*. Leipzig: Weber.

Ders. 1902b. „Zum 50jährigen Bestehen des Germanischen Nationalmuseums in Nürnberg“. In: *Illustrirte Zeitung* CXVIII/3076 (12. Juni 1902). 896–908.

Ders. 1904. *Nürnberger Ratsverlässe über Kunst und Künstler im Zeitalter der Spätgotik und Renaissance. (1449) 1474–1618 (1633)*. Bd. 1. Wien/Leipzig u.a.: Graeser/Teubner.

Ders. 1911. „Carl, Johann“. In: Ulrich Thieme (Hg.). *Allgemeines Lexikon der Bildenden Künstler von der Antike bis zur Gegenwart*. Bd. 5. Leipzig: E.A. Seemann. 599–600.

Ders. 1920. *Die Zukunft des Germanischen Museums. Anregungen und Vorschläge*. Nürnberg: Verlag des GNM.

Ders. 1927. „Essenwein, August Ottmar von. Architekt, Direktor des Germanischen Museums zu Nürnberg, 1831–1892“. In: Anton Chroust (Hg.). *Lebensläufe aus Franken*. Bd. 3. Würzburg: Rabitzsch & Mönnich. 146–165.

Harrington, Joel F. 2014. *Die Ehre des Scharfrichters. Meister Frantz oder ein Henkersleben im 16. Jahrhundert*. München: Siedler.

Hartung, Olaf. 2006. „Museumskonzeptionen und Geschichtskultur im 19. Jahrhundert. Formen museal repräsentierten Geschichtsbewusstseins in Deutschland“. In: Ders. (Hg.). *Museum und Geschichtskultur. Ästhetik – Politik – Wissenschaft*. Bielefeld: Verlag für Regionalgeschichte. 260–272.

Ders. 2010. *Kleine deutsche Museumsgeschichte. Von der Aufklärung bis zum frühen 20. Jahrhundert*. Köln/Weimar/Wien: Böhlau.

Hauser, Georg v. 1818. *Die Artillerie oder die Waffenkunde*. Wien: Carl Gerold.

Heberle, Johann M. 1890. *Katalog der kulturhistorischen Sammlungen aus dem fünfeckigen Thurme der Kgl. Burg zu Nürnberg*. Auktionskatalog. Köln: DuMont.

Heckmann, Helmut. 1996. „Eine ‚tote Hand' im Besitz des ‚Historischen Vereins für Geldern und Umgegend". In: *Geldrischer Heimatkalender* (1996). 186–193.

Heerwagen, Heinrich. 1902. „Die Kartause in Nürnberg 1380–1525". In: *Mitteilungen des Vereins für Geschichte der Stadt Nürnberg* XV (1902). 88–132.

Heidegger, Martin. 1977. „Der Ursprung des Kunstwerkes". In: Ders. *Gesamtausgabe. I. Abteilung. Veröffentlichte Schriften 1914–1970. Holzwege*. Bd. 5. Frankfurt a.M.: Vittorio Klostermann. 1–74.

Heider, Fritz. 2005. *Ding und Medium*. Berlin: Kadmos.

Hektor, Enno. 1863. *Geschichte des germanischen Museums von seinem Ursprunge bis zum Jahre 1862. Festschrift zur Feier seines zehnjährigen Bestehens*. Nürnberg: Verlag des GNM.

Hess, Daniel. 2014. „Hans von Aufseß. Sammler, Patriot und Museumsgründer". In: Jutta Zander-Seidel und Anja Kregeloh (Hgg.). *Geschichtsbilder. Die Gründung des Germanischen Nationalmuseums und das Mittelalter*. 44–55.

Ders. 2018. „Von der Kunst mit Vögeln zu jagen. Zeugnisse der Falknerei im Germanischen Nationalmuseum". In: Silvia Glaser und Angelika Hofmann (Hgg.). *Menschen – Dinge – Provenienzen. Interessantes und Kurioses aus dem Germanischen Nationalmuseum*. Nürnberg: Verlag des GNM. 36–49.

Hildebrand, R., und K. Kant. 1897. „Gesellenstechen". In: Jacob und Wilhelm Grimm. (Hgg.). *Deutsches Wörterbuch*. Bd. 4. Leipzig: Hirzel. 4043–4044.

Hochreiter, Walter. 1994. *Vom Musentempel zum Lernort. Zur Sozialgeschichte deutscher Museen 1800–1914*. Darmstadt: Wbg.

Hohenlohe-Waldenburg, Friedrich-Karl z. 1868. *Über den Gebrauch der heraldischen Helm-Zierden im Mittelalter. Culturhistorische Skizze*. Stuttgart: Julius Weise.

Homburger, Otto. 1924. *Museumskunde*. Breslau: Ferdinand Hirt.

Hottner, Franz. 1856. „Die Ruinen von Hainburg". In: *Faust* III/18 (1856). 153.

Hubatschke, Christoph. 2014. „Maschinelle Revolte. Skizzen einer Technikphilosophie in Anschluss an Deleuze und Guattari". In: Mona Singer (Hg.). *Technik & Politik. Technikphilosophie von Benjamin und Deleuze bis Latour und Haraway*. Wien: Löcker. 167–192.

Hürlimann, Annemarie. 2006. „Zum Umgang mit Dingwelten in der aktuellen Ausstellungspraxis. Ein Plädoyer für die Schaulust, den geduldigen Blick und die Phantasie". In: Olaf Hartung (Hg.). *Museum und Geschichtskultur. Ästhetik – Politik – Wissenschaft*. Bielefeld: Verlag für Regionalgeschichte. 60–71.

Hüther, Jürgen. 1994. „Das Museum als Medienverbund". In: Hildegard Vieregg, Marie-Louise Schmeer-Sturm, Jutta Thinesse-Demel et al. (Hgg.). *Museumspädagogik in neuer Sicht. Erwachsenenbildung im Museum*. Bd. 1. Hohengehren: Schneider. 60–71.

Huhtamo, Erkki. 2017. „Das Diorama und die Dioramen. Erfindung und Verbreitung einer neuen Schaubühne". In: Schirn Kunsthalle Frankfurt (Hg.). *Diorama. Erfindung einer Illusion*. Ausstellungskatalog. Köln: Snoeck. 38–44.

Ichenhäuser, Julius D. 1893. *Illustrated Catalogue of the historical and world-renowned Collection of Torture Instruments, Etc. from the Royal Castle of Nuremberg. Amongst which will be found the celebrated original Iron Maiden (Eiserne Jungfrau)*. New York: o.V.

Jaeckel, Richard. 1939. *Eine Wanderung durch Stadt und Burg Querfurt*. 4. Auflage. Querfurt: Heimatverlag von Richard Jaeckel zu Querfurt.

Ders. (Hg.). 1912. *Stadt und Burg Querfurt in Wort und Bild*. Querfurt: Selbstverlag.

Jahresbericht. Für 1852–1954 [Erscheinungsjahre 1854–1955]. *Jahresberichte des Germanischen Nationalmuseums*. Nürnberg: Verlag des GNM.

Janeck, Axel, und Renate Gründler. 1978. „Bibliographie". In: Bernward Deneke und Rainer Kahsnitz (Hgg.). *Das Germanische Nationalmuseum Nürnberg 1852–1917. Beiträge zu seiner Geschichte*. München: Deutscher Kunstverlag. 1160–1181.

Jesberg, Paulgerd. 1970. „Das Museum der Zukunft – Aufgabe, Bau, Einrichtung, Betrieb". In: Gerhard Bott (Hg.). *Das Museum der*

Zukunft. 43 Beiträge zur Diskussion über die Zukunft des Museums. Köln: DuMont. 138–156.

Joachimides, Alexis. 2012. „Zur Geschichte kulturhistorischer Dauerausstellungen im 19. und frühen 20. Jahrhundert". In: Bettina Habsburg-Lothringen (Hg.). *Dauerausstellungen. Schlaglichter auf ein Format*. Bielefeld: Transcript. 21–32.

Johnston, William R. 1999. *William and Henry Walters, the Reticent Collectors*. Baltimore: Johns Hopkins University Press.

Jopek, Norbert. 2008. „Von ‚einem Juden aus Fürth' zur ‚Antiquitätensammlung des verdienstvollen Herrn Pickert'. Die Kunsthändlerfamilie Pickert und die Sammlungen des Germanischen Nationalmuseums (1850 bis 1912)". In: *Anzeiger des Germanischen Nationalmuseums* (2008). 93–105.

Jurenak, F. W. 1856. „Das von Freiherrn v. Dietrich hinterlassene Museum". In: *Österreichische Zeitung* 616 (1856). o.S.

Kaiser, Brigitte. 2006. *Inszenierung und Erlebnis in kulturhistorischen Ausstellungen. Museale Kommunikation in kunstpädagogischer Perspektive*. Bielefeld: Transcript.

Kaiser, Friedrich. 1870. *Unter fünfzehn Theater-Direktoren. Bunte Bilder aus der Wiener Bühnenwelt*. Wien: Rudolf von Waldheim.

Kammel, Frank M. 2015. „Intention und Narration. Erwerbungsstrategien des Germanischen Nationalmuseums in der Ära Essenwein (1866–1891)". In: Constanze Breuer, Bärbel Holtz und Paul Kahl (Hgg.). *Die Musealisierung der Nation. Ein kulturpolitisches Gestaltungsmodell des 19. Jahrhunderts*. Berlin/Boston: De Gruyter. 283–316.

Kärgling, Karlheinz. 2006. „Theodor Volbehr". In: Matthias Puhle (Hg.). *100 Jahre Kulturhistorisches Museum Magdeburg. 1906–2006*. Magdeburg: Verlag Magdeburger Museen. 105–110.

Karcheski, Walter J. 1993. „The Nuremberg Stechzeuge Armours". In: *The Journal of the Arms and Armour Society* XIV/4 (1993). 181–217.

Kaske, Romana, und Julia Saviello. 2019. „Einleitung. Objekte des Krieges in Literatur und bildender Kunst zwischen Präsenz und Repräsentation". In: Dies. (Hgg.). *Objekte des Krieges. Präsenz & Repräsentation*. Berlin/Boston: De Gruyter. 7–23.

Kellenbenz, Hermann. 1959. „Ein französischer Reisebericht über Nürnberg und Franken vom ausgehenden 16. Jahrhundert". In:

Mitteilungen des Vereins der Stadt Nürnberg XLIX (1959). 226–245.

Kesper-Biermann, Sylvia. 2019. „Der schauerliche Jungfernkuss. Foltermuseen als touristische Ziele im Europa des 19. Jahrhunderts". In: Angela Schwarz und Daniela Mysliwietz-Fleiß (Hgg.). *Reisen in die Vergangenheit. Geschichtstourismus im 19. und 20. Jahrhundert*. Wien/Köln/Weimar: Böhlau. 199–223.

Keyssler, Johann G. 1751. *Neueste Reisen durch Deutschland, Böhmen, Ungarn, die Schweiz, Italien und Lothringen*. Hannover: Förster.

Khurana, Thomas. 2004. „Die Form des Mediums. Niklas Luhmann". In: Alice Lagaay und David Lauer (Hgg.). *Medientheorien. Eine philosophische Einführung*. Frankfurt a.M./New York: Campus. 97–125.

Kier, Hiltrud. 2016. „Der deutsche Viollet-le-Duc im Kölschen Klüngel?. Essenwein und seine Verdienste". In: *Kunstchronik* LXIX/5 (2016). 240–245.

Klein, Alexander. 2004. *Expositum. Zum Verhältnis von Ausstellung und Wirklichkeit*. Bielefeld: Transcript.

Knapp, Hermann. 1907a. *Das Lochgefängnis. Tortur und Richtung in Alt-Nürnberg*. Nürnberg: Heerdegen-Barbeck.

Ders. 1907b. *Die Zenten des Hochstifts Würzburg. Ein Beitrag zur Geschichte des süddeutschen Gerichtswesens und Strafrechts*. Bd. 2. Berlin: I. Guttentag.

König, Gudrun M. 2005. „Dinge zeigen". In: Dies. (Hg.). *Alltagsdinge. Erkundungen der materiellen Kultur*. Tübingen: TVV-Verlag. 9–28.

Königer, Ernst. 1949. „Restaurierung von Kunstgegenständen mit Lavoxyd und P3-Rostschutz". In: *Blätter vom Hause Henkel* XXVII/4 (1949). 107–110.

Ders. 1950. „Handwerkskultur und Hausrat. Historisches Formenerbe, Zeitgeist und Zeitbedürfnis". In: *Frankenspiegel* I/3 (1950). 8–12.

Ders. 1967. *Das Kleine Nürnberger Zeughaus*. Nürnberg: Verlag des GNM.

Ders. 1977. „Zur Wiedereröffnung der Waffen- und Jagdsammlung im Germanischen Nationalmuseum Nürnberg". In: *Zeitschrift für historische Waffen- und Kostümkunde* XIX (1977). 25–44.

Köppel, Johann G. 1795. *Beschreibung einer historisch und statistischen Reise durch die fränkischen Fürstenthümer Bayreuth und Ansbach*. Bd. 1. Erlangen: Wolfgang Walther.

Körber, Philipp. 1859. *Volksbelustigungen und Mummenschanz der alten ehemaligen Reichsstadt Nürnberg*. Fürth: Löwensohn.

Körnig, R.A. 1906. „Von den Eisernen Jungfrauen". In: *Fränkischer Kurier* 108 (28. Februar 1906). 1–2.

Kohler, Christian. 2011. *Ein ruhiges Fortbestehen?. Das Germanische Nationalmuseum im ‚Dritten Reich'*. Berlin: W. Hopf.

Korff, Gottfried. 1995. „Läßt sich Geschichte musealisieren?". In: *Museumskunde* LX (1995). 18–22.

Ders. 2004. „Vom Verlangen, Bedeutungen zu sehen". In: Ulrich Borsdorf, Heinrich T. Grütter und Jörn Rüsen (Hgg.). *Die Aneignung der Vergangenheit. Musealisierung und Geschichte*. Bielefeld: Transcript. 81–103.

Ders., und Martin Roth. 1990. „Einleitung". In: Dies. (Hgg.). *Das historische Museum. Labor, Schaubühne, Identitätsfabrik*. Frankfurt a.M./New York: Campus. 9–37.

Krämer, Felix. 2012. „Schwarze Romantik. Eine Annäherung". In: Ders. (Hg.). *Schwarze Romantik. Von Goya bis Max Ernst*. Ausstellungskatalog. Frankfurt a.M./Ostfildern: Städel Museum und Hatje Cantz. 14–28.

Krausser, Lorenz. 1858. *Nürnbergs Vergangenheit und Gegenwart. Erinnerungsblätter für Fremde und Einheimische*. 2. Auflage. Nürnberg: Selbstverlag.

Kregeloh, Anja. 2015. „Historische Modenschauen". In: Jutta Zander-Seidel (Hg.). *In Mode. Kleider und Bilder aus Renaissance und Frühbarock*. Nürnberg: Verlag des GNM. 28–31.

Kress, Georg L. v. 1832. *Rittersaal im Schlosse zu Erbach im Odenwalde, gezeichnet und in aqua tinta geätzt*. Offenbach: o.V.

Krickel, Joseph A. 1846. *Ausflüge in die Gegenden des Landes unter der Enns und der Steiermark*. Wien: Pichler.

Kunze, E. 1938. „Wo Mörser und Bombenkessel lagerten. Das alte Zeughaus – eine besondere Nürnberger Sehenswürdigkeit". In: *Fränkischer Kurier* XIX/226 (18. August 1938). 8.

Laking, Guy F. 1921. *A Record of European Armour and Arms through Seven Centuries*. Bd. 4. London: G. Bell and Sons.

Lauffer, Otto. 1903. „Die Bauernstuben des germanischen Museums. I und II“. In: *Mitteilungen aus dem Germanischen Nationalmuseum* (1903). 3–55.

Ders. 1943. „Quellen der Sachforschung, Wörter, Schriften, Bilder und Sachen. Ein Beitrag zur Volkskunde der Gegenstandskultur“. In: *Oberdeutsche Zeitschrift für Volkskunde* XVII/1 (1943). 106–131.

Lazardzig, Jan. 2007. *Theatermaschine und Festungsbau. Paradoxien der Wissensproduktion im 17. Jahrhundert*. Berlin: Akademie.

Leber, Friedrich v. 1844. *Die Ritterburgen Rauheneck, Scharfeneck und Rauhenstein mit geschichtlichen Andeutungen über die Vemgerichte und Turniere*. Wien: Braumüller & Seidel.

Ders. 1846. *Wien's kaiserliches Zeughaus. Zum ersten Male aus historisch-kritischem Gesichtspunkte betrachtet, für Alterthumsfreunde und Waffenkenner beschrieben*. Wien: Braumüller & Seidel.

Ders. 1856. „Archaeologische Beschreibung einiger Ritterburgen und Schlossruinen im Kreise unter dem Wienerwald“. In: *Berichte und Mittheilungen des Alterthums-Vereines zu Wien* I (1856). 40–64.

Leisching, Eduard. 1921. „Ein Wiener Museum zur Zeit des Wiener Kongresses“. In: *Kunst und Kunsthandwerk* XXIV/5 und 6 (1921). 73–106.

Leitner, Quirin v. 1866-70. *Die Waffensammlung des österreichischen Kaiserhauses im K. K. Artillerie-Arsenal-Museum in Wien*. Wien: H. Martin.

Ders. 1876. „Viollet-le-Duc, Armes de guerre offensives et défensives“. In: Franz Schestag (Hg.). *Repertorium für Kunstwissenschaft*. Bd. 1. Stuttgart/Wien: Spemann und Gerold. 329.

Link, Jürgen. 2014. „Dispositiv“. In: Clemens Kammler, Rolf Parr und Ulrich J. Schneider (Hgg.). *Foucault-Handbuch. Leben – Werk – Wirkung*. Stuttgart/Weimar: Metzler. 237–242.

Lisch, Georg C. 1841. „Die eiserne Jungfrau auf dem Schlosse zu Schwerin“. In: *Jahrbücher des Vereins für Mecklenburgische Geschichte und Altertumskunde* VI (1841). 198–200.

List, Camillo. 1923. „Vorwort“. In: Anonymus. *Joseph Freiherr von Dietrich'sche Waffensammlung aus Schloss Feistritz*. Auktionskatalog. Wien: Dorotheum. 5–7.

List, Willy. 1903. *Franz I. regierender Graf zu Erbach. Neue Beiträge zu seiner Lebensgeschichte*. Straßburg: Karl J. Trübner.

Lochner, Georg W. 1845. „Das Nürnberger Gesellenstechen im Jahr 1446“. In: Philipp Walther (Hg.). *Das Nürnberger Gesellenstechen vom Jahre 1446 nach der im obern Gange des Rathhauses befindlichen Stukko-Abbildung*. Nürnberg: Selbstverlag. 3–24.

Lohmeyer, Karl. 1929. *Aus dem Leben und den Briefen des Landschaftsmalers und Hofrats Georg Wilhelm Issel 1785–1870*. Heidelberg: Gustav Köster.

Lorenz. 1941. „Krieg in Buch und Bild“. In: *Nürnberger Schau* III/3 (März 1941). 65–68.

Lübbe, Hermann. 2004. „Der Fortschritt von gestern. Über Musealisierung als Modernisierung“. In: Ulrich Borsdorf, Heinrich T. Grütter und Jörn Rüsen (Hgg.). *Die Aneignung der Vergangenheit. Musealisierung und Geschichte*. Bielefeld: Transcript. 13–38.

Luhmann, Niklas. 2015. „Medium und Form“. In: Ders. *Die Kunst der Gesellschaft*. 8. Auflage. Frankfurt a.M.: Suhrkamp. 165–214.

Ders. 2018. „Medium und Form“. In: Ders. *Die Gesellschaft der Gesellschaft*. 1. Band. 10. Auflage. Frankfurt a.M.: Suhrkamp. 190–202.

Luppe, Hermann. 1977. *Mein Leben*. Nürnberg: Selbstverlag des Stadtrats.

Maisel, Witold. 1992. *Rechtsarchäologie Europas*. Wien/Köln/Weimar: Böhlau.

Mann, James. 1959. „A Gothic Horse Armour from Anhalt in the Armouries of the Tower in London“. In: *Waffen- und Kostümkunde* (1959). 22–27.

Ders. 1962. *European Arms and Armour*. 2 Bde. 5. Auflage. London: William Clowes and Sons.

Marinetti, Filippo T. 2010. „Der Futurismus“. In: Kristina Kratz-Kessemeier, Andrea Meyer und Bénédicte Savoy (Hgg.). *Museumsgeschichte. Kommentierte Quellentexte 1750–1950*. Berlin: Reimer. 181–184.

Marx, Barbara. 2003. „Mit Foucault in der Kunstkammer. Der ubiquitäre Blick“. In: Joachim Fischer und Hans Joas (Hgg.). *Kunst, Macht und Institution. Studien zur Philosophischen Anthropologie, soziologischen Theorie und Kultursoziologie der Moderne*. Frankfurt a.M./New York: Campus. 557–568.

Mayer, Friedrich. 1844. *Wanderungen durch das Pegnitzthal*. Nürnberg: Tümmel.

McLuhan, Marshall. 1992. *Die magischen Kanäle. Understanding Media*. Düsseldorf u.a.: Econ.

Ders., und Quentin Fiore. 2012. *Das Medium ist die Massage*. 2. Auflage Stuttgart: Tropen.

Meisel, Johann. 1865. *Deutschlands Rüstungen. Ein Wort an die deutsche Nation*. Nürnberg: J.L. Stich.

Melman, Billie. 2006. *The Culture of History. English Uses of the Past, 1800–1953*. Oxford: University Press.

Merz, Karl v. 1927. „Die Technik im Dienste der heutigen Kriminalpolizei". In: *Das Bayerland* XXXVIII/1 (1. Januar 1927). 10–12.

Metropolitan Museum of Art (Hg.). 1986. *Gothic and Renaissance Art in Nuremberg. 1300–1550*. München: Prestel.

Metz, Christian. 1974. *Language and Cinema*. Den Haag/Paris: Mouton.

Meyer, Werner. 2017. *Ritterturniere im Mittelalter. Lanzenstechen, Prunkgewänder, Festgelage*. Mainz: Nünnerich-Asmus.

Meyrick, Samuel R. 1842. *A Critical Inquiry into Antient Armour*. Bd. 1. 2. Auflage. London: Henry G. Bohn.

Miller, Peter N. 2017. „The Germanisches Nationalmuseum. Antiquitates and Cultural History in the Museum". In: Ders. *History and Its Objects. Antiquarianism and Material Culture since 1500*. Ithaca/London: Cornell University Press. 173–199.

Millet, Victor. 2019. „Was sind goldene Waffen wert?". In: Ders., Heike Sahm und Wilhelm Heizmann (Hgg.). *Gold in der europäischen Heldensage*. Berlin/Boston: De Gruyter. 174–187.

Mötsch, Johannes. 2015. „Vor 25 Jahren. Die Wiedergeburt des Hennebergisch-Fränkischen Geschichtsvereins". In: *Meininger Heimatklänge* 15 (26. Oktober 2015). 1.

Monconys, Balthasar de. 1697. *Des Herrn de Monconys ungemeine und sehr curieuse Beschreibung Seiner In Asien und das gelobte Land, nach Portugall, Spanien, Italien, in Engelland, die Niederlande und Teutschland gethanen Reisen*. Leipzig/Augsburg: Andreas Zeidler.

Mormann, Berthold. 1874. „Städtegeschichten aus Österreich". In: *Das Vaterland* XV/103 (15. April 1874). 1–2.

Müller, Heinrich. 2002. *Albrecht Dürer, Waffen und Rüstungen*. Mainz: Philipp v. Zabern.

Müllner, Johannes. 1984. *Die Annalen der Reichsstadt Nürnberg von 1623. Teil II: 1351–1469*. Nürnberg: Stadtarchiv.

Ders. 2003. *Die Annalen der Reichsstadt Nürnberg von 1623. Teil III: 1470-1544*. Nürnberg: Stadtarchiv.

Mummenhoff, Ernst. 1880. „Schreiben Markgraf Friedrichs des Aelteren von Brandenburg". In: *Anzeiger für Kunde der deutschen Vorzeit* (1880). 11.

Ders. 1891. *Das Rathaus in Nürnberg*. Nürnberg: J.L. Schrag.

Ders. 1896a. *Die Burg zu Nürnberg. Geschichtlicher Führer für Einheimische und Fremde*. Nürnberg: J.L. Schrag.

Ders. 1896b. *Führer durch das Rathaus zu Nürnberg*. Nürnberg: Stadtmagistrat.

Ders. 1899a. „Das Fröschthor – Maxthor –, ein altes Thor. Fröschturm und ‚Eiserne Jungfrau'". In: *Mitteilungen des Vereins für Geschichte der Stadt Nürnberg* XIII (1899). 272–275.

Ders. 1899b. „Die Kettenstöcke und andere Sicherheitsmaßnahmen im alten Nürnberg". In: *Mitteilungen des Vereins für Geschichte der Stadt Nürnberg* XIII (1899). 1–52.

Ders. 1931. „Die Eiserne Jungfrau". In: Ders. *Aufsätze und Vorträge zur Nürnberger Ortsgeschichte*. Nürnberg: Ernst Frommann & Sohn. 367–384.

Münkler, Herfried. 1982. „Krieg und Frieden bei Clausewitz, Engels und Carl Schmitt. Dialektik des Militarismus oder Hegung des Krieges". In: *Leviathan* X/1 (1982). 16–40.

Murr, Christoph G. v. 1778. *Beschreibung der vornehmsten Merkwürdigkeiten in des H.R. Reichs freyen Stadt Nürnberg und auf der hohen Schule zu Altdorf*. Nürnberg: Johann Eberhard Zeh.

Ders. 1801. *Beschreibung der vornehmsten Merkwürdigkeiten in der Reichsstadt Nürnberg, in deren Bezirke, und auf der Universität Altdorf*. 2. Auflage. Nürnberg: Wolf-Penkerische Kunst- und Buchhandlung.

Museen der Stadt Nürnberg (Hg.). 2001. *Der Hauptmarkt im Spiegel der Zeit*. Schwarzenbach am Wald: Wolf & Rabe.

Neitzel, Sönke. 2020. *Deutsche Krieger. Vom Kaiserreich zur Berliner Republik – eine Militärgeschichte*. Berlin: Ullstein.

Neuhaus, August. 1921a. „Die Neuaufstellung der Waffensammlung". In: *Anzeiger des Germanischen Nationalmuseums* (1921). 23–25.

Ders. 1921b. „Neuerwerbungen für die Jagdgeräte-Sammlung“. In: *Anzeiger des Germanischen Nationalmuseums* (1921). 31–33.
Ders. 1921c. „Neuerwerbungen für die Waffensammlung“. In: *Anzeiger des Germanischen Nationalmuseums* (1921). 25–31.
Ders. 1925. „Der Topfhelm der Rieter von Kornburg“. In: *Anzeiger des Germanischen Nationalmuseums* (1924–25). 89–96.
Ders. 1927. „Die Waffensammlung des Germanischen Museums“. In: *Das Bayerland* XXXVIII/15 (1927). 470–476.
Ders. 1933a. *Der Geschützgießer Oswald Baldner*. Berlin: De Gruyter.
Ders. 1933b. „Der Nürnberger Geschützgießer Endres Pegnitzer der Ältere“. In: *Anzeiger des Germanischen Nationalmuseums* (1932–33). 128–161.
Ders. 1935. *Deutsche Jagd-Altertümer*. Nürnberg. Verlag des GNM.
Ders. 1937. *Ein Prunkturnierharnisch im Germanischen Nationalmuseum*. Leipzig: o.V.
Ders. 1938. „Das Germanische Nationalmuseum in Nürnberg“. In: *Technikgeschichte* XXVII (1938). 177–179.
Ders. 1939. „Alte Nürnberger Waffen“. In: *Nürnberger Schau* I/12 (1939). 393–397.
Ders. 1941. „Die Schlacht am Walde vom 19. Juni 1902“. In: *Nürnberger Schau* III/3 (März 1941). 69–71.
Neumann, Carl W. 1862. *Die Dollingersage*. Regensburg: Reitmayr.
Neumann, Hartwig. 1992a. *Das Zeughaus. Die Entwicklung eines Bautyps von der spätmittelalterlichen Rüstkammer zum Arsenal im deutschsprachigen Bereich vom XV. bis XIX. Jahrhundert. Textband*. Bd. 1. Bonn: Bernard & Graefe.
Ders. 1992b. *Das Zeughaus. Die Entwicklung eines Bautyps von der spätmittelalterlichen Rüstkammer zum Arsenal im deutschsprachigen Bereich vom XV. bis XIX. Jahrhundert. Bildband*. Bd. 2. Bonn: Bernard & Graefe.
Nickel, Helmut, und Dirk H. Breiding. 2010. „A Book of Tournaments and Parades from Nuremberg“. In: *Metropolitan Museum Journal* XLV (2010). 125–186.
Nicolai, Friedrich. 1783. *Beschreibung einer Reise durch Deutschland und die Schweiz, im Jahre 1781*. Bd. 1. Berlin/Stettin: Selbstverlag.
Niebisch, Arndt. 2013. „War in the Age of Intelligent Machines. Ein Buch nach Kittler?“. In: Friedrich Balke, Bernhard Siegert und

Joseph Vogl (Hgg.). *Mediengeschichte nach Friedrich Kittler.* München: Fink. 95–104.

Niedermann, Erwin. 1980. „Die Leibesübungen der Ritter und Bürger". In: Horst Ueberhorst (Hg.). *Geschichte der Leibesübungen.* Bd. 3. Berlin/München/Frankfurt a.M.: Bartels & Wernitz KG. 71–96.

Niedermayer, Andreas. 1864. *Kunstgeschichte der Stadt Wirzburg*. 2. Auflage. Freiburg i.B.: Herder'sche Verlagshandlung.

Nietzsche, Friedrich. 2009. *Vom Nutzen und Nachtheil der Historie für das Leben*. Reclam: Ditzingen.

Niewerth, Dennis. 2018. *Dinge – Nutzer – Netze. Von der Virtualisierung des Musealen zur Musealisierung des Virtuellen*. Bielefeld: Transcript.

Nixon, Mark. 2011. *Samuel Beckett's German Diaries 1936–1937.* London/New York: Continuum.

Nopitsch, Christian C. (Hg.). 1801. *Wegweiser für Fremde in Nürnberg*. Nürnberg: Raspe.

Oakeshott, Ewart. 1994. *The Sword in the Age of Chivalry*. Woodbridge: The Boydell Press.

Oldenbourg, Rudolf. 1919. „Das Germanische Museum". In: *Kunstchronik* LV/7 (14. November 1919). 131–135.

Osterhammel, Jürgen. 2010. *Die Verwandlung der Welt. Eine Geschichte des 19. Jahrhunderts*. 5. Auflage. München: Beck.

Osterhausen, Johann K., und Georg C. Wilder (Hgg.). 1819. *Neues Taschenbuch von Nürnberg*. Bd. 1. Nürnberg: Riegel und Wiessner.

Paech, Joachim. 1997. „Überlegungen zum Dispositiv als Theorie medialer Topik". In: *MEDIENwissenschaft* XIV/4 (1997). 400–420.

Pawlas, Karl R. (Hg.). 1963. *Die Foltergewölbe und Hochgerichte der Vorzeit. Geschichtliche Darstellung und Abbildung der verschiedenen Folterinstrumente, Leibes- und Lebensstrafen der früheren Jahrhunderte, mit vielen Holzschnitten nach den in den Sammlungen des germanischen Museums und des Hrn. Geuder auf der k. Burg in Nürnberg aufbewahrten Originalien*. Nürnberg: Publizistisches Archiv.

Pearsall, Robert L. 1838. „The Kiss of the Virgin. A Narrative of Researches made in Germany, during the years 1832 and 1834, for the purpose of ascertaining the mode of inflicting that ancient punishment, and of proving the often denied and generally disputed fact of its existence“. In: *Archaeologica* XXVII (1838). 229–250.

Pender, Stephen. 2009. „Seeing, Feeling, Judging. Pain in the Early Modern Imagination“. In: Jan F. van Dijkhuizen (Hg.). *The Sense of Suffering. Constructions of Physical Pain in Early Modern Culture*. Leiden/Boston: Brill. 469–495.

Peters, Ursula. 2003. „Erfindung eines Menschenfreundes. Die Guillotine“. In: *MonatsAnzeiger* XXIII/11 (2003). 6–7.

Pfaffenbichler, Matthias. 2017. „Die Anfänge des Turniers im 12. und 13. Jahrhundert“. In: Ders. und Stefan Krause (Hgg.). *Turnier. 1000 Jahre Ritterspiele*. München: Hirmer. 15–21.

Pfister, Heinrich. 1833. *Handbuch der vorzüglichsten Denk- und Merkwürdigkeiten der Stadt Nürnberg*. Bd. 2. o.O.: o.V.

Pias, Claus. 2003. „Das digitale Bild gibt es nicht. Über das (Nicht-) Wissen der Bilder und die informatische Illusion“. In: *zeitenblicke* II/1 (2003). 1–71. https://www.zeitenblicke.de/2003/01/pias/pias.pdf [Abruf am 02.07.2024].

Pieper, Peter. 2012. „Leibzeichen. Vergessene Rechtsdenkmäler“. In: Jost Auler (Hg.). *Richtstättenarchäologie 3*. Dormagen: Archaeotopos. 564–604.

Pilz, Kurt. 1932. „Das Gesellenstechen in Nürnberg am 3. März 1561 von Jost Ammann“. In: *Zeitschrift für historische Waffen- und Kostümkunde* XIII/4 (1932). 74–80.

Ders. 1934. *Führer durch die Kriminalistisch-Kulturhistorische Sammlung im Fünfeckigen Turm der Burg zu Nürnberg*. Nürnberg: Schrag.

Ders. 1935. „Das Gesellenstechen in Nürnberg“. In: *Fränkische Heimat* XIV/2 (1935). 38–39.

Ders. 1940. „Jost Ammann 1539–1591“. In: *Mitteilungen des Vereins für Geschichte der Stadt Nürnberg* XXXVII (1940). 201–252.

Pomian, Krzysztof. 1990. „Museum und kulturelles Erbe“. In: Gottfried Korff und Martin Roth (Hgg.). *Das historische Museum. Labor, Schaubühne, Identitätsfabrik*. Frankfurt a.M./New York: Campus. 41–64.

Ders. 1998. *Der Ursprung des Museums. Vom Sammeln*. Berlin: Wagenbach.

Pörtner, Rudolf (Hg.). 1982. *Das Schatzhaus der deutschen Geschichte. Das Germanische Nationalmuseum*. Düsseldorf/Wien: Econ.

Prechsl, Magdalena. 2019. *Nürnberger Kriminalgeschichte. Henkerhaus, Lochgefängnis und Schuldturm*. Nürnberg: Sandberg.

Preinfalk, Miha. 2016. „Jožef baron Dietrich in njegove povezave z rodbino Sulkowski". In: Dariusz Nawrot und Grzegorz Madej (Hgg.). *Zapomniani książęta?. Sułkowscy w XVIII–XX wieku*. Kattowitz: Wydawnictwo Uniwersytetu Śląskiego. 143–163.

Puff, Rudolf. 1845. „Wanderungen durch einstige Bestandtheile der Steiermark". In: *Oesterreichisches Morgenblatt* X/131–133, 135–136 (Oktober-November 1845). 522–523, 526–527, 531–532, 539–540, 542–543.

Quack, Heinz-Dieter, und Albrecht Steinecke. 2012. „Vorwort der Herausgeber". In: Dies. (Hgg.). *Dark Tourism. Faszination des Schreckens*. Paderborn: Universität Paderborn. 3–5.

Rabe, Martin F. 1847. *Die eiserne Jungfer und das heimliche Gericht im königlichen Schlosse zu Berlin*. Berlin: Haude und Spenersche Buchhandlung.

Reitzenstein, Alexander v. 1972. *Rittertum und Ritterschaft*. München: Prestel.

Remshard, Georg. 1841. *Die Sammlungen des Handelsgerichts-Assessors Joh. Jacob Hertel aus den Gebieten der Kunst und Wissenschaft, des Gewerbfleisses und der Natur*. Nürnberg: Sebald.

Richard, August V. 1861. *Licht und Schatten. Ein Beitrag zur Culturgeschichte von Sachsen und Thüringen im XVI. Jahrhundert*. Leipzig: Teubner.

Rieke-Müller, Annelore, und Siegfried Müller. 2000. „Konzeptionen der Kulturgeschichte um die Mitte des 19. Jahrhunderts. Das Germanische Nationalmuseum in Nürnberg und die Zeitschrift für deutsche Kulturgeschichte". In: *Archiv für Kulturgeschichte* LXXXII/2 (2000). 345–375.

Rodt, Eduard v. 1885. „Das historische Museum Berns". In: *Berner Taschenbuch* XXXIV (1885). 29–93.

Röder, Philipp L. 1789. *Reisen durch das südliche Teutschland*. Bd 1. Leipzig/Klagenfurt: S.L. Crusius und Friedrich Carl Walliser.

Rösener, Werner. 2004. *Die Geschichte der Jagd. Kultur, Gesellschaft und Jagdwesen im Wandel der Zeit*. Düsseldorf: Artemis & Winkler.

Roider, Klaus. 2008. „Und was hat Karl XII. von Schweden mit Nürnberg zu tun?. Ein Nachtrag zum Sammlerbrief 7+8/2008“. In: *VFZ-Sammlerbrief* 9/10 (2008). 200–201.

Roland, Alex. 2003. „Once More into the Stirrups. Lynn White jr., Medieval Technology and Social Change“. In: *Technology and Culture* XLIV/3 (Juli 2003). 574–585.

Rosenthal-Metzger, Julie. 1931. „Das Augustinerkloster in Nürnberg“. In: *Mitteilungen des Vereins für Geschichte der Stadt Nürnberg* XXX (1931). 1–105.

Roth v. Schreckenstein, Karl H. 1886. *Die Ritterwürde und der Ritterstand. Historisch-politische Studien über deutsch-mittelalterliche Standesverhältnisse auf dem Lande und in der Stadt*. Freiburg i.B.: J.C.B. Mohr.

Roth, Johann F. 1812. *Nürnbergisches Taschenbuch*. Bd. 1. Nürnberg: Johann Leonhard Schrag.

Ders. 1813. *Nürnbergisches Taschenbuch*. Bd. 2. Nürnberg: Johann Leonhard Schrag.

Rothenfelder, Ludwig. 1935. „Gustav von Bezold (1848–1934)“. In: *Anzeiger des Germanischen Nationalmuseums* (1934/1935). 5–18.

Rüdel. 1892. „Beschreibung der ‚Leibzeichen‘ in der Registratur des Magistrats in Scheinfeld“. In: *Jahresbericht des historischen Vereins für Mittelfranken* XLIV (1892). 81–84.

Rühl, Joachim K. 1985. „Das Turnier als friedfertiger Krieg“. In: Hartmut Becker (Hg.). *Sport im Spannungsfeld von Krieg und Frieden*. Clausthal-Zellerfeld: DVS. 31–53.

Rüxner, Georg. 1532. Anfang, *Ursprung und Herkommen des Thurniers inn Teutscher Nation*. Siemern: o.V.

Saalmann, Timo. 2019. „Erwerbungen aus Julius Carlebachs Berliner Kunsthandlung“. In: Ders. und Anja Ebert. *Gekauft – Getauscht – Geraubt?. Erwerbungen des Germanischen Nationalmuseums zwischen 1933 und 1945 – Weitere Ergebnisse der Provenienzforschung*. Nürnberg: Verlag des GNM. 51–61.

Sabrow, Martin, und Achim Saupe. 2022. „Einleitung“. In: Dies. (Hgg.). *Handbuch Historische Authentizität*. Göttingen: Wallstein. 9–15.

Sachs, Hans. 1885. „Das Gesellenstechen“. In: Karl Goedeke und Julius Tittmann (Hgg.). *Dichtungen von Hans Sachs. Spruchgedichte*. Bd. 2. 2. Auflage. Leipzig: Brockhaus. 159–164.

Sacken, Eduard v. 1855. *Die k.k. Ambraser-Sammlung*. Bd. 1. Wien: Wilhelm Braumüller.

Salzmann, Heinrich. 1937. „Museum oder Kulturschau“. In: *Unser Wille und Weg* VII/1 (Januar 1937). 24–26.

Sarasin, Philipp. 2016. *Michel Foucault zur Einführung*. 6. Auflage. Hamburg: Junius.

Schaffran, Emerich. 1930. *Burg Feistritz am Wechsel*. Wien: Mautner.

Schalkhaußer, Erwin. 1971. „‚Kostbare Waffen und Jagdgeräte‘. Ausstellung des Germanischen Nationalmuseums in der Kaiserburg Nürnberg“. In: *Waffen- und Kostümkunde* XIII (1971). 150–151.

Schärer, Martin R. 2003. *Die Ausstellung. Theorie und Exempel*. München: Müller-Straten.

Schaum, Jacob C. 1819. *Die fürstliche Alterthümer-Sammlung zu Braunfels*. Braunfels: Selbstverlag.

Schedelmann, Hans. 1965. „Der Waffensammler. Gefälschte Prunkwaffen“. In: *Waffen- und Kostümkunde* VII (1965). 124–132.

Ders. 1971. „Konrad Fecit“. In: *Waffen- und Kostümkunde* XIII (1971). 52–61.

Ders. 1973. „Ein Rückblick auf den Waffenmarkt des letzten halben Jahrhunderts“. In: *Waffen- und Kostümkunde* XV (1973). 25–52.

Scheiger, Josef v. 1823. „Erinnerungen von einem Ausflug in einen interessanten Theil des Viertels unter dem Wiener-Walde“. In: Joseph v. Hormayr (Hg.). *Archiv für Geschichte, Statistik, Literatur und Kunst* XIV (1823). 325–327, 415–416, 441–444, 448–450, 457–458.

Ders. 1824. *Das von Ritter von Schönfeld gegründete technologische Museum in Wien. Eine gedrängte Uibersicht seiner Merkwürdigkeiten für Freunde der Kunst und des Alterthumes*. Prag: Schönfeld'sche Buchdruckerey.

Ders. 1828. *Andeutungen zu einigen Ausflügen im Viertel unter dem Wienerwalde und seinen nächsten Umgebungen*. Wien: M.Chr. Adolph.

Ders. 1833. *Andeutungen zur Geschichte und Beschreibung des bürgerlichen Zeughauses in Wien*. Wien: Gehlensche Buchdruckerei.

Scherer, Annette. 1999. „Ferdinand Schmidt – Ein Bildchronist des Germanischen Nationalmuseums“. In: Michael Diefenbacher und Helmut Beer (Hgg.). *Im Wandel – Nürnberg vor 100 Jahren. Fotografien von Ferdinand Schmidt 1860–1909*. Nürnberg: Stadtarchiv. 144–155.

Schiedlausky, Günther. 1970. „Guillaume Appollinaire. Das Germanische Museum von Nürnberg“. In: *Anzeiger des Germanischen Nationalmuseums* (1970). 143–146.

Ders. 1978. „Die Zeit des Wiederaufbaues nach dem Kriege. Das Museum unter der Leitung von Ernst Günter Troche und Ludwig Grote“. In: Bernward Deneke und Rainer Kahsnitz (Hgg.). *Das Germanische Nationalmuseum Nürnberg 1852–1917. Beiträge zu seiner Geschichte*. München: Deutscher Kunstverlag. 263–310.

Schifko, Georg. 2018. „Zur Identifizierung der ‚Ethnizität' von Karyatiden im Naturhistorischen Museum in Wien anhand von dargestellten Waffen“. In: Hans P. Hahn und Friedemann Neumann (Hgg.). 2018. *Dinge als Herausforderung. Kontexte, Umgangsweisen und Umwertungen von Objekten*. Bielefeld: Transcript. 305–314.

Schild, Wolfgang. 1985. *Alte Gerichtsbarkeit. Vom Gottesurteil bis zum Beginn der modernen Rechtsprechung*. 2. Auflage. München: Callwey.

Ders. 1989. „Die Folter als rechtliches Beweisverfahren“. In: Christoph Hinckeldey (Hg.). *Justiz in alter Zeit*. 2. Auflage. Mittelalterliches Kriminalmuseum: Rothenburg o.d. Tauber. 240–259.

Ders. 1998. *Die Eiserne Jungfrau. Dichtung und Wahrheit*. Rothenburg o.d. Tauber: Verlag des Mittelalterlichen Kriminalmuseums.

Ders. 2015. *‚Von peinlicher Frag'. Die Folter als rechtliches Beweisverfahren*. Rothenburg o.d. Tauber: Verlag des Mittelalterlichen Kriminalmuseums.

Schmid, Wolfgang M. 1908. *Altertümer des Bürgerlichen und Strafrechts, insbesondere Folter- und Strafwerkzeuge des Bayerischen Nationalmuseums*. München: Verlag des Bayerischen Nationalmuseums.

Schmitt, Carl. 2015. *Der Begriff des Politischen*. 9. Auflage. Berlin: Duncker & Humblot.

Ders. 2017. *Theorie des Partisanen*. 8. Auflage. Berlin: Duncker & Humblot.

Schmitt, Reinhard. 2002. *Burg Querfurt. Beiträge zur Baugeschichte – Baufunde und archivalische Quellen*. Querfurt: Museum Burg Querfurt.

Schmoeckel, Mathias. 1997. „Karl von Amira und die Anfänge der Rechtsarchäologie. Die rechtsarchäologische Sammlung Karl von

Amiras am Leopold-Wenger-Institut“. In: Louis Carlen (Hg.). *Forschungen zur Rechtsarchäologie und Rechtlichen Volkskunde.* Bd. 17. 67–82. Zürich/Basel/Genf: Schulthess.

Schober, Anna. 1994. *Montierte Geschichten. Programmatisch inszenierte historische Ausstellungen*. Wien: Dachs.

Schöne, Dorothea. 2006. „Das Museum als Gesamtkunstwerk“. In: Matthias Puhle (Hg.). *100 Jahre Kulturhistorisches Museum Magdeburg. 1906–2006*. Magdeburg: Verlag Magdeburger Museen. 71–102.

Scholze, Jana. 2004. *Medium Ausstellung. Lektüren musealer Gestaltung in Oxford, Leipzig, Amsterdam und Berlin.* Bielefeld: Transcript.

Schroeder, Horst. 1971. *Der Topos der Nine Worthies in Literatur und bildender Kunst*. Göttingen: Vandenhoeck & Ruprecht.

Schubiger, Benno. 2010. „Arche, Bühne, Musterbuch. ‚Period Rooms‘ in den Museen“. In: *Heimatschutz* CV/3 (2010). 10–13.

Ders. 2013. „Recycling der anderen Art. Der ‚Period Room‘ unter dem Blickwinkel des Kreislaufes und der Umdeutung“. In: *Ferrum* LXXXV (2013). 63–74.

Ders. 2019. „Wie die Period Rooms in die Museen kamen“. In: Christina Sonderegger (Hg.). *Period Rooms. Die historischen Zimmer im Landesmuseum Zürich*. Zürich: Scheidegger & Spiess. 11–27.

Schultes, Lothar. 2004. „Die Reiter von Mauerkirchen und das Bild des Ritters um 1300“. In: *Jahrbuch des Oberösterreichischen Musealvereines* CXLIX/1 (2004). 403–434.

Schultz, Oliver L. 2004. „Marshall McLuhan – Medien als Infrastrukturen und Archetypen“. In: Alice Lagaay und David Lauer (Hgg.). *Medientheorien. Eine philosophische Einführung*. Frankfurt a.M./New York: Campus. 31-68.

Schulz, Albert. 1867. *Zur Waffenkunde des älteren deutschen Mittelalters.* Quedlinburg/Leipzig: Gottfried Basse.

Schulz, Fritz T. 1914. „Prunkhelm aus der Mitte des 15. Jahrhunderts“. In: *Anzeiger des Germanischen Nationalmuseums* (1914). 46–47.

Ders. 1923. *Das Germanische Museum in Nürnberg. Ein Kleinod deutscher Art.* München: Von Carben.

Ders. 1927. „Das Germanische Museum von 1902–1927. Festschrift zur Feier seines 75-jährigen Bestehens“. In: *Anzeiger des Germanischen Nationalmuseums* (1926/27). 3–97.

Ders. 1932. *Die Nürnberger Eiserne Jungfrau. Eine kriminalistisch-kulturhistorische Studie*. Nürnberg: W. Tümmels Buchdruckerei.

Schwemmer, Wilhelm. 1939. *Schrags Führer durch Nürnberg. Die Stadt der Reichsparteitage*. 39. Auflage. Nürnberg: J.L. Schrag.

Ders. 1976. *Nürnberg in alten Ansichten*. Zaltbommel: Europäische Bibliothek.

Schweser, Christoph H. 1768. *Des klugen Beamten auserlesener Criminal-Proceß*. Nürnberg: Gabriel Nicolaus Raspe.

Schwietering, Julius. 1917. „Menschenfänger und Fangeisen". In. *Zeitschrift für historische Waffenkunde* VII (1915–17). 140–143.

Seel, Martin. 2000. *Ästhetik des Erscheinens*. München: Hanser.

Seeleke, Kurt. 1964. „Gartenzauber auf der Meersburg". In: *Burgen und Schlösser* V/1 (1964). 1–3.

Seelig, Lorenz. 2000. „Die Große und die Kleine Waffenhalle des Bayerischen Nationalmuseums". In: Ingolf Bauer (Hg.). *Das Bayerische Nationalmuseum. Der Neubau an der Prinzregentenstraße 1892–1900*. München: Hirmer. 159–172.

Seier, Andrea. 2011. „Un/Verträglichkeiten. Latours Agenturen und Foucaults Dispositive". In: Tobias Conradi, Heike Derwanz und Florian Muhle (Hgg.). *Strukturentstehung durch Verflechtung. Akteur-Netzwerk-Theorie(n) und Automatismen*. München: Fink. 151–172.

Seitz, Heribert. 1965. *Blankwaffen I*. Braunschweig: Klinkhardt & Biermann.

Ders. 1968. *Blankwaffen II*. Braunschweig: Klinkhardt & Biermann.

Selheim, Claudia. 2002. „‚Eine große und sehr planvoll angelegte Sammlung von Volkstrachten aller deutschen Stämme'. Sammlung und Sammlungsstrategie des Dr. Oskar Kling." In: Annette Scherer (Hg.). *Mäzene, Schenker, Stifter. Das Germanische Nationalmuseum und seine Sammlungen*. Nürnberg: Verlag des GNM. 95–103.

Sfedu, Tatiana. 2006. *Museumsgründung und bürgerliches Selbstverständnis. Die Familie Leiner und das Rosgartenmuseum in Konstanz*. Dissertation an der Universität Konstanz.

Shengya, Liu. 1998. „Aus den Erinnerungen des chinesischen Studenten in Deutschland, Liu Shengya". In: Mechthild Leutner (Hg.). *Deutschland und China 1937–1945. Politik – Militär – Wirtschaft – Kultur*. Berlin: Akademie. 395–399.

Siebenkees, Johann C. (Hg.). 1792. *Materialien zur Nürnbergischen Geschichte*. Bd. 2. Nürnberg: Schneiderische Kunst- und Buchhandlung.

Siegert, Bernhard. 2003. *Passage des Digitalen. Zeichenpraktiken der neuzeitlichen Wissenschaften 1500–1900*. Berlin: Brinkmann & Bose.

Sieghardt, August. 1930. „Die Burg im Zeichen des Fremdenverkehrs. Der Drang zur Folterkammer – Die Schauermär von der Eisernen Jungfrau – Etwas zum Nachdenken". In: *Nürnberger Zeitung* (26. August 1930). 5.

Soden, Franz v. 1869. *Gustav Adolph und sein Heer in Süddeutschland von 1631 bis 1635. Zur Geschichte des dreißigjährigen Krieges*. Bd. 3. Erlangen: Andreas Deichert.

Sommer, Manfred. 1999. *Sammeln. Ein philosophischer Versuch*. Frankfurt a.M.: Suhrkamp.

Spielvogel, Nora. 2014. *Begreifen – Erfassen – Durchsteigen. Über die Produktion von Körperwissen in Kindermuseen*. Oldenburg: Institut für Materielle Kultur.

Springer, Peter. 2014. *Zwischen Mittelalter und Moderne. August Essenwein als Architekt, Bauhistoriker, Denkmalpfleger und Museumsmann*. Braunschweig: Appelhans.

Stadler, Daniela. 2007. „Geuder, Georg Friedrich". In: Manfred H. Grieb (Hg.). *Nürnberger Künstlerlexikon*. Bd. 1. München: Sauer. 467.

Stauff, Markus. 2005. *Das neue Fernsehen. Machtanalyse, Gouvernementalität und digitale Medien*. Münster u.a.: Lit-Verlag.

Stegmann, Hans. 1898. „Eine Prangertafel im germanischen Museum". In: *Mitteilungen aus dem Germanischen Nationalmuseum* (1898). 20.

Steinhausen, Georg. 1899. *Deutsche Privatbriefe des Mittelalters. Fürsten und Magnaten, Edle und Ritter*. Bd. 1. Berlin: R. Gaertners Verlagsbuchhandlung.

Stewart, Andrew. 2001. „David's ‚Oath of the Horatii' and the Tyrannicides". In: *The Burlington Magazine* CXLIII/1177 (April 2001). 212–219.

Stoker, Bram. 1914. „The Squaw". In: Ders. *Draculas Guest And Other Weird Stories*. London: Routledge. 45–62.

Strombeck, Hilmar v. 1860. „Leibzeichen und das rothe Kloster in Braunschweig“. In: *Zeitschrift des historischen Vereins für Niedersachsen* XXVI (1860). 185–192.

Tacke, Andreas. 1995. *Die Gemälde des 17. Jahrhunderts im Germanischen Nationalmuseum*. Mainz: Philipp von Zabern.

Taube, Elisabeth, und Astrid Roth. 2019. „Die spätmittelalterlichen Totenschilde am Germanischen Nationalmuseum. Ein Zwischenbericht zu den kunsttechnologischen Untersuchungen“. In: Raphael Beuing und Wolfgang Augustyn (Hgg.). *Schilde des Spätmittelalters und der Frühen Neuzeit*. Passau: Dietmar Klinger. 387–402.

Te Heesen, Anke. 2012. *Theorien des Museums zur Einführung*. Hamburg: Junius.

Thiele, Kai H. 1971. „Scharfrichterschwerter und Folterwerkzeuge. Irrfahrten und Schicksale einer ungewöhnlichen Sammlung“. In: Deutsche Waffenbörse (Hg.). *4. Deutsche Waffenbörse mit internationaler Beteiligung. Stuttgart Killesberg 22. bis 26. Mai, täglich 9 bis 18 Uhr*. Ausstellungskatalog. Schwäbisch Hall: Schwend. 64–78.

Thiemeyer, Thomas. 2012. „Inszenierung und Szenografie. Auf den Spuren eines Grundbegriffs des Museums und seines Herausforderers“. In: *Zeitschrift für Volkskunde* CVIII/2 (2012). 199–214.

Toifl, Leopold. 2015. „Zur Geschichte“. In: Bettina Habsburg-Lothringen (Hg.). *Landeszeughaus. Die historische Waffenkammer*. Graz: Universalmuseums Joanneum. 7–73.

Tschirner, Ulfert. 2011. *Museum, Photographie und Reproduktion. Mediale Konstellationen im Untergrund des Germanischen Nationalmuseums*. Bielefeld: Transcript.

Tschischka, Franz. 1836. *Kunst und Alterthum in dem österreichischen Kaiserstaate*. Wien: Beck’sche Universitäts-Buchhandlung.

Ubell, Hermann. 1933. „Geschichte der kunst- und kulturhistorischen Sammlungen des oberösterreichischen Landesmuseums“. In: *Jahrbuch des oberösterreichischen Musealvereins* LXXXV (1933). 181–344.

Valéry, Paul. 2010. „Das Problem der Museen“. In: Kristina Kratz-Kessemeier, Andrea Meyer und Bénédicte Savoy (Hgg.). *Museumsgeschichte. Kommentierte Quellentexte 1750–1950*. Berlin: Reimer. 187–190.

Van Dülmen, Richard. 1984. „Das Schauspiel des Todes. Hinrichtungsrituale in der frühen Neuzeit“. In: Ders. und Norbert Schindler (Hgg.). *Volkskultur. Zur Wiederentdeckung des vergessenen Alltags (16.-20. Jahrhundert)*. Frankfurt a.M.: Fischer. 203–245.

Ders. 1985. *Theater des Schreckens. Gerichtspraxis und Strafrituale in der frühen Neuzeit*. München: Beck.

Veit, Ludwig. 1978. „Chronik des Germanischen Nationalmuseums“. In: Bernward Deneke und Rainer Kahsnitz (Hgg.). *Das Germanische Nationalmuseum Nürnberg 1852–1917. Beiträge zu seiner Geschichte*. München: Deutscher Kunstverlag. 11–124.

Viallon, Marina. 2015. „A German High Tournament Saddle in the Royal Armouries, Leeds“. In: *Arms & Armour* XII/2 (2015). 103–123.

Villeneuve, Roland. 1988. *Grausamkeit und Sexualität. Sadistisch-flagellantische, pathologische, gesellschaftlich-machtpolitische und religiöse Hintergründe der Leibes- und Todesstrafen, Hinrichtungsarten, Martern und Qualen bis in die Gegenwart in Wort und Bild*. Berlin: Rixdorfer Verlagsanstalt.

Viollet-le-Duc, Eugène E. 1854. *Essai sur l'architecture militaire au moyen age*. Paris: Librairie d'Architecture de Bance.

Ders. 1875. *Dictionnaire raisonné du mobilier français de l'époque carlovingienne a la renaissance*. Band 6. Paris: Morel.

Vischer, Georg M. 1672. *Topographia Archiducatus Austriae Inferioris Modernae*. o.O.: o.V.

Vogl, Coelestin. 1729. *Ratisbona Politica*. Bd. 1. Regensburg: Lang.

Vogl, Joseph, und Alessandro Barberi. 2001. „Historische Epistemologie und Medienwissenschaft“. In: *Österreichische Zeitung für Geschichtswissenschaften* XII/4 (2001). 115–128.

Volbehr, Theodor. 1910. *Führer durch das Kaiser Friedrich Museum der Stadt Magdeburg*. Magdeburg: Kaiser-Friedrich-Museum.

Ders. 1913. *Kleiner Führer durch das Kaiser Friedrich Museum der Stadt Magdeburg*. Magdeburg: Kaiser-Friedrich-Museum.

Wächter, Carl G. v. 1845. *Beiträge zur Deutschen Geschichte, insbesondere zur Geschichte des Deutschen Strafrechts*. Tübingen: Ludwig Friedrich Fues.

Walz, Markus. 2012. *Machtvakuum Museumswesen?. Sekundäranalyse von Abschlussarbeiten der Leipziger Fachschule für Museologen*

(1987–90) zu Museen als nationalsozialistisches Politikfeld, jenseits der Kunstpolitik. Leipzig: HTWK Leipzig.

Wattenbach, Wilhelm. 1871. „Das Germanische Museum in Nürnberg". In: *Heidelberger Familienblätter* 129 (31. Oktober 1871). 513–514.

Weber, Anna-Carolin. 2018. „Störung. Dimensionen der Konstitution und Kritik im Dispositiv". In: Olivia Ebert, Eva Holling, Nikolaus Müller-Schöll et al. (Hgg.). *Theater als Kritik. Theorie, Geschichte und Praktiken der Ent-Unterwerfung*. Bielefeld: Transcript. 461–469.

Weber, Karl v. 1866. „Ueber Turniere und Kampfspiele". In: *Archiv für die sächsische Geschichte* IV (1866). 337–384.

Wegweiser. 1853, 1860, 1861, 1865, 1868, 1872, 1879, 1880, 1884, 1887, 1893, 1896, 1904, 1917–18, 1922–23, 1924–25, 1930, 1935, 1956–57, 1977. *Das Germanische Nationalmuseum. Wegweiser für die Besuchenden. Die kunst- und kulturgeschichtlichen Sammlungen des germanischen Museums. Wegweiser für die Besuchenden. Führer durch die kunst- und kulturgeschichtlichen Sammlungen des Germanischen Museums*. Nürnberg: Verlag des GNM.

Weid, Inge. 2001. „Eine ‚von Leidenschaften zerrissene Persönlichkeit'. Zum 200. Geburtstag des Museumsgründers Hans von und zu Aufseß". In: *MonatsAnzeiger* XXI/9 (2001). 2–3.

Weiss, Gisela. 2006. „Wir wollen nicht mehr den Standpunkt des Historikers. Zum spannungsvollen Verhältnis zwischen Museumsdisziplin und Geschichtswissenschaft im 19. und 20. Jahrhundert". In: Olaf Hartung (Hg.). *Museum und Geschichtskultur. Ästhetik – Politik – Wissenschaft*. Bielefeld: Verlag für Regionalgeschichte. 233–259.

Wette, Wolfgang. 2011. *Militarismus in Deutschland. Geschichte einer kriegerischen Kultur*. Frankfurt a.M.: Fischer.

White, Lynn T. 1962. *Medieval Technology and Social Change*. Oxford: Clarendon Press.

Wilckens, Leonie v. 1982. „Das Kleid des Menschen und sein Schmuck. Standesabzeichen, Pilgerkleid und modische Stilisierung". In: Rudolf Pörtner (Hg.). *Das Schatzhaus der deutschen Geschichte. Das Germanische Nationalmuseum*. Düsseldorf/Wien: Econ. 357–384.

Willers, Johannes. 1978. „Historische Waffen und Jagdaltertümer". In: Bernward Deneke und Rainer Kahsnitz. *Das Germanische Nationalmuseum 1852–1977. Beiträge zu seiner Geschichte*. München: Deutscher Kunstverlag. 833–859.

Ders. 1979. „Waffen und Uhren". In: GNM (Hg.). *Paul Wolfgang Merkel und die Merkelsche Familienstiftung*. Ausstellungskatalog. Nürnberg: Verlag des GNM. 177–182.

Ders. 1982. „Handfeuerwaffen – eine ‚brenzlige' Zufallsentdeckung macht Geschichte. Von der chinesischen Pulverrakete zum vielschüssigen Gewehr". In: Rudolf Pörtner (Hg.). *Das Schatzhaus der deutschen Geschichte. Das Germanische Nationalmuseum*. Düsseldorf/Wien: Econ. 493–520.

Ders. 1991. „Die Jagdwaffe im 18. Jahrhundert". In: *Die Jägerei im 18. Jahrhundert*. Heidelberg: Carl Winter. 91–100.

Ders. 2002a. „Kanonen aus dem Osmanischen Reich. Das schwerste Geschenk an das Germanische Nationalmuseum". In: Annette Scherer (Hg.). *Mäzene, Schenker, Stifter. Das Germanische Nationalmuseum und seine Sammlungen*. Nürnberg: Verlag des GNM. 145–147.

Ders. 2002b. „Nürnberger Waffen. Herstellung und Verkauf". In: Hermann Maué, Thomas Eser, Sven Hauschke et al. (Hgg.). *Quasi Centrum Europae. Europa kauft in Nürnberg 1400–1800*. Ausstellungskatalog. Nürnberg: Verlag des GNM. 139–157.

Williams, Alan. 2003. *The Knight and the Blast Furnace. A History of the Metallurgy of Armour in the Middle Ages & the Early Modern Period*. Leiden/Boston: Brill.

Ders., David Edge und Tony Atkins. 2006. „Bullet Dents. ‚Proof Marks' or Battle Damage". In: *Gladius* XXVI (2006). 175–209.

Windsheimer, Bernd. 1988. *Turniere und Gesellenstechen in Nürnberg*. Magisterarbeit an der Friedrich-Alexander-Universität Erlangen-Nürnberg.

Wölfflin, Heinrich. 1915. *Kunstgeschichtliche Grundbegriffe. Das Problem der Stilentwicklung in der neueren Kunst*. München: F. Bruckmann.

Wolf, Antje, und Claudia Matzner. 2012. „Arten und Motive des ‚Dark Tourism'". In: Heinz-Dieter Quack und Albrecht Steinecke (Hgg.). *Dark Tourism. Faszination des Schreckens*. Paderborn: Universität Paderborn. 89–100.

Worthen, Shana. 2009. „The Influence of Lynn White, jr.'s Medieval Technology and Social Change". In: *History Compass* VII/4 (2009). 1201–1217.

Wozel, Heidrun. 1990. *Turniere*. 2. Auflage. Berlin: Brandenburgisches Verlagshaus.

Zagolla, Robert. 2006. *Im Namen der Wahrheit. Folter in Deutschland vom Mittelalter bis heute*. Berlin: Be Bra.

Zander-Seidel, Jutta. 2015. „‚Gute Ordnung' und Welterfahrung. Kleidung als Bildzeichen". In: Dies. (Hg.). *In Mode. Kleider und Bilder aus Renaissance und Frühbarock*. Nürnberg: Verlag des GNM. 134–139.

Zerzog, Julie v. 1858. *Beschreibung des Rathhauses zu Regensburg*. 2. Auflage. Regensburg: Montag & Weiss.

Anhang

Kurzbeschreibung der zitierten Inventarnummern

W19	Jagdschwert mit Besteckscheide und den Wappen des Herzogs Ernst von Bayern, um 1520
W571, W572, W574, W578, W579, W1951, W1952, W1953	Geschützrohre aus Rhodos und Konstantinopel, 15. und 16. Jahrhundert
W676	Turniersattel für das Hohenzeuggestech mit dem Wappen des Regensburger Geschlechtes der Paulsdorfer, 15. Jahrhundert
W741	Reflexbogen aus Eibe, 15./16. Jahrhundert
W863	Schwarz gestrichene Turnierlanze, 16./17. Jahrhundert
W971	Handtartsche mit dem Wappen des Deutschen Ordens, 15. Jahrhundert
W972	Turniertartsche mit dem Wappen der Stadt Deggendorf, 15. Jahrhundert
W1119	Metallfigur des Heiligen Georg, 15. Jahrhundert (zerstört)
W1307-W1310	Rennzeuge, 1498 und um 1525
W1312-W1318	Stechzeuge, um 1500 und 16. Jahrhundert
W1340	Riefelharnisch mit Fratzenvisier, um 1525
W1359	Geätzter Halbharnisch, 1609/1610
W1556	Dreiteilige Falknertasche von Joseph Windecker, 1728
W1612	Lederne Falknertasche, 15./16. Jahrhundert
W1914, W1916	Galvanoplastiken des Prankher Topfhelmes und seiner Zier, 19. Jahrhundert
W2034	Bronzene Tannenberg-Büchse, vor 1399
W2081	Krönlein einer Turnierlanze, 15./16. Jahrhundert
W2160	Reiterharnisch, 1470-1480
W2161	Vollharnisch aus Landshut, 1470-1480
W2334-W2339	Eiserne Geschützkugeln und Granaten, 17. Jahrhundert
W2557	Lederne Parforcejagdpeitsche, 18./19. Jahrhundert
W2584, W2585,	Falkenhauben, 15., 16. und 18. Jahrhundert

W2588, W2589, W2636	
W2770	Plattenharnisch für das Fußturnier von Anton Peffenhauser, 1591
W2771	Hifthorn des Herzogs Julius von Braunschweig, 1580-1590
W2775	Jagdlappen, 18. Jahrhundert
W2777	Waidbesteck, 1665
W2783	Jagdtasche mit Seidenstickerei, 17. Jahrhundert
W2784, W2785	Radschlosspistolen aus Nürnberg, nach 1570 und um 1585
W2786	Turnierhelm für das Neue Welsche Gestech, 1570-1580
W2801	Topfhelm des Hans Rieter zu Kornburg, um 1350
W2818	Degen mit silbertauschiertem Gefäß, um 1590
W2819	Malchus mit geschnitztem Heft, um 1500
W2964	Vergoldetes Waidbesteck, um 1700
W3065	Turnierharnisch für das Neue Welsche Gestech von Anton Peffenhauser, um 1560/1570
W3149	Prunkdolch mit Achatgefäß, 16. Jahrhundert
StR3	Halbkugelförmiges Steingewicht, 16. Jahrhundert
StR5	Rollholz mit Rinnen und zwei Handhaben, 16. Jahrhundert
StR28	Richtschwert mit Parierstange, um 1497
StR29	Aktentasche eines Gerichtsboten, 17. Jahrhundert
StR30	Schandmaske mit dem Nürnberger Wappen, 17. Jahrhundert
StR32	Maske zum Mundverschluss, 17. Jahrhundert
StR34	Lederpeitsche mit Eisenstiel, 16./17. Jahrhundert
StR35, StR36	Flaschenzüge des Augsburger Scharfrichters Widmann, 1738-1739
StR37	Folterzange, 17. Jahrhundert
StR38	Brandeisen, 16./17. Jahrhundert
StR39	Beinschraube, 17. Jahrhundert
StR40, StR41	Daumenschrauben, 16. und 17. Jahrhundert
StR42	Stachelrolle mit zwei Handhaben, 17. Jahrhundert
StR44	Fangeisen mit Stacheln, 16. Jahrhundert bzw. neuere Kopie
StR45	Schandgeige, 17. Jahrhundert
StR53	Fußschelle, unbekannt
StR62	Zerbrochener hölzerner Richterstab, 1879

StR64	Strohkranz mit drei Zöpfen, 18. Jahrhundert
StR71-StR85	Leibzeichen und Zettel, 17. und 18. Jahrhundert
StR94	Guillotine aus Dillenburg, 19. Jahrhundert
StR107	Schandstein, um 1700
StR124	Hand einer ermordeten Frau, unbekannt
StR131	Privilegienschwert zur Zollfreiheit Nürnbergs, 18. Jahrhundert
Gm579	*Die Schlacht im Walde*, Malerei auf Leinwand, 1502
Gm581	Pilgertafel der Familie Ketzel, Malerei auf Kiefernholz, um 1595
Gm582	Bilder-Stammtafel der Familie Ketzel, Malerei auf Kiefernholz, 1595
Gm590	*Belagerung Nürnbergs im Dreißigjährigen Krieg* von Michael Herr, Öl auf Leinwand, nach 1632-1661
Gm595	*Probefeuerwerk von Johann Khonn* von Joseph Furttenbach d.Ä., Öl auf Leinwand, 1645
Gm765	*Andreas Bürkh*, Öl auf Leinwand, 1690
Gm1035	*Bildnis eines Knaben im Jagdkostüm* von Furtenbach auf (Schloss) Reichenschwand, Öl auf Leinwand, 18. Jahrhundert
Gm1269	*Stillleben mit Lunabüste, Jagdwaffen und -gerät* von Christoffel Pierson, Öl auf Leinwand, 17./18. Jahrhundert
Gm1303	*Parforcejagd an der Dianaburg bei Darmstadt* von Georg A. Eger, Öl auf Leinwand, 1768
Gm1334	*Bildnis der Frau Johanna Elisabeth von Schmerfeld* von Johann H. Tischbein, Öl auf Leinwand, um 1780
Gm1348	*Stillleben mit Jagdwaffen und -gerät* von Christoffel Pierson, Öl auf Leinwand, 17./18. Jahrhundert
Gm1349	*Stillleben mit aufgehängtem Jagdgerät und Wildbret* von Cornelius Biltius, Öl auf Leinwand, 17. Jahrhundert
Gm1361	*Stillleben mit Jagdgerät* von Johannes Leemans, Öl auf Leinwand, 1660
MI179	Waldhorn von Wolf W. Haas, 1724
Pl.O.210	Die Nürnberger Madonna aus Lindenholz, um 1510
Pl.O.213-Pl.O.215	Gerichtsgruppe (Richter, Reicher, Armer) aus Lindenholz, 16. Jahrhundert
T1632	Weiß-violettes Wams mit Schlitzen, um 1630/1640
T1694, T1695	Justaucorps und Kniehose eines Herrenjagdanzugs, 18. Jahrhundert

Archivquellen und Handschriften

Historisches Archiv des GNM

GNM-Akten 98.1
Sammlung des Fürsten Sulkowski 1889–1893

GNM-Akten 287b
Personalakten Serie 1, Decker – Groß

GNM-Akten 287e
Personalakten Serie 1, Maurer – Rost

GNM-Akten 315 bis 328
Bauten

GNM-Akten 426.15
Sonderakte Abgabe des jugoslawischen Geschützes

GNM-Akten 725.32
Geuder, Frhr von, Heroldsberg

GNM-Akten 786.1
Verzeichnisse vernichteter und geborgener Gegenstände des GNM aus der Cadolzburg

GNM-Akten 892.1
Akten betreffend die Broschüre Neuhaus, Ein Prunkturnierharnisch

GNM-Akten 975
Abrechnung über die Einnahmen und Ausgaben anlässlich der Vorführung der „Historischen Kostümschau" 1956

GNM-Akten 1017
Abrechnung über die Einnahmen und Ausgaben anlässlich der am 23.06.1956 auf dem Petersberg bei Bonn aufgeführten „Historischen Kostümschau"

GNM-Akten 1145
Akten über die Ausstellung „Hans Freiherr von und zu Aufseß und die Anfänge des Germanischen Nationalmuseums" (29.96-01-10-1972)

GNM-Akten 6669
Germanisches Nationalmuseum - Geschützhalle im Zwinger

GNM-Akten 6278
Plan eines Teils des Germanischen Nationalmuseums um den Kreuzgang herum

GNM-Akten 9410 und 9411
40/2 Waffen und Jagdaltertümer – Vermischtes

GNM-Akten A-162
Mittelalterliche Geschütze, vom Sultan übergeben

GNM-Akten A-283
Schenkung von Waffen und eines mittelalterlichen Helms aus dem Nachlass von Wilhelm von Baumer aus Goldkronach durch Wilhelm Landgraf

GNM-Akten A-399
Schutzmaßnahmen von Kulturgütern und Kunstwerken des Museums

GNM-Akten A-441
Schenkung von Rüstungsteilen der Familie von Künsberg sowie Verpflichtung des GNM zur Vervollständigung

GNM-Akten, drei Bilder, Datierung: 17.05.1954
„Das Germanische Nationalmuseum zeigt den Gästen des Kulturkreises in der Villa Hügel zu Essen am 17. Mai 1954 aus dem Bestande seiner kunst- und kulturgeschichtlichen Sammlungen, Kostüme, Waffen und Kleinodien aus drei Jahrhunderten"

Reichsstadt Nürnberg 05-14
Mathes Pfeffer, Zeugmeister, den Harnisch-Boden im Zeughaus betreffend

Reichsstadt Nürnberg 20-10
Sammelhandschrift zur Geschichte der Reichsstadt

Reichsstadt Nürnberg XXI/3
Materialien zur Geschichte der Gesellenstechen in Nürnberg, nach Bernd Windsheimer

Altregistratur GNM, Kapsel 5, lfd. Nr. 1
Essenwein, August von. 20.8.1881 („Übersicht der Zugänge der letzten 10 Jahre"): Eine Rüstung, "von der Stadt Nürnberg erhalten". Vermutlich aus dem Nürnberger Zeughaus.

Stadtarchiv Nürnberg

StadtAN A 4/VII Nr. 687
Burg 3 – Fünfeckturm

StadtAN A 5 Nr. 1096 a
Fünfeckiger Turm mit Folterkammer

StadtAN A 5 Nr. 1099
Fünfeckiger Turm mit Luginsland und Kaiserstallung

StadtAN A 5 Nr. 1593
Gruß aus Nürnberg

StadtAN A 5 Nr. 1846
Hauptmarkt mit Gesellenstechen; Schöner Brunnen; Frauenkirche

StadtAN A 5 Nr. 2045
Metzger, F.G., Königl. Bayer. Hof-Lebkuchen & Chocolade-Fabrikant, Nürnberg

StadtAN A 5 Nr. 2810
Interessante Partien aus der kriminal- und kulturhistorischen Sammlung aufgestellt im Fünfeckigen Turm der königlichen Burg zu Nürnberg

StadtAN A 7/II Nr. 493
Lithographie: „Sammlung der Kriminal-Rechtsalterthümer, Schimpf-, Folter-, Leiber, & Lebens- Strafwerkzeuge in der Burg zu Nürnberg"

StadtAN A 25 Nr. 482
Abbildungen aus Zeitschriften (überwiegend mit dazugehörigem Artikel) von Ausstellungsstücken und Sammlungen

StadtAN A 25 Nr. 545
3 Abbildungen der Folterkammer (mit Folterwerkzeugen) auf der Nürnberger Burg

StadtAN A 25 Nr. 546
3 Zeitungsartikel über und Abbildungen von der „Eisernen Jungfrau"

StadtAN A 26 Nr. Rep 86 Nr. 70 a
Bericht der Zeugmeister Linhart Gruntherr und Conrad Imhoff über die Beschreibung und Visitation der Türme, Geschütze, Befestigungen, Vorwerke, Mauern, Zwinger u.a.m. sowie des Zeughauses.

StadtAN A 32 Nr. 639
Nachrichten über „Gesellenstechen" in Nürnberg, teilweise in Reimen.

StadtAN A 32 Nr. 926
Aufstellung von Kanonen, Schwertern und sonst. Kriegsmaterial, die aus einer Sammlung ins Zeughaus geliefert wurden. Ohne U.

StadtAN A 34 Nr. A34-0855
Stereo-Karte der Folterkammer im Germanischen National Museum im Lichtdruckverfahren vor 1905

StadtAN A 34 Nr. A34-4109
Farbige Klappkarte des Fünfeckturms mit der Folterkammer

StadtAN A 38 Nr. A38-B-71-2
Burg; Folterkammer im Fünfeckturm

StadtAN A 38 Nr. A38-D-58-7
Fröschturm am Maxtor

StadtAN A 38 Nr. A38-D-71-2
Burg; Folterkammer im Fünfeckturm; Blick vom Eingang her

StadtAN A 38 Nr. A38-E-136-11
Folterkammer im Rathaus von Regensburg

StadtAN A 47/I Nr. KS-67-8
Waffensaal im Germanischen Nationalmuseum

StadtAN A 47/II Nr. KS-130-83
Lithographie: „Sammlung der Kriminal-Rechtsalterthümer, Schimpf-, Folter-, Leiber, & Lebens- Strafwerkzeuge in der Burg zu Nürnberg"

StadtAN A 47/II Nr. KS-132-15
Maxtor mit Fröschturm

StadtAN Av 4144.4(10)
Folterkammer und Bratwurstglöckle

StadtAN Av A 5130
Kriminalistisch-Kulturhistorische Sammlung Dr. [Doktor] Rehlen (Folterkammer) auf der Burg in Nürnberg; 12 Photos

StadtAN AvPer 11a(1/1853)[5]
Das Zeughaus zu Nürnberg im 16ten Jahrhundert

StadtAN C 18/I Nr. 543
Führungspersonal bei der Folterkammer

StadtAN C 18/I Nr. 544
Aushilfsführerinnen der Folterkammer

StadtAN C 20/II Nr. 358
Nürnberger Lochgefängnisse

StadtAN E 1/1145 Nr. 2
Zeugnisse der Fränkischen Ritterschaft samt einigen Schreiben, betr. das Wappen und adelige Geschlecht der Münzer von Babenberg, ausgestorben im 16. Jh.

StadtAN E 10/100 Nr. 1 / Film 19
Folterkammer, Nbg.-Motive

StadtAN E 29/IV Nr. 95
Brief Christof Tuchers aus Servera an seinen Vater Linhart Tucher in Nürnberg

StadtAN E 29/IV Nr. 331
Brief Linhart Tuchers aus Nürnberg an seinen Schwager Sigmund Pfinzing in Arnolfstein [= Marloffstein]

StadtAN E 40 Nr. 89 / 2
Gesellenstechen (15./16. Jh.)

StadtAN F 1 Nr. 77
Beschreibungen des kurfürstlichen Kollegialtages und des letzten Crönlein- und Gesellenstechens in Nürnberg

StadtAN F 1 Nr. 174
Zwei Turnierbücher mit Einträgen zu den Gesellenstechen von 1446, 1451 und 1538, sowie weiteren chronikalischen Notizen

Staatsarchiv Nürnberg

StAN, Reichsstadt Nürnberg, Handschriften 32
Des Ratsschreibers Johannes Müllner Annales der Löbl. Weitberümbten Reichsvesten vnd Statt Nürnberg. Reinschrift. Band IV, (1545-1600).

StAN Rep. 60 b, Nr. 9, fol. 209 r. StAN Rep. 13, Nr. 39
Ratsbuch im Staatsarchiv Nürnberg

Bayerisches Nationalmuseum

Erwerbungsakten 1863/64, Kasten 10; Korrespondenz mit dem Bezirksgericht Eichstätt
Briefentwurf an das Cultus Ministerium vom 29. Dezember 1863

Handschriften des GNM

Hs 134722. 1551–1660. Nürnberger Gesellenstechen.

Hs 187514. 1551–1900. Exekutionen des Nürnberger Scharfrichters Johann Michael Widmann.

Abbildungsnachweise

Abb. 1: Zwei Modelle mit Trinkhorn und Stechhelm bei der Generalprobe der *Historischen Modenschau: Kleinodien, Waffen und Kostüme* in der Kartäuserkirche, GNM, 16.05.1954, Photographie, Photothek (E_XXII_D_Feste).
© Germanisches Nationalmuseum

Abb. 2: Drei Modelle und Direktor Ludwig Grote am Pult bei der Generalprobe der *Historischen Modenschau: Kleinodien, Waffen und Kostüme* in der Kartäuserkirche, Otfried Schmidt, 16.05.1954, Photographie, Photothek (E_XXII_D_Feste).
© Germanisches Nationalmuseum

Abb. 3: Konservator Leonhard Beyer mit Fußturnierharnisch W2770, Schwert, Helm und Kniestrümpfen bei der *Historischen Modenschau: Kleinodien, Waffen und Kostüme* in der Kartäuserkirche, GNM, 15.06.1954, Photographie, Photothek (E_XXII_D_Feste).
© Germanisches Nationalmuseum

Abb. 4: Modell mit Federbarett und Schwert des Patriziers Christoph Kress und Harnisch bei der *Historischen Modenschau: Kleinodien, Waffen und Kostüme* in der Kartäuserkirche, GNM, 15.06.1954, Photographie, Photothek (E_XXII_D_Feste).
© Germanisches Nationalmuseum.

Abb. 5: Hans von Aufseß im spätmittelalterlichen Harnisch W2160 und mit Jagdarmbrust, Johann J. Eberhardt, 1864, Photographie, Photothek (EXXIIA_Geschichte_des_Hauses).
© Germanisches Nationalmuseum

Abb. 6: *System der deutschen Geschichts- und Alterthumskunde*, Hans von Aufseß, 1853, Druck, Aufseß 1853: 1.

Abb. 7: Rechtsschutz und Waffenschutz im *System der deutschen Geschichts- und Alterthumskunde*, Hans von Aufseß, 1853, Druck, Aufseß 1853: 6.

Abb. 8: Vorzeichnung der Waffenhalle im Tiergärtnertorturm für den ersten Wegweiser, Willibald Maurer, 1853, Zeichnung, Graphische Sammlung (Hz1041).
© Germanisches Nationalmuseum

Abb. 9: Kartäuserkirche, Kapitelsaal und Nordflügel des großen Kreuzganges von Südosten, Heinrich Stelzner, 1857, aquarellierte Federzeichnung, Photothek (E_XXIIB_Bauten).
© Germanisches Nationalmuseum

Abb. 10: Grundriss der Kartause, GNM, 1858, Zeichnung, Jahresbericht für 1856-57: 41.

Abb. 11: Waffenhalle im Vorraum des Refektoriums beim kleinen Kreuzgang, Heinrich Stelzner, 1857, Zeichnung, Graphische Sammlung (SP11200).
© Germanisches Nationalmuseum

Abb. 12: Grundriss der Waffenhalle mit den eingetragenen Exponaten, GNM, 1860, Zeichnung, Wegweiser 1860: 17.

Abb. 13: Ruine des Kartäuserklosters, Unbekannt, 1850/1860, Zeichnung, Graphische Sammlung (StN12637).
© Germanisches Nationalmuseum

Abb. 14: Innenansichten des GNM mit der Kirche mittig und Waffenhalle rechts oben, Ludwig Braun, nach 1868, lavierte Bleistiftzeichnung, Graphische Sammlung (Hz1034).
© Germanisches Nationalmuseum

Abb. 15: Exponatliste im Wegweiser, GNM, 1880, Druck, Wegweiser 1880: 35.

Abb. 16: Gesamtplan des erweiterten Museumsareals, August von Essenwein, 1877, Zeichnung, Photothek (E_XXIIB_Bauten).
© Germanisches Nationalmuseum

Abb. 17: Augustinerbau mit Kress-Kapelle, Hochbauamt Nürnberg, um 1935, Photographie, Photothek des GNM (E_XXIIB_Bauten).
© Germanisches Nationalmuseum

Abb. 18: Waffen im Standesherrensaal, Rudolf Albrecht, 1896, Nürnberg, Photographie, Photothek (E_XXIIC_Tiergärtnertor).
© Germanisches Nationalmuseum

Abb. 19: Wandbemalung im Standesherrensaal, August von Essenwein, 1874, Zeichnung, Graphische Sammlung (SP11498).
© Germanisches Nationalmuseum

Abb. 20: Glasfensterentwurf von König Magnus, GNM, um 1876, Pinselzeichnung, Photothek (E_XXIIB_Bauten).
© Germanisches Nationalmuseum

Abb. 21: Titelblatt mit einem Verweis auf die Rüstkammern der Ambraser Sammlung, Eduard Freiherr von Sacken, 1855, Druck, Sacken 1855.

Abb. 22: Maßansichten verschiedener Waffen und Waffenteile, August von Essenwein, 1877, Zeichnung, Essenwein 1877b: Tafel LXIV.

Abb. 23: Tabelle der Maße verschiedener Schwerter und Dolche, August von Essenwein, 1881, Tabelle, Essenwein 1881: 7f.

Abb. 24: Harnische und Sattel im Standesherrensaal, Ferdinand Schmidt, 1902, Photographie, Stadtarchiv Nürnberg (StadtAN A 47/II Nr. KS-130-83).
© Stadtarchiv Nürnberg

Abb. 25: Blankwaffen und Harnische im Standesherrensaal, Ferdinand Schmidt, 1902, Photographie, Stadtarchiv Nürnberg (StadtAN A 47/I Nr. KS-67-8).
© Stadtarchiv Nürnberg

Abb. 26: Helmschrank, Brust- und Rückenstücke im Erdgeschoss des Augustinerbaus, Rudolf Albrecht, 1896, Photographie, Albrecht/Stegmann 1896: Tafel XXXV.

Abb. 27: Saal der Kriegsmodelle im Südbau, Rudolf Albrecht, 1896, Photographie, Photothek (E_XXIIC_Tiergärtnertor).
© Germanisches Nationalmuseum

Abb. 28: Stechzeug mit Brechscheibe und Tartsche aus dem Nürnberger Zeughaus, GNM, 21. Jahrhundert, Photographie, Objektkatalog des GNM (W1316).
© Germanisches Nationalmuseum

Abb. 29: *Das Gesellen-Stechen der bürgerlichen Patriziersöhne Nürnbergs, vom 3. März 1561*, Jost Amman, 1561, Gemälde, Bayerisches Nationalmuseum (49/43).

Abb. 30: *Vorderes Ansehen des Nürnberg:Zeughauses*, Johann Adam Delsenbach, um 1750, Kupferstich, Delsenbach 1986: Tafel 14.

Abb. 31: *Der Serviet Kraemer* vor dem Portalbau des städtischen Zeughauses in Nürnberg, Ambrosius Gabler, 1790, Kupferstich, Graphische Sammlung (HB25864).
© Germanisches Nationalmuseum

Abb. 32: Innenansicht des städtischen Zeughauses, Unbekannt, um 1728, Zeichnung, Graphische Sammlung (HB8186).
© Germanisches Nationalmuseum

Abb. 33: Ansicht der Burg Feistritz am Wechsel mit schriftlichem Vermerk des Nürnberger Zeughauses, Unbekannt, 1821, Zeichnung, Graphische Sammlung (SP759).
© Germanisches Nationalmuseum

Abb. 34: Die Aussicht auf die Burg Feistritz am Wechsel, Georg M. Vischer, 1672, Kupferstich, Vischer 1672: Tafel 31.

Abb. 35: Stangenwaffen und Maximiliansharnische im Erdgeschoss des Augustinerbaus, Rudolf Albrecht, 1896, Photographie, Albrecht/Stegmann 1896: Tafel XXXVII.

Abb. 36: Eine Rüstung für Reiter und Pferd, Sättel und Stechzeuge in der Kress-Kapelle im Erdgeschoss des Augustinerbaus, Rudolf Albrecht,

1896, Photographie, Albrecht/Stegmann 1896: Tafel XXXVI / Photothek (GNM_Geschichte).
© Germanisches Nationalmuseum

Abb. 37: Tartschen und mittelalterliche Schwerter im Erdgeschoss des Augustinerbaus mit den Stechzeugen in der Kress-Kapelle im Hintergrund, GNM, 1891/1900, Photographie, Photothek (E_XXIIC_Tiergärtnertor).
© Germanisches Nationalmuseum

Abb. 38: Südwestbau und Geschützhalle des GNM von Südwesten, Hochbauamt Nürnberg, um 1935, Photographie, Photothek (E_XXIIB_Bauten).
© Germanisches Nationalmuseum

Abb. 39: Dreischiffige Halle im Königlichen Zeughaus Berlin, Lorenz Beger, um 1696, Zeichnung, Beger 1696: 525.

Abb. 40: Ansicht der großen Waffenhalle im Südwestbau, GNM, 1906, Photographie, Anonymus 1906: Tafel 607.
© Germanisches Nationalmuseum

Abb. 41: Ansicht der großen Waffenhalle im Südwestbau, Hermann Großberger, 1919, Repro nach Stereoskopphotographie, Photothek (E_XXIIC_Tiergärtnertor).
© Germanisches Nationalmuseum

Abb. 42: Ansicht der großen Waffenhalle im Südwestbau, Hermann Großberger, 1919, Repro nach Stereoskopphotographie, Photothek (E_XXIIC_Tiergärtnertor).
© Germanisches Nationalmuseum

Abb. 43: Große Waffenhalle im Südwestbau mit Harnischen, Stechzeugen und dem berittenen Krako, GNM, 1903/1921, Photographie, Photothek (E_XXIIC_Tiergärtnertor).
© Germanisches Nationalmuseum

Abb. 44: Rückseitige Ansicht mit dem Mittelschiff der großen Waffenhalle, Hermann Großberger, 1919, Repro nach Stereoskopphotographie, Photothek (E_XXIIC_Tiergärtnertor).
© Germanisches Nationalmuseum

Abb. 45: Dollingersaal in Regensburg mit den Plastiken von Heinrich I., Dollinger und Krako, Anselm Goudin, 1729, Kupferstich, Vogl 1729: 466.

Abb. 46: Jagdgewehre und Pulverhörner, Münchs & Walter, 1873, Photographie, Essenwein 1873: o.S.

Abb. 47: Dolchscheide W2392, Jagdschwert W19 und Dolch W84, GNM, 1868, Stahlstich, Wegweiser 1868: Tafel V.

Abb. 48: Raumplan mit den Jagdgeräten und Waffen um den Rolandshof gegenüber der Kartäuserkirche, GNM, 1935, Zeichnung, Wegweiser 1935.

Abb. 49: Jagdsaal mit Gewehrschrank sowie Tierköpfen und Kostümschrank im Hintergrund, GNM, 1937/1939, Photographie, Photothek (E_XXIIC_Kohlhaußen_Troche).
© Germanisches Nationalmuseum

Abb. 50: August Peffenhausers Turnierharnisch für Reiter und Pferd (W3065) in der Ehrenhalle anlässlich des Reichsparteitages, GNM, 1936, Photographie, Photothek (E_XXIIC_Kohlhaußen_Troche).
© Germanisches Nationalmuseum

Abb. 51: Stechzeuge, Teppiche und Totenschilde im Galeriebau, GNM, 1938/1939, Photographie, Jahresbericht für 1938: Tafel 1.

Abb. 52: Stechzeuge, Harnische, Helme und andere Waffen im Galeriebau, GNM, 1938/1939, Photographie, Photothek (E_XXIIC_Kohlhaußen_Troche).
© Germanisches Nationalmuseum

Abb. 53: Werbetafel am Hauptbahnhof für das GNM mit Ansicht der ‚ersten Rüstungshalle', GNM, 1938, Photographie, Photothek (EXXIIA_Geschichte_des_Hauses).
© Germanisches Nationalmuseum

Abb. 54: Grundriss der Kartause, GNM, 1860, Stahlstich, Graphische Sammlung (SP11188).
© Germanisches Nationalmuseum

Abb. 55: *Halle mit Geräthen der Justizpflege*, Rudolf Albrecht, um 1895, Photographie, Albrecht/Stegmann 1896: Tafel XXXI.

Abb. 56: Folter- und Strafwerkzeuge, GNM, 1933, Photographie, Photothek (E_XXIIC_Zimmermann).
© Germanisches Nationalmuseum

Abb. 57: Richtschwert StR28 unter verschiedenen GNM-Waffen, August von Essenwein, 1877, Zeichnung, Essenwein 1877b: Tafel XLVIII.

Abb. 58: Klappkarte mit Eiserner Jungfrau und Fünfeckturm, Unbekannt, 1900, Postkarte, Stadtarchiv Nürnberg (StadtAN A 34 Nr. 4109).
© Stadtarchiv Nürnberg

Abb. 59: Besuchende vor der Kriminalistisch-Kulturhistorischen Sammlung im Fünfeckigen Turm, Carl Teufel, 1896/1914, Photographie, Bildarchiv Foto Marburg (Konvolut Dr. Benno Filser Verlag, Nr. 124.204).
© Deutsches Dokumentationszentrum für Kunstgeschichte – Bildarchiv Foto Marburg

Abb. 60: Detail des Grundrisses der Kartause mit erstmaliger Erwähnung der ‚Folterkammer', GNM, 1860, Stahlstich, Jahresbericht für 1859: 53.

Abb. 61: Übersicht des Antiquariums, GNM, 1861, Zeichnung, Wegweiser 1861: 22.

Abb. 62: Frau mit angelegter Schandgeige, GNM, 1930/1965, Photographie, Photothek (E_XVI_Strafrecht).
© Germanisches Nationalmuseum

Abb. 63: Richtrad in der Ausstellung der Rechtsgeräte, Karl von Amira, 1896/1923, Photographie, Sammlung Amira (Mappe 4: ‚Richtschwerter, Richtrad, Fallbeil (Richtbeil)').
© Leopold-Wenger-Institut für Rechtsgeschichte, Ludwig-Maximilians-Universität München

Abb. 64: Fröschturm am Maxtor, Ferdinand Schmidt, um 1865, Photographie, Stadtarchiv Nürnberg (StadtAN A 47/II Nr. KS-132-15).
© Stadtarchiv Nürnberg

Abb. 65: Teile der Kriminalistisch-Kulturhistorischen Sammlung auf der Burg zu Nürnberg, J. F. Herr, um 1870, Lithographie, Stadtarchiv Nürnberg (StadtAN A 7/II Nr. 493).
© Stadtarchiv Nürnberg

Abb. 66: Gewölbe mit Folter- und Strafinstrumenten auf der Burg, Eugen Adam, um 1870, Zeichnung, Graphische Sammlung (HB26708).
© Germanisches Nationalmuseum

Abb. 67: Gewölbe mit Folter- und Strafinstrumenten nach einer Skizze von Ludwig Robock, Robert Stieler, 1880/1906, Holzstich, Stadtarchiv Nürnberg (StadtAN A 25 Nr. 545).
© Stadtarchiv Nürnberg

Abb. 68: Symmetrische Komposition von Folter- und Strafgeräten der Kriminalistisch-Kulturhistorischen Sammlung, Unbekannt, um 1870, Stahlstich, Anonymus 1864a: Tafel 7.

Abb. 69: Heimliches Gericht mit Eiserner Jungfrau zu Nürnberg, Friedrich Perlberg, 1863, Bilderbogen, Graphische Sammlung (HB27350).
© Germanisches Nationalmuseum

Abb. 70: Guillotine StR94, Bildnis des Andreas Bürkh Gm765, Schandstein StR107 und Richtschwerter, GNM, um 1900, Photographie, Photothek (Hausgeschichte).
© Germanisches Nationalmuseum

Abb. 71: Ausstellung der Rechtsgeräte mit Illustration hinter der Guillotine, GNM, 1906, Photographie, Anonymus 1906: Tafel 531.
© Germanisches Nationalmuseum

Abb. 72: Leibzeichen (Daumen) eines 1686 von seinen Kameraden erschossenen Jägers mit Todesnotiz, GNM, 21. Jahrhundert, Photographie, Objektkatalog des GNM (StR75).
© Germanisches Nationalmuseum

Abb. 73: Kästchen mit Leibzeichen links am Fenster, Guillotine und Folterwiege in der Ausstellung der Rechtsgeräte, Wilhelm Funk, um 1940, Photographie, Funk 1940: Tafel 47.

Abb. 74: Postkarte des Fünfeckigen Turms mit Verweis auf die Kriminalistisch-Kulturhistorische Sammlung, Hermann Martin (Kunstverlag), vor 1945, Postkarte, Stadtarchiv Nürnberg (StadtAN A 5 Nr. 2999).
© Stadtarchiv Nürnberg

Abb. 75: Zwölf Ansichten der Kriminalistisch-Kulturhistorischen Sammlung auf der Burg, Christof Müller, 1930, Photographien, Stadtarchiv Nürnberg (StadtAN Av A 5130).
© Stadtarchiv Nürnberg

Abb. 76: Kopie der Eisernen Jungfrau mit Waffen im Obergeschoss des Fünfeckigen Turms, Hochbauamt Nürnberg, 1933, Photographie, Haas 1992: Tafel 26.
© Hochbauamt Nürnberg

Abb. 77: Die ‚originale' Eiserne Jungfrau im Mittelalterlichen Kriminalmuseum in Rothenburg ob der Tauber, Fabian Kastner, 2020, Photographie.
© Fabian Kastner

Abb. 78: Ausstellung *Das Handwerk und seine Meister* mit Waffen, GNM, 1949/1950, Photographie, Photothek (E_XII_E_Ausstellungen_1931bis64).
© Germanisches Nationalmuseum

Abb. 79: Ausstellung *Aufgang der Neuzeit* mit ausgewählten Waffen, GNM, 1952, Photographie, Photothek (E_XII_E_Ausstellungen_1931bis64).
© Germanisches Nationalmuseum

Abb. 80: Vitrine mit Waffen und Schmiedeeisen, GNM, um 1950, Photographie, Photothek (E_XXIIC_Kohlhaußen_Troche).
© Germanisches Nationalmuseum

Abb. 81: Vitrine mit Jagdgeräten und Gemälde Gm1334, GNM, um 1950, Photographie, Photothek (E_XXIIC_Kohlhaußen_Troche).
© Germanisches Nationalmuseum

Abb. 82: Stechzeuge vor der Gruppe des Ungerechten Ritters, GNM, um 1955, Photographie, Photothek (E_XXIIC_Zimmermann).
© Germanisches Nationalmuseum

Abb. 83: Modell mit Plattenharnisch und Streitkolben bei der Historischen Modenschau *Kleinodien, Waffen und Kostüme* in der Kartäuserkirche, GNM, 15.06.1954, Photographie, Photothek (E_XXII_D_Feste).
© Germanisches Nationalmuseum

Abb. 84: Modell mit Samtmantel und Degen bei der Historischen Modenschau *Kleinodien, Waffen und Kostüme* in der Kartäuserkirche, GNM, 15.06.1954, Photographie, Photothek (E_XXII_D_Feste).
© Germanisches Nationalmuseum

Abb. 85: Die sieben Stechzeuge in der Dauerausstellung der Waffen im GNM-Ostbau, Fabian Kastner, 2019, Photographie.
© Fabian Kastner

Abb. 86: Der Peffenhauser-Turnierharnisch in der Dauerausstellung der Waffen im GNM-Ostbau, Fabian Kastner, 2019, Photographie.
© Fabian Kastner